Lista Preliminar da Família **Compositae** na Região Nordeste do Brasil

(Série Repatriamento de Dados do Herbário de Kew para a Flora do Nordeste do Brasil, vol. 4)

Preliminary List of the **Compositae** in Northeastern Brazil

(Repatriation of Kew Herbarium Data for the Flora of Northeastern Brazil Series, vol. 4)

D. J. Nicholas Hind & Elaine B. Miranda

Kew Publishing
Royal Botanic Gardens, Kew

PLANTS PEOPLE
POSSIBILITIES

First published in 2008 by
Royal Botanic Gardens, Kew
Richmond, Surrey, TW9 3AB, UK
www.kew.org

ISBN 978-1-84246-219-5

British Library Cataloguing in Publication Data
A catalogue record for this book is available from the British Library

Typesetting and page layout: Christine Beard
Cover design by Jeff Eden, Media Resources,
Royal Botanic Gardens, Kew

Front cover illustrations: *Moquinia kingii* (H.Rob.) Gamerro (left), *Semiria viscosa* D.J.N.Hind (top right), *Lychnophora morii* H.Rob. (bottom right). Photos: D.J.N.Hind

Printed in the United Kingdom by Lightning Source

For information or to purchase all Kew titles please visit
www.kewbooks.com or email publishing@kew.org

All proceeds go to support Kew's work in saving the world's plants for life.

Conteúdo/Contents

Lista preliminar da Família **Compositae** na Região Nordeste do Brasil

(Série Repatriamento de Dados do Herbário de Kew para a Flora do Nordeste do Brasil, vol. 4)

D. J. Nicholas Hind[1] & Elaine B. Miranda[2]

Instituições colaboradoras:
Royal Botanic Gardens, Kew
Universidade Estadual de Feira de Santana (HUEFS), Bahia, Brasil

Editora da série: D. Zappi[1]

[1] The Herbarium, Royal Botanic Gardens, Kew, Richmond, Surrey, TW9 3AE, United Kingdom.
[2] Herbário, Universidade Estadual de Feira de Santana, Bahia, Brasil, CEP 44031-460; B.A.T. Foundation Research Officer no herbário de Kew.

Prefácio

A tarefa de prefaciar esta obra não é uma das mais fáceis, ainda mais considerando que os prefácios dos três volumes anteriores desta série, que trata do repatriamento de dados do Herbário de Kew para a Flora do Nordeste do Brasil, descreveram de maneira eloquente o seu histórico, a sua importância e a sua abrangência. Ao meu ver, esta série somente foi possível de ser realizada com a feliz conjunção de alguns fatores essenciais, como infra-estrutura de um grande herbário com as coleções científicas de referência para a região nordeste do Brasil, recursos financeiros para cobrir todas as atividades envolvidas no projeto das Plantas do Nordeste, e pesquisadoras do Kew envolvidas diretamente com o planejamento do repatriamento de dados, no caso Eimear Nic Lughadha e Daniela Zappi.

Para dificultar um pouco mais a elaboração deste prefácio, este quarto volume trata de uma das maiores (se não a maior) famílias das angiospermas – a família das margaridas e girassóis, ou para os sistematas botânicos, simplesmente Compositae ou Asteraceae.

A importância desta família para a flora brasileira pode ser facilmente percebida nos trabalhos de levantamentos florísticos, onde quase sempre as compostas aparecem como a família que exibe o maior número de espécies (quando bem coletadas e identificadas). O mesmo é válido para a região nordeste do Brasil, que possui um elevado número de espécies de compostas, mas que também possui muitos gêneros e espécies de ocorrência restrita à esta região brasileira. Isso pode ser visto por meio dos números envolvidos na elaboração deste

volume que são, diga-se de passagem, monumentais. Este trabalho incluiu o estudo e a identificação correta de 4.200 espécimes, representando um total de 486 espécies em 143 gêneros. E para não dizer que é muito, as informações de coleta de cada um destes espécimes foram compiladas em um banco de dados e colocados à disposição para consulta pela internet para qualquer pessoa interessada. E para finalizar este trabalho, os 306 espécimes que foram reconhecidos como tipos nomenclaturais foram digitalizados e suas imagens foram incluídas no banco de dados.

Certamente, este trabalho somente poderia ser realizado com a coordenação de um especialista, no caso, Dr D.J. Nicholas Hind com amplo conhecimento da família Asteraceae, particularmente da região nordeste do Brasil, e uma colaboradora, Elaine B. Miranda, que certamente abriu mão da convivência de seus familiares para a realização deste trabalho, de maneira persistente e eficiente.

Toda a comunidade científica não só do Brasil, mas do mundo inteiro certamente agradecem mais esta iniciativa do Kew, e em particular, dos pesquisadores envolvidos no projeto e na elaboração desta série em tornar disponíveis informações científicas que serão críticas para um melhor planejamento do futuro de nosso país, e até mesmo de nosso planeta.

Jimi Naoki Nakajima
Instituto de Biologia
Universidade Federal de Uberlândia, Minas Gerais

Agradecimentos

Gostaríamos de agradecer

- à então Reitora da Universidade Estadual de Feira de Santana, Dra Anaci Bispo Paim, e ao Curador do Herbário HUEFS, Dr Luciano Paganucci de Queiroz, pelo afastamento de um ano concedido a Elaine Miranda para trabalhar neste projeto no Herbário do Jardim Botânico de Kew.

- à BAT (British American Tobacco) Foundation pela verba concedida para custear o projeto da segunda fase do 'Repatriamento de dados do Herbário de Kew para a Flora do Nordeste do Brasil'.

Resumo

O presente trabalho resulta do levantamento da família Compositae para o projeto "Repatriamento de dados do Herbário de Kew para a Flora do Nordeste do Brasil". Trata-se da quarta lista publicada na série, resultando da análise e registro de mais de 4200 espécimes, examinados e, na sua maioria, determinados de maneira crítica (dentro dos limites de tempo/recurso do projeto) de maneira a maximizar o valor dos dados e imagens repatriadas e também para melhorar o nível das informações depositadas na coleção de Kew.

Esta lista preliminar foi compilada a partir do material depositado no Herbário de Kew, e compreende 486 espécies distribuídas em 143 gêneros; o número de espécies não inclui o material determinado apenas até o nível de gênero; apenas um híbrido natural foi registrado até o momento.

O material examinado de cada táxon/nome aceito encontra-se listado alfabeticamente por estado e coletor. Sempre que possível, a categoria do tipo nomenclatural é atribuída (holótipo, isótipo, sintipo, etc.) e a presença de fototipos é anotada. Em seguida à lista de espécies, uma lista de espécimes organizada a partir de coletores e números, seguidos da identificação relevante, é apresentada com intuito de facilitar o trabalho de identificação das coleções de herbário.

Após o retorno da segunda autora para o Brasil, o bolsista Marlon Machado (Univ. Est. de Feira de Santana) visitou o Herbário de Kew para desenvolver um web site dedicado para o projeto de repatriamento, fornecendo acesso inicialmente ao banco de dados da família Compositae, assim como às imagens do material-tipo depositado em Kew e escaneado durante o projeto. Outras famílias foram adicioandas ao website, que pode ser acessado através de **http://www.kew.org/scihort/tropamerica/repatriation.htm**.

Cópias impressas das imagens dos espécimes-tipo foram enviadas para quatro herbários no Nordeste do Brasil (CEPEC, HUEFS, HRB e IPA), juntamente com cópias das descrições originais referentes aos tipos.

Através da presente análise, fica muito claro que a maioria dos estados do Nordeste do Brasil ainda são pouco conhecidos em termos de sua diversidade vegetal, e que ainda existem muitas espécies novas de Compositae a ser descobertas e descritas e novos registros a serem feitos e depositados nas coleções botânicas.

Introdução

A família Compositae (= Asteracee) é uma das maiores famílias de plantas vasculares, comportando entre 24,000 e 30,000 espécies em mais de 1,630 genera (Funk et al. 2005). No Nordeste do Brasil, trata-se da família com maior riqueza de espécies nos habitats campestres, como cerrados e campos rupestres, e também encontra-se bem representada na caatinga e na restinga, sendo menos representativa na mata Atlântica e nos brejos, ou florestas de altitude.

A tribo com maior número de gêneros e espécies na Bahia é a tribo Eupatorieae, em especial a subtribo Gyptidinae. Entre os gêneros endêmicos para a Bahia encontramos: *Arrojadocharis*, *Bishopiella*, *Catolesia*, *Lasiolaena*, *Litothamnus*, *Morithamnus*, *Prolobus*, *Semiria*, *Stylotrichium*, além da maioria das espécies do gênero *Agrianthus* (de seis espécies uma ocorre também em Minas Gerais). O gênero *Acritopappus* (tribo Eupatorieae, subtribo Ageratinae) é representado por 11 espécies endêmicas da Bahia.

A família Compositae como um todo também inclui diversos gêneros endêmicos do Leste do Brasil, sendo que a maioria dos mesmos ocorre na Bahia. Exemplos como *Santosia* e *Scherya* (Eupatorieae), *Cephalopappus* (Mutisieae), e *Bishopalea* e *Irwinia* (Vernonieae). Há também uma grande concentração de espécies endêmicas em gêneros como *Aspilia* e *Calea* (Heliantheae), *Lychnophora* e *Paralychnophora* (Vernonieae), e *Trichogonia* (Eupatorieae). Os três maiores gêneros de Compositae na região, *Baccharis* (Astereae), *Mikania* (Eupatorieae) e *Vernonia* (Vernonieae) também contém muitas espécies endêmicas para o Nordeste.

O objetivo da presente lista é de auxiliar pesquisadores e estudantes interessados na taxonomia e na diversidade da família Compositae no Nordeste do Brasil, trazendo a eles informações a respeito da coleção atualmente depositada no Herbário de Kew. Imagens do material-tipo pertinente a este projeto encontram-se disponíveis online **(http://www.kew.org/scihort/tropamerica/repatriation.htm)**, e também impressas, depositadas em quatro herbários do Nordeste do país (CEPEC, HUEFS, HRB e IPA), são ferramentas necessárias para a identificação de novos materias. Além disso, a lista de exsicatas no final do volume destina-se à atualização das duplicatas de Compositae não identificadas nos herbários, com fins de melhorar o estado de identificação e também de estabilizar a nomenclatura utilizada em distintas instituições. Os nomes utilizados neste trabalh seguem aqueles disponíveis através do banco de dados do Centro Nordestino de Informações sobre Plantas da Associação Plantas do Nordeste (CNIP/APNE) (**www.cnip.org.br**).

Material & métodos

Área de estudo e parâmetros do projeto

O presente projeto cobre os estados de Alagoas, Bahia, Ceará, Paraíba, Pernambuco, Piauí, Rio Grande do Norte, e Sergipe que formam o domínio das caatingas, e também o estado do Maranhão, apesar deste não ter sido incluído nas listas anteriores (Zappi & Nunes 2002; César et al. 2006) por não fazer parte da vegetação de caatinga. Foram incluídos no projeto apenas espécimes depositados no Herbário de Kew.

Methodologia adotada

A segunda fase do projeto de Repatriamento de Dados do Herbário de Kew para a Flora do Nordeste do Brasil seguiu, em linhas gerais, aquela do primeira fase, delineada por Zappi & Nunes (2002). O material depositado sob cada táxon/nome atualmente aceito encontra-se em ordem alfabética de estado e coletores (sob apenas um coletor, dois coletores ou coletor principal et al. quando mais de dois coletores estavam presentes) e finalmente número do coletor. O 'status' dos materiais tipo (ex. holótipo, isótypo, síntipo, etc.) foi incluído sempre que possível e os fototipos foram registrados; tanto a identificação atual como o nome referente ao tipo foram incluídos. Seguindo a lista principal, um índice alfabético de coletor, número e táxon correspondente é apresentado.

A preparação do banco de dados em Access2.0 incluindo a totalidade do material relevante, juntamente com as imagens dos tipos e as cópias das descrições originais ocupou a maior parte de um ano. A segunda autora também repassou o conhecimento adquirido no herbário e na biblioteca, treinando o próximo oficial de repatriamento, Fabricio Juchum (see César et al., 2006). O primeiro autor conferiu espécies críticas e material histórico da região e de regiões vizinhas, encontrando diversos materiais que não haviam sido previamente reconhecidos como tipos. Problemas de compreensão de letra manuscrita e localidades referentes às etiquetas de materiais históricos foram esclarecidos pelo primeiro autor sempre que a segunda autora necessitasse da experiência deste.

Devido às pesquisas em andamento desenvolvidas pelo primeiro autor, o material originário da Bahia encontra-se separado da coleção geral, representando a maioria das coleções do Nordeste do Brasil depositadas no Kew. Para localizar o restante dos espécimes de outros estados do Nordeste dentro da coleção geral, foi necessário referir-se ao 'Preliminary checklist of the Compositae of Bahia' (N. Hind, unpubl.), bem como ao Checklist do Nordeste do Brasil (Compositae) (Barbosa et al. 1996) com modificações incluídas pelo primeiro autor. Existe a possibilidade de que alguns espécimes tenham sido omitidos do presente trabalho, estes serão incluídos no banco de dados num futuro próximo. A data de corte para a confecção do presente banco de dados foi setembro de 2002. No caso do material estar representado por uma ou mais duplicatas, o número destas encontra-se indicado entre colchetes '[× x]' após o registro do espécime na lista principal.

No caso de muitas coleções históricas (ex. Blanchet, Gardner, Martius, Salzmann) foi difícil localizar o município onde o material foi coletado. Em muitos casos, a localidade 'Bahia' em uma dessas etiquetas pode ser atribuída à 'Bahia de todos os Santos', ou proximidades de Salvador, mas não exatamente ao que é hoje em dia o Município de Salvador. Citações de município devem ser sempre colocadas em contexto histórico, pois muitos destes foram subdivididos recentemente e portanto a citação pode não ser mais correta hoje em dia.

A revisão da identificação dos espécimes foi realizada pelo primeiro autor, conferindo uniformidade às determinaçõs de toda a coleção, mas obviamente alguns materiais foram previamente identificados por outros especialistas. De qualquer modo, cada trabalho novo de florística ou revisão taxonômica contribui com novas delimitações dos táxons envolvidos. Um exemplo recente é o trabalho de Müller (2006) tratando do gênero *Baccharis* L. na Bolivia. Este trabalho traz consequências taxonômicas para várias espécies encontradas no Brasil e em especial na Bahia, particularmente no que diz respeito ao grupo de *B. linearifolia*, de modo que, para este grupo taxonomicamente difícil (Müller 2006: 103), a sinonímia proposta pelo tratamento foi seguida apenas em parte, notando que ainda é necessário fazer pesquisas adicionais ao longo de toda a distribuição de suas espécies principalmente no Leste do Brasil. Por essa razão, *B. linearifolia* (Lam.) Pers. foi mantida separada de *B. leptocephala* DC. e *B. varians* Gardner.

A taxonomia a nível genérico segue os limites reconhecidos pelo primeiro autor, refletindo a organização da coleção do Herbário de Kew. Alguns nomes inevitavelmente permaneceram incertos à medida que os conceitos de gênero e delimitação das espécies sofrem modificações, portanto espécimes podem aparecer como indeterminados ou, em certos casos, 'sp. 1', 'sp. 2'. Não existe dúvida da presença de novos táxons ainda não descritos na coleção estudada, mas também não seria prudente assumir que essas espécies assinaladas como 'sp. 1' ou 'sp. 2' tratem-se mesmo de novas espécies, pois muitas vezes a confirmação de sua identidade depende de coleções às quais não temos acesso no momento.

À medida que os espécimes-tipo foram localizados, a sua identidade foi conferida e o 'status' do tipo foi determinado pelo primeiro autor. A segunda autora alertou o primeiro autor para problemas adicionais na citação de certos nomes e/ou materiais-tipo. As coleções de Kew contém muitas pastas vermelhas contendo material-tipo e material histórico importante, mas ainda existe muito material entre as coleções que não foi assinalado como tipo, e essa tarefa requerium um investimento considerável em buscas na literatura. Uma vez determinados, os tipos receberam novas etiquetas geradas através de Access2.0, incluindo informação relevante e detalhes da bibliografia original. Outros materiais que careciam de detalhamento em termos de localidade, coletor, etc., foram investigados e receberam informação adicional. A totalidade do material foi registrado no banco de dados e recebeu códigos de barras. No caso de não ser possível estabelecer o 'status' do tipo em questão, este foi citado simplesmente como 'tipo'.

Durante a sua primeira fase (Zappi & Nunes 2002), o projeto de Repatriamento utilizou fotografias de alta qualidade, chamadas Cibachromes™, que foram enviadas juntamente com cópias dos bancos de dados para herbários brasileiros (CEPEC, IPA, HUEFS e um herbário ligado a um especialista na família). Tais fotografias foram substituídas por imagens impressas a partir de 'escaneamento' durante a segunda fase do projeto, sendo que a fase de transição foi acompanhada pelos autores da presente lista. Em comparação com os Cibachromes, as imagens escaneadas apresentaram benefícios com relação à possibilidade de serem arquivadas e copiadas quando necessário, distribuídas através do website, e também usadas na impressão de imagens para serem depositadas nos herbários.

Uma vez que os 'escaners' de mesa tornaram-se disponíveis comercialmente, uma solução criativa levou à invenção do suporte denominado HerbScan®, que combina um escaner de mesa Epson formato A3 com um suporte invertido destinado a 'escanear' materiais botânicos sem necessitar inverter as exsicatas. Os espécimes são apoiados sobre uma plataforma de goma-espuma e são elevados até entrarem em contato com o vidro do escaner, usando o software Epson Scan©, a uma resolução de 600 dpi. Cada espécime recebeu um código de barra quando foi registrado no banco de dados, e esse mesmo código de barra é utilizado como nome para o arquivo resultante do processo. Todas as etiquetas e informações presentes na exsicata são claramente visíveis na imagem final. As imagens digitais capturadas (arquivos TIFF de aproximadamente 200Mb cada um) são armazenadas no servidor de imagens de Kew para salvaguardar o seu futuro. Essas imagens podem ser impressas em papel opaco de qualidade de arquivo usando uma impressora Epson Injet tamanho A3.

A descrição original ou protólogo de cada um dos nomes dos tipos encontrados e registrados foi fotocopiada e adicionada aos 'pacotes de repatriamento', juntamente com as imagens de tipos, uma impressão do banco de dados sob formato de 'cheklist preliminar', e uma cópia do banco de dados. Os resultados da segunda fase do projeto de Repatriamento financiado pela BAT foram formalmente apresentados no Kew pela segunda autora para uma audiência de pesquisadores, funcionários e visitantes. As estimativas resultantes da fase 1 e 2 do projeto vem auxiliando no planejamento e iniciação de novos projetos envolvendo digitalização de espécimes no Kew e em outros herbários, como o Projeto Spruce e o African Plants Initiative. O primeiro autor também apresentou dados referentes a esse trabalho no encontro *Flora Brasiliensis Revisitada*, em Indaiatuba, São Paulo, Brasil, 24th–25th de outubro de 2002, organizado pelo CRIA (Centro de Referência em Informação Ambiental: www.cria.org.br).

As imagens obtidas foram inicialmente arquivadas em CD-ROMs até que um servidor de maior capacidade fosse instalado no Kew para armazenar imagens digitais. Subsequentemente, tais imagens foram comprimidas usando o software Bzip2©, e dois tipos de imagens foram geradas a partir das cópias de arquivo, sendo as imagens do tamanho da tela ('screen-size' images) e as imagens pequenas (thumbnail images) destinadas para uso no banco de dados interativo de espécimes de plantas do Nordeste do Brasil (**http://www.kew.org/scihort/ tropamerica/repatriation.htm**). As imagens de arquivo serão utilizadas para disponibilizar outras cópias de alta qualidade (ex. para publicação) se estas se fizerem necessárias.

A segunda fase do Projeto financiada pela BAT permitiu que fossem preparados bancos de dados e imagens de tipos de várias outras famílias (ex. Cyperaceae, Eriocaulaceae, Leguminosae, Polygalaceae, Bromeliaceae, Orchidaceae e Araceae).

Resultados

Um total de 4200 espécimes de Compositae do Nordeste do Brasil foram registradas num banco de dados, 476 espécies em 143 gêneros, dos quais 306 materiais-tipo, representando 187 nomes, foram digitalizados.

Além desses, a coleção de Kew possui também 95 fotografias de tipos (fototipos) provenientes de outras coleções, representando um total de 82 nomes. Tais fototipos são resultantes de intercâmbio com o Herbário da Smithsonian Institution (US), documentando principalmente o trabalho de King e Robinson na tribo Eupatorieae, Robinson na tribo Vernonieae, complementados também por fototipos de empréstimos enviados para Kew ao longo dos anos. Representadas apenas através de fotos, temos um total de 3 gêneros (e por conseguinte 3 espécies) e 7 espécies. Tais fotos foram incluídas nos cálculos relativos à família pois foram consideradas como registros.

De um total de 486 espécies, 444 ocorrem na Bahia, sendo que 355 destas não ocorrem nos outros estados do Nordeste do Brasil. Foram encontradas 42 espécies nos outros estados (excluindo a Bahia). As espécies ocorrendo tanto na Bahia como nos outros estados foram 89 (Diagrama 1).

A nível genérico, de um total de 143 gêneros, 62 ocorrem tanto na Bahia como nos outros estados do Nordeste, enquanto na Bahia encontramos 135 gêneros dos quais 73 são exclusivos para este estado. Entretanto, isto não significa que os mesmos são endêmicos e apenas ocorrem na Bahia, mas que, na maioria dos casos, a Bahia representa o limite norte de distribuição para muitos deles. Temos conhecimento de que 14 gêneros (dos quais 9 são monotípicos) são estritamente endêmicos para a Bahia, e 3 outros para os quais apenas uma espécie é encontrada fora da Bahia. Apenas 8 gêneros ocorrem em outros estados do Nordeste mas não foram até o momento registrados nas coleções de Kew (Diagrama 2).

Apesar do esforço empregado na identificação precisa dos espécimes, ainda existe um grande número de exsicatas indeterminadas em muitos gêneros. Em alguns casos, materiais do mesmo táxon indeterminado foram agrupados (ex. sp. 1, sp. 2), e pode ser que estes representam táxons ainda não reconhecidos dentro de nossa coleção para os quais não dispomos de material para comparação. Futuramente poderemos certamente determinar essas espécies, bem como aquelas atualmente listadas sob 'spp.'. Entre esses materiais encontramos coleções recentes, e também coleções antigas estéreis ou em estado juvenil. Existem certamente novos táxons, mas é necessário conferir a literatura existente de modo minucioso e examinar mais material de herbário para confirmar a situação destes e poder descrevê-los se for o caso.

Gêneros cultivados incluindo *Helianthus*, *Pseudogynoxys* (também nativo na Bahia), *Tanacetum*, *Tithonia*, *Xerochrysum*, e outros contendo plantas invasoras amplamente distribuídas como *Acanthospermum*, *Artemisia*, *Bidens*, *Centratherum*, *Cosmos*, *Emilia*, *Sonchus*, *Sphagneticola*, *Tilesia* foram registrados para a região. De qualquer modo, a presente lista também chama a atenção para o problema de muitas plantas cultivadas (que muitas vezes tornam-se subespontâneas), e a maioria das platnas invasoras, são muito mal representadas em coleções botânicas (ex. *Flaveria*). Do mesmo modo, material pertencente a vários grupos difíceis tende a ser ignorado e permanece ausente ou pouco expressivo dentro das coleções, como por exemplo as espécies dos gêneros *Gamochaeta*, *Porophyllum* e *Pectis*. Pouco representados são também espécies realmente endêmicas de gêneros como *Angelphytum*, *Argyrovernonia*, *Barrosoa*, *Bishopalea*, *Bishopiella*, *Cephalopappus*, *Morithamnus*, *Santosia*, *Scherya*. Alguns gêneros permanecem sub-representados, como é o caso de *Teixeiranthus*.

A família Compositae representa em média cerca de 10% das espécies da flora vascular de muitas áreas. A riqueza encontrada nessa família na vegetação de campos rupestres fica patente através da Tabela 1. A pequena representatividade da família nas floresta montana, ou mata de brejo de Pernambuco (Sales 1998) pode ser explicada pela preferência da maioria das espécies por habitats de vegetação relativamente aberta, campestre, que encontra-se ausente no caso dos brejos de Pernambuco.

Material Histórico

Através de sua história, o Herbário de Kew tem recebido ou adquirido duplicatas de coleções históricas. A importância das Compositae está ligada ao interesse manifestado por Sir William J. Hooker e George Bentham em pesquisar essa família. Hooker foi financiou e dirigiu pessoalmente as coletas de vários botânicos expedicionários (e.g. George Gardner), recebendo uma parte das duplicatas dos mesmos para seu herbário pessoal. A criação do Herbário de Kew (em 1852) no Jardim Botânico de Kew eventualmente amalgamou as coleções privadas dos grandes botânicos Bentham (em 1854) e Sir William Hooker (em 1867). O estabelecimento do *Index Kewensis* (sob a editoria de Joseph D. Hooker e B. D. Jackson) durante o século

19, fez com que Kew continuasse a receber material de muitos indivíduos e instituições, incluindo muitos táxons recentemente descritos.

Infelizmente existem problemas no que se refere à citação de coletas de Martius *e* Gardner. As coletas botânicas realizadas por Martius, foram todas feitas na companhia do zoólogo Spix, e deveriam ser citadas como Spix & Martius, sendo que a totalidade das mesmas encontra-se no Herbário de Munique (M). Na nossa lista, as coletas atribuídas a Martius são duplicatas do seu *Herbarium Flora Brasiliensis* (Martius 1837-1841), e tratam-se de espécimes comprados ou obtidos por Martius e distribuídos ao longo de muitas décadas sob as etiquetas *Herbarium Flora Brasiliensis*. Somente mediante consulta das coleções originais no Jardim Botânico de Meise – Bruxelas (BR) faz-se possível verificar quem foi o verdadeiro coletor desses materiais.

Duplicatas

O exame da lista que forma o corpo principal deste trabalho permite que tenhamos uma impressão imediata da abundância de duplicatas e mesmo triplicatas das coleções depositadas no Herbário de Kew. Em grande parte, trata-se do fruto da fusão de dois herbários importantes, mas vale também tecer comentários adicionais, já que a presença de duplicatas em coleções é interessante.

A expedição realizada por Gardner (1836–1841) resultou em diversos lotes de duplicatas, algumas vezes chegando a 20 ou mais coletas com o mesmo número. Tais duplicatas foram amplamente distribuídas aos financiadores e às instituições que forneceram auxílio ao botânico e à sua expedição, com algumas inclusive depositadas no acervo do Jardim Botânico do Rio de Janeiro (RB). Um dos seus principais financiadores e também orientador, Sir William J Hooker, recebeu um dos lotes principais de duplicatas, que foram carimbadas com a frase 'ex Herbarium Hookerianum' e compradas pelo Herbário de Kew por mil libras esterlinas. Na correspondência do próprio Gardner (Gardner, 1839: 328) é sugerido que Hooker, ao receber as coleções recém chegadas do Brasil, poderia pessoalmente escolher as suas duplicatas, inclusive no caso de unicatas ou mesmo de coleções com apenas uma duplicata. Apesar disso, fica claro que, ao estudar as descrições publicadas por Gardner (1842, 1846, 1847), o material depositado no Museu de História Natural (BM) trata-se do lote original, ou 'top set', e que a maioria das poucas unicatas existentes encontra-se no material depositado no BM. Ainda no caso de Gardner, encontramos no Herbário de Kew outras duplicatas, carimbadas com 'ex Herbarium Benthamianum', representando o lote de material comprado por outro financiador das expedições, George Bentham. Estas coleções formaram a base do Herbário de Kew quando este foi inaugurado, em 1854. Ainda há o caso de mais duplicatas, neste caso provenientes do Herbário do Trinity College, em Dublin. Estas foram enviadas para o Herbário de Kew ao redor de 1980, quando uma grande quantidade de material histórico ainda sem montar foi distribuído, e Trinity College enviou as exsicatas Sul-Americanas para o Kew.

Nomenclatura

As coletas de Gardner são ricas em espécimes-tipo, tanto de nomes descritos por Gardner como or outros botânicos. Existem problemas de tipificação, pois muitas vezes o holótipo ou um posterior lectótipo foram escolhidos dentre as duplicatas existentes da coleção, sem prestar atenção para a origem dessas duplicatas. Portanto cada uma das coleções existentes (ex. o material do Herb. Benthamianum) contém uma mistura de isótipos (e isolectótipos) e holótipos e lectótipos.

O primeiro autor decidiu citar os espécimes apenas como TIPO (TYPE), até que uma decisão pudesse ser tomada a respeito do seu status. Lectotipificações serão publicadas em listagens posteriores das Compositae do Brasil organizadas por tribo. Problemas semelhantes de tipificação foram encontrados com muitos dos nomes de táxons de De Candolle. Análise detalhada do Prodromus indica que a escolha de lectótipos não pode ser baseada apenas no estudo das microfichas do Herbarium de Candolle (G-DC), uma vez que tomamos consciência de problemas históricos associados à seleção do material utilizado para preparar as microfichas.

'Coleção principal' e duplicatas

Do ponto de vista nomenclatural, existem problemas históricos que devemos considerar ao decidir o status, ou 'tipo de tipo' das duplicatas coletadas por Gardner. Apesar da 'coleção principal', ou 'top set', das coletas de Gardner ter sido depositado no Herbário BM, quando o coletor retornou do Ceilão. Para muitos taxonomistas, este fato seria determinante de essa coleção seria formada pela maioria dos holótipos e potencialmente lectótipos.

No entanto, quando Gardner retornou à Inglaterra de sua viagem ao Brasil, a grande maioria de suas 6100 coleções numeradas havia sido dividida em grupos de duplicatas e disperada por Sir William J. Hooker, sendo que muitas foram vendidas através de Pamplin's, um estabelecimento situado no Soho — por um preço de £2 por cada 100 números. Gardner, muito ativo trabalhando em suas coletas, identificando-as e descrevendo novas espécies, utilizava então as coleções de Hooker e os serviços de diversos botânicos na região de Londres. Em the services of several botanists in e around London. Em 1842 o Royal Botanic Gardens, Kew ainda não contava com um herbário, que somente foi fundado em 1853, com o seu primeiro Curador, Allan Black. Hooker havia sido contratado como diretor em 1841, mudando-se de Glasgow (na Escócia) e trazendo o sua vasta coleção consigo. Nesse interim, Hooker foi acomodado numa propriedade chamada West Park, em Sheen (nas proximidades de Kew), e foi ali que ele acomodou sua coleção. Quando visitava Londres, Gardner ficava alojado em Hammersmith (um bairro pouco distante de Kew), e visitava Hooker em Sheen, para comparar e identificar suas coleções. Portanto muitos artigos escritos em Kew por Gardner foram baseados nos materiais de Hooker. Quando Gardner foi para o Ceilão, a partir de 1846, ele estabeleceu-se em Kandy (Gardner, 1846), mas durante esse tempo seus trabalhos basearam-se em identificações preliminares feitas em Londres, apesar de suas descrições terem sido baseadas em materiais que ele havia levado para o Ceilão, onde ele dispunha de uma grande, embora incompleta, amostra de suas coleções. Ironicamente, ele foi forçado a comprar um lote de suas próprias duplicatas colocado à venda quando da dissolução do Herbário do Professor Graham, para poder descrever alguns de seus novos táxons provenientes de Goiás (Gardner 1847: 417), pois parte de seu material perdeu-se em trânsito.

Material indeterminado e identificações provisórias

Todo material foi determinado até o nível de gênero, porém vários táxons de difícil separação ou pouco conhecidos não foram determinados a nível de espécie. Algumas espécies originárias do Nordeste do Brasil são pouco representadas ou mesmo ausentes no Herbário K, e a confirmação da identidade de coletas recentes foi problemática. Podem tratar-se de espécies normalmente encontradas fora da área de estudo, ou mesmo espécies novas ainda não descritas.

Uma pequena percentagem deste material é extremamente difícil de determinar, pois tratam-se de exsicatas estéreis ou desprovidas de porções maduras de estruturas cruciais para a sua determinação (frutos, capítulos maduros, etc.).

Coletores

Foi constatado através do processo de repatriamento que o nome de um mesmo coletor pode aparecer sob diversas formas, algumas delas por motivos históricos (ex. Sellow/Sello), outras devido ao uso variado das iniciais em etiquetas (ex. Hind, D.J.N./Hind, N.; Mori, S.A./Mori, S., etc.). Tais inconsistências foram eliminadas quando possível. As iniciais dos nomes de coletores antigos foram adicionadas apesar delas estarem ausentes da maioria das etiquetas (ex. Blanchet, Martius, Salzmann, Sellow, etc.). Quando a coleta foi feita por uma dupla, ambos os nomes foram citados, ao contrário do que foi feito nas listas de Zappi & Nunes (2002) e César et al. (2006). A lista de exsicatas no final da lista consta apenas do primeiro coletor, independente de haver dois ou mais coletores listados na etiqueta.

Discussão

Ao examinar o banco de dados, fica claro que o material de Compositae da Bahia é mais vasto, melhor coletado, e apresenta maior diversidade do que aquele proveniente dos outros estados do Nordeste. Uma grande concentração de coletas oriundas da Bahia é resultado da história inicial e recente da instituição, iniciando com o material coletado por George Gardner, e aumentado por expedições lideradas pelo Dr Raymond Harley com intuito de melhor conhecer a diversidade da Chapada Diamantina, e também das coletas extensivas de Wilson Ganev, seguidas pela iniciativa de Lenise Guedes, com o *Projeto Chapada Diamantina*, e também graças à dedicação de especialistas na família (ex. Bautista, Hind, e King), que complementaram a cobertura da família na Bahia. De qualquer modo, são necessárias mais coletas de Compositae tanto na Bahia como no restante do Nordeste, sendo que as lacunas podem ser claramente observadas no Mapa 1. Comparações da presente lista de espécies com a Listagem Preliminar da Flora do Nordeste do Brasil (Barbosa et al. 1996, Sales et al., 1998, e o website do CNIP/APNE (**www.cnip.org.br**)) confirmam os limites da coleção depositada em Kew.

Registros novos
Durante a coleta de dados o primeiro autor investigou mais a fundo o itinerário percorrido por Gardner e constatou que vários registros haviam sido erroneamente atribuídos ao estado de Pernambuco. Isto deveu-se tanto ao conhecimento limitado do itinerário de Gardner como a mudanças históricas que afetaram os limites estaduais no Nordeste do Brasil. A região denominada como Gardner sob o nome de Rio Preto hoje em dia faz parte do Noroeste da Bahia. Através do uso de mapas recentes, foi possível adicionar muitas espécies à lista da Flora of Bahia, incluindo *Calea microphylla* (Gardner) Baker, *Eremanthus brasiliensis* (Gardner) MacLeish, e *Stomatanthes pernambucensis* (B. L. Rob.) H. Rob. (*Eupatorium bracteatum* Gardner), bem como os tipos de *Clavigera pinifolia* (= *Pseudobrickellia brasiliensis* (Spreng.) R. M. King & H. Rob.), *Vernonia nitens* e *Vernonia riedeliana* (= *Strophopappus bicolor* DC.), todos conhecidos apenas dessa área.

Registros incompletos
Infelizmente ainda há um certo número de casos onde os dados presentes no material herborizado são muito incompletos. Mesmo no caso de expedições recentes, dados tem sido coletados mas subsequentemente não tem sido adicionados às etiquetas de modo consistente. Alguns deles trazem grande número de inconsistências envolvendo tanto a localidade, coordenadas geográficas e até mesmo os coletores. Houve tentativas de corrigir esses dados porém é possível que alguns desses equívocos permaneçam no presente trabalho.

Tamanho relativo da família

Zappi & Nunes (2002) fizeram uma comparação interessante do tamanho relativo da família Rubiaceae em distintos tratamentos florísticos disponíveis para o Nordeste do Brasil. Vale a pena repetir este exercício para as Compositae, e essa análise foi expandida para incluir outros tratamentos no âmbito do Brasil (Tabela 1). Na maioria das floras estudadas, Compositae é a maior família em número de espécies, com um tamanho médio de quase 10% (9,7%) das floras em questão. Os resultados são condizentes com o conhecimento global da família, com a exceção dos *Brejos de Pernambuco* (Sales et al. 1998). Este projeto estudou dez localidades de mata de brejo (ou seja mata úmida no interior do Nordeste), sendo que apenas uma localidade possuía vegetação aberta, na qual as Compositae são melhor representadas, em nenhum momento contou-se com especialistas na família acompanhando o trabalho de campo, e a lista não foi compilada de modo exaustivo (ou seja, nem todas as coletas feitas na região foram listadas no trabalho). Uma das omissões importantes é uma espécie de *Acritopappus* R. M. King & H. Rob. nova para a ciência e que será descrita em breve.

Tabela 1. Comparação de diversidade relativa de Compositae em inventários florísticos dentro e fora do Nordeste do Brasil

	Catolés Checklist, Bahia (Zappi et al., 2003)	Pico das Almas, Bahia (Hind in Stannard 1995)	Brejos de Pernambuco (Sales et al. 1998)	Projeto Chapada Diamantina, Bahia (Serra do Pai Inácio & Chapadinha) (Guedes & Orge 1998)	Serra do Cipó, Minas Gerais (Giulietti et al. 1987)	Flora do Grão Mogol, Minas Gerais (Pirani et al. (eds) 2003)	Reserva Ecológica IBGE, Distrito Federal (Pereira et al. 1993)
total de espécies de plantas vasculares	1713	1044	957	751	1590	c. 1073	1683
Compositae	179	132	c. 39*	69	169	82**	190
posição da família	maior	maior	quarta	maior	maior	segunda	maior
% total de spp.	10.44	12.64	4.08*	9.19	10.63	c. 7.65	11.29

* O total e a percentagem baixa estão tratados no texto
** total referido por Hind (2003) em Pirani *et al.* (2003) — este último cita um total incorreto no resumo, apesar de apresentar o número correto na Tabela 1.

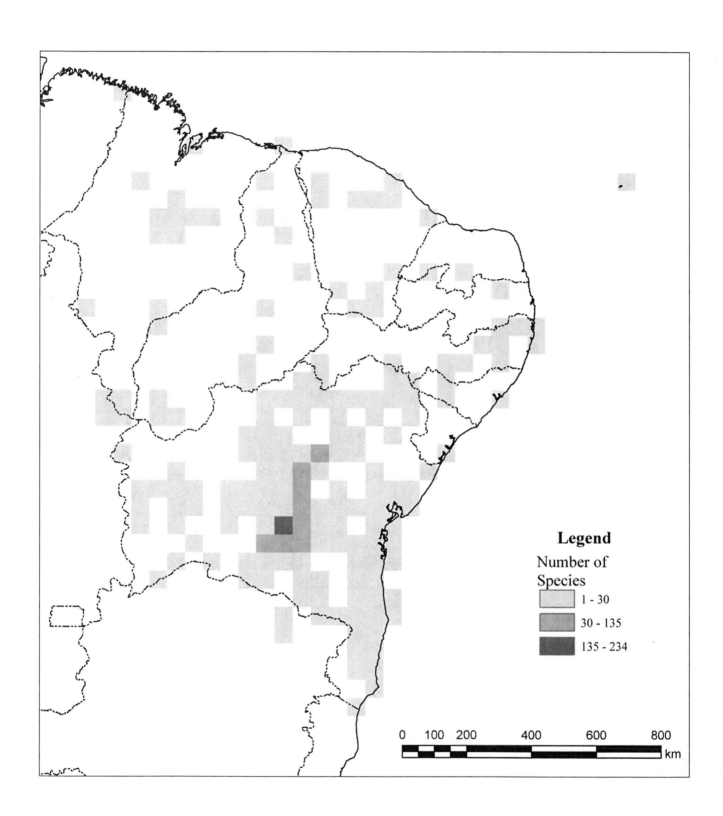

Mapa 1/Map 1. Mapa da densidade de espécies de Compositae no Nordeste do Brasil usando a coleção do herbário de Kew. Species density map of Compositae in Northeastern Brazil using Kew's collections.

De um total de 486 espécies, 444 ocorrem na Bahia, sendo que 355 destas não ocorrem nos outros estados do Nordeste do Brasil. Foram encontradas 42 espécies nos outros estados (excluindo a Bahia). As espécies ocorrendo tanto na Bahia como nos outros estados foram 89 (Diagrama 1).

A nível genérico, de um total de 143 gêneros, 62 ocorrem tanto na Bahia como nos outros estados do Nordeste, enquanto na Bahia encontramos 135 gêneros dos quais 73 são exclusivos para este estado (Diagrama 2). Entretanto, isto não significa que os mesmos são endêmicos e apenas ocorrem na Bahia, mas que, na maioria dos casos, a Bahia representa o limite norte de distribuição para muitos deles. Temos conhecimento de que 14 gêneros (dos quais 9 são monotípicos) são estritamente endêmicos para a Bahia, e 3 outros para os quais apenas uma espécie é encontrada fora da Bahia. Apenas 8 gêneros ocorrem em outros estados do Nordeste mas não foram até o momento registrados nas coleções de Kew.

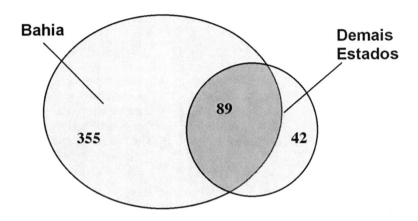

Gráfico 1. Ocorrência de espécies de Compositae na Bahia e sobreposição com as espécies encontradas nos outros 7 estados catalogados.

Diagram 1. Proportion of Compositae species from Bahia compared with the ones found in the remaining states of Northeastern Brazil (demais estados)

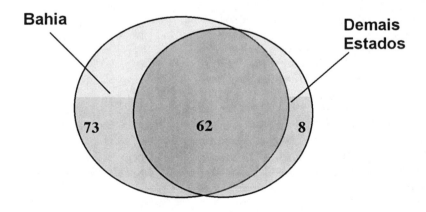

Gráfico 2. Ocorrência de gêneros de Compositae na Bahia e sobreposição com aqueles ocorrentes em outros estados.

Diagram 2. Comparison between Compositae genera occurring in Bahia and the ones found in the remaining states of Northeastern Brazil (demais estados).

Bibliografia/References

Barbosa, M. R. V., Mayo, S. J., Castro, A. A. J. F., Freitas, G. I., Pereira, M. S., Gadelha, N. P. C., & Moreira H. M. (1996). Checklist preliminar das angiospermas. In: E. V. S. B. Sampaio, S. J. Mayo & M. R. V. Barbosa (eds). Pesquisa Botânica Nordestina: Progresso e Perspectivas. Soc. Bot. Brasil, S. Reg. Pernambuco, Editora Universitária, pp. 253–415.

César, E. A., Juchum F. S. & Lewis, G. P. (2006). Lista preliminar da família Leguminosae na Região Nordeste do Brasil (Série Repatriamento de Dados do Herbário de Kew para a Flora do Nordeste do Brasil, vol. 2). [Preliminary list of the Leguminosae in Northeastern Brazil. (Repatriation of Kew Herbarium data for the Flora of northeastern Brazil Series, vol. 2)]. Royal Botanic Gardens, Kew. i–xxiv + 1–209.

Funk, V.A., Bayer, R.J., Keeley, S., Chan, R., Watson, L., Gemeinholzer, B., Schilling, E., Panero, J.L., Baldwin, B.G., Garcia-Jacas, N., Susanna, A. & Jansen, R.K. 2005. Everywhere but Antarctica: Using a supertree to understand the diversity and distribution of the Compositae. *Biol. Skr.* 55: 343–374.

Gardner, G. (1839). XL. Information respecting botanical travellers. Mr. Gardner's journeys in Brazil. Ann. Nat. Hist. 3(17): 327–336. [Published by Sir W.J. Hooker].

Gardner, G. (1842). Characters of three new species of *Chresta*; with remarks on the identity of *Pycnocephalum* and *Chresta*. London J. Bot. 1: 238–241 & tab. VIII & IX.

Gardner, G. (1846). Contributions towards a Flora of Brazil, being the distinctive characters of some new species of Compositae, belonging to the tribe Vernoniaceae by George Gardner, Esq., F.L.S., Superintendent of the Royal Botanic Gardens, Ceylon. London J. Bot. 5: 209–242

Gardner, G. (1847). Contributions towards a Flora of Brazil, being the characters of several new species of Compositae, belonging to the tribes Vernoniaceae and Eupatoriaceae, from the Province of Goyaz, by George Gardner, Esq., F.L.S. London J. Bot. 6: 417–49.

Giulietti, A. M., Menezes, N. L., Pirani, J. R., Meguro, M. & Wanderley, M. G. L. (1987). Flora da Serra do Cipó, Minas Gerais: Caracterização e lista de espécies. Bol. Bot. Univ. São Paulo 9: 1–151.

Guedes, M. L. S. & Orge, M. D. R. (1998). Checklist das espécies vasculares de Morro do Pai Inácio (Palmeiras) e Serra da Chapadinha (Lençóis). Chapada Diamantina, Bahia, Brasil. Instituto de Biologia, Universidade Federal da Bahia, Salvador.

Hind, D. J. N. (1995). *Compositae*. In: Stannard, B.L. (ed.) Flora of the Pico das Amas, Chapada Diamantina, Bahia, Brazil. Royal Botanic Gardens, Kew. pp. 175–278.

Hind, D. J. N. (2003). Flora of Grão-Mogol, Minas Gerais: Compositae (Asteraceae). In: Pirani, J. R., Giulietti, A. M., Mello-Silva, R. de, Rapini, A., Cordeiro, I., Queiroz, L. P. de, Zappi, D. C. (eds), Flora of Grão Mogol, Minas Gerais. Parte I. Pteridófitas, Podocarpaceae, Angiospermas A–D. bol. Bot. Univ. São Paulo 21(1): 179–234.

King, R. M. & Robinson, H. (1987). The genera of the Eupatorieae (Asteraceae). Monogr. Syst. Bot. vol. 22. i–xii + 1–581.

Martius, C. F. P. (1837-41). Herbarium florae Brasiliensis. Plantae brasilienses exsiccatae, quas denominatas, partim diagnosis aut observantibus instructas botanophilis offert Dr. C. Fr. Ph. de Martius. (1837) Flora 20 Beibl. 2: 1–128 [1–128]; (1838) Flora 21 Beibl. 2(4): 49–80 [129–160]; (1839) Flora 22 Beibl. 1(1): 1–16 [161–176]; (1839) Flora 22 Beibl. 1(2): 17–64 [177–240]; (1841) Flora 24 Beibl. 2(1–7): 1–112 [241–352]. NB. Page numbers in '[ ]' represent the page numbers in the whole work when published separately, which also had 4 pages of indelible autograph published with it listing many other collections from No. 723–1310.

Müller, J. (2006). Systematics of *Baccharis* (Compositae-Astereae) in Bolivia, including an overview of the genus. Syst. Bot. Monogr. 76: 1–341.

Pereira, B. A., Silva, M. A. & Mendonça, R. C. (1993). Reserva Ecológica do IBGE, Brasília (DF): Lista das Plantas Vasculares. Fundação Instituto Brasileiro de Geografia e Estatística (IBGE), Rio de Janeiro.

Pirani, J. R., Mello-Silva, R. de, Giulietti, A. M. (2003). Flora de Grão Mogol, Minas Gerais, Brasil. In: Pirani, J. R., Giulietti, A. M., Mello-Silva, R. de, Rapini, A., Cordeiro, I., Queiroz, L. P. de, Zappi, D. C. (eds), Flora of Grão Mogol, Minas Gerais. Parte I. Pteridófitas, Podocarpaceae, Angiospermas A–D. Bol. Bot. Univ. São Paulo 21(1): 1–24.

Sales, M. F., Mayo, S. J. & Rodal, M. J. N. (1998). Plantas vasculares da Florestas Serranas de Pernambuco: Un Checklist da Flora Ameaçada dos Brejos de Altitude, Pernambuco, Brasil. Universidade Federal Rural de Pernambuco, Imbrensa Universitária – UFRPE, Recife.

Stannard, B.L. (1995). Flora of the Pico das Amas, Chapada Diamantina, Bahia, Brazil. Royal Botanic Gardens, Kew.

Zappi, D. C., Lucas, E., Stannard, B. L., NicLughadha, E., Pirani, J. R., Queiroz, L. P. de, Atkins, S., Hind, D. J. N., Giulietti, A. M., Harley, R. M. & Carvalho, A. M. de (2003). Lista das plantas vasculares de Catolés, Chapada Diamantina, Bahia, Brasil. Bol. Bot. Univ. São Paulo 21(2): 345–398.

Zappi, D. C. & Nunes, T. S. (2002). Lista preliminar da família Rubiaceae na região Nordeste do Brasil. Série repatriamento de dados do Herbário de Kew para a Flora do nordeste do Brasil, vol. 1. [Preliminary list of the Rubiaceae in Northeastern Brazil. (Repatriation of Kew Herbarium data for the Flora of northeastern Brazil Series, vol. 1)]. Royal Botanic Gardens, Kew. i–xxii + 1–50.

Preliminary list of the **Compositae** in Northeastern Brazil

(Repatriation of Kew Herbarium data for the Flora of Northeastern Brazil Series, vol. 4.).

D. J. Nicholas Hind[1] & Elaine B. Miranda[2]

Collaborating Institutions:

The Royal Botanic Gardens, Kew

Universidade Estadual de Feira de Santana (HUEFS), Bahia, Brasil.

Series editor: D. Zappi[1].

[1] The Herbarium, Royal Botanic Gardens, Kew, Richmond, Surrey, TW9 3AE, United Kingdom.
[2] Herbário, Universidade Estadual de Feira de Santana, Bahia, Brasil, CEP 44031-460; B.A.T. Foundation Research Officer at Kew.

Foreword

It is not easy to write a foreword for this work, especially when taking into account the forewords received by the first three volumes of this series dealing with herbarium data repatriation towards the Flora of Northeastern Brazil. All described in a complete and eloquent manner the history, importance and reach of the attached lists. In my point of view, the present series could only happen due to the combination of essential factors, such as the infra-structure of a large herbarium with important reference collections for that region of Brazil, financial resources that covered all the activities developed by the Projeto Plantas do Nordeste, and researchers particularly committed to the subject of data repatriation, data access and information sharing, in this case Eimear Nic Lughadha and Daniela Zappi.

Just to make this a bit harder to write, this fourth volume deals with one of the largest, if not the largest, families of Angiosperms — the family of daisies and sunflowers, or for the systematists, simply Compositae or Asteraceae.

The importance of such a family within the Brazilian Flora can be easily gauged in floristic surveys, where the family almost always appears as the family with the largest number of species (that is, when they are properly collected and named). The same is true for Northeastern Brazil, where the high number of species within the Compositae is paired with several genera and species of restricted occurrence to the region. These facts became obvious when analysing the vast numbers of specimens,

species and genera dealt with by the present volume. The identification of 4200 specimens, representing a total of 486 species distributed in 143 genera is a major step towards the increase of the knowledge of Compositae for the region. The data, together with the field data of each specimen studied, were compiled in a database and are available to be consulted through the internet by any interested party. To finalize this work, the 306 specimens recognized as nomenclatural-types were digitized and their images were included in the searchable database.

It is certain that this work could only have been achieved with the coordination by a specialist, Dr D.J. Nicholas Hind, with wide ranging knowledge of the Compositae family, particularly in Northeastern Brazil, and a collaborator, Elaine B. Miranda, who exchanged the comfort of familiar surroundings to spend a year at Kew developing this work in a resilient and efficient manner. The scientific community, not only the Brazilian one but worldwide, thank Kew for this initiative, particularly the researchers involved in the project and in the compilation of this series for making available scientific informations that are increasingly critical for the better planning of the future of our country, and even for the whole planet.

Jimi Naoki Nakajima
Instituto de Biologia
Universidade Federal de Uberlândia, Minas Gerais

Acknowledgements

We would like to thank

- The then Rector of the Universidade Estadual de Feira de Santana, Dr Anaci Bispo Paim, and the Curator of the Herbarium HUEFS, Dr Luciano Paganucci de Queiroz, for the secondment of Elaine Miranda to work on this project at Kew.

- BAT (British American Tobacco) Foundation for the grant to help supporting this second phase of 'Repatriation of Kew Herbarium Data for the Flora of Northeast Brazil'.

Summary

The present work is the result of the survey of Compositae for the project 'Repatriation of Kew Herbarium Data for the Flora of Northeast Brazil'. It is the fourth to be published in the series. More than 4200 specimens were examined and the majority critically determined (within the time constraints of the project) in order to maximize the value of the repatriated data and images, and to enhance the level of information in the Royal Botanic Garden, Kew's own collection of Compositae for the region.

The present checklist was compiled using material deposited in the Herbarium, RBG, Kew and comprises about 497 taxa representing 486 species and three heterotypic species/varieties in 143 genera; the species number does not include material determined as 'spp.'; only one natural hybrid is recorded so far.

The material under each taxon/currently accepted name is arranged alphabetically by state and sorted by collector/s. The status of the type material is given when known (e.g. holotype, isotype, syntypes, etc.) and the presence of phototypes noted; the name of the type is also provided. Following the main body of the work, a list of specimens arranged by first collector and number with the relevant identification is aimed at making work with herbarium collections easier.

After the return of the second author to Brazil the BAT funding allowed a short-term grant of Marlon Machado (Univ. Est. Feira de Santana) for two months. During this period a web site was designed and launched, providing web access to the Compositae database, alongside relevant digital images of type material held at Kew and scanned during the latter phase of the project. Several other family datasets have now been added to the Compositae and can be accessed through **http://www.kew.org/scihort/tropamerica/repatriati on.htm**.

Hard copies of NE Brazilian Compositae type specimens held at Kew were also made available at four major Brazilian Herbaria (CEPEC, HUEFS, HRB and IPA), along with photocopies of their corresponding protologue.

It is quite apparent that most of the states in NE Brazil are still poorly known and poorly collected botanically, and that many more new species of Compositae remain to be discovered and described and added to collections.

Introduction

The Compositae (= Asteraceae) is one of the largest families of vascular plants with between 24,000 and 30,000 species in just over 1,630 genera (cf. Funk et al. 2005). In Northeastern Brazil, it is the most species rich plant family in the open habitats of the cerrados and campos rupestres, and there are many species present in the caatinga and restinga vegetation; far fewer are found in the Atlantic forest and in its inland formations, the so-called brejo forests.

The most genus and species rich tribe within Bahia is the Eupatorieae, especially the subtribe Gyptidinae. There are a number of endemic genera (e.g. *Arrojadocharis*, *Bishopiella*, *Catolesia*, *Lasiolaena*, *Litothamnus*, *Morithamnus*, *Prolobus*, *Semiria*, *Stylotrichium*), and most species in *Agrianthus* are endemic to the State (one of the six is also found in Minas Gerais). The genus *Acritopappus* (tribe Eupatorieae, subtribe Ageratinae) is represented by 11 endemic species in Bahia.

The family as a whole also includes a number of other endemic genera in Eastern Brazil, the majority of which are found in Bahia. Examples include *Santosia* and *Scherya* (Eupatorieae), *Cephalopappus* (Mutisieae), and *Bishopalea* and *Irwinia* (Vernonieae). There are also significant numbers of endemics amongst *Aspilia* and *Calea* (Heliantheae), *Lychnophora* and *Paralychnophora* (Vernonieae), and *Trichogonia* (Eupatorieae). The three largest genera, *Baccharis* (Astereae), *Mikania* (Eupatorieae) and *Vernonia* (Vernonieae), all contain several endemic species.

The aim of this checklist is to help researchers and students to gain a glimpse of the diversity of the Compositae in Northeastern Brazil held in the Herbarium of the Royal Botanic Gardens, Kew. The scanned type specimens available online, as well as hard copy images in four Brazilian herbaria (CEPEC, HUEFS, HRB and IPA), will assist in the identification of newly collected material. In addition, the list of exsiccatae found in this volume with help herbarium curators to update the identification of their duplicate Compositae specimens, with the hope that ultimately there will be a standardization of Compositae nomenclature across the different institutions. The nomenclatural standards are those already applied at the Centro Nordestino de Informações sobre Plantas da Associação Plantas do Nordeste (CNIP/APNE) database (**www.cnip.org.br**).

Materials & methods

Project outline and area covered

This projects coverage includes Alagoas, Bahia, Ceará, Paraíba, Pernambuco, Piauí, Rio Grande do Norte, and Sergipe in its concept of Northeastern Brazil, forming the *caatingas dominium*, but also includes records from Maranhão, even though the state is not part of the *caatingas dominium* and was not included in former lists under the same project (Zappi & Nunes 2002; César et al. 2006).

Methodology adopted

The underlying methodology of the second phase of databasing the Northeastern Brazilian collections in the Herbarium of the Royal Botanic Gardens, Kew, is that of the first, adopted by the 'Darwin Initiative Bahia Repatriation Officer (DIBRO), Teo Nunes (Zappi & Nunes, 2002). The material under each taxon/currently accepted name is arranged alphabetically by state and sorted by collector/s (ordered by single collector first, named paired collectors — by first collector — and finally as 'first collector et al.' for more than two collectors) and number within each state. The status of the type material is given when known (e.g. holotype, isotype, syntypes, etc.) and the presence of phototypes noted; both the current identification and the original name of each type are provided. Following the main list, there is an index organized by first collector and number with the relevant identification.

Databasing (in Access2.0) all relevant material and imaging of types and provision of photocopies of protologues of the family took just under one year to complete. The second author also passed on acquired expertise and trained Fabricio Juchum (see César et al., 2006) in herbarium and library procedures when Juchum first arrived in Kew. The first author has also rechecked critical taxa and much historical material outside of the state of Bahia, highlighting a number of previously unrecognized types (both within NE Brazil but also for collections outside that area). The problems of handwritten field notes of many collections, especially the older historical material, was largely interpreted by the first author if they could not be resolved by the second author.

Current work needs of the first author had placed all Bahian material in a temporary separate research collection. This represented the bulk of the Northeastern Brazilian collections of the family at Kew. Working with this material, together with the first author's preliminary checklist of the Compositae of Bahia, and a checklist of Northeast Brazil (Compositae) (Barbosa et al. 1996) that had been worked on and upgraded by the first author, the remaining collections were extracted from the general herbarium. It is possible that a few specimens being processed for mounting were omitted from this exercise; this material will be added to the database in due course. The cut-off date for databasing material was taken as the beginning of September 2002. Duplicates of material are marked with the number of duplicates in square brackets, '[× x]'.

In the case of several historical collections (e.g. Blanchet, Gardner, Martius, Salzmann), localizing the material to Município (= municipality — a town or district with a local government) may be difficult or even impossible, especially with historical changes in Município boundaries. In many instances a label stating collection in 'Bahia' (= nowadays the region of Salvador) may not mean that the material was collected within what is now known as Salvador; in such instances 'Mun.: ?' is cited. The citing of the Município should also be considered in conjunction with the date of collection, as many of them have recently been subdivided and those cited may no longer be correct.

The revision of specimen identification was carried out by the first author. This provided a measure of uniformity of naming amongst the collections, even though some material had previously been named by other specialists. However, each new flora and revision prompts a reassessment of species limits. One recent example (Müller, 2006) treated the genus *Baccharis* L. in Bolivia. This has implications in the treatment of several species found in Brazil, and especially within Bahia, particularly within the *B. linearifolia* group. Whilst accepting that this is a taxonomically difficult group, a point noted by Müller (2006: 103), and agreeing in part with the synonymy proposed by Müller (2006). The group still requires additional research throughout its range, especially in eastern Brazil. For this reason *B. linearifolia* (Lam.) Pers. is recorded separately from *B. leptocephala* DC. and *B. varians* Gardner.

The recognition of genera follows the limits currently recognized at Kew by the first author. Some names will doubtless remain in a state of flux as species (and generic) concepts are modified. This accounts for a number of undetermined specimens in some genera, and the allocation of the 'epithets' 'sp. 1', 'sp. 2' in others. Doubtless new taxa do exist amongst the collections but such 'epithets' are not to be taken as a confirmation that these particular taxa are new, rather that work on their identification is still in progress.

As 'type' specimens were encountered, they were checked by the first author for their validity and the type status was determined. Simultaneous checks were made by the second author alerting the first author to occasional additional citation problems in the literature overlooked by other researchers. Kew's rich collections contain many red 'type' covers containing both type and important historical material. However, many types still exist amongst the general holdings and remain to be recognized as such. This requires considerable time in searching through the literature whilst working alongside existing checklists and nomenclators. When determined, types had appropriate annotation labels generated in Access2.0, containing relevant type information and protologue details added to them. Other material which, following research, was found to warrant adding more information, such as locality, collector, etc., had interpretation labels added. All material was then databased and barcoded. Where type material has been found for which no status has yet been decided in the literature it was decided to simply cite such material as 'type'.

In its first phase (Zappi & Nunes 2002), the Repatriation project used high quality photographic prints, or Cibachromes™, to send to Brazilian institutions where the datasets were to be deposited (CEPEC, IPA, HUEFS and another). Those prints were substituted by scans during the start of the second phase, and the transition was made by the authors of this checklist. To scanning specimens is more advantageous than producing Cibachromes because the resulting electronic files can be archived and copied whenever requested, disseminated over the web, and also used for printing high quality hard copies for the herbaria.

The advent of large format commercially available flatbed scanners, and an element of ingenuity, has given rise to HerbScan®, which combines an A3 format Epson flatbed scanner inverted over an adjustable metal stand. The specimen, resting on a soft foam bed, is raised to the scanner glass, and scanned, using Epson's proprietary software, Epson Scan©, at a resolution of 600 dpi. Each specimen is given a barcode as a unique identifer and the image is saved under this barcode name. All of the labels and written information on the specimen are clearly visible in the final image(s). The captured digital images (TIFF files of about 200 Mb) are uploaded on to Kew's image server for archival storage. These images can be printed out on archival quality matte paper using an A3 Epson inkjet printer.

For each verified type, copies of the relevant protologues of the names were provided. The final data-repatriation package includes a full report from the database, in the form of a 'preliminary checklist', and a collection of labelled digital prints (and Cibachrome™ prints) with accompanying copies of the relevant protologues. The results of the BAT funded phase of the project, Phase 2, was then formally presented by Elaine Miranda to interested Kew staff and visitors. The presentation updated the figures and estimates for the completion of the work provided after Phase 1, helping the Kew Herbarium to plan subsequent projects involving digitization of specimens (The Spruce Project; African Plants Initiative and others). The first author has also presented a modified presentation of the progress of data-repatriation at Kew at a meeting for the *Flora Brasiliensis Revisited*, held in Indaiatuba, São Paulo, Brazil, on 24th and 25th October 2002, sponsored by CRIA (Centro de Refêrencia em Informação Ambiental: www.cria.org.br).

Source images (from scanning) were archived onto CD-ROMs until large capacity servers became available at Kew for the storage of image data. Subsequently, these images have been compressed, using commercial software (Bzip2©), and two sets of images have been made available. One set includes 'screen-size' images, the other is of thumbnail images to be used in image database software. The source images will be used to provide further high-quality prints (e.g. for publication) when requested; the compressed images have been used as the images on the main database of herbarium specimens of Northeast Brazil **(http://www.kew.org/scihort/tropamerica/repatriation.htm).**

BAT funding has also allowed data-repatriation to be carried out on several other families (e.g. Cyperaceae, Eriocaulaceae, Leguminosae, Polygalaceae, Bromeliaceae, Orchidaceae and Araceae).

Results

A total of 4200 Kew specimens of Northeastern Brazilian Compositae were databased, representing 486 species in 143 genera, of which 306 type sheets, representing 187 names, were digitally imaged and digital prints produced.

In addition to those, the Kew collections include 95 photographs of type specimens in other collections, representing a total of 82 names. The number of photographs of types is largely the result of an exchange programme with the Smithsonian Institution (US) and follow mainly from King and Robinson's work on the tribe Eupatorieae, and Robinson's work in the tribe Vernonieae. This has been supplemented by photographs of types sent on loan to Kew. The species and generic totals include the photographs of type specimens including 3 species, accounting for 3 genera, as well as a further 7 species, only represented by photographs. The photographs were included in the family calculations as we considered them as valid records.

From a total of 486 species, 444 occur in Bahia, and 355 were exclusive to Bahia and did not occur in other states of Northeastern Brazil. The remaining states had 42 species that did not occur in Bahia, and 89 species that occur in Bahia and other states (Diagram 1).

At genus level, from a total of 143 genera, 62 occur in Bahia and in other Northeastern states, while in Bahia there were 135 genera of which 73 were exclusive to this state. Nonetheless, this does not mean that these 73 genera were endemic and occurred only in Bahia, but that this state represented the northern limit of their distribution as represented at Kew. We are aware that 14 genera (of which 9 are monotypic) are strictly endemic to Bahia and 3 others have only one species that is found outside this state. Only 8 genera are found in other Northeastern states and are not, so far, represented in Bahia in the Kew collections (Diagram 2).

There still remain a large number of undetermined sheets in many genera. In some instances material of the same taxon have been grouped together (i.e. sp. 1, sp. 2 etc.) and these may represent taxa not yet recognized amongst our holdings at Kew for which we have no comparable material. Further research will doubtless provide names for these as well as material currently listed under 'spp.' Such material represents recent accessions, older imperfect collections or sterile or juvenile material which needs much detailed examination if accurate determinations are to be made. Time constraints have so far precluded this. There is little doubt that new taxa exist amongst some of this material but complete literature searches and examination of a wider range of herbarium material has yet to be carried out to confirm their status.

A number of genera are cultivated (including *Helianthus*, *Pseudogynoxys* (which is also native in Bahia), *Tanacetum*, *Tithonia*, *Xerochrysum*), and several contain widespread weeds or weedy plants (including *Acanthospermum*, *Artemisia*, *Bidens*, *Centratherum*, *Cosmos*, *Emilia*, *Sonchus*, *Sphagneticola*, *Tilesia*). However, this listing also highlights a problem, and not just with Kew's holdings, in that many cultivated plants (that often naturalize), and most weeds, are relatively poorly represented in collections (e.g. *Flaveria*). Likewise material of several critical groups appears to be overlooked, and remains uncollected, or undercollected, especially in such genera as *Gamochaeta*, *Porophyllum* and *Pectis*. Poor representation is also true of many endemic species in genera such as *Angelphytum*, *Argyrovernonia*, *Barrosoa*, *Bishopalea*, *Bishopiella*, *Cephalopappus*, *Morithamnus*, *Santosia*, *Scherya*. Some genera are also extremely poorly represented including *Teixeiranthus*.

On average the Compositae represent about 10% of any area's vascular plant flora. The richness of the campos rupestres vegetation is wholly supported by the figures in Table 1. The relative paucity of the family in the brejo forests ('Montane forests') of Pernambuco (Sales et al. 1998) is easily explained by the general habitat preferences of most species in the family for relatively open, dry, broken vegetation which is largely absent in the brejo forests of Pernambuco.

Historical Material

The Herbarium of the Royal Botanic Gardens, Kew has, throughout its history, received duplicate collections of many historical itineraries. The presence of so many amongst our Compositae was due, in no small part, to the presence of the Sir William J. Hooker and George Bentham in the nineteenth century. Hooker was himself both a sponsor and mentor to some of the collectors (e.g. George Gardner), and they deposited at least one set of duplicates in his private herbarium. The creation of the Herbarium (in 1852) in the Royal Botanic Gardens at Kew eventually brought the great private herbaria of Bentham (in 1854) and Sir William Hooker (in 1867) together. Having established *Index Kewensis* (under the editorship of Joseph D. Hooker and B. D. Jackson) during the nineteenth century, Kew found itself receiving material from many individuals and institutions and has continued being a repository for many newly described taxa — but not all.

Unfortunately there are problems with citations assessing of the collections of Martius and Gardner. In the case of Martius' collections only the joint collections of Spix and Martius exist, and all of these are in M. Cited collections for Martius in this list and in our present database are in fact specimens from his *Herbarium Flora Brasiliensis* (see Martius 1837–1841) and represent duplicates purchased or obtained by Martius and distributed in various centuries under *Herbarium Flora Brasiliensis* labels. It is only the original collections in BR that can be used to verify the actual collectors of this material as there is no documentary evidence of this.

Duplicate collections

It will be clear to anyone glancing through the following checklist that there are many collections duplicated, or even triplicated, at Kew. Part of the reason is outlined above, but it is worth commenting on further, and the existence of duplicates amongst modern collections is interesting for somewhat different reasons.

Gardner's itinerary collections (1836–1841) were collected in many sets of duplicates, often of twenty or more. These were extremely widely distributed amongst his sponsors, and a small set of duplicates is known to exist in RB. It is clear, however, that as one of his principal sponsors, and mentor, Sir William J Hooker, received one of the principle sets of Gardner's collections; these are all stamped 'ex Herbarium Hookerianum' on the sheets and purchased by Kew in 1867 for the grand sum of £1,000. Gardner's own correspondence (Gardner, 1839: 328) suggested that Hooker, in dealing with the returning collections from Brazil, could select his set of duplicates. In the event of unicates, or only two duplicates, Gardner allowed Hooker to select the best material for himself. Though this doubtless happened, it is clear from working with Gardner's published descriptions (e.g. Gardner 1842, 1846, 1847), the material in the BM (the 'top set' — Gardner's own material) and the material in K, most unicates are amongst the material in the BM, although unicates are few and far between. In many instances there are further duplicates at K, stamped 'ex Herbarium Benthamianum', representing the set of Gardner's material purchased by another of Gardner's sponsors, George Bentham. George Bentham's collections formed the basis of the Herbarium of the Royal Botanic Gardens, Kew in 1854. In rare instances there are further duplicates and these are from Trinity College, Dublin. In the 1980s, during clearance of much unmounted material several historical collections were distributed by Trinity College and those from South America were sent to K — amongst them several of Gardner's.

Nomenclature

The Gardner collections are frequently type specimens, both of his and other taxonomists' names. The problems of typification are evident from the literature when holotypes and lectotypes have been chosen from amongst the duplicates and no one set has been favoured, in part through ignorance of the collections and their history. Thus each single set (e.g. material from Herb. Benthamianum) is to contain a mixture of isotypes (and isolectotypes), and holotypes and lectotypes.

The first author has sometimes decided to cite some type material as just TYPE, until a firm decision has been made on their status. Appropriate lectotypifications will be published in forthcoming tribal checklists of Brazilian Compositae. A similar situation is found in the typification of many of de Candolle's taxa. An examination of his *Prodromus* often indicates the need for lectotypification which cannot be clarified easily from examination of the IDC microfiche of the de Candolle herbarium (G-DC), especially since historical problems associated with the selection of material for the microfiche have become apparent.

'Top set' and other sets

It is clear, from a nomenclatural standpoint, that there are historical problems when considering the use of the duplicate Gardner collections in assigning the type status on these collections. The 'top set' of Gardner's material is housed in BM, following its return from Ceylon and its subsequent purchase by BM. For many taxonomists this would be the single most important fact in determining where the holotypes and potential lectotypes should be cited and housed. This is certainly not the case with this collection.

When Gardner returned to England from Brazil the vast bulk of his 6100 numbered collections had been split up into duplicate sets and disposed of by his principle sponsor, Sir William J. Hooker, and many sets sold through the services of Pamplin's of Soho — at the rate of £2 per 100 numbers. In order to work through the collections, identify and eventually describe many of the novelties, Gardner utilized the collections of Hooker and the services of several botanists in and around London. In 1842 the Royal Botanic Gardens, Kew did not have a Herbarium — that only came into existence in 1852 and the first full time Curator, Allan Black, was appointed in 1853. Hooker had been newly appointed as director in 1841 and when he moved down from Glasgow to take up his post he did so with his vast herbarium. However, until accommodation was provided at Kew Hooker was provided with a large house, West Park, in Sheen, which was where his herbarium was housed. Gardner usually resided in Hammersmith during his stays in London, and visited Hooker in Sheen, to compare and identify his collections. It is clear therefore that for the many papers dated and placed as written in Kew that Gardner has seen, or used, both his own and Hooker's material to describe them. It should also be evident that for Gardner to continue writing up his new taxa when in Kandy (from 1846, e.g. Gardner, 1846), that the preliminary identifications had to have been made in London, although the descriptions were probably based on the material he had to hand in Kandy — where it is evident he had a large, but not complete, set of his own collections. Indeed he had to purchase a further set of duplicates, 'at the sale of Professor Graham's Herbarium', to be able to describe some his new taxa from Goiás (Gardner 1847: 417) as his material had been lost in transit.

Undetermined material and provisionally determined material

All material has been determined to genus, but in several critical taxa it is clear that there is a relatively large amount of incompletely determined material. Some Northeastern Brazilian species are poorly represented in Kew, or not represented at all, and confirmation of the identity of recent collections may have currently proven difficult. The material may also represent species normally found outside of Northeastern Brazil, or even taxa previously unknown to science.

A small percentage of this material is almost impossible to determine in that it is sterile or lacks some vital critical character, such as mature fruits, mature opened capitula etc.

Collectors

Throughout the current data-repatriation exercise it has become clear that the same collector appears under a variety of forms, some through historical reasons (e.g. Sellow/Sello), others through variable use of initials on labels (e.g. Hind, D.J.N./Hind, N.; Mori, S.A./Mori, S., etc.). Every attempt has been made to try to eliminate these inconsistencies. 'Historical' collectors have been provided with initials in order to standardize entries, although most never used initials on their labels (e.g. Blanchet, Martius, Salzmann, Sellow, etc.). In the case of two collectors both have been listed, unlike the listing in Zappi & Nunes (2002) The 'List of Exsiccatae' provides the names of the first collector only, regardless of whether there are two or more collectors listed on the label.

Discussion

It is obvious from examining the database of the Compositae material from the Northeastern Brazil that the State of Bahia is both better collected and more diverse than the other states. For historical reasons there is also a far greater concentration of species and collections from Bahia than in any other state in the region. The early collections of George Gardner, several collecting expeditions made under the 'Harley et al.' umbrella, the long-term collections of Wilson Ganev (based around the central Chapada Diamantina) following on from the *Projeto Chapada Diamantina*, lead by Lenise Guedes, and also by the attention of a few Compositae specialists (e.g. Bautista, Hind, and King), have added considerably to coverage of the family in Bahia. However, many, many more Compositae collections need to be made, both in Bahia and the rest of the Northeast of Brazil, as it is clear the family is under-represented (Map 1). Comparisons with the preliminary checklists for Northeastern Brazil (Barbosa et al. 1996, Sales et al., 1998, and the CNIP/APNE database (**www.cnip.org.br**)) confirm the limited representation of taxa in Kew.

New State records

During the databasing of the material in Kew work by the first author on Gardner's itineraries indicated several records have been consistently ascribed to the wrong state (i.e. Pernambuco). This was largely because of a poor knowledge of the exact itinerary Gardner followed as well as the subsequent historical changes in State boundaries that have taken place, especially in the Northeast of Brazil. This is especially true of the section of Gardner's itinerary through the region of Rio Preto in what is now part of Northwestern Bahia. A confirmation of the localities, using modern maps, has added several new species to the Flora of Bahia, including *Calea microphylla* (Gardner) Baker, *Eremanthus brasiliensis* (Gardner) MacLeish, and *Stomatanthes pernambucensis* (B. L. Rob.) H. Rob. (*Eupatorium bracteatum* Gardner), and the types of Gardner's *Clavigera pinifolia* (= *Pseudobrickellia brasiliensis* (Spreng.) R. M. King & H. Rob.), *Vernonia nitens* and *Vernonia riedeliana* (= *Strophopappus bicolor* DC.) were described from the same area.

Incomplete records

Regrettably there are a number of instances where the label data is far from complete. In certain recent expeditions, for instance, complete field data was collected although this seems to have not to have been added to the label creation database. Some of these labels also contain much erroneous information, both to locality, latitude and longitude, and collectors! The first author has attempted to correct these as far as is possible on the Kew material, although doubtless there are still errors present.

Relative size of the family

Zappi & Nunes (2002) provided useful comparison of the relative size of the Rubiaceae in different floristic treatments available for Northeastern Brazil; it is worthwhile repeating the exercise for the Compositae. However, in the following table (Table 1) other comparisons, outside of NE Brazil, have been added to provide a broader comparison. In all bar two of the flora areas the Compositae is the largest family, with an average size of 9.7% of the floras in question. The results are on the whole typical for the family, with the exception of that from the *Brejos de Pernambuco* (Sales et al. 1998). The latter project covered a study of ten sites of brejo forest, with only one site containing vegetation in which the Compositae was well represented. Although overall the total for this flora provided 39 species, the first author of this current work would like to point out that this is not a complete list of everything collected for the family, nor was a specialist present on any of the collecting trips. Indeed, one very important omission is that of a new species of *Acritopappus* R. M. King & H. Rob. shortly to be described!

Table 1. A comparison of the relative diversity of the Compositae in different floristic inventories both within NE Brazil and outside of NE Brazil

	Catolés Checklist, Bahia (Zappi *et al.*, 2003)	Pico das Almas, Bahia (Hind in Stannard 1995)	Brejos de Pernambuco (Sales *et al.* 1998)	Projeto Chapada Diamantina, Bahia (Serra do Pai Inácio & Chapadinha) (Guedes & Orge 1998)	Serra do Cipó, Minas Gerais (Giulietti *et al.* 1987)	Flora do Grão Mogol, Minas Gerais (Pirani *et al.* (eds) 2003)	Reserva Ecológica IBGE, Distrito Federal (Pereira *et al.* 1993)
total vascular plant spp.	1713	1044	957	751	1590	c. 1073	1683
Compositae	179	132	c. 39*	69	169	82**	190
position of family	largest	largest	4th	largest	largest	2nd	largest
% total of spp.	10.44	12.64	4.08*	9.19	10.63	c. 7.65	11.29

* This low total and % is accounted for in the text
** This is actually the species total given by Hind (2003) in Pirani *et al.* (2003) — which gave an incorrect total in the Abstract, although providing the correct figure in Table 1.

Lista da Família Compositae (Asteraceae)

Acanthospermum australe (Loefl.) Kuntze
Bahia
Mun. ?: s.l. *Blanchet, J.S.* s.n.
Mun. ?: Sandy places, district of Rio Preto. 9/1839, *Gardner, G.* 2902.
Lençóis: Serras dos Lençóis. About 7–10 km along the main Seabra-Itaberaba road, W. of the Lençóis turning, by the Rio Mucugezinho. 27/5/1980, *Harley, R.M.* et al. 22719.
Rio de Contas: Pico da Almas. Vertente leste. Fazenda Silvina, 19 km ao N-O da cidade. 23/10/1988, *Harley, R.M.* et al. 25345.
Rio de Contas: Pico da Almas. Vertente leste. Entre Junco e Fazenda Brumadinho, 9–14 km ao N-O da cidade. 11/12/1988, *Harley, R.M. & B. Stannard*, 27104.
Abaíra: Arredores de Catolés. 19/12/1991, *Hind, D.J.N. & R.F. Queiroz*, IN H 50003.
Lençóis: Fazenda na estrada para Barra Branca. 28/10/1996, *Hind, D.J.N. & L. Funch*, IN PCD 3791.
Morro do Chapéu: Serra Pé do Morro. 29/6/1996, *Hind, D.J.N.* et al. IN PCD 3237.
Piatã: Na Pousada Arco-íris. 7/11/1996, *Hind, D.J.N.* et al. IN PCD 4121.
Mun. ?: In arenosis apricis prov. Bahiensis et Sebastianopolitanae. Toto fere anno floret. [leg. ?] *Martius Herb. Fl. bras.* 533.
Santa Cruz de Cabrália: Estrada velha de Santa Cruz de Cabrália, 2–4 km a W de Santa Cruz de Cabrália. 28/7/1978, *Mori, S.A.* et al. 10353.
Feira de Santana: Campus da UEFS. 25/5/1983, *Noblick, L.R.* 2695.
Feira de Santana: Campus da UEFS, atrás da Biblioteca. 24/1/1992, *Queiroz, L.P.* 2599.
Mun. ?: Bahia [= Salvador], locis cultis. *Salzmann, P.* 38. [× 2]

Acanthospermum hispidum DC.
Alagoas
Belém: Sítio Cabeça Dantas, a 5 km da cidade. 3/12/1993, *Barros, C.S.S.* 154.
Mun. ?: In dry sandy and waste places very common about Maceió. 4/1838, *Gardner, G.* 1345.
Bahia
Tucano: Distrito de Caldas do Jorro. Estrada que liga Caldas do Jorro ao Rio Itapicuru. 1/3/1982, *Carvalho, A.M. & D.J.N. Hind*, 3854.
Mun. ?: Cruz de Casma. 1835, *Glocker, E.F.* s.n.
Porto Seguro: Fonte dos Protomartires do Brasil. 21/3/1974, *Harley, R.M.* et al. 17247.
Jacobina: Barracão de Cima. 6/7/1996, *Harley, R.M.* et al. IN PCD 3448.
Abaíra: Arredores de Catolés. 19/12/1991, *Hind, D.J.N. & R.F. Queiroz*, IN H 50004.
Morro do Chapéu: Próximo ao Rio Ventura. 27/6/1996, *Hind, D.J.N.* et al. IN PCD 3091.
Morro do Chapéu: Serra Pé do Morro. 29/6/1996, *Hind, D.J.N.* et al. IN PCD 3240.
Jacobina: Catuaba. 4/7/1996, *Hind, D.J.N.* et al. IN PCD 3398.

Lençóis: Estrada para Barra Branca. 27/10/1996, *Hind, D.J.N. & L. Funch*, IN PCD 3790.
Itaberaba: Eastern outskirts of Itaberaba. 30/1/1981, *King, R.M. & L.E. Bishop*, 8687.
Feira de Santana: Campus da UEFS. 26/6/1982, *Lemos, M.J.S.* 18.
Mun. ?: In apricis ad Cruz de Casma, in campis. 1, [leg. ?] *Martius Herb. Fl. bras.* 645.
Mun. ?: Bahia [= Salvador]: ruderalis. *Salzmann, P.* 21, ISOTYPE, Acanthospermum hispidum DC. [× 2]
Casa Nova: BR 235, entroncamento Sobradinho – Remanso, km 38. 8/8/1994, *Silva, G.P.* et al. 2446.
Ceará
Mun.?: s.l. 1926, *Bolland, G.* s.n. [× 2]
Mun.?: Crato. s.l. 27/2/1972, *Pickersgill, B.* et al. RU 72 230.
Pernambuco
Mun. ?: Pernambuco. 28/7/1872, *Preston, T.A.* s.n.
Fernando de Noronha: s.l. 1887, *Ridley, H.N.* et al. 105.
Piauí
Oeiras: Common about Oeiras, growing even in the skirts of the city. 3/1839, *Gardner, G.* 2221. [× 2]

Achyrocline alata (Kunth) DC.
Bahia
Abaíra: Estrada Piatã-Abaíra, divisa dos municípios, próximo a Ponte do Rio Tomboro. 18/7/1992, *Ganev, W.* 681.
Piatã: Catolés de Cima, próximo ao Rio do Bem-Querer, caminho para a casa do Sr. Altino. 29/8/1992, *Ganev, W.* 986.
Rio de Contas: Pico das Almas. Vertente leste. Trilha Fazenda Silvina – Campo do Queiroz. 30/10/1988, *Harley, R.M.* et al. 25789. [× 3]
Rio de Contas: Pico das Almas a 18 km NW de Rio de Contas. 24/7/1979, *King, R.M.* et al. 8134.

Achyrocline saturejoides (Lam.) DC.
Bahia
Piatã: Boca da Mata. 12/11/1996, *Bautista, H.P. & D.J.N. Hind*, IN PCD 4232.
Mun. ?: Bahia [= Salvador]: s.l. *Blanchet, J.S.* 3490.
Ilhéus: s.l. *Blanchet, J.S.* s.n.
Rio de Contas: Estrada para a Cachoeira do Fraga, no Rio Brumado, a 3 km do município de Rio de Contas. 22/7/1981, *Furlan, A.* et al. IN CFCR 1714.
Abaíra: Catolés: gerais da Serra da Tromba, encosta da Serra do Atalho. 18/6/1992, *Ganev, W.* 524.
Abaíra: Estrada Abaíra-Piatã, radiador acima do garimpo velho. 25/6/1992, *Ganev, W.* 557.
Mun. ?: Cruz de Casma: auf Campos. 7/1835, *Glocker, E.F.* 50.
Salvador: UFBA – Campus de Ondina, à margem da estrada na encosta do morro. 13/12/1991, *Guedes, M.L. & D.J.N. Hind*, 18.
Palmeiras: Pai Inácio. 29/8/1994, *Guedes, M.L.* et al. IN PCD 487.
Palmeiras: Pai Inácio. 29/8/1994, *Guedes, M.L.* et al. IN PCD 489.

Lençóis: Serra da Chapadinha, próximo ao Rio Mucugezinho. 25/9/1994, *Guedes, M.L.* et al. IN PCD 755. [× 2]

Rio de Contas: Lower N.E. slopes of the Pico das Almas, ca. 25 km W.N.W of the Vila do Rio de Contas. 20/3/1977, *Harley, R.M.* et al. 19771.

Maraú: Coastal Zone, about 5 km North from turning to Maraú, along the Campinho road. 17/5/1980, *Harley, R.M.* et al. 22171.

Canavieiras: Ca. 18 km N of Canavieiras on road to Poxim. 15/2/1992, *Hind, D.J.N.* et al. 52.

Mucugê: Na estrada para Guiné, de Mucugê. 16/7/1996, *Hind, D.J.N.* et al. IN PCD 3672.

Palmeiras: Capão Grande, no sentido da Cachoeira da Fumaça. 29/10/1996, *Hind, D.J.N. & L.P. de Queiroz,* IN PCD 3811.

Piatã: Estrada Piatã-Inúbia, a 2 km do entroncamento com a estrada Piatã-Boninal. 11/11/1996, *Hind, D.J.N. & H.P. Bautista,* IN PCD 4182.

Santa Cruz de Cabrália: BR 367, ca. 26 km E of Eunápolis. 4/7/1979, *King, R.M.* et al. 7983.

Ilhéus: Rodovia Ilhéus-Uruçuca (BA 262), km 4, próximo ao Distrito Industrial. 10/7/1979, *King, R.M. & L.A. Mattos Silva,* 8011.

Rio de Contas: Carrapatos. 8/1813, *Luetzelburg, P. von* 325. [Photograph]

Canavieiras: s.l. 4/1965, *M. Magalhães,* 19639.

Mun. ?: Ad Cruz de Casma. 7, [leg. ?] *Martius Herb. Fl. bras.* 644.

Valença: Ramal à esquerda da rodovia que liga Valença à Guaibim (litoral), km 9. 12/8/1980, *Mattos Silva, L.A.* et al. 1022.

Caravelas: Rodovia BR 418 a 16 km do entroncamento com a BA 001. 18/3/1978, *Mori, S.A.* et al. 9654.

Santo Amaro: BA 026, 9 km W de Santo Amaro. 22/11/1986, *Queiroz, L.P. &* et al., 1355.

Castro Alves: Topo da Serra da Jibóia, em torno da torre de televisão. 12/3/1993, *Queiroz, L.P.* et al. 3097.

Mun. ?: Bahia [= Salvador]: in collibus aridis. *Salzmann, P.* 40. [mounted with *Mueler* 259]

Mun. ?: Bahia [= Salvador]: in collibus aridis. *Salzmann, P.* 40. [mounted with *Thurn* 63]

Ceará

Mun. ?: In dry bushes places, Serra do Araripe. 10/1838, *Gardner, G.* 1825. [× 2]

Paraíba

Areia: Mata de Pau-Ferro, orla da mata ao lado da estrada Areia-Remígio, a leste da Picada dos Postes. 7/1/1981, *Fevereiro, V.P.B. &* et al., M 492.

Pernambuco

Buíque: Estrada Buíque-Catimbau. 21/9/1995, *Figueirêdo, L.* et al. 183.

Buíque: Serra do Catimbau. 22/9/1995, *Figueirêdo, L.* et al. 199.

Bonito: Reserva Municipal de Bonito. 18/9/1995, *Henrique, V.V.* et al. 26.

Bezerros: Parque Ecológico de Serra Negra. 10/10/1995, *Oliveira, M. & S.S. Lira,* 94.

São Vicente Ferrer: Mata do Estado. 31/10/1995, *Souza, E.B.* et al. 39.

Acmella alba (L'Hér.) R.K.Jansen

Bahia

Itabuna: Grounds of the Centro de Pesquisas do Cacau. 9/7/1979, *King, R.M. & S.A. Mori,* 7997.

Itabuna: Grounds of the Centro de Pesquisas do Cacau. 9/7/1979, *King, R.M. & S.A. Mori,* 8001.

Acmella ciliata (Kunth) Cass.

Bahia

Jacobina: Barracão de Cima. 6/7/1996, *Bautista, H.P.* et al. IN PCD 3458.

Gentio do Ouro: Caminho para Santo Inácio. 24/6/1996, *Guedes, M.L.* et al. IN PCD 3011. [× 2]

Lençóis: Fazenda na estrada para Barra Branca. 28/10/1996, *Hind, D.J.N. & L. Funch,* IN PCD 3796.

Jacobina: A beira do Rio Jacobina. 3/7/1996, *Hind, D.J.N.* et al. IN PCD 3375.

Ceará

Mun. ?: Serra de Baturité. 9/1910, *Ule, E.* 9125.

Paraíba

Brejo da Cruz: Estrada de Catolé do Rocha à Brejo da Cruz. 2/6/1984, *Collares, J.E.R. & L. Dutra,* 158.

Piauí

Mun. ?: Oeiras: Moist places near Oeiras. 5/1839, *Gardner, G.* 2223, ISOTYPE, Spilanthes melampodioides Gardner. [× 2]

Acmella oleracea (L.) R.K.Jansen

Paraíba

João Pessoa: Cidade Universitária, 6 km Sudeste do centro de João Pessoa. 9/1990, *Agra, M.F.* 1170. [× 2]

Piauí

Mun. ?: Oeiras. Cultivated in gardens. 5/1839, *Gardner, G.* 2224. [× 2]

Acmella paniculata (Wall. ex DC.) R.K.Jansen

Paraíba

Brejo da Cruz: Estrada de Catolé do Rocha à Brejo da Cruz. 2/6/1984, *Collares, J.E.R. & L. Dutra,* 158.

Acmella uliginosa (Sw.) Cass.

Bahia

Rio de Contas: About 2 km N. of the town of Rio de Contas in flood plain of the Rio Brumado. 25/1/1974, *Harley, R.M.* et al. 15505.

Correntina: Chapadão Ocidental da Bahia. Islets and banks of the Rio Corrente by Correntina. 23/4/1980, *Harley, R.M.* et al. 21631.

Mun. ?: Chapadão Ocidental da Bahia. 5 km to the N. of Tabocas which is 10 km N.W. of Serra Dourada. 1/5/1980, *Harley, R.M.* et al. 21979.

Maracás: Margem de lagoa dominada por Marsilea. 31/8/1996, *Harley, R.M. & A.M. Giulietti,* 28244.

Una: Rodovia BA 001, 8–10 km ao N de Una. 12/4/1992, *Hatschbach, G.* et al. 57014.

Serra Preta: 7 km W de Ponto de Serra Preta. Fazenda Santa Clara. 17/7/1985, *Noblick, L.R. & M.J.S. Lemos,* 4159.

Mun. ?: Bahia [=Salvador], in paludosis. *Salzmann, P.* 45, ISOTYPE, Spilanthes salzmannii DC.

Ceará

Mun. ?: Guarmaranga, about 50 miles inland. *Bolland, G.* s.n.

Mun. ?: Moist places near Crato. 9/1838, *Gardner, G.* 1746. [× 2]

Piauí
Mun. ?: By the side of a small stream 3 leagues north from Oeiras. 5/1839, *Gardner, G.* 2225. [× 2]
Parnaíba: Barro Vermelho (Santa Isabel). 28/6/1994, *Nascimento, M.S.B.* 15.

Acritopappus catolesensis D.J.N. Hind & Bautista
Bahia
Piatã: Três Morros, estrada Piatã-Inúbia. 5/12/1992, *Ganev, W.* 1621.
Piatã: Serra de Santana, atrás da igreja. 20/12/1992, *Ganev, W.* 1717.
Abaíra: Mata do Outeiro, próximo ao Caminho Engenho-Marques. 2/1/1993, *Ganev, W.* 1763.
Abaíra: Caminho Boa Vista-Riacho Fundo pelo Toucinho. 27/1/1994, *Ganev, W.* 2889.
Abaíra: Vertentes das serras ao Oeste de Catolés, perto de Catolés de Cima. 26/12/1988, *Harley, R.M. et al.* 27778.
Abaíra: Arredores de Catolés. 24/12/1991, *Harley, R.M. et al.* IN H 50342.
Abaíra: Bem Querer. 30/1/1992, *Hind, D.J.N.* IN H 51333, ISOTYPE, Acritopappus catolesensis D.J.N. Hind & Bautista. [× 2]
Abaíra: Campo de Ouro Fino (baixo). 7/2/1992, *Stannard, B.L. & R.F. Queiroz,* IN H 51053. [× 2]

Acritopappus confertus (Gardner) R.M.King & H.Rob.
Bahia
Morro do Chapéu: Estrada Morro do Chapéu-Feira de Santana, ca. 20 km a partir da sede do município. Cachoeira do Ferro Doido. 22/2/1993, *Amorim, A.M.A. et al.* 1017.
Morro do Chapéu: Serra Pé do Morro. 29/6/1996, *Bautista, H.P. et al.* IN PCD 3219.
Piatã: Estrada Catolés-Piatã, a 27 km de Catolés. 9/11/1996, *Bautista, H.P. & D.J.N. Hind,* IN PCD 4176.
Piatã: Estrada Piatã-Boninal, entrando a 3,7 km à direita num local denominado Tijuco. 12/11/1996, *Bautista, H.P. & D.J.N. Hind,* IN PCD 4221.
Piatã: Estrada Piatã-Boninal, entrando a 3,7 km à direita, no local denominado Tijuco. 12/11/1996, *Bautista, H.P. & D.J.N. Hind,* IN PCD 4223.
Morro do Chapéu: Ca. 3 km S da cidade, na estrada para Wagner. *Carvalho, A.M. & J. Saunders,* 2834.
Mucugê: Ca. 3 km na estrada de Mucugê para Cascavel. Vale do Rio Mucugê. 20/3/1990, *Carvalho, A.M. & J. Saunders,* 2944.
Rio de Contas: Ca. 1 km antes do distrito de Mato Grosso. 29/12/1997, *Carvalho, A.M. et al.* 6424.
Morro do Chapéu: Rodovia Lage do Batata-Morro do Chapéu, km 66. 28/6/1983, *Coradin, L. et al.* 6218.
Abaíra: Serrinha. 18/11/1992, *Ganev, W.* 1496.
Abaíra: Caminho Capão de Levi-Serrinha. 13/12/1993, *Ganev, W.* 2617.
Abaíra: Serrinha, caminho Samambaia-Serrinha. 5/2/1994, *Ganev, W.* 2947.
Mucugê: Campo defronte ao cemitério. 20/7/1981, *Giulietti, A.M. et al.* IN CFCR 1387. [× 2]
Delfino: Serra do Curral Feio. 9/3/1997, *Giulietti, A.M. et al.* IN PCD 6149.
Palmeiras: Próximo ao Rio Mucugezinho. Rodovia Lençóis-Seabra, ca. 21 km NW de Lençóis. 17/2/1994, *Harley, R.M. et al.* IN CFCR 14190.

Palmeiras: Estrada entre Palmeiras e Mucugê, ca. 1 km N de Guiné de Baixo. 19/2/1994, *Harley, R.M. et al.* IN CFCR 14229. [× 2]
Mucugê: 3–5 km N da cidade, em direção à Palmeiras. 20/2/1994, *Harley, R.M. et al.* IN CFCR 14282.
Rio de Contas: About 3 km N of the town of Rio de Contas. 21/1/1974, *Harley, R.M. et al.* 15356.
Barra da Estiva: 16 km N of Barra da Estiva on the Paraguaçu road. 31/1/1974, *Harley, R.M. et al.* 15739.
Mucugê: By Rio Cumbuca ca. 3 km S of Mucugê, near site of small dam on road to Cascavel. 4/2/1974, *Harley, R.M. et al.* 15907.
Monte Santo: s.l. 20/2/1974, *Harley, R.M. et al.* 16422.
Bahia: 16 km North West of Lagoinha (5.5 km SW of Delfino) on side road to Minas do Mimoso. 4/3/1974, *Harley, R.M. et al.* 16658.
Mucugê: 2–3 km approximately SW of Mucugê on the road to Cascavel. 17/2/1977, *Harley, R.M. et al.* 18805.
Morro do Chapéu: 19.5 km SE of the town of Morro do Chapéu on the BA 052 road to Mundo Novo, by the Rio Ferro Doido. 2/3/1977, *Harley, R.M. et al.* 19232.
Mucugê: Between Igatú and Mucugê. 24/1/1980, *Harley, R.M. et al.* 20571.
Morro do Chapéu: Summit of Morro do Chapéu, ca. 8 km SW of the town of Morro do Chapéu to the west of the road to Utinga. 30/5/1980, *Harley, R.M. et al.* 22820.
Morro do Chapéu: Rio Ferro Doido, 19.5 km SE of Morro do Chapéu on the BA 052 highway to Mundo Novo. 31/5/1980, *Harley, R.M. et al.* 22856.
Bahia: Pico das Almas. 19/2/1987, *Harley, R.M. et al.* 24431.
Rio de Contas: Pico das Almas. Vertente leste. Campo do Queiroz. 14/12/1988, *Harley, R.M. & D.J.N. Hind,* 27238.
Rio de Contas: Sopé do Pico do Itobira. 15/11/1996, *Harley, R.M. et al.* IN PCD 4282.
Rio de Contas: Sopé do Pico do Itobira. 15/11/1996, *Harley, R.M. et al.* IN PCD 4302.
Rio de Contas: Sopé do Pico do Itobira. 15/11/1996, *Harley, R.M. et al.* IN PCD 4304.
Rio de Contas: 2 km antes do povoado de Mato Grosso, na estrada para Rio de Contas. 3/2/1997, *Harley, R.M. et al.* IN PCD 5005.
Abaíra: Campo de Ouro Fino (alto). 21/1/1992, *Hind, D.J.N. & R.F. Queiroz* IN H 50935.
Mucugê: Estrada Andaraí-Mucugê, ao lado da torre da EMBRATEL. 12/7/1996, *Hind, D.J.N. et al.* IN PCD 3546.
Mucugê: s.l. 13/7/1996, *Hind, D.J.N. et al.* IN PCD 3554.
Mucugê: Pedra Redonda, entre o Rio Preto e o Rio Paraguaçu. 15/7/1996, *Hind, D.J.N. et al.* IN PCD 3653.
Piatã: Estrada Piatã-Inúbia, a 2 km da entrada para Inúbia. 11/11/1996, *Hind, D.J.N. & H.P. Bautista* IN PCD 4198.
Rio de Contas: Estrada Rio de Contas-Livramento do Brumado. 14/11/1996, *Hind, D.J.N. et al.* IN PCD 4275.

Rio de Contas: Fazenda Brumadinho, Morro Brumadinho. 17/11/1996, *Hind, D.J.N.* et al. IN PCD 4426.

Morro do Chapéu: Base of Morro do Chapéu, ca. 6 km S. of town of Morro do Chapéu. 18/2/1971, *Irwin, H.S.* et al. 32453.

Livramento do Brumado: 11 km N of Livramento do Brumado, along road to the town of Rio de Contas. 23/1/1981, *King, R.M. & L.E. Bishop,* 8602.

Rio de Contas: Vicinity of Pico das Almas, ca. 20 km NW of the town of Rio de Contas. 25/1/1981, *King, R.M. & L.E. Bishop,* 8670.

Andaraí: One km S of Andaraí, along road to Mucugê. 30/1/1981, *King, R.M. & L.E. Bishop,* 8708.

Mucugê: 6 km along road S of Mucugê. 1/2/1981, *King, R.M. & L.E. Bishop,* 8739.

Mucugê: 9 km along road N from Mucugê towards Andaraí. 2/2/1981, *King, R.M. & L.E. Bishop,* 8767.

Rio de Contas: a 4 km as NW de Rio de Contas. 21/7/1979, *King, R.M.* et al. 8065.

Rio de Contas: Base do Pico das Almas, a 18 km as NW de Rio de Contas. 24/7/1979, *King, R.M.* et al. 8127.

Mucugê: a 3 km as S de Mucugê, na estrada que vai para Jussiape. 26/7/1979, *King, R.M.* et al. 8153.

Morro do Chapéu: s.l. 2/3/1997, *Lughadha, E.N.* et al. IN PCD 5962.

Mucugê: A 6 km ao SW de Mucugê. 4/3/1980, *Mori, S.A. & R. Funch,* 13407.

Entre Rios: Road W of Subaúma, 2–5 km W of Subaúma. 28/5/1981, *Mori, S.A. & B.M. Boom,* 14162.

Morro do Chapéu: Telebahia Tower, ca. 6 km S of Morro do Chapéu. 16/6/1981, *Mori, S.A. & B.M. Boom,* 14440.

Morro do Chapéu: BR 052, vicinity of bridge over Rio Ferro Doido, ca. 18 km E of Morro do Chapéu. 17/6/1981, *Mori, S.A. & B.M. Boom,* 14484.

Morro do Chapéu: Rio do Ferro Doido, 18 km leste da cidade na BR 052. 16/5/1986, *Noblick, L.R.* 4547.

Camaçari: BA 099 (estrada do côco) Guarajuba, Reserva Ecológica. 14/7/1983, *Pinto, G.C.P. & H.P. Bautista,* 316/83.

Mucugê: Estrada velha Andaraí-Mucugê. 8/9/1981, *Pirani, J.R.* et al. IN CFCR 2103.

Morro do Chapéu: BA 052, 2 km SE da cidade. 19/11/1986, *Queiroz, L.P.* & et al., 1244. [× 2]

Morro do Chapéu: Ca. 2 km E de Morro do Chapéu, na BA 052 (Estrada do Feijão). 14/3/1995, *Queiroz, L.P. & N.S. Nascimento,* 4301.

Rio de Contas: Encosta do Pico das Almas. 28/1/1998, *Queiroz, L.P. & C.C. dos Santos,* 4960.

Rio de Contas: Encosta do Pico das Almas. 28/1/1998, *Queiroz, L.P. & C.C. dos Santos,* 4966.

Umburanas: Serra do Curral Feio (localmente referida como Serra da Empreitada), entrando para W a cerca de 20 km S de Delfino na estrada para Umburanas. 9/4/1999, *Queiroz, L.P.* et al. 5178.

Rio de Contas: Serra do Tombador. 19/11/1996, *Roque, N.* et al. IN PCD 4507.

Rio de Contas: Serra do Tombador. 19/11/1996, *Roque, N.* et al. IN PCD 4513.

Rio de Contas: Serra do Mato Grosso. 3/2/1997, *Stannard, B.L.* et al. IN PCD 4981. [× 2]

Rui Barbosa: Serra de Rui Barbosa (= hill with cross on top S of Rui Barbosa), starting at the water reservoir of the town. 8/2/1991, *Taylor, N.P.* et al. 1602.

Ceará

Mun. ?: Serra de Araripe rare. 10/1838, *Gardner, G.* 1736.

Mun. ?: Very common on the Serra de Araripe at Maçapé. 12/1838, *Gardner, G.* 1974, LECTOTYPE, Decachaeta conferta Gardner.

Mun. ?: Very common on the Serra de Araripe at Maçapé. 12/1838, *Gardner, G.* 1974, ISOLECTOTYPE, Decachaeta conferta Gardner.

Acritopappus connatifolius (Soares Nunes) R.M.King & H.Rob.

Bahia

Palmeiras: Pai Inácio. 25/9/1994, *Giulietti, A.M.* et al. IN PCD 774.

Palmeiras: Pai Inácio, lado oposto da torre de repetição. 30/8/1994, *Guedes, M.L.* et al. IN PCD 598.

Lençóis: Serra do Brejão, ca. 14 km NW of Lençóis. 22/5/1980, *Harley, R.M.* et al. 22386.

Lençóis: Serra da Chapadinha. 8/7/1996, *Hind, D.J.N.* et al. IN PCD 3476.

Lençóis: Serra da Chapadinha. 23/11/1994, *Melo, E.* et al. IN PCD 1262.

Palmeiras: Pai Inácio, BR 242, km 232 a ca. 15 km ao NE de Palmeiras. 24/12/1979, *Mori, S.A. & F.P. Benton,* 13221, ISOTYPE, Ageratum connatifolium Soares Nunes.

Lençóis: Serra da Chapadinha. 30/7/1994, *Pereira, A.* et al. IN PCD 339.

Palmeiras: Morro do Pai Inácio. 13/2/1994, *Souza, V.C.* et al. IN CFCR 15532.

Acritopappus hagei R.M.King & H.Rob.

Bahia

Lençóis: Serra da Chapadinha. 29/7/1994, *Bautista, H.P.* et al. IN PCD 326.

Piatã: Estrada Boninal-Piatã, entrando a 3,7 km à direita num local denominado Tijuco. 12/11/1996, *Bautista, H.P. & D.J.N. Hind,* IN PCD 4222.

Lençóis: Ca. 5 km da estrada de Lençóis para BR 242. 22/12/1981, *Carvalho, A.M.* et al. 1088.

Lençóis: s.l. 24/9/1965, *Duarte, A.P. & E. Pereira,* 9330.

Abaíra: Serra da Tromba, nascente do Rio de Contas (Caba saco). 18/12/1992, *Ganev, W.* 1695.

Abaíra: Forquilha da Serra. 3/2/1994, *Ganev, W.* 2936.

Lençóis: Serra da Chapadinha. 30/6/1995, *Guedes, M.L.* et al. IN PCD 2089.

Andaraí: 5 km South of Andaraí on road to Mucugê, by the bridge over the Rio Paraguaçu. 12/2/1977, *Harley, R.M.* et al. 18573.

Mucugê: Serra do Sincorá. 6.5 km S.W. of Mucugê on the Cascavel road. 27/3/1980, *Harley, R.M.* et al. 21032.

Lençóis: Serras dos Lençóis. Ca. 4 km N.E. of Lençóis by old road. 23/5/1980, *Harley, R.M.* et al. 22468.

Abaíra: Campo do Cigano. 14/2/1992, *Harley, R.M.* et al. IN H 52033.

Rio de Contas: Sopé do Pico do Itobira. 15/11/1996, *Harley, R.M.* et al. IN PCD 4305. [× 2]

Lençóis: s.l. 10/4/1992, *Hatschbach, G.* et al. 56957.

Palmeiras: Morro do Pai Inácio. 9/7/1996, *Hind,*

D.J.N. et al. IN PCD 3515.

Mucugê: Pedra Redonda, entre o Rio Preto e o Rio Paraguaçu. 15/7/1996, *Hind, D.J.N.* et al. IN PCD 3620. [× 2]

Piatã: Três Morros. 5/11/1996, *Hind, D.J.N.* et al. IN PCD 4086.

Abaíra: Campo de Ouro Fino (alto). 17/1/1992, *Hind, D.J.N.* et al. IN H 50069.

Rio de Contas: Vicinity of Pico das Almas, ca. 20 km N.W. of the town of Rio de Contas. 25/1/1981, *King, R.M. & L.E. Bishop*, 8667.

Mucugê: Ca. 25 km S of Andaraí, along the road to Mucugê. 30/1/1981, *King, R.M. & L.E. Bishop*, 8711.

Lençóis: 52 km E of Seabra, along the road toward Itaberaba. 2/2/1981, *King, R.M. & L.E. Bishop*, 8773.

Mucugê: a 3 km de Mucugê, na estrada que vai para Jussiape. 26/7/1979, *King, R.M.* et al. 8154.

Mucugê: a 3 km de Mucugê, na estrada que vai para Jussiape. 26/7/1979, *King, R.M.* et al. 8164, Photograph of HOLOTYPE, Acritopappus hagei R.M.King & H.Rob.

Mucugê: a 3 km de Mucugê, na estrada que vai para Jussiape. 26/7/1979, *King, R.M.* et al. 8164, ISOTYPE, Acritopappus hagei R.M.King & H.Rob.

Abaíra: Encosta da Serra do Rei. 20/3/1992, *Laessoe, T. & T. Silva* IN H 52591.

Lençóis: Estrada que liga Lençóis à BR 242, num extensão de 12 km. Coletas ao longo da estrada. 18/5/1989, *Mattos Silva, L.A.* et al. 2748.

Palmeiras: Pai Inácio. 21/11/1994, *Melo, E.* et al. IN PCD 1187.

Lençóis: Serra da Chapadinha. 23/11/1994, *Melo, E.* et al. IN PCD 1311.

Palmeiras: Pai Inácio, BR 242, km 232, cerca de 15 km ao NE de Palmeiras. 24/12/1979, *Mori, S.A. & F.P. Benton*, 13216

Palmeiras: Pai Inácio, BR 242, km 232, cerca de 15 km ao NE de Palmeiras. 29/2/1980, *Mori, S.A.* 13294.

Mucugê: A 6 km ao SW de Mucugê. 4/3/1980, *Mori, S.A. & R. Funch*, 13409.

Palmeiras: Pai Inácio. 29/8/1994, *Orlandi, R.* et al. IN PCD 424.

Abaíra: Campo do Cigano. 29/1/1992, *Pirani, J.R.* et al. IN H 50974. [× 2]

Lençóis: Trilha Lençóis-Capão, próximo à Cachoeira Estrela do Céu. 28/1/1997, *Saar, E.* et al. IN PCD 4603.

Piatã: Estrada Piatã-Inúbia, a ca. 25 km NW de Piatã. 24/2/1994, *Sano, P.T.* et al. IN CFCR 14488.

Abaíra: Jambreiro, 1 km a Oeste de Catolés. 3/3/1992, *Stannard, B.L.* et al. IN H 51737. [× 3]

Piatã: Três Morros. 10/3/1992, *Stannard, B.L.* et al. IN H 51865.

Acritopappus harleyi R.M.King & H.Rob.
Bahia

Barra da Estiva: Ca. 6 km N of Barra da Estiva on Ibicoara road. 28/1/1974, *Harley, R.M.* et al. 15554, Photograph of HOLOTYPE, Acritopappus harleyi R.M.King & H.Rob.

Barra da Estiva: Ca. 6 km N of Barra da Estiva on Ibicoara road. 28/1/1974, *Harley, R.M.* et al. 15554, ISOTYPE, Acritopappus harleyi R.M.King & H.Rob.

Acritopappus heterolepis (Baker) R.M.King & H.Rob.
Bahia

Mun. ?: Villa da Barra. 1840, *Blanchet, J.S.* 3123, LECTOTYPE, Ageratum heterolepis Baker.

Mun. ?: Villa da Barra. 1840, *Blanchet, J.S.* 3123, ISOLECTOTYPE, Ageratum heterolepis Baker.

Acritopappus micropappus (Baker) R.M.King & H.Rob.
Bahia

Mun. ?: s.l. *Blanchet, J. S.* 3700, HOLOTYPE, Ageratum micropappum Baker.

Jacobina: Monte Tabor. Hotel Serra do Ouro. Vegetação nos arredores do hotel. 20/2/1993, *Carvalho, A.M.* et al. 4197. [× 2]

Jacobina: Proximidades do Hotel Serra do Ouro. 27/6/1983, *Coradin, L.* et al. 6128. [× 2]

Senhor do Bonfim: Serra de Santana. 26/12/1984, *Furlan, A.* et al. IN CFCR 7598.

Senhor Bonfim/Jaguararari: Serra de Jacobina, W of Estiva, c. 12 km N of Senhor do Bonfim on the BA 130 to Juazeiro. Upper W facing slopes of serra to the summit with television mast. 28/2/1974, *Harley, R.M.* et al. 16549.

Jacobina: Meio. Serra do Tombador. 2/7/1996, *Hind, D.J.N.* et al. IN PCD 3344. [× 2]

Jacobina: Serra da Maricota, perto da Serra do Vento. 3/7/1996, *Hind, D.J.N.* et al. IN PCD 3371.

Jacobina: Morro do Cruzeiro, na cidade. 18/5/1986, *Noblick, L.R.* 4565.

Jacobina: Serra de Jacobina a SE da cidade. 18/11/1986, *Queiroz, L.P. & et al.*, 1181.

Jacobina: Serra de Jacobina (Serra das Figuras). Morro a E da cidade onde estão instaladas as torres de retransmissão. 14/4/1999, *Queiroz, L.P.* et al. 5520.

Campo Formoso: Morro do Cruzeiro, east of town. 31/1/1993, *Thomas, W.W.* et al. 9662.

Acritopappus morii R.M.King & H.Rob.
Bahia

Andaraí: 22 km S of Andaraí on road to Mucugê. 16/2/1977, *Harley, R.M.* et al. 18729.

Mucugê: Estrada Mucugê-Andaraí, 3–5 km N de Mucugê, arredores da região conhecida como "gerais do capa bode". 21/2/1994, *Harley, R.M.* et al. IN CFCR 14333. [× 2]

Mucugê: 9 km along road N from Mucugê towards Andaraí. 2/2/1981, *King, R.M. & L.E. Bishop*, 8766.

Mucugê: 9 km along road N from Mucugê towards Andaraí. 2/2/1981, *King, R.M. & L.E. Bishop*, 8768.

Mucugê: Estrada que liga Mucugê a Andaraí, a 11 km do primeiro. 27/7/1979, *King, R.M.* et al. 8172, Photograph of HOLOTYPE, Acritopappus morii R.M.King & H.Rob.

Mucugê: Estrada que liga Mucugê a Andaraí, a 11 km do primeiro. 27/7/1979, *King, R.M.* et al. 8172, ISOTYPE, Acritopappus morii R.M.King & H.Rob.

Mucugê: s.l. 31/1/1997, *Passos, L.* et al. IN PCD 4749. [× 2]

Acritopappus pintoi Bautista & D.J.N. Hind
Bahia

Piatã: Três Morros (próximo à Fazenda Porteiras). 2/9/1997, *Bautista, H.P. & J. Oubiña*, 2220,

ISOTYPE, Acritopappus pintoi Bautista & D.J.N. Hind [× 2]

Piatã: Três Morros. 5/11/1996, *Hind, D.J.N.* et al. IN PCD 4084.

Acritopappus prunifolius R.M.King & H.Rob.
Bahia

Mucugê: Fazenda Pedra Grande, estrada para Boninal. 17/2/1997, *Atkins, S.* et al. IN PCD 5824.

Bonito: Estrada Bonito-Utinga, km 13. 22/9/1992, *Coradin, L.* et al. 8696.

Morro do Chapéu: Ca. 4 km Sw of the town of Morro do Chapéu on the road to Utinga. 2/6/1980, *Harley, R.M.* et al. 22994.

Mucugê: Estrada Igatu-Mucugê, a 7 km do entroncamento com a estrada Andaraí-Mucugê. 14/7/1996, *Hind, D.J.N.* et al. IN PCD 3598.

Morro do Chapéu: Low woodland on middle slopes of Morro do Chapéu, ca. 7 km S of town of Morro do Chapéu. 17/2/1971, *Irwin, H.S.* et al. 32394. Photograph of HOLOTYPE, Acritopappus prunifolius R.M.King & H.Rob.

Mucugê: 8 km along road S of Mucugê. 1/2/1981, *King, R.M. & L.E. Bishop*, 8749.

Seabra: s.l. 13/2/1987, *Pirani, J.R.* et al. 1998.

Acritopappus santosii R.M.King & H.Rob.
Bahia

Morro do Chapéu: s.l. 2/3/1997, *Gasson, P.* et al. IN PCD 5938.

Morro do Chapéu: Estrada Morro do Chapéu-Jacobina. 29/6/1996, *Giulietti, A.M.* et al. IN PCD 3270.

Morro do Chapéu: Summit of Morro do Chapéu, ca. 8 km SW of the town of Morro do Chapéu to the West of the road to Utinga. 3/3/1977, *Harley, R.M.* et al. 19350. ISOTYPE, Acritopappus santosii R.M.King & H.Rob.

Morro do Chapéu: Summit of Morro do Chapéu, ca. 8 km SW of the town of Morro do Chapéu to the West of the road to Utinga. 3/3/1977, *Harley, R.M.* et al. 19350. Photograph of ISOTYPE Acritopappus santosii R.M.King & H.Rob.

Morro do Chapéu: Ca. 10 km no Morrão do Chapéu, ao SW da cidade. 22/2/1993, *Jardim, J.G.* et al. 41. [× 2]

Morro do Chapéu: Telebahia Tower, ca. 6 km S of Morro do Chapéu. 16/6/1981, *Mori, S.A. & B.M. Boom*, 14442.

Acritopappus teixeirae R.M.King & H.Rob.
Bahia

Rio de Contas: Between 2.5 and 5 km S of the Vila do Rio de Contas on side road to W of the road to Livramento, leading to the Rio Brumado. 28/3/1977, *Harley, R.M.* et al. 20075, Photograph of HOLOTYPE, Acritopappus teixeirae R.M.King & H.Rob.

Rio de Contas: Between 2.5 and 5 km S of the Vila do Rio de Contas on side road to W of the road to Livramento, leading to the Rio Brumado. 28/3/1977, *Harley, R.M.* et al. 20075, ISOTYPE, Acritopappus teixeirae R.M.King & H.Rob.

Rio de Contas: Salto do Fraga. 6/4/1992, *Hatschbach, G.* et al. 56705.

Acritopappus sp. 1
Pernambuco

Buíque: Estrada Buíque-Catimbau. 18/5/1995, *Andrade, K.* et al. 41. Photograph.

Buíque: Estrada Buíque-Catimbau. 17/6/1995, *Andrade, K.* et al. 95. Photograph.

Buíque: Estrada Buíque-Catimbau. 11/1/1996, *Andrade, K.* et al. 277.

Buíque: Fazenda Pititi. 9/5/1996, *Andrade, K.* et al. 353. Photograph.

Buíque: Estrada Buíque-Catimbau. 19/11/1995, *Figueirêdo, L.* et al. 254.

Buíque: Estrada Buíque-Catimbau. 19/11/1995, *Figueirêdo, L.* et al. 254. Photograph.

Buíque: Serra do Catimbau-Paraíso. 8/3/1996, *Laurênio, A.* et al. 353. Photograph.

Acritopappus spp.
Bahia

Abaíra: Cabaceira. Riacho Fundo, atrás da Serra do Bicota. 25/10/1993, *Ganev, W.* 2328.

Morro do Chapéu: Próximo à ponte sobre o Rio Ferro Doido. 28/6/1996, *Hind, D.J.N.* et al. IN PCD 3161.

Piatã: Proximidades do Riacho Toborou. 4/11/1996, *Hind, D.J.N.* et al. IN PCD 4040.

Piatã: Piatã. 5/11/1996, *Hind, D.J.N.* et al. IN PCD 4059.

Piatã: Gerais da Inúbia, 22–26 km de Catolés. 10/3/1992, *Stannard, B.L.* et al. IN H 51850.

Ageratum candidum G.M.Barroso
Bahia

Maracás: Ca. 1 km NE de Maracás, na Lajinha, ao lado do Cruzeiro. 2/6/1993, *Queiroz, L.P. & V.L.F. Fraga*, 3292.

Ageratum conyzoides L. ssp. *conyzoides*
Bahia

Salvador: Campus de Ondina, próximo da entrada à margem da estrada. 13/12/1991, *Guedes, M.L. & D.J.N. Hind*, 12.

Mun. Correntina: Chapadão Ocidental da Bahia. Islets and banks of the Rio Correntes by Correntina. 23/4/1980, *Harley, R.M.* et al. 21628.

Rio de Contas: Pico das Almas. Vertente leste. Fazenda Silvina, 19 km ao N-O da cidade. 23/10/1988, *Harley, R.M.* et al. 25297.

Morro do Chapéu: Hotel Diamantina Palace. 28/6/1996, *Hind, D.J.N.* et al. IN PCD 3171.

Mucugê: Estrada Andaraí-Mucugê, ao lado da torre da EMBRATEL. 12/7/1996, *Hind, D.J.N.* et al. IN PCD 3536.

Lençóis: Fazenda na estrada para Barra Branca. 28/10/1996, *Hind, D.J.N. & L. Funch*, IN PCD 3794.

Piatã: Piatã. 6/11/1996, *Hind, D.J.N.* et al. IN PCD 4117.

Abaíra: Arredores de Catolés. 19/12/1991, *Hind, D.J.N. & R.F. Queiroz*, IN H 50009.

Ilhéus: In ruderalis, campis ad vias, prope Ilheos. 7, *Luschnath* s.n.

Ilhéus: Area do CEPEC (Centro de Pesquisas do Cacau), km 22 da rodovia Ilhéus-Itabuna-BR 415. 12/8/1978, *Mori, S.A.* 10404.

Ilhéus: CEPEC, km 22 da Rodovia Ilhéus-Itabuna. Quadra E. 24/3/1979, *Mori, S.A.* 11619.

Mun. ?: Area de controle da Caraíba Metais.
18/10/1982, *Noblick, L.R.* et al. 2112.

Mun. ?: Bahia [=Salvador], 1872, *Preston, T.A.* s.n.

Mun. ?: Bahia [=Salvador], in ruderalis. *Salzmann, P.*
s.n. [× 2]

Paraíba

João Pessoa: Cidade Universitária, 6 km Sudeste do
centro de João Pessoa. 5/1990, *Agra, M.F.* 1177.

Pernambuco

Mun. ?: Pernambuco. s.d. *Preston, T.A.* s.n.

Caruaru: Distrito de Murici, Brejo dos Cavalos.
11/9/1995, *Sales de Melo, M.R.C.* et al. 208.

Ageratum fastigiatum (Gardner) R.M.King & H.Rob.

Bahia

Rio de Contas: Pico das Almas. Vertente leste.
Fazenda Silvina, 19 km ao N-O da cidade.
23/10/1988, *Harley, R.M.* et al. 25300. [× 2]

Rio de Contas: Pico das Almas. Vertente leste. Campo
do Queiroz. 3/11/1988, *Harley, R.M.* et al. 25880.

Mucugê: Mucugê. Próximo ao cemitério. 16/7/1996,
Hind, D.J.N. et al. IN PCD 3662

Agrianthus almasensis D.J.N. Hind

Bahia

Rio de Contas: Middle and upper slopes of the Pico
das Almas. Ca. 25 km WNW of the Vila do Rio de
Contas. 19/3/1977, *Harley, R.M.* et al. 19699,
ISOTYPE, Agrianthus almasensis D.J.N. Hind.

Agrianthus empetrifolius Mart. ex DC.

Bahia

Mucugê: Estrada Mucugê-Guiné, a 5 km de Mucugê.
7/9/1981, *Furlan, A.* et al. IN CFCR 1972.

Piatã: Malhada da Areia de Baixo, Campo Grande.
16/10/1992, *Ganev, W.* 1242.

Abaíra: Catolés: encosta da Serra da Tromba.
7/9/1996, *Harley, R.M.* et al. 28370.

Abaíra: Estrada entre Abaíra e João Correia.
13/11/1996, *Hind, D.J.N.* et al. IN PCD 4237.

Mun. ?: s.l. *Martius* s.n. [This may be an ISOTYPE.
Cited in DC., Prodr. 5: 126 as 'In Brasiliae prov.
Bahiensi interiori in montibus ad Rio de Contas
Vales legit. cl. Martius.']

Palmeiras: Próximo à localidade de Caeté-Açu:
Cachoeira da Fumaça (Glass). 11/10/1987, *Queiroz,
L.P.* & et al., 1905. [× 2]

Agrianthus giuliettiae D.J.N. Hind

Bahia

Abaíra: Caminho Guarda-Mor-Agua Limpa, volteando
o Morro do Cuscuz por trás. 25/6/1992, *Ganev, W.*
588.

Abaíra: Tanque do Boi. 6/7/1992, *Ganev, W.* 615.

Abaíra: Campos do Ouro Fino, próximo ao
acampamento da expedição. 14/7/1992, *Ganev, W.*
648.

Abaíra: Guarda-Mor, encosta da Serra dos Frios.
19/7/1993, *Ganev, W.* 1886.

Abaíra: Agua Limpa, Morro do Cuscuzeiro.
29/4/1994, *Ganev, W.* 3172.

Rio de Contas: Pico das Almas. Vertente leste. Campo
do Queiroz. 30/11/1988, *Harley, R.M.* et al. 26516.
Photograph of HOLOTYPE, Agrianthus giuliettiae
D.J.N. Hind.

Abaíra: Campo de Ouro Fino. 31/12/1991, *Harley,
R.M.* et al. IN H 50594. [× 2]

Abaíra: Campo de Ouro Fino (baixo). 10/1/1992,
Harley, R.M. et al. IN H 50755.

Abaíra: Campo de Ouro Fino (baixo). 23/3/1992,
Laessoe, T. & T. Silva, IN H 53315.

Agrianthus luetzelburgii Mattf.

Bahia

Rio de Contas: Pico do Itubira. Ca. 31 km SW da
cidade, caminho para Mato Grosso. 29/8/1998,
Carvalho, A.M. et al. 6594

Abaíra: Gerais do Pastinho. 4/6/1992, *Ganev, W.* 416.

Rio do Pires: Campo das Almas, encosta oeste da
Serra do Barbado. 24/7/1993, *Ganev, W.* 1933.

Piatã: Estrada Piatã-Abaíra, Sítio Piauí, beira da
estrada. 12/7/1994, *Ganev, W.* 3503.

Barra da Estiva: Ca. 10 km N of Barra da Estiva, on
Ibicoara road, by the Rio Preto. 2/2/1974, *Harley,
R.M.* et al. 15866.

Rio de Contas: 3 km da cidade na estrada para
Arapiranga (FURNA). 1/11/1988, *Harley, R.M.* et al.
25821.

Piatã: 10 km ao Sul de Piatã, na estrada para Abaíra.
5/9/1996, *Harley, R.M.* et al. 28289. [× 2]

Abaíra: Catolés: encosta da Serra da Tromba.
7/9/1996, *Harley, R.M.* et al. 28373.

Abaíra: Catolés: encosta da Serra da Tromba.
7/9/1996, *Harley, R.M.* et al. 28374.

Rio de Contas: Campo de Aviação. 16/9/1989,
Hatschbach, G. et al. 53384.

Abaíra: Estrada entre Abaíra e João Correia.
13/11/1996, *Hind, D.J.N.* et al. IN PCD 4238.

Mun. ?: Minas de Contas. 1914, *Luetzelburg, P. von*
64, Photograph of HOLOTYPE, Agrianthus
luetzelburgii Mattf.

Rio de Contas: a 1 km da cidade, na estrada para
Marcolino Moura. 9/9/1981, *Pirani, J.R.* et al. IN
CFCR 2148.

Rio de Contas: a 1 km da cidade, na estrada para
Marcolino Moura. 9/9/1981, *Pirani, J.R.* et al. IN
CFCR 2174.

Rio de Contas: a 1 km da cidade, na estrada para
Marcolino Moura. 9/9/1981, *Pirani, J.R.* et al. IN
CFCR 2177.

Agrianthus microlicioides Mattf.

Bahia

Abaíra: Distrito de Catolés: Caminho Catolés-Boa Vista,
ca. 3 km de Catolés. 23/7/1992, *Ganev, W.* 706.

Abaíra: Estrada Catolés-Inúbia, Serra da Barra na
direção Oeste do local chamado Salão. 28/7/1992,
Ganev, W. 773.

Rio de Contas: Campos da Pedra Furada, próximo ao
Rio da Agua Suja. Divisa de Abaíra, Distrito de
Arapiranga. 7/8/1993, *Ganev, W.* 2022.

Abaíra: Boa Vista, acima do Capão do Mel.
11/6/1994, *Ganev, W.* 3346.

Abaíra: Bem Querer, Catolés de Cima. 23/6/1994,
Ganev, W. 3406.

Abaíra: Salão da Barra-Campos Gerais do Salão.
16/7/1994, *Ganev, W.* 3555.

Abaíra: Bem Querer-Garimpo da Cia. 18/7/1994,
Ganev, W. 3570.

Rio de Contas: Topo do Pico do Itobira. 15/11/1996, *Harley, R.M.* et al. IN PCD 4309.

Rio de Contas: Pico das Almas a 18 km as NW de Rio de Contas. 22/7/1979, *King, R.M.* et al. 8109.

Rio de Contas: Serra das Almas. 1914, *Luetzelburg, P. von* 244. Photograph of HOLOTYPE, Agrianthus microlicioides Mattf.

Abaíra: 9 km N de Catolés, caminho de Ribeirão de Baixo a Piatã. Campo das Quebradas. 10/7/1995, *Queiroz, L.P.* et al. 4345.

Agrianthus myrtoides Mattf.
Bahia

Rio de Contas: Gerais do Porco Gordo. 16/7/1993, *Ganev, W.* 1881.

Rio de Contas: Serra dos Brejões, próximo ao Rio da Agua Suja, divisa com distrito de Arapiranga. 9/8/1993, *Ganev, W.* 2065.

Mun.?: Bom Jesus do Rio de Contas. 1914, *Luetzelburg, P. von* 495. Photograph of HOLOTYPE, Agrianthus myrtoides Mattf.

Abaíra: Campo de Ouro Fino. 13/2/1992, *Stannard, B.L.* IN H 52017.

Agrianthus pungens Mattf.
Bahia

Piatã: Estrada Inúbia-Piatã, a 8 km de Inúbia. 11/11/1996, *Hind, D.J.N. & H.P. Bautista*, IN PCD 4214.

Abaíra: Campo do Cigano. 5/2/1992, *Stannard, B.L.* et al. IN H 51185.

Albertinia brasiliensis Spreng.
Bahia

Ilhéus: s.l. *Blanchet, J.S.* 1698.

Mun. ?: Bahia [= Salvador]: s.l. *Blanchet, J.S.* 1971.

Mun. ?: Serra d'Açuruá, Rio São Francisco. *Blanchet, J.S.* 2819.

Boninal: Estrada Boninal-Piatã, km 4. 6/7/1983, *Coradin, L.* et al. 6555.

Abaíra: Estrada Engenho de Baixo-Marques. 2/12/1992, *Ganev, W.* 1602.

Abaíra: Mendonça de Daniel Abreu. 18/1/1994, *Ganev, W.* 2804.

Salvador: UFBA, campus de Ondina na encosta do morro. 13/12/1991, *Guedes, M.L. & D.J.N. Hind*, 16.

Barra da Estiva: 13 km a leste da cidade na estrada para Triunfo do Sincorá. 17/11/1988, *Harley, R.M.* et al. 26493.

Abaíra: Estrada Nova Abaíra-Catolés, perto de São José. 28/12/1992, *Harley, R.M.* et al. IN H 50513.

Abaíra: Salão, 3–7 km de Catolés na estrada para Inúbia. 28/12/1991, *Harley, R.M.* et al. IN H 50551.

Santa Cruz de Cabrália: Old road to Santa Cruz de Cabrália between the Reserva Ecologica Paubrasil, 5–7 km NE of Reserva, ca. 20 km NW of Porto Seguro. 5/7/1979, *King, R. M.* et al. 7987.

Mun. ?: Bahia [= Salvador]: in collibus. *Salzmann, P.* s.n.

Itiruçú: Entroncamento BA 250, lote 21. 1/1988, *Sobral, M. & L.A. Mattos Silva*, 5839.

Abaíra: Estrada Catolés–Barra, 3–5 km de Catolés. 27/2/1992, *Stannard, B.L.* et al. IN H 51633.

Mun. ?: Bahia [= Salvador]: in collibus. s.c. s.n.

Pernambuco

São Vicente Férrer: Mata do Estado. 9/3/1998, *Laurênio, A.* et al. 830.

Ambrosia maritima L.
Bahia

Jacobina: Barracão de Cima. 6/7/1996, *Bautista, H.P.* et al. IN PCD 3457. [× 2]

Bahia: Entre Itapetinga e Vitória da Conquista. 30/1/1972, *Gemtchújnicov, I. D.* 15.

Cumuruxatiba: 47 km N of Prado on the coast. 18/1/1977, *Harley, R.M.* et al. 18070.

Jacobina: A beira do Rio Jacobina. 3/7/1996, *Hind, D.J.N.* et al. IN PCD 3382.

Lençóis: Estrada para Barra Branca. 27/10/1996, *Hind, D.J.N. & L. Funch*, IN PCD 3789.

Itaberaba: Eastern outskirts of Itaberaba. 30/1/1981, *King, R.M. & L.E. Bishop*, 8686.

Ambrosia polystachya DC.
Bahia

Barra da Estiva: 13 km ao leste da cidade na estrada para Triunfo do Sincorá. 17/11/1988, *Harley, R.M.* et al. 26486.

Abaíra: Bem-Querer. 30/1/1992, *Hind, D.J.N. & J.R. Pirani*, IN H 51334. [× 2]

Rio de Contas: Fazenda Fiúza. 4/2/1997, *Passos, L.* et al. IN PCD 5037.

Angelphytum bahiense H.Rob.
Bahia

Cocos: Espigão Mestre. Extensive limestone outcrop 6 km S of Cocos and adjacent pastures. 16/3/1972, *Anderson, W.R.* et al. 37028, ISOTYPE, Angelphytum bahiense H.Rob.

Cocos: Espigão Mestre. Extensive limestone outcrop 6 km S of Cocos and adjacent pastures. 16/3/1972, *Anderson, W.R.* et al. 37028, Photograph of ISOTYPE, Angelphytum bahiense H.Rob.

Apopyros corymbosus (Hook. & Arn.) G.L.Nesom
Bahia

Jacobina: Igreja Velha. 1857, *Blanchet, J.S.* 3316, Photographs of ISOTYPES of Conyza blanchetii Baker in BR [x 3]

Abaíra: Campo de Ouro Fino (alto). 21/1/1992, *Hind, D.J.N. & R.F. Queiroz*, IN H 50938 [x 3].

Arctium minus (Hill) Bernh.
Bahia

Rio de Contas: Mato Grosso, arredores do povoado, beira da rua. 21/12/1996, *Harley, R.M. & A.M. Giulietti*, 28473.

Piatã: Piatã. 6/11/1996, *Hind, D.J.N.* et al. IN PCD 4114.

Argyrovernonia harleyi (H.Rob.) MacLeish
Bahia

Caetité: Distrito de Brejinho das Ametistas, ca. 3 km a SW da sede do distrito. 18/2/1992, *Carvalho, A.M.* et al. 3736.

Gentio do Ouro: Caminho para Santo Inácio. 24/6/1996, *Guedes, M.L.* et al. IN PCD 2999. [× 2]

Mun. ?: São Inácio, on rocky hillside called Pedra da Mulher just South of town. 25/2/1977, *Harley, R.M.* et al. 19029.

Caetité: Serra Geral de Caetité, 1.5 km S of Brejinhos das Ametistas. 11/4/1980, *Harley, R.M.* et al. 21228, ISOTYPE, Chresta harleyi H.Rob. [× 2]

Caetité: Brejinho das Ametistas. 8/3/1994, *Roque, N.* et al. IN CFCR 14935. [× 2]

Caetité: Brejinho das Ametistas. 11/2/1997, *Stannard, B.L.* et al. IN PCD 5435. [× 2]

Argyrovernonia martii (DC.) MacLeish
Bahia

Sobradinho: Rodovia Sobradinho-Sento Sé, km 20. 24/6/1983, *Coradin, L.* et al. 5987.

Mun. ?: 49 km N of Senhor do Bonfim on the BA 130 highway to Juazeiro. 26/2/1974, *Harley, R.M.* et al. 16358. [× 2]

Juazeiro: North end of Serra da Jacobina at Flamengo, 11 km south of Barrinha (ca. 52 km north of Senhor do Bonfim) at Fazenda Pasto Bom. 24/1/1993, *Thomas, W.W.* et al. 9635.

Piauí

Mun. ?: Felsender Serra Branca. 1/1907, *Ule, E.* 7166.

Arrojadocharis praxeloides Mattf. (Mattf.)
Bahia

Abaíra: Campos da Serra do Bicota. 25/7/1992, *Ganev, W.* 731.

Piatã: Serra da Tromba, caminho Piatã-gerais da Serra, via campo de futebol. 25/8/1992, *Ganev, W.* 961.

Rio de Contas: Serrinha, Caminho Samambaia-Serrinha. 23/8/1993, *Ganev, W.* 2082.

Abaíra: Caminho Jambreiro-Belo Horizonte. 14/7/1994, *Ganev, W.* 3533.

Piatã: Serra de Santana. 3/11/1996, *Hind, D.J.N.* et al. IN PCD 4000.

Mun. ?: Bom Jesus. 1914, *Luetzelburg, P. von* 281, Photograph of ISOTYPE, Arrojadoa praxeloides Mattf. [× 2]

Arrojadocharis santosii R.M.King & H.Rob.
Bahia

Abaíra: Pico do Barbado. 12/7/1993, *Ganev, W.* 1830.

Abaíra: Serra do Bicota, subida por Aquilino. 21/7/1993, *Ganev, W.* 1911.

Abaíra: Serra do Bicota. 21/7/1993, *Ganev, W.* 1922.

Abaíra: Pico do Barbado. 28/9/1993, *Ganev, W.* 2275.

Rio de Contas: Pico das Almas. Vertente leste. Subida do pico do campo norte do Queiroz. 10/11/1988, *Harley, R.M.* et al. 26331.

Rio de Contas: Pico das Almas a 18 km NW de Rio de Contas. 24/7/1979, *King, R.M.* et al. 8143, Photograph of HOLOTYPE, Arrojadocharis santosii R.M.King & H.Rob.

Rio de Contas: Pico das Almas a 18 km NW de Rio de Contas. 24/7/1979, *King, R.M.* et al. 8143, ISOTYPE, Arrojadocharis santosii R.M.King & H.Rob.

Abaíra: Catolés. Serra do Barbado. 26/2/1994, *Sano, P.T.* et al. IN CFCR 14619.

Aspilia almasensis D.J.N. Hind
Bahia

Rio de Contas: Pico da Almas. Vertente leste, Campo do Queiroz. 17/12/1988, *Harley, R.M. & D.J.N. Hind*, 27287, ISOTYPE, Aspilia almasensis D.J.N. Hind.

Rio de Contas: Pico da Almas. Vertente leste, vale ao sul do Pico (evidente na subida do Campo do Queiroz). 18/12/1988, *Harley, R.M. & D.J.N. Hind*, 27293 [× 2]

Rio de Contas: Pico do Itobira. 15/11/1996, *Harley, R.M.* et al. IN PCD 4284.

Aspilia bonplandiana (Gardner) S.F.Blake
Piauí

Mun. ?: In a marshy place between Boa Esperança and Santa Anna das Neves. 3/1839, *Gardner, G.* 2217, SYNTYPE, Viguiera bonplandiana Gardner. [× 2]

Mun. ?: In open campos between Samambaia and Retiro. 3/1839, *Gardner, G.* 2218, SYNTYPE, Viguiera bonplandiana Gardner. [× 2]

Aspilia cearensis J.U.Santos
Piauí

Colônia do Piauí: Paraguai. 16/3/1994, *Alcoforado Filho, F.G.* 308.

Aspilia cupulata S.F.Blake
Pernambuco

Buíque: Estrada Buíque-Catimbau. 17/8/1995, *Figueiredo, L.S.* et al. 140. [× 2]

Buíque: Topo da Serra do Jerusalém. 4/9/1995, *Figueiredo, L.S. & K. Andrade*, 172.

Piauí

Mun. ?: Open sandy places between the Rio Canindé and the city of Oeiras. 4/1839, *Gardner, G.* 2216, TYPE, Oyedaea angustifolia Gardner. [× 2]

Aspilia floribunda (Gardner) Baker
Piauí

Mun. ?: Shady places, banks of the Rio Gurgêa. 7/1839, *Gardner, G.* 2650, TYPE, Viguiera ramosissima Gardner. [× 2]

Aspilia foliacea (Spreng.) Baker
Ceará

Mun. ?: In dry open places Serra de Araripe. 10/1838, *Gardner, G.* 1731, SYNTYPE, Viguiera hirsuta Gardner. [× 2]

Aspilia foliosa (Gardner) Baker
Bahia

Lençóis: Trilha para a Cachoeira Primavera. Margem do rio Lençóis. 28/11/1998, *Carneiro, D.S. & R.P. Oliveira*, 73.

Palmeiras: Morro do Pai Inácio. 26/10/1994, *Carvalho, A.M.* et al. IN PCD 1051.

Barra da Estiva: Ca. 30 km na estrada de Mucugê para Barra da Estiva. 19/3/1990, *Carvalho, A.M. & J. Saunders*, 2978.

Palmeiras: Ca. km 235 da BR 242. Pai Inácio. 13/4/1990, *Carvalho, A.M. & W.W. Thomas*, 3019.

Palmeiras: Km 232 da rodovia BR 242 para Ibotirama. Pai Inácio. 18/12/1981, *Carvalho, A.M.* et al. 969.

Mucugê: Estrada Mucugê-Guiné, a 5 km de Mucugê. 7/9/1981, *Furlan, A.* et al. IN CFCR 1994. [× 2]

Piatã: Serra da Tromba. Estrada Piatã-Gerais da Serra. 14/5/1992, *Ganev, W.* 289.

Piatã: Malhada da Areia de Baixo, Campo Grande. 16/10/1992, *Ganev, W.* 1238.

Piatã: Estrada Piatã-Inúbia, próximo ao entroncamento. 22/12/1992, *Ganev, W.* 1730.

Piatã: Salão, divisa Piatã-Abaíra. 23/12/1992, *Ganev, W.* 1731.

Mucugê: Alto do Morro do Pina. Estrada de Mucugê à Guiné, a 25 km NO de Mucugê. 20/7/1981, *Giulietti, A.M.* et al. IN CFCR 1523.

Palmeiras: Morro do Pai Inácio. 26/9/1994, *Giulietti, A.M.* et al. IN PCD 803.

Palmeiras: Morro do Pai Inácio. 29/8/1994, *Guedes, M.L.* et al. IN PCD 389.

Palmeiras: Morro do Pai Inácio. 29/8/1994, *Guedes, M.L.* et al. IN PCD 492.

Palmeiras: Morro do Pai Inácio, lado oposto da torre de repetição. 30/8/1994, *Guedes, M.L.* et al. IN PCD 623.

Mucugê: 8 km S.W. of Mucugê, on road from Cascavel near Fazenda Paraguaçu. 6/2/1974, *Harley, R.M.* et al. 16081.

Bahia: Between 10 and 15 km North of Mucugê on road to Andaraí. 18/2/1977, *Harley, R.M.* et al. 18861.

Mucugê: About 5 km along Andaraí road. 25/1/1980, *Harley, R.M.* et al. 20663.

Palmeiras: Serras dos Lençóis. Lower slopes of Morro do Pai Inácio, ca. 14.5 km N.W. of Lençóis just N of the main Seabra-Itaberaba road. 21/5/1980, *Harley, R.M.* et al. 22290.

Barra da Estiva: Ao pé da Serra do Sincorá, 28 km NE da cidade, perto do povoado Sincorá da Serra. 18/11/1988, *Harley, R.M.* et al. 26915.

Ibiquara: 25 km ao N de Barra da Estiva, na estrada nova para Mucugê. 20/11/1988, *Harley, R.M.* et al. 26975.

Lençóis: Estrada entre Lençóis e Seabra, a 22 km NW de Lençóis. 15/2/1994, *Harley, R.M.* et al. IN CFCR 14092.

Abaíra: Estrada nova Abaíra-Catolés. 19/12/1991, *Harley, R.M. & V.C. Souza,* IN H 50104.

Piatã: Estrada Piatã-Abaíra, 4 km após Piatã. 7/1/1992, *Harley, R.M.* et al. IN H 50682.

Jussiape: Serra da Jibóia. 8/4/1992, *Hatschbach, G. & E. Barbosa,* 56842.

Mucugê: 8 km along road S of Mucugê. 1/2/1981, *King, R.M. & L.E. Bishop,* 8747.

Bahia: 52 km E of Seabra, along the road toward Itaberaba. 2/2/1981, *King, R.M. & L.E. Bishop,* 8776.

Caetité: s.l. Martius Herb. Fl. bras. s.n.

Lençóis: Serra Larga ("Serra Larguinha") a oeste de Lençóis, perto de Caeté-Açu. 19/12/1984, *Mello Silva, R.* et al. IN CFCR 7189.

Palmeiras: Morro do Pai Inácio. 21/11/1994, *Melo, E.* et al. IN PCD 1137.

Palmeiras: Morro do Pai Inácio. 21/11/1994, *Melo, E.* et al. IN PCD 1186.

Palmeiras: Pai Inácio. BR 242, km 232, a ca. 15 km ao NE de Palmeiras. 24/12/1979, *Mori, S.A. & F.P. Benton,* 13218.

Lençóis: Serra da Chapadinha. 29/7/1994, *Orlandi, R.* et al. IN PCD 278.

Palmeiras: Morro do Pai Inácio, lado oposto da torre de repetição. 29/8/1994, *Orlandi, R.* et al. IN PCD 508.

Palmeiras: Morro do Pai Inácio, lado oposto da torre de repetição. 30/8/1994, *Orlandi, R.* et al. IN PCD 525.

Lençóis: Serra da Chapadinha. 31/8/1994, *Orlandi, R.* et al. IN PCD 650.

Palmeiras: Morro do Pai Inácio. 12/10/1987, *Queiroz, L.P. & et al.,* 1989.

Mucugê: Estrada Mucugê-Andaraí, a 3–5 km N de Mucugê. Arredores da região conhecida como "gerais do capa bode". 21/2/1994, *Sano, P.T.* et al. IN CFCR 14377.

Barra da Estiva: Estrada Barra da Estiva-Ituaçu. Morro da Antena de Televisão. 18/5/1999, *Souza, V.C.* et al. 22670.

Piatã: Arredores de Piatã, na estrada para Ouro Verde. 20/3/1992, *Stannard, B.L.* et al. IN H 52724. [× 2]

Aspilia gracilis Baker
Bahia

Mun. Correntina: Chapadão Ocidental da Bahia. Islets and banks of the Rio Corrente by Correntina. 23/4/1980, *Harley, R.M.* et al. 21620.

Mun. Correntina: Chapadão Ocidental da Bahia. Islets and banks of the Rio Corrente by Correntina. 23/4/1980, *Harley, R.M.* et al. 21654.

Aspilia hispidantha H.Rob.
Bahia

Abaíra: Estrada Velha Catolés-Abaíra, Serra do Pastinho. 15/8/1992, *Ganev, W.* 870.

Abaíra: Subida da Serrado Atalho, Campo das Quebradas. 29/11/1992, *Ganev, W.* 1600.

Palmeiras: Estrada entre Palmeiras e Mucugê, ca. 1 km N de Guiné de Baixo. 19/2/1994, *Harley, R.M.* et al. IN CFCR 14232.

Mucugê: From road 8 km along road S of Mucugê, 2–5 km E along base of mountain. 1/2/1981, *King, R.M. & L.E. Bishop,* 8761, ISOTYPE, Aspilia hispidantha H.Rob.

Mucugê: From road 8 km along road S of Mucugê, 2–5 km E along base of mountain. 1/2/1981, *King, R.M. & L.E. Bishop,* 8761. Photograph of ISOTYPE, Aspilia hispidantha H.Rob.

Seabra: 37 km E of Seabra along road towards Itaberaba. 2/2/1981, *King, R.M. & L.E. Bishop,* 8778.

Aspilia martii Baker
Bahia

Mun. ?: s.l. Martius Herb. Fl. bras. s.n.

Paraíba

Santa Rita: 20 km do centro de João Pessoa, Usina São João, Tibirizinho. 23/2/1989, *Agra, M.F. & G. Gois,* 702.

Aspilia parvifolia Mattf.
Bahia

Piatã: Serra de Santana. 3/11/1996, *Bautista, H.P.* et al. IN PCD 4012. [× 2]

Rio de Contas: Pico do Itobira. 16/11/1996, *Bautista, H.P.* et al. IN PCD 4361.

Barra da Estiva: Estrada Ituaçu-Barra da Estiva, a 8 km de Barra da Estiva. Morro do Ouro. 19/7/1981, *Giulietti, A.M.* et al. IN CFCR 1273.

Rio de Contas: ca. 6 km North of the town of Rio de Contas on road to Abaíra. 16/11/1974, *Harley, R.M.* et al. 15117.

Rio de Contas: 10 km N of town of Rio de Contas on

road to Mato Grosso. 19/1/1974, *Harley, R.M.* et al. 15268.

Barra da Estiva: N face of Serra do Ouro, 7 km S of Barra da Estiva on the Ituaçu road. 30/1/1974, *Harley, R.M.* et al. 15723.

Rio de Contas: Lower N.E slopes of the Pico das Almas, ca. 25 km W.N.W. of the Vila do Rio de Contas. 17/2/1977, *Harley, R.M.* et al. 19514.

Mun. ?: Serra Geral de Caetité. 8,5 km N of Brejinhos das Ametistas, on the Caetité road. 12/4/1980, *Harley, R.M.* et al. 21262.

Rio de Contas: Entre Fazenda Brumadinho e Queiroz. 21/2/1987, *Harley, R.M.* et al. 24646.

Rio de Contas: Pico das Almas. Vertente leste, na parte sul do Campo do Queiroz. 29/11/1988, *Harley, R.M. & D.J.N. Hind*, 26660.

Abaíra: Vertentes das serras ao Oeste de Catolés, perto de Catolés de Cima. 26/12/1988, *Harley, R.M.* et al. 27799.

Rio de Contas: Serra Marsalina (Serra da antena de TV). 18/11/1996, *Harley, R.M.* et al. IN PCD 4463. [× 2]

Piatã: Campo rupestre próximo à Serra do Gentio, ("Gerais", entre Piatã e a Serra da Tromba). 21/12/1984, *Harley, R.M.* et al. IN CFCR 7375.

Rio de Contas: Mato Grosso. 7/4/1992, *Hatschbach, G. & E. Barbosa*, 56800.

Piatã: Estrada Piatã-Inúbia, a 2 km da entrada para Inúbia. 11/11/1996, *Hind, D.J.N. & H.P. Bautista*, IN PCD 4195.

Abaíra: Campo de Ouro Fino (baixo). 9/1/1992, *Hind, D.J.N. & R.F. Queiroz*, IN H 50040.

Rio de Contas: A 10 km as NW de Rio de Contas. 21/7/1979, *King, R.M.* et al. 8078.

Rio de Contas: Base do Pico das Almas, a 18 km as NW de Rio de Contas. 24/7/1979, *King, R.M.* et al. 8120.

Rio de Contas: Base do Pico das Almas, a 18 km as NW de Rio de Contas. 24/7/1979, *King, R.M.* et al. 8129.

Livramento do Brumado: 16 km N of Livramento do Brumado, along the road to Arapiranga. 23/1/1981, *King, R.M. & L.E. Bishop*, 8614.

Rio de Contas: Serra das Almas, a 5 km ao NW de Rio de Contas. 21/3/1980, *Mori, S.A. & F. Benton*, 13537.

Vitória da Conquista: Rodovia BA 265, trecho Vitória da Conquista-Barra do Choça, a 9 km leste da primeira. 4/3/1978, *Mori, S.A.* et al. 9470.

Aspilia ramagii Ridl.
Pernambuco

Fernando de Noronha: s.l. 1887, *Ridley, H.N.* et al. 106, HOLOTYPE, Aspilia ramagii Ridl.

Fernando de Noronha: s.l. 1887, *Ridley, H.N.* et al. 106, ISOTYPE, Aspilia ramagii Ridl.

Aspilia setosa Griseb.
Bahia

Palmeiras: Pai Inácio, km 224 da rodovia BR 242. Vale entre os blocos que compõem o conjunto. 19/12/1981, *Carvalho, A.M.* et al. 1021.

Palmeiras: Pai Inácio. 25/10/1994, *Carvalho, A.M.* et al. IN PCD 998.

Palmeiras: Pai Inácio, encosta do Morro do Pai Inácio, próximo à torre de TV. 24/4/1995, *Costa, J.* et al. IN PCD 1772.

Piatã: Estrada Piatã-Inúbia, próximo ao entroncamento. 22/12/1992, *Ganev, W.* 1727.

Mucugê: 6 km along road S of Mucugê. 1/2/1981, *King, R.M. & L.E. Bishop*, 8744.

Lençóis: Morro da Chapadinha. Chapadinha. 24/11/1994, *Melo, E.* et al. IN PCD 1347.

Piatã: Serra de Santana. 10/2/1992, *Queiroz, L.P.* IN H 51531.

Aspilia subalpestris Baker
Bahia

Barra da Estiva: Camulengo. Povoado em baixo dos "inselbergs" ao S da Cadeia do Sincorá. Estr. B da Estiva-Triunfo do Sincorá. Entrada km 17. 23/5/1991, *Santos, E.B. & S.J. Mayo*, 269.

Aspilia sp. 1
Bahia

Barra da Estiva: Morro do Ouro. 9 km ao S da cidade na estrada para Ituaçu. 16/11/1988, *Harley, R.M.* et al. 26469.

Barra da Estiva: Ao pé da Serra do Sincorá, 28 km NE da cidade, perto do povoado Sincorá da Serra. 18/11/1988, *Harley, R.M.* et al. 26917.

Piatã: Quebrada da Serra do Atalho. 26/12/1991, *Harley, R.M.* et al. IN H 50388.

Aspilia sp. 2
Bahia

Piatã: Serra do Atalho, próximo ao garimpo da cravada. 11/6/1992, *Ganev, W.* 474.

Piatã: Caminho Tromba-Piatã, volta da Serra. 15/6/1992, *Ganev, W.* 497.

Rio de Contas: Caminho Boa Vista-Mutuca Corisco, próximo ao Bicota. 2/9/1993, *Ganev, W.* 2192.

Rio de Contas: 10–13 km ao norte da cidade na estrada para o povoado de Mato Grosso. 27/10/1988, *Harley, R.M.* et al. 25696.

Rio de Contas: Ca. 2 km da cidade, em direção a Marcolino Moura. 4/3/1994, *Roque, N.* et al. IN CFCR 14851.

Aspilia sp. 3
Bahia

Abaíra: Distrito de Catolés, Sítio Palmeiras-Barro Preto, Serra do Porco Gordo. 25/4/1992, *Ganev, W.* 195.

Rio de Contas: Riacho da Pedra de Amolar. 24/1/1994, *Ganev, W.* 2861.

Rio de Contas: Ca. 7 km da cidade, em direção a vilarejo de Bananal. 5/3/1994, *Roque, N.* et al. IN CFCR 14914.

Aspilia sp. 4
Bahia

Abaíra: Tanquinho, beira do tanque dos escravos. Bem Querer. 14/11/1992, *Ganev, W.* 1440.

Aspilia spp.
Bahia

Barra da Estiva: 8 km S de Barra da Estiva, camino a Ituaçu: Morro do Ouro Y Morro da Torre. 22/11/1992, *Arbo, M.M.* et al. 5687.

Ribeira do Pombal: s.l. 13/5/1981, *Bautista, H.P.* 438.

Abaíra: Caminho Catolés de Cima-Barbado, subida da serra. 26/10/1992, *Ganev, W.* 1360.

Piatã: Salão, divisa Piatã-Abaíra. 23/12/1992, *Ganev, W*. 1732.

Abaíra: Mata do Outeiro, próximo ao caminho Engenho-Marques. 2/1/1993, *Ganev, W*. 1758.

Abaíra: Catolés de Cima-Bem Querer. 5/1/1993, *Ganev, W*. 1788.

Rio de Contas: Encosta da Serra dos Frios, Agua Limpa. 25/8/1993, *Ganev, W*. 2108.

Abaíra: Caminho Capão de Levi-Serrinha. 25/10/1993, *Ganev, W*. 2626.

Abaíra: Agua Limpa. 10/1/1994, *Ganev, W*. 2767.

Abaíra: Serra do Sumbaré-Guarda-Mor. 20/1/1994, *Ganev, W*. 2833. [× 2]

Abaíra: Caminho Boa Vista-Riacho Fundo pelo Toucinho. 27/1/1994, *Ganev, W*. 2897.

Abaíra: Riacho do Piçarrão de Osmar Campos. 8/5/1994, *Ganev, W*. 3224.

Abaíra: Jambreiro. 17/6/1994, *Ganev, W*. 3386.

Abaíra: Caminho Capão de Levi-Serrinha. 18/11/1992, *Ganev, W*. 4194.

Barra da Estiva: Ca. 6 km N of Barra da Estiva on Ibicoara road. 29/1/1974, *Harley, R.M*. et al. 15590.

Palmeiras: Lower slopes of Morro do Pai Inácio, ca. 14.5 km N.W. of Lençóis just N of the main Seabra-Itaberaba road. 21/5/1980, *Harley, R.M*. et al. 22247.

Abaíra: Bem Querer. 25/12/1991, *Harley, R.M*. et al. IN H 50353.

Mucugê: Estiva Nova, na estrada Mucugê-Guiné. 16/7/1996, *Harley, R.M*. et al. IN PCD 3688.

Abaíra: Subida da Forquilha da Serra. 23/12/1991, *Hind, D.J.N*. et al. IN H 50294.

Abaíra: Estrada Abaíra-Catolés. 31/1/1992, *Hind, D.J.N*. et al. IN H 51416.

Caetité: 2 km along road E of Caetité towards Brumado. 22/1/1981, *King, R.M. & L.E. Bishop*, 8592.

Caetité: 82 km along road E of Caetité, towards Brumado. 22/1/1981, *King, R.M. & L.E. Bishop*, 8594.

Brumado: 3 km along road E of Brumado, toward Aracatu. 26/1/1981, *King, R.M. & L.E. Bishop*, 8677.

Mun. ?: Along road, N.W. outskirts of Vitória da Conquista. 26/1/1981, *King, R.M. & L.E. Bishop*, 8682.

Rio de Contas: Subida para o Pico do Itubira, ca. 28 km de Rio de Contas. 14/11/1998, *Oliveira, R.P*. et al. 89.

Abaíra: Base da encosta da Serra da Tromba. 2/2/1992, *Pirani, J.R*. et al. IN H 51494.

Mun. ?: Estação Ecológica do Raso da Catarina. 25/6/1982, *Queiroz, L.P*. 345.

Inhambupe: Ca. 28 km N de Inhambupe na estrada para Olindina (BR 110). 23/8/1996, *Queiroz, L.P. & N.S. Nascimento*, 4542.

Aporã: Ca. 12 km SE de Crisópolis na estrada para Acajutiba. 26/8/1996, *Queiroz, L.P. & N.S. Nascimento*, 4660.

Rio de Contas: Serra do Tombador, Fazenda Tombador. 19/11/1996, *Roque, N*. et al. IN PCD 4525.

Abaíra: Cachoeira das Anáguas. 19/12/1991, *Sakuragui, C.M*. et al. IN H 50211.

Paraíba

Campina Grande: Distrito de São José da Mata, Reserva Florestal, 10 km do centro de Campina Grande, estrada para Soledade. 7/1991, *Agra, M.F*. 1162. [× 2]

Austrocritonia angulicaulis (Baker) R.M.King & H.Rob.

Bahia

Palmeiras: km 232 da rodovia BR 242 para Ibotirama, Pai Inácio. 18/12/1981, *Carvalho, A.M*. et al. 981.

Austroeupatorium inulifolium (Kunth) R.M.King & H.Rob.

Bahia

Ilhéus: Centro de Pesquisas do Cacau, CEPLAC, CEPEC. 25/3/1965, *Belém, R.P. & M. Magalhães*, 529.

Camacan: Rodovia Camacan-Canavieiras, 3–30 km L de Camacan. 28/7/1965, *Belém, R.P*. et al. 1385.

Abaíra: Distrito de Catolés: caminho Guarda-Mor-Cristais, Covuão. 7/4/1992, *Ganev, W*. 55.

Abaíra: Frios, caminho Guarda-Mor-Frios pelo Covuão. 11/4/1994, *Ganev, W*. 3073.

Porto Seguro: Pau-Brasil Biological Reserve, 17 km West from Porto Seguro on road to Eunapolis. 19/3/1974, *Harley, R.M*. et al. 17191.

Itacaré: Rodovia para Itacaré. Entrada ca. 1 km da BR 101. Ramal que leva às fazendas, no sentido L, margem do Rio de Contas, ca. 8 km da entrada. 23/5/1997, *Jardim, J.G*. et al. 1047.

Canavieiras: Restinga. 9/4/1965, *M. Magalhães* 19630.

Maracás: Rodovia BA 250, 13–25 km a E de Maracás. 18/11/1978, *Mori, S.A*. et al. 11152.

Palmeiras: Pai Inácio. BR 242, km 232, cerca de 15 km ao NE de Palmeiras. 29/2/1980, *Mori, S.A*. 13282.

Abaíra: Bem-Querer. 24/3/1992, *Stannard, B.L*. et al. IN H 52837.

Pernambuco

Bonito: Reserva Ecológica Municipal da Prefeitura de Bonito. 15/3/1995, *Souza, G.M*. et al. 83.

Caruaru: Murici, Brejo dos Cavalos. 28/2/1996, *Tschá, M.C. & D.S. Pimentel*, 583. [× 2]

Austroeupatorium morii R.M.King & H.Rob.

Bahia

Ituberá: Povoado do Rio do Campo. Fazenda Agrícola Litorânea, margem do Rio Cangura. 13/4/1994, *Mattos Silva, L.A. & I.S. Rosa*, 2977.

Ilhéus: Road from Olivença to Una, 2 km S of Olivença. 19/4/1981, *Mori, S.A*. et al. 13646, ISOTYPE, Austroeupatorium morii R.M.King & H.Rob.

Ilhéus: Road from Olivença to Una, 2 km S of Olivença. 19/4/1981, *Mori, S.A*. et al. 13646. Photograph of ISOTYPE, Austroeupatorium morii R.M.King & H.Rob.

Austroeupatorium silphiifolium (Mart.) R.M.King & H.Rob.

Bahia

Mun. ?: Bahia [= Salvador]. s.l. *Blanchet, J.S*. 3257.

Ayapana amygdalina (Lam.) R.M.King & H.Rob.

Bahia

Mun. ?: Bahia[=Salvador]. s.l. *Blanchet, J.S*. 3341.

Nova Viçosa: Ca. 61 km na estrada de Caravelas para Nanuque. 6/9/1989, *Carvalho, A.M.* et al. 2497.

Piatã: Serra do Atalho próximo ao caminho velho de Inúbia-Cravada. 20/8/1992, *Ganev, W.* 913.

Piatã: Catolés de Cima, próximo ao Rio do Bem Querer, caminho para a casa do Sr. Altino. 29/8/1992, *Ganev, W.* 998.

Mun. ?: Marshes, Serra da Batalha. 9/1839, *Gardner, G.* 2899. [× 2]

Palmeiras: Pai Inácio. 26/9/1994, *Giulietti, A.M.* et al. IN PCD 833.

Rio de Contas: Pico das Almas. Vertente leste. Fazenda Silvina. 19 km ao N-O da cidade. 23/10/1988, *Harley, R.M.* & D.J.N. Hind, 25298.

Rio de Contas: Pico das Almas. Vertente leste. Fazenda Silvina. 19 km ao N-O da cidade. 23/10/1988, *Harley, R.M.* et al. 25301.

Rio de Contas: Pico das Almas. Vertente leste. Entre Junco e Fazenda Brumadinho, 10 km ao N-O da cidade. 29/10/1988, *Harley, R.M.* et al. 25756. [× 2]

Abaíra: Catolés: encosta da Serra da Tromba. 7/9/1996, *Harley, R.M.* et al. 28366.

Palmeiras: Capão Grande no sentido da Cachoeira da Fumaça. 29/10/1996, *Hind, D.J.N. & L.P. de Queiroz*, IN PCD 3808.

Mucuri: Area de restinga com algumas manchas de campos, a 7 km de Mucuri. 14/9/1978, *Mori, S.A.* et al. 10526.

Mucugê: Estrada Mucugê-Guiné, a 7 km de Mucugê. 7/9/1981, *Pirani, J.R.* et al. IN CFCR 2007. [× 2]

Mun. ?: Bahia [= Salvador]. in collibus aridis. *Salzmann, P.* 41, ISOTYPE, Eupatorium salzmannianum DC. [× 2]

Mun. ?: Auf campos geraes bei Maracás. 10/1906, *Ule, E.* 7235.

Ceará

Mun. ?: Serra do Araripe. 9/1838, *Gardner, G.* 1734, ISOTYPE, Bulbostylis microcephala Gardner.

Ayapanopsis oblongifolia (Gardner) R.M.King & H.Rob.

Bahia

Rio de Contas: Pico das Almas. Vertente leste. Trilha Fazenda Silvina-Queiroz. 30/10/1988, *Harley, R.M.* et al. 25786. [× 2]

Piatã: Três Morros. 5/11/1996, *Hind, D.J.N.* et al. IN PCD 4066.

Baccharis aphylla (Vell.) DC.

Bahia

Rio de Contas: Fazendola. 16/11/1996, *Bautista, H.P.* et al. IN PCD 4327. (male)

Piatã: Estrada Piatã-Ressaca. 2/11/1996, *D.J.N. Hind* et al. IN PCD 3940. (female)

Rio de Contas: Pico das Almas. Vertente leste, Fazenda Silvina, 19 km ao N-O da cidade. 23/10/1988, *Harley, R.M.* et al. 25331. (female)

Baccharis brachylaenoides DC.

Bahia

Abaíra: Beira do Riacho da Mata, próximo ao encontro do Córrego do Tijuquinho. 14/9/1992, *Ganev, W.* 1100. (female)

Piatã: Encosta da Serra do Barbado, após Catolés de Cima. 6/9/1996, *Harley, R.M.* et al. 28330. (male)

Baccharis calvescens DC.

Bahia

Itabuna: Saída para Uruçuca. 15/5/1968, *Belém, R.P.* 3558. (male)

Ilhéus: Pontal dos Ilhéus, saída para Buerarema. 17/5/1968, *Belém, R.P.* 3574. (male)

Ilhéus: s.l. *Blanchet, J.S.* 1972, ISOSYNTYPE, Baccharis calvescens DC. (male)

Porto Seguro: km 2 da BR 05. 19/6/1962, *Duarte, A.P.* 6778. [× 2 (male & female)]

Abaíra: Distrito de Catolés: Bem-Querer, caminho para a mata. 7/4/1992, *Ganev, W.* 78. (male)

Abaíra: Catolés de Cima, caminho para a Serra do Barbado. 22/6/1992, *Ganev, W.* 540. (female)

Abaíra: Catolés de Cima, beira do Córrego do Bem-Querer. 26/11/1992, *Ganev, W.* 1567. (male)

Abaíra: Catolés de Cima, início da subida do Barbado, caminho Catolés de Cima-Contagem. 24/4/1994, *Ganev, W.* 3119. (male)

Barra da Estiva: Ca. 6 km N. of Barra da Estiva not far from Rio Preto. 29/1/1974, *Harley, R.M.* et al. 15665. (female)

Morro do Chapéu: 27 km S.E. of the town of Morro do Chapéu on the BA 052 highway to Mundo Novo. 4/3/1977, *Harley, R.M.* et al. 19395. (male & female)

Rio de Contas: Lower NE slopes of the Pico das Almas, ca. 25 km W.N.W. of the Vila do Rio de Contas. 17/2/1977, *Harley, R.M.* et al. 19550. (female)

Barra do Choça: 7 km West of Barra do Choça on the road to Vitória da Conquista. 30/3/1977, *Harley, R.M.* et al. 20204. (female)

Rio de Contas: Pico das Almas. Vertente norte, vale acima da Fazenda Silvina. 25/12/1988, *Harley, R.M.* et al. 27373. (male)

Rio de Contas: Pico das Almas. Vertente norte, vale acima da Fazenda Silvina. 25/12/1988, *Harley, R.M.* et al. 27374. (female)

Mucugê: Estiva Nova, na estrada Mucugê-Guiné. 16/7/1996, *Hind, D.J.N.* et al. IN PCD 3680. (female)

Mucugê: Estiva Nova, na estrada Mucugê-Guiné. 16/7/1996, *Hind, D.J.N.* et al. IN PCD 3681. (male)

Abaíra: Subida da Forquilha da Serra. 23/12/1991, *Hind, D.J.N.* et al. IN H 50279. (male)

Santa Cruz de Cabrália: BR 367, ca. 26 km E of Eunápolis. 4/7/1979, *King, R.M.* et al. 7979. (female)

Santa Cruz de Cabrália: A 5 km a W de Santa Cruz de Cabrália. 6/7/1979, *King, R.M.* et al. 7989. (female)

Ilhéus: Rodovia BR 415, trecho Ilhéus-Itabuna, km 12. 10/7/1979, *King, R.M. & L.A. Mattos Silva*, 8004. (female)

Rio de Contas: 14 km NW from the town of Rio de Contas along roadnto Pico das Almas. 24/1/1981, *King, R.M. & L.E. Bishop*, 8636. (male)

Rio de Contas: Vicinity of Pico das Almas, ca. 20 km N.W. of the town of Rio de Contas. 25/1/1981, *King, R.M. & L.E. Bishop*, 8660. (female)

Abaíra: Mata do Cigano. 22/3/1992, *Laessoe, T. & T. Silva*, IN H 52599. (male)

Ilhéus: Ilhéus. s.l. [leg. ?] *Martius Herb. Fl. bras.* 665.
[× 2] (male & female)

Palmeiras: Pai Inácio. BR 242, km 232, a ca. 15 km
ao NE de Palmeiras. 31/10/1979, *Mori, S.A.* 12921.
(male)

Castro Alves: Topo da Serra da Jibóia, próximo à
torre da TELEBAHIA, 7 km SE de Pedra Branca.
27/5/1987, *Queiroz, L.P. & et al.,* 1576. (female)

Santa Cruz de Cabrália: Area da Estação Ecológica do
Pau-Brasil, ca. 16 km a W de Porto Seguro,
Rodovia 367 (Porto Seguro-Eunápolis). 14/7/1987,
Santos, F.S. & M.E. Soares, 613. (female)

Santa Cruz de Cabrália: Area da Estação Ecológica do
Pau-Brasil, ca. 16 km a W de Porto Seguro,
Rodovia 367 (Porto Seguro-Eunápolis). 21/7/1987,
Santos, F.S. & L.B.E. Santo, 633. (female)

Barra da Estiva: Estrada Barra da Estiva-Ituaçu. Morro
da Antena de Televisão. 18/5/1999, *Souza, V.C.* et
al. 22658. (male)

Abaíra: Guarda-Mor, perto do Morro do Cuscuz.
8/3/1992, *Stannard, B.L.* et al. IN H 51791. (female)

Pernambuco

Mun. ?: Brejo da Madre de Deus. 26/11/1998,
Nascimento, L.M. et al. 153. (female).

Baccharis camporum DC.

Bahia

Abaíra: Campos de Ouro Fino, próximo à Serra dos
Bicanos. 16/7/1992, *Ganev, W.* 675. (female)

Abaíra: Estrada Piatã-Abaíra. Gerais do Pastinho.
20/7/1992, *Ganev, W.* 686. (female)

Mucugê: Estrada Mucugê-Abaíra, ca. 42 km de
Mucugê, próximo ao Brejo de Cima. 13/8/1992,
Ganev, W. 843. (male)

Abaíra: Estrada Velha Catolés-Abaíra, Serra do
Pastinho. 15/8/1992, *Ganev, W.* 873. (female)

Mucugê: Caminho para Abaíra. 13/2/1997, *Guedes,
M.L.* et al. IN PCD 5510. (female)

Piatã: Estrada Piatã-Abaíra, entrada à direita, após a
entrada para Catolés. 8/11/1996, *Hind, D.J.N. &
H.P. Bautista,* IN PCD 4135. (female)

Mucugê: Estrada Mucugê-Guiné, a 7 km de Mucugê.
7/9/1981, *Pirani, J.R.* et al. IN CFCR 2011. (female)

Baccharis cassinefolia DC.

Bahia

Cumuruxatiba: 16 km S. of Cumuruxatiba on the
road to Prado. 18/1/1977, *Harley, R.M.* et al. 18073.

Porto Seguro: Reserva Biológica do Pau-Brasil
(CEPLAC). 17 km W from Porto Seguro on road to
Eunápolis. 20/1/1977, *Harley, R.M.* et al. 18101.

Santa Terezinha: Serra da Jibóia: vegetação arbustiva
ao lado da antena. 25/2/1997, *Harley, R.M.* et al. IN
PCD 5863. (male)

Ilhéus: Rodovia BR 415, trecho Ilhéus-Itabuna, km
14. 10/7/1979, *King, R.M. & L.A. Mattos Silva,* 8003.

Santa Terezinha: Serra da Jibóia: vegetação arbustiva
ao lado da antena. 25/2/1997, *Lughadha, E.N.* et al.
IN PCD 5864. (female)

Mun. ?: Bahia: s.l. [leg. ?] *Martius Herb. Fl. bras.* s.n.
[× 2]

Mun. ?: Ad Ilheos fluvium. 1827, [leg. ?] *Martius Herb.
Fl. bras.* s.n.

Santa Terezinha: Serra da Pioneira, 3 km de Pedra
Branca. 16/5/1984, *Noblick, L.R.* et al. 3229. (male)

Santa Terezinha: Serra da Pioneira, 3 km de Pedra
Branca. 16/5/1984, *Noblick, L.R.* et al. 3230. (female)

Baccharis elliptica Gardner

Bahia

Barra da Estiva: Estrada Barra da Estiva-Mucugê, km
31. 4/7/1983, *Coradin, L.* et al. 6425. (male)

Morro do Chapéu: s.l. *Pereira, E. & A.P. Duarte,*
9936. (male)

Baccharis halimimorpha DC.

Bahia

Canavieiras: Ca. 23 km E de Santa Luzia, na estrada
de terra que liga ao km 49 da Rodovia Una-
Canavieiras. 14/12/1991, *Sant'Ana, S.C.* et al. 150.
(male)

Baccharis intermixta Gardner

Bahia

Santa Cruz de Cabrália: A 5 km a W de Santa Cruz
de Cabrália. 6/7/1979, *King, R.M.* et al. 7990. (bud)

Rio de Contas: Pico das Almas a 18 km NW de Rio
de Contas. 24/7/1979, *King, R.M.* et al. 8139.
(female)

Baccharis leptocephala DC.

Bahia

Rio de Contas: Pico do Itubira. Ca. 31 km SW da
cidade, caminho para Mato Grosso. 29/8/1998,
Carvalho, A.M. et al. 6626 (female)

Barra da Estiva: Estrada Barra da Estiva-Mucugê, km
31. 4/7/1983, *Coradin, L.* et al. 6442. (male & female)

Abaíra: Distrito de Catolés: Serra do Porco Gordo-
Gerais do Tijuco. 24/4/1992, *Ganev, W.* 189. (male)

Abaíra: Campos de Ouro Fino, próximo à Serra dos
Bicanos. 16/7/1992, *Ganev, W.* 662. (male)

Mucugê: Estrada Mucugê-Abaíra, ca. 42 km de
Mucugê, próximo ao Brejo de Cima. 13/8/1992,
Ganev, W. 844. (female)

Abaíra: Caminho Catolés de Cima-Barbado.
18/8/1992, *Ganev, W.* 892a. (male)

Abaíra: Caminho Catolés de Cima-Barbado.
18/8/1992, *Ganev, W.* 892b. (female)

Bahia, Piatã: Catolés de Cima, próximo do Rio do
Bem-Querer, caminho para a casa do Sr. Altino.
29/8/1992, *Ganev, W.* 996. (female)

Abaíra: Rio de Contas. Caminho Funil do Porco
Gordo, Capim Vermelho. 14/7/1993, *Ganev, W.*
1850a (male)

Abaíra: Rio de Contas. Caminho Funil do Porco
Gordo, Capim Vermelho. 14/7/1993, *Ganev, W.*
1850b (female)

Rio de Contas: Poço do Ciência, beira do Rio da
Agua Suja. Divisa Rio de Contas-Abaíra
(Arapiranga). 8/8/1993, *Ganev, W.* 2052. (female)

Piatã: Entroncamento da estrada Piatã-Cabrália, com
estrada de Inúbia. 12/7/1994, *Ganev, W.* 3515. (male)

Mun. ?: Santa Rosa. 9/1839, *Gardner, G.* 2905.
SYNTYPE, Baccharis subspathulata Gardner [× 2] (1
male & 1 female)

Mun. ?: Chapada das Mangabeiras. 9/1839, *Gardner,
G.* 3296, SYNTYPE, Baccharis subspathulata
Gardner. [× 2] (1 male & 1 female)

Estrada Barra da Estiva-Mucugê, a 46 km de Barra da
Estiva. 19/7/1981, *Giulietti, A.M.* et al. IN CFCR
1365. (male)

Rio de Contas: Pico das Almas. Vertente leste. Subida do pico do campo norte do Queiroz. 10/11/1988, *Harley, R.M.* et al. 26348a. (female)

Rio de Contas: Pico das Almas. Vertente leste. Subida do pico do campo norte do Queiroz. 10/11/1988, *Harley, R.M.* et al. 26348b. (male)

Barreiras: Rodovia BR 020, 20–30 km O de Barreiras. 20/6/1986, *Hatschbach, G. & F.J. Zelma,* 50526. (male)

Mucugê: Na estrada para Guiné, de Mucugê. 16/7/1996, *Hind, D.J.N.* et al. IN PCD 3671. (female)

Piatã: Estrada Piatã-Inúbia. 2/11/1996, *Hind, D.J.N.* et al. IN PCD 3917. [× 2] (female)

Abaíra: Campos de Ouro Fino (alto). 22/1/1992, *Hind, D.J.N. & R.F. Queiroz,* IN H 50950. (male)

Rio Piau, ca. 225 km S.W. of Barreiras on road to Posse, Goiás. 12/4/1966, *Irwin, H.S.* et al. 14646. (female)

Rio de Contas: a 10 km as NW de Rio de Contas. 21/7/1979, *King, R.M.* et al. 8085. (female)

Rio de Contas: Pico das Almas a 18 km NW de Rio de Contas. 24/7/1979, *King, R.M.* et al. 8142. (female)

Jacobina: Crescit in agris altis siccis, in mediterraneis Prov. Bahiensis, prope Jacobina rel. [leg. ?] *Martius Herb. Fl. bras.* 437. ISOTYPE of *B. xerophila* Mart. [× 2] (1 male & 1 bud)

Piatã: Próximo à Serra do Gentio ("Gerais" entre Piatã e Serra da Tromba. 21/12/1984, *Mello-Silva, R.* et al. IN CFCR 7377. (male)

Piatã: Estrada Piatã-Cabrália, 7 km de Piatã. 9/3/1992, *Stannard, B.L.* et al. IN H 51801. (male)

Abaíra: Piatã: Malhada da Areia. 13/3/1992, *Stannard, B.L.* et al. IN H 51913. (female)

Abaíra: Campo da Mutuca. 21/3/1992, *Stannard, B.L.* et al. IN H 52743. (female)

Baccharis ligustrina DC.
Bahia

Abaíra: Campos de Ouro Fino, à beira do riacho do acampamento da expedição. 16/7/1992, *Ganev, W.* 676. (female)

Rio de Contas: Serra dos Brejões, próximo ao Rio da Agua Suja, divisa com distrito de Arapiranga. 9/8/1993, *Ganev, W.* 2075. (male)

Rio de Contas: Pico das Almas. Vertente leste. Fazenda Silvina, 19 km ao N-O da cidade. 23/10/1988, *Harley, R.M.* et al. 25299. (female)

Piatã: Proximidades do Riacho Toborou. 4/11/1996, *Hind, D.J.N.* et al. IN PCD 4036. [× 2] (male)

Abaíra: Campo de Ouro Fino (alto). 10/1/1992, *Hind, D.J.N. & R.F. Queiroz,* IN H 50053. (male)

Baccharis macroptera D.J.N. Hind
Bahia

Abaíra: Caminho Betão-Tanque do Boi. 4/7/1992, *Ganev, W.* 606. (female)

Rio de Contas: Encosta da Serra dos Frios. Agua Limpa. 25/8/1993, *Ganev, W.* 2125. (male)

Abaíra: Encosta da Serra do Rei. 6/6/1994, *Ganev, W.* 3314. (male)

Agua Quente: Pico das Almas. Vertente norte. Vale ao noroeste do Pico. 20/12/1988, *Harley, R.M. & D.J.N. Hind,* 27310. (male)

Agua Quente: Pico das Almas. Vertente norte. Vale ao noroeste do Pico. 20/12/1988, *Harley, R.M.* et al. 27311, ISOTYPE, Baccharis macroptera D.J.N. Hind. (female)

Rio de Contas: Sopé do Pico do Itobira. 15/11/1996, *Harley, R.M.* et al. IN PCD 4300. (post flowering)

Piatã: Nas proximidades do Riacho Toborou. 4/11/1996, *Hind, D.J.N.* et al. IN PCD 4022. (female)

Piatã: Nas proximidades do Riacho Toborou. 4/11/1996, *Hind, D.J.N.* et al. IN PCD 4028. (male)

Baccharis microcephala (Less.) DC.
Bahia

Lençóis: Serra da Chapadinha. 8/7/1996, *Bautista, H.P.* et al. IN PCD 3480. (female)

Lençóis: Serra da Chapadinha. 8/7/1996, *Bautista, H.P.* et al. IN PCD 3481. (male)

Abaíra: Distrito de Catolés: Caminho Guarda-Mor-Cristais, Serra da Brenha. 4/4/1992, *Ganev, W.* 50. (male)

Abaíra: Serra do Barbado, subida do Pico. 12/7/1993, *Ganev, W.* 1822. (male)

Abaíra: Frios, caminho Guarda-Mor-Frios, pelo covuão. 11/4/1994, *Ganev, W.* 3076. (male)

Palmerias: Serra da Larguinha, ca. 2 km N.E. of Caeté-Açu (Capão Grande). 25/5/1980, *Harley, R.M.* et al. 22582. (male)

Abaíra: Bem-Querer. 5/3/1992, *Sano, P.T. & E.N. Lughadha,* IN H 50882. [bud]

Baccharis myriocephala DC.
Bahia

Margem da Rodovia Camacan-Canavieiras, 32 km W de Canavieiras. 8/9/1965, *Belém, R.P.* 1740. (male)

Mucugê: Estrada nova Andaraí-Mucugê, entre 11–13 km de Mucugê. 8/9/1981, *Furlan, A.* et al. IN CFCR 1571. (male)

Mun. ?: 24 km S.W. of Belmonte, on road to Itapebi. 24/3/1974, *Harley, R.M.* et al. 17345. (male)

Canavieiras: Rodovia Canavieiras-Camacã (BA 270), a 20 km W de Canavieiras. 13/7/1978, *Santos, T.S. & L.A. Mattos Silva,* 3282. (male)

Baccharis orbignyana Klatt
Bahia

Barra da Estiva: 8 km S de Barra da Estiva, camino a Ituaçu: Morro do Ouro y Morro da Torre. 22/11/1992, *Arbo, M.M.* et al. 5705. [× 2] (male & female)

Rio de Contas: Mato Grosso, próximo à lavra velha no final da estrada. 7/11/1993, *Ganev, W.* 2443. (female)

Rio de Contas: Pico das Almas. Vertente leste, ao Norte do Campo do Queiroz. 15/11/1988, *Harley, R.M. & B.L. Stannard,* 26158. (male & female)

Rio de Contas: Pico das Almas. Vertente leste, subida do pico do campo Norte do Queiroz. 10/11/1988, *Harley, R.M.* et al. 26339. (male & female)

Rio de Contas: Pico das Almas. Vertente leste, perto da Fazenda Silvina, estrada para Fazenda Brumadinho. 9/12/1988, *Harley, R.M.* et al. 27076. (male)

Rio de Contas: Pico das Almas. Vertente leste, perto da Fazenda Silvina, estrada para Fazenda Brumadinho. 9/12/1988, *Harley, R.M.* et al. 27077. (female)

Rio de Contas: Fazenda Brumadinho, Morro Brumadinho. 17/11/1996, *Hind D.J.N.* et al. IN PCD 4382. (male)

Rio de Contas: Fazenda Brumadinho, Morro Brumadinho. 17/11/1996, *Hind D.J.N.* et al. IN PCD 4384. (female)

Palmeiras: Pai Inácio. Encosta do Morro do Pai Inácio, trilha para Mata de Grotão. 24/4/1995, *Melo, E.* et al. IN PCD 1777. (male)

Baccharis platypoda DC.
Bahia

Rio de Contas: Lower NE slopes of the Pico das Almas, ca. 25 km W.N.W. of the Vila do Rio de Contas. 17/2/1977, *Harley, R.M.* et al. 19549. (male)

Baccharis pingraea DC.
Bahia

Mun. ?: s.l. *Blanchet, J.S.* 3720. (female)

Mun.?: 87 km W of Itaberaba along the road to Ibotirama. 30/1/1981, *King, R.M. & L.E. Bishop,* 8694. (male)

Paramirim: Barragem do Zabumbão. 6/2/1997, *Saar, E.* et al. IN PCD 5184. (female)

Baccharis polyphylla Gardner
Bahia

Abaíra: Estrada Abaíra-Piatã, Salão. 25/6/1992, *Ganev, W.* 566. (male)

Abaíra: Agua Limpa. 25/6/1992, *Ganev, W.* 596. (male)

Abaíra: Caminho Ribeirão de Baixo-Quebradas, próximo a encosta da Serra do Atalho. 30/8/1992, *Ganev, W.* 788. (male)

Abaíra: Agua Limpa, Fazenda Catolés de Cima. 17/9/1992, *Ganev, W.* 1109. (male)

Abaíra: Serra do Barbado, subida do pico. 12/7/1993, *Ganev, W.* 1820. (male)

Rio de Contas: Guarda-Mor, Capão de Quinca. 19/7/1993, *Ganev, W.* 1905. (male)

Rio de Contas: Ladeira do Toucinho. Caminho Catolés-Arapiranga. 30/8/1993, *Ganev, W.* 2165. (male)

Abaíra: Caminho Jambreiro-Belo Horizonte. 14/7/1994, *Ganev, W.* 3532. (male)

Rio de Contas: On lower slopes of the Pico das Almas, ca. 25 km W.N.W. of the town of Rio de Contas. 23/1/1974, *Harley, R.M.* et al. 15443. (male)

Rio de Contas: Middle and upper N.E. slopes of the Pico das Almas, ca. 25 km W.N.W. of the Vila do Rio de Contas. 19/3/1977, *Harley, R.M.* et al. 19686. (male)

Serras dos Lençóis. Serra da Larguinha, ca. 2 km N.E. of Caeté-Açu (Capão Grande). 25/5/1980, *Harley, R.M.* et al. 22545. (male)

Rio de Contas: Pico das Almas. Vertente leste, subida do pico do campo norte do Queiroz. 10/11/1988, *Harley, R.M.* et al. 26335. (female)

Piatã: 10 km ao Sul de Piatã, na estrada para Abaíra. 5/9/1996, *Harley, R.M.* et al. 28297. (male)

Piatã: Sopé da Serra de Santana. 3/11/1996, *Hind, D.J.N.* et al. IN PCD 3982. (male)

Piatã: Sopé da Serra de Santana. 3/11/1996, *Hind, D.J.N.* et al. IN PCD 3984. (female)

Rio de Contas: Pico das Almas a 18 km as NW de

Rio de Contas. 22/7/1979, *King, R.M.* et al. 8108. (male)

Abaíra: Catolés, Serra do Barbado. 26/2/1994, *Sano, P.T.* et al. IN CFCR 14623. (male)

Baccharis pseudobrevifolia D.J.N. Hind
Bahia

Rio de Contas: Pico das Almas. Vertente norte. Area de campos e mata, noroeste do Campo do Queiroz. 22/11/1988, *Harley, R.M. & B. Stannard,* 26237. (female)

Agua Quente: Pico das Almas. Vertente norte. Acima do vale ao NW do Campo do Queiroz. 26/11/1988, *Harley, R.M. & D.J.N. Hind,* 26602, ISOTYPE, Baccharis pseudobrevifolia D.J.N. Hind. (male)

Agua Quente: Pico das Almas. Vertente norte. Acima do vale ao NW do Campo do Queiroz. 26/11/1988, *Harley, R.M. & D.J.N. Hind,* 26604. (female)

Baccharis ?ramosissima Gardner
Bahia

Mucugê: Estrada que liga Mucugê. 17 km de Mucugê. 27/7/1979, *King, R.M.* et al. 8176. (male)

Mucugê: Estrada que liga Mucugê. 17 km de Mucugê. 27/7/1979, *King, R.M.* et al. 8177. (female)

Baccharis reticularia DC.
Bahia

Prado: Restinga, 25 km S de Prado. 19/7/1968, *Belém, R.P.* 3893.

Prado: Restinga, 25 km S de Prado. 19/7/1968, *Belém, R.P.* 3897.

Mucugê: Alto do Morro do Pina. Estrada de Mucugê à Guiné, a 25 km de Mucugê. 20/7/1981, *Giulietti, A.M.* et al. IN CFCR 1513. (female)

Lençóis: Serra da Larguinha, ca. 2 km N.E. of Caeté-Açú (Capão Grande). 25/5/1980, *Harley, R.M.* et al. 22642.

Rio de Contas: Pico das Almas, a 18 km as N.W. de Rio de Contas. 22/7/1979, *King, R.M.* et al. 8106. (male)

Rio de Contas: Pico das Almas, a 18 km as N.W. de Rio de Contas. 22/7/1979, *King, R.M.* et al. 8107. (female)

Mucugê: Estrada que liga Mucugê. 17 km de Mucugê. 27/7/1979, *King, R.M.* et al. 8175.

Mucugê: Margem da Estrada Andaraí-Mucugê. Estrada Nova, a 13 km de Mucugê, próximo a uma grande pedreira na margem esquerda. 21/7/1981, *Pirani, J.R.* et al. 1656. [× 2]

Mun. ?: Bahia [=Salvador]. s.l. *Sello* 554, HOLOTYPE, Baccharis bahiensis Baker. (male)

Palmeiras: Pai Inácio. 29/8/1994, *Stradmann, M.T.S.* et al. IN PCD 446. (male)

Baccharis rivularis Gardner
Pernambuco

Bonito: Reserva Ecológica da Prefeitura de Bonito. 8/5/1995, *Inácio, E.* et al. 32. (female)

Bonito: Reserva Ecológica da Prefeitura de Bonito. 8/5/1995, *Menezes, E.* et al. 90. (male)

Bonito: Reserva Municipal de Bonito. 6/3/1996, *Oliveira, M.* et al. 225. (sterile)

Bonito: Reserva Ecológica da Prefeitura de Bonito. 15/3/1995, *Rodrigues, E.H.* et al. 34. (male)

Baccharis salzmannii DC.

Bahia

Mucugê: Caminho para Abaíra. 13/2/1997, *Atkins, S.* et al. IN PCD 5577. (male)

Bahia: s.l. *Blanchet, J.S.* 3693. (male)

Jacobina: Serra do Tombador. Ca. 25 km na estrada Jacobina-Morro do Chapéu. 20/2/1993, *Carvalho, A.M.* et al. 4148. (female)

Jacobina: Serra do Tombador. Ca. 25 km na estrada Jacobina-Morro do Chapéu. 20/2/1993, *Carvalho, A.M.* et al. 4151. (male)

Rio de Contas: Pico do Itubira. Ca. 31 km SW da cidade, caminho para Mato Grosso. 29/8/1998, *Carvalho, A.M.* et al. 6625. (female)

Abaíra: Catolés de Cima, Campo Grande. 22/6/1992, *Ganev, W.* 546. (male)

Abaíra: Estrada Abaíra-Piatã. Radiador acima do garimpo velho. 25/6/1992, *Ganev, W.* 561. (male)

Abaíra: Mata do Bem-Querer, próximo ao Rancho de José Sobrinho. 17/8/1992, *Ganev, W.* 887. (female)

Abaíra: Mata do Bem-Querer, próximo ao Rancho de José Sobrinho. 17/8/1992, *Ganev, W.* 888. (female)

Abaíra: Rio de Contas: Caminho Funil do Porco Gordo, Capim vermelho. 14/7/1993, *Ganev, W.* 1846. (male)

Rio de Contas: Samambaia. 23/8/1993, *Ganev, W.* 2100. (male)

Abaíra: Bem-Querer, Catolés de Cima. 23/6/1994, *Ganev, W.* 3413. (male)

Piatã: Entroncamento da estrada Piatã-Cabrália, com estrada de Inúbia. 12/7/1994, *Ganev, W.* 3508. (male)

Abaíra: Salão da Barra-Campos gerais do Salão. 16/7/1994, *Ganev, W.* 3550. (female)

Abaíra: Bem-Querer-Garimpo da CIA. 18/7/1994, *Ganev, W.* 3586. (male)

Barra da Estiva: Morro do Ouro. 19/7/1981, *Giulietti, A.M.* et al. IN CFCR 1319. (male)

Bahia: Cruz de Casma. 7, *Glocker, E.F.* 48.

Palmeiras: Pai Inácio. 29/8/1994, *Guedes, M.L.* et al. IN PCD 392. (male)

Palmeiras: Pai Inácio. 1/7/1995, *Guedes, M.L.* et al. IN PCD 2118. (male)

Mucugê: Fazenda Pedra Grande, estrada para Boninal. 17/2/1997, *Guedes, M.L.* et al. IN PCD 5790. (female)

Jacobina: Serra do Tombador. 2/7/1996, *Harley, R.M.* et al. IN PCD 3333. (male)

Jacobina: Serra do Tombador. 2/7/1996, *Harley, R.M.* et al. IN PCD 3334. (female)

Ibicoara: Lagoa Encantada, 19 km N.E. of Ibicoara near Brejão. 1/2/1974, *Harley, R.M.* et al. 15774. (male)

Piatã: Encosta da Serra do Barbado, após Catolés de Cima. 6/9/1996, *Harley, R.M.* et al. 28305. (female) [× 2]

Morro do Chapéu: Ca. 6 km S of town of Morro do Chapéu. 18/2/1971, *Irwin, H.S.* et al. 32452. (female)

Rio de Contas: Entre Rio de Contas e Mato Grosso a 9 km as N de Rio de Contas. 20/7/1979, *King, R.M.* et al. 8056. (male)

Rio de Contas: Entre Rio de Contas e Mato Grosso a 9 km as N de Rio de Contas. 20/7/1979, *King, R.M.* et al. 8060. (female)

Rio de Contas: A 10 km as NW de Rio de Contas. 21/7/1979, *King, R.M.* et al. 8079. (female)

Rio de Contas: Pico das Almas a 18 km NW de Rio de Contas. 24/7/1979, *King, R.M.* et al. 8137. (male)

Rio de Contas: Pico das Almas, a 18 km NW de Rio de Contas. 24/7/1979, *King, R.M.* et al. 8140 (female).

Mucugê: 8 km along road S of Mucugê. 1/2/1981, *King, R.M. & L.E. Bishop,* 8745. (female)

Bahia: In apricis camporum, ad praedium Cruz de Casma. 7, [leg. ?] *Martius Herb. Fl. bras.* 673.

Morro do Chapéu: s.l. 27/7/1975, *Pereira de Souza* (ALCB 10274). (male)

Mucugê: Estrada Velha Andaraí-Mucugê, em trecho próximo de Igatu. 8/9/1981, *Pirani, J.R.* et al. IN CFCR 2111. (male)

Palmeiras: Pai Inácio. 29/8/1994, *Poveda, A.* et al. IN PCD 452. (male)

Mun. ?: Bahia [=Salvador], in collibus aridis. *Salzmann, P.* 10, ISOTYPE, Baccharis salzmannii DC. (male & female) [× 2]

Baccharis serrulata (Lam.) Pers.

Bahia

Bahia: s.l. *Blanchet, J.S.* 3694. (male)

Piatã: Estrada Piatã-Abaíra, entrada à direita, após a entrada para Catolés. 9/11/1996, *Bautista, H.P. & D.J.N. Hind,* IN PCD 4161. (female)

Piatã: Estrada Piatã-Abaíra, entrada à direita, após a entrada para Catolés. 9/11/1996, *Bautista, H.P. & D.J.N. Hind,* IN PCD 4162. (male)

Abaíra: Caminho Engenho-Marques, à beira do Córrego do Outeiro. 26/9/1992, *Ganev, W.* 1193. (male)

Rio de Contas: About 3 km N of the town of Rio de Contas. 21/1/1974, *Harley, R.M.* et al. 15347. (male)

Rio de Contas: About 2 km N of the town of Rio de Contas in flood plain of the Rio Brumado. 23/1/1974, *Harley, R.M.* et al. 15627. (female)

Barra da Estiva: Serra do Sincorá. W of Barra da Estiva, on the road to Jussiape. 22/3/1980, *Harley, R.M.* et al. 20739. (male & female)

Rio de Contas: Pico das Almas. Vertente leste. Junco. 9–11 km ao N-O da cidade. 6/11/1988, *Harley, R.M.* et al. 25917. [× 2] (male & female)

Rio de Contas: Pico das Almas. Vertente leste. Campo do Queiroz. 14/12/1988, *Harley, R.M. & D.J.N. Hind,* 27236. (female)

Rio de Contas: Pico das Almas. Vertente leste. Campo do Queiroz. 14/12/1988, *Harley, R.M. & D.J.N. Hind,* 27237. (male)

Mucugê: Estrada Igatu-Mucugê, a 7 km do entroncamento com a estrada Andaraí-Mucugê. 14/7/1996, *Hind, D.J.N.* et al. IN PCD 3590. [× 2] (male)

Mucugê: Estrada Igatu-Mucugê, a 7 km do entroncamento com a estrada Andaraí-Mucugê. 14/7/1996, *Hind, D.J.N.* et al. IN PCD 3591. (female)

Piatã: Estrada Piatã-Inúbia. 2/11/1996, *Hind, D.J.N.* et al. IN PCD 3911. (male)

Piatã: Estrada Piatã-Inúbia. 2/11/1996, *Hind, D.J.N.* et al. IN PCD 3912. [× 2] (female)

Piatã: Sopé da Serra de Santana. 3/11/1996, *Hind, D.J.N.* et al. IN PCD 3966. (male)

Piatã: Sopé da Serra de Santana. 3/11/1996, *Hind, D.J.N.* et al. IN PCD 3968. (female)

Piatã: Proximidades do Riacho Toborou. 4/11/1996, *Hind, D.J.N.* et al. IN PCD 4023. (male)

Piatã: Proximidades do Riacho Toborou. 4/11/1996, *Hind, D.J.N.* et al. IN PCD 4024. (female)

Bahia: Estrada Rio de Contas-Livramento do Brumado. 14/11/1996, *Hind, D.J.N.* et al. IN PCD 4274. (male)

Abaíra: Morro da Zabumba. 30/12/1991, *Hind, D.J.N.* et al. IN H 50581. (male)

Abaíra: Morro da Zabumba. 30/12/1991, *Hind, D.J.N.* et al. IN H 50582. (female)

Abaíra: Campo de Ouro Fino (alto). 21/1/1992, *Hind, D.J.N. & R.F. Queiroz*, IN H 50929. (male)

Rio de Contas: Entre Rio de Contas e Mato Grosso a 9 km as N de Rio de Contas. 20/7/1979, *King, R.M.* et al. 8058. (female)

Rio de Contas: a 10 km as NW de Rio de Contas. 21/7/1979, *King, R.M.* et al. 8074. (male)

Maracás: Rodovia BA-250, 13–25 km a E de Maracás. 18/11/1978, *Mori, S.A.* et al. 11164. (female)

Rio de Contas: Subida para o Pico do Itubira, ca. 28 km de Rio de Contas. 14/11/1998, *Oliveira, R.P.* et al. 126. (male)

Morro do Chapéu: Morro do Chapéu. *Pereira, E. & A.P. Duarte*, 10144. (female)

Abaíra: Riacho da Taquara. 29/1/1992, *Pirani, J.R.* et al. IN H 50973. (male)

Piatã: Três Morros. 5/11/1996, *Queiroz, L.P.* et al. IN PCD 4102. (male)

Piatã: Estrada Piatã-Inúbia. 21/5/1999, *Souza, V.C.* et al. 22981. (male)

Campo Formoso: Morro do Cruzeiro, east of town. 31/1/1993, *Thomas, W.W.* et al. 9656. (female)

Campo Formoso: Morro do Cruzeiro, east of town. 31/1/1993, *Thomas, W.W.* et al. 9658. (male)

Pernambuco

Bonito: Reserva Municipal de Bonito. 6/3/1996, *Campelo, M.J. & M.J. Hora*, 88. (female)

Brejo da Madre de Deus: Fazenda Bituri. 16/3/1996, *Freire, E.* 90. (female)

Bezerros: Parque Municipal de Serra Negra. 12/4/1995, *Henrique, V.V.* et al. 13. (female)

Brejo da Madre de Deus: Fazenda Bituri. 14/3/1996, *Hora, M.J.* et al. 78. (female)

Bezerros: Parque Ecológico de Serra Negra. 8/2/1996, *Inácio, E.* et al. 135. (male)

Bezerros: Parque Municipal de Serra Negra. 12/4/1995, *Lira, S.S.* et al. 34. (bud)

Bezerros: Parque Ecológico de Serra Negra. 8/2/1996, *Lira, S.S. & M. Oliveira*, 113. (female)

Bonito: Reserva Municipal de Bonito. 9/2/1996, *Marcon, A.B.* et al. 115. (male)

Brejo da Madre de Deus: Fazenda Bituri. 14/3/1996, *Marcon, A.B.* 137. (male)

São Vicente Ferrer: Mata do Estado. 18/4/1995, *Rodal, M.J.N.* et al. 514. (bud)

Caruaru: Murici, Brejo dos Cavalos, Parque Ecológico Municipal. 1/6/1995, *Sales de Melo, M.R.C.* 57. (male)

Caruaru: Murici, Brejo dos Cavalos, Parque Ecológico Municipal. 14/7/1995, *Sales de Melo, M.R.C.* et al. 99. (male)

São Vicente Ferrer: Mata do Estado. 11/8/1994, *Sales, M. & K. Andrade*, 239. (female)

Bezerros: Parque Municipal de Serra Negra. 12/4/1995, *Sales, M.* et al. 571. (female)

Brejo da Madre de Deus: Fazenda Bituri. 25/5/1995, *Silva, D.C.* et al. 53. (male)

Bonito: Reserva Ecológica Municipal da Prefeitura de Bonito. 8/5/1995, *Tschá, M.C.* et al. 41. (female)

Caruaru: Reserva Municipal de Brejo dos Cavalos. 4/4/1995, *Tschá, M.C.* et al. 58. (female)

Caruaru: Murici, Brejo dos Cavalos, Parque Ecológico Municipal. 25/5/1995, *Tschá, M.C.* et al. 112. (bud)

Inajá: Reserva Biológica de Serra Negra. 10/12/1995, *Tschá, M.C.* et al. 384. (female)

Caruaru: Distrito de Murici, Brejo dos Cavalos. 9/4/1996, *Tschá, M.C.* 764. (male)

Bonito: Reserva Ecológica da Prefeitura de Bonito. 15/3/1995, *Villarouco, F.* et al. 25. (female)

Baccharis singularis (Vell.) G.M.Barroso
Bahia

Ilhéus: Estrada Pontal-Buerarema, coletas entre os kms 23 e 30. 3/7/1993, *Carvalho, A.M.* et al. 4266.

Mucugê: Estrada Mucugê-Andaraí, 3–5 km N de Mucugê. 21/2/1994, *Harley, R.M.* et al. IN CFCR 14356. (male)

Mun. ?: Crescit in campis siccis altis prope Jacobinam Novam et inter fluvios Peruaguaçu et Rio de Contas. 1838, [leg. ?] *Martius Herb. Fl. bras.* 231, ISOTYPE, Baccharis senicula Mart. (female)

Ilhéus: Prope Ilheos. [leg. ?] *Martius Herb. Fl. bras.* 667. (male)

Castro Alves: Serra da Jibóia (= Serra da Pioneira). 8/12/1992, *Queiroz, L.P.* et al. 2950. (female)

Castro Alves: Serra da Jibóia (= Serra da Pioneira). 8/12/1992, *Queiroz, L.P.* et al. 2951. (male)

Baccharis tridentata Vahl
Bahia

Barra da Estiva: Estrada Ituaçu-Barra da Estiva, 1,2 km de Barra da Estiva, próximo ao Morro do Ouro. 18/7/1981, *Giulietti, A.M.* et al. IN CFCR 1248.

Mun. ?: Bahia [= Salvador], in collibus. *Salzmann, P.* 15.

Baccharis trinervis Pers.
Alagoas

Mun. ?: Bushy places near the city of Alagoas. 4/1836, *Gardner, G.* 1346. [× 2] (female)

Bahia

Encruzilhada: Margem do Rio Pardo. 26/5/1968, *Belém, R.P.* 3662. (female)

Bahia: Rodovia Itabuna-Uruçuca. 1/7/1965, *Belém, R.P. & A.M.Aguiar*, 1238. (female)

Bahia: s.l. *Blanchet, J.S.* 3487. (male)

Bahia: s.l. *Blanchet, J.S.* s.n. (female)

Abaíra: Distrito de Catolés: Estrada Catolés-Ribeirão Mendonça de Daniel Abreu, a 3 km de Catolés. 2/4/1992, *Ganev, W.* 6. (male)

Mun. ?: In a hedge near Bahia [= Salvador]. 9/1837, *Gardner, G.* 874. (female)

Salvador: UFBA. Campus de Ondina na encosta do morro. 13/12/1991, *Guedes, M.L. & D.J.N. Hind*, 19. (female)

Morro do Chapéu: Estrada Morro do Chapéu-Jacobina, a 1 km da sede do município. 1/7/1996, *Harley, R.M.* et al. IN PCD 3279. [× 2] (male)

Bahia: Serra do Tombador. 2/7/1996, *Harley, R.M.* et al. IN PCD 3331. [× 2] (male)

Mucugê: Passagem Funda, na estrada Mucugê-Cascavel, passando pelas fazendas. 17/7/1996, *Hind, D.J.N.* et al. IN PCD 3710. (female)

Bahia: 53 km along road W from Seabra, toward Ibotirama. 3/2/1981, *King, R.M. & L.E. Bishop,* 8784. (male)

Bahia: Margem direita da estrada de Conceição da Feira. 1/5/1980, *Paranhos, L.* s.n. (male)

Bahia: in collibus. *Salzmann, P.* 20, ISOSYNTYPE, Baccharis cinerea DC. [× 2] (male & female)

Bahia: s.l. *Sello* s.n.

Andaraí: Estrada que liga Andaraí à BR 242. 11/9/1999, *Souza, N.K.R.* et al. 8. (female)

Jussari: 3.2 km west of BR 101 on road to Jussari. 2/2/1994, *Thomas, W.W.* et al. 10216. [× 2] (female)

Ceará

Crato: Very common in the woods of Crato. 9/1838, *Gardner, G.* 1726. [× 2] (male)

Crato: Very common in the woods of Crato. 9/1838, *Gardner, G.* s.n. (female)

Paraíba

Areia: Mata de Pau-Ferro (aceiro da mata). 3/2/1992, *Agra, M.F. & R.V. Barbosa,* 1353. (female)

Pernambuco

Inajá: Reserva Biológica de Serra Negra. 10/12/1995, *Tschá, M.* et al. 384. (female)

Baccharis truncata Gardner
Bahia

Barra da Estiva: Serra do Sincorá. NW face of Serra de Ouro, to the East of the Barra da Estiva-Ituaçu road, about 9 km S of Barra da Estiva. 24/3/1980, *Harley, R.M.* et al. 20887. (male)

Morro do Chapéu: Telebahia Tower, ca. 6 km S of Morro do Chapéu. 16/6/1981, *Mori, S.A. & B.M. Boom,* 14451. (male)

Baccharis varians Gardner
Bahia

Bahia: s.l. *Blanchet, J.S.* 3453. (male & female)

Palmeiras: Pai Inácio. 26/9/1994, *Giulietti, A.M.* et al. IN PCD 838. (female)

Palmeiras: Pai Inácio. 26/9/1994, *Giulietti, A.M.* et al. IN PCD 839. (male)

Maraú: 5 km SE of Maraú at the junction with the new road North to Ponta do Mutá. 2/2/1977, *Harley, R.M.* et al. 18481. (female)

Rio de Contas: Base do Pico das Almas, a 18 km as NW de Rio de Contas. 22/7/1979, *King, R.M.* et al. 8089. (female)

Mun. ?: 54 km E of Seabra along road towards Itaberaba. 2/2/1981, *King, R.M. & L.E. Bishop,* 8771. (female)

Caitité: s.l. [leg. ?] *Martius Herb. Fl. bras.* s.n. (male)

Lençóis: Morro da Chapadinha. Chapadinha. 24/11/1994, *Melo, E.* et al. IN PCD 1345. (male)

Palmeiras: Pai Inácio. 29/8/1994, *Orlandi, R.* et al. IN PCD 408. [× 2] (1 male & 1 female)

Mun. ?: Bahia [= Salvador]. in collibus. *Salzmann, P.* s.n. (male & female)

Baccharis sp. 1
Bahia

Abaíra: Estrada Abaíra-Piatã, radiador acima do garimpo velho. 25/6/1992, *Ganev, W.* 560. (female)

Piatã: Estrada Piatã-Abaíra, ca. 3 km de Piatã. 14/8/1992, *Ganev, W.* 852. (femlae)

Piatã: Estrada Piatã-Abaíra, ca. 3 km de Piatã. 14/8/1992, *Ganev, W.* 855. (male)

Baccharis sp. 3
Bahia

Rio de Contas: Serra dos Brejões, próximo ao Rio da Agua Suja, divisa com distrito de Arapiranga. 9/8/1993, *Ganev, W.* 2058. (male)

Baccharis sp. 4
Bahia

Rio de Contas: Encosta da Serra dos Frios, Agua Limpa. 25/8/1993, *Ganev, W.* 2115. (male)

Baccharis sp. 6
Bahia

Piatã: Estrada Piatã-Abaíra, ca. 3 km de Piatã. 14/8/1992, *Ganev, W.* 848. (male)

Baccharis sp. 7
Bahia

Piatã: Estrada Piatã-Abaíra, Sítio Piauí, beira da estrada. 12/7/1994, *Ganev, W.* 3502. (bud)

Baccharis sp. 8
Bahia

Mucugê: Estrada de Mucugê à Guiné, a 28 km de Mucugê. 7/9/1981, *Furlan, A.* et al. IN CFCR 2027. (male)

Piatã: Estrada Piatã-Abaíra, ca. 3 km de Piatã. 14/8/1992, *Ganev, W.* 858. (male)

Piatã: Catolés de Cima, próximo ao Rio do Bem Querer, caminho para a casa do Sr. Altino. 29/8/1992, *Ganev, W.* 997. (female)

Rio de Contas: Encosta da Serra dos Frios, Agua Limpa. 25/8/1993, *Ganev, W.* 2129. (male)

Abaíra: Caminho Boa Vista-Bicota. 23/7/1994, *Ganev, W.* 3438. (male)

Abaíra: Bem Querer, Garimpo da CIA. 18/7/1994, *Ganev, W.* 3574. (male)

Barra da Estiva: Estrada Ituaçu-Barra da Estiva, a 12 km de Barra da Estiva, próximo ao Morro do Ouro. 12/7/1981, *Giulietti, A.M.* et al. IN CFCR 1238. (male)

Mucugê: Alto do Morro do Pina. Estrada de Mucugê à Guiné, a 25 km NO de Mucugê. 20/7/1981, *Giulietti, A.M.* et al. IN CFCR 1538. (male)

Piatã: Serra de Santana. 10/2/1992, *Queiroz, L.P.* IN H 51516. (male)

Baccharis sp. 9
Bahia

Abaíra: Estrada Catolés-Abaíra, entroncamento de Piatã-Abaíra. 25/6/1992, *Ganev, W.* 573.

Piatã: Arredores da cidade no caminho para a Capelinha. 14/2/1987, *Harley, R.M.* et al. 24176.

Piatã: Serra de Santana. 10/2/1992, *Queiroz, L.P.* IN H 51530.

Seabra: Serra do Bebedor, ca. De 4 km W de Lagoa da Boa Vista, na estrada para Gado Bravo. 22/6/1993, *Queiroz, L.P. & N.S.Nascimento,* 3358.

Baccharis spp.
Bahia
Palmeiras: Pai Inácio. 25/10/1994, *Carvalho, A.M.* et al. IN PCD 992. (male)
Canavieiras: Km 6 da Rodovia Canavieiras-Cubículo (margem do Rio Pardo), a 1 km da entrada do ramal. 12/7/1978, *Carvalho, A.M.* et al. 3242. (male)
Barra da Estiva: Estrada Barra da Estiva-Mucugê, km 31. 4/7/1983, *Coradin, L.* et al. 6436. (femlae)
Abaíra: Distrito de Catolés: caminho Guarda-Mor-Cristais, Covuão. 7/4/1992, *Ganev, W.* 53. [× 2] (1 male 7 1 female)
Abaíra: Caminho Boa Vista-Bicota. 25/7/1992, *Ganev, W.* 734. (male)
Abaíra: Caminho Ribeirão de Baixo-Quebradas, próximo a encosta da Serra do Atalho. 30/7/1992, *Ganev, W.* 794. male)
Mucugê: Estrada Mucugê-Abaíra, ca. 42 km de Mucugê, próximo ao Brejo de Cima. 13/8/1992, *Ganev, W.* 847. (male)
Abaíra: Serra dos Cristais. 8/6/1994, *Ganev, W.* 3324. (male)
Palmeiras: Pai Inácio. 26/9/1994, *Giulietti, A.M.* et al. IN PCD 855. (female)
Palmeiras: Pai Inácio. 26/9/1994, *Giulietti, A.M.* et al. IN PCD 856. (male)
Piatã: Cabrália–26 km em direção à Piatã. 5/9/1996, *Harley, R.M.* et al. 28272. (female)
Piatã: Estrada Piatã-Inúbia, a 2 km da entrada para Inúbia. 11/11/1996, *Hind, D.J.N.* & *H.P. Bautista*, IN PCD 4202.
Palmeiras: Pai Inácio. 21/11/1994, *Melo, E.* et al. IN PCD 1194. (female)
Palmeiras: Próximo à localidade de Caeté-Açú: Cachoeira da Fumaça (Glass). 11/10/1987, *Queiroz, L.P.* & et al., 1924. (female)

Babiantbus viscosus (Spreng.) R.M.King & H.Rob.
Bahia
Lençóis: Serra da Chapadinha. Rio Mucugezinho. 27/9/1994, *Bautista, H.P.* et al. IN PCD 865.
Maraú: s.l. 6/10/1965, *Belém, R.P.* 1866.
Prado: 25 km S de Prado. 19/7/1968, *Belém, R.P.* 3896.
Mun. ?: s.l. *Blanchet, J.S.*, s.n. Probable ISOTYPE, Kuhnia baccharoides DC.
Mun.?, Ilhéus: s.l. *Blanchet, J.S.* 1826, ISOTYPE, Kuhnia baccharoides DC.
Piatã: Serra da Tromba, estrada Piatã-Gerais da Serra. 14/5/1992, *Ganev, W.* 281.
Abaíra: Riacho das Taquaras. Capão, abaixo da Plataforma. 21/5/1992, *Ganev, W.* 326.
Abaíra: Caminho Guarda-Mor-Agua Limpa, volteando o Morro do Cuscuz por trás. 25/6/1992, *Ganev, W.* 587.
Mucugê: Estrada Mucugê-Abaíra, ca. 3 km antes de Mucugê, próximo à ponte. 11/8/1992, *Ganev, W.* 819.
Piatã: Serra da Tromba, estrada Piatã-Gerais da Serra, via campo de futebol. 25/8/1992, *Ganev, W.* 954.
Abaíra: Serra do Barbado, subida do Pico. 12/7/1993, *Ganev, W.* 1825.
Mucugê: Campos defronte ao cemitério. 20/7/1981, *Giulietti, A.M.* et al. IN CFCR 1388.
Lençóis: Serra da Chapadinha. Serra da Chapadinha. 31/8/1994, *Guedes, M.L.* et al. IN PCD 695.

Morro do Chapéu: Rodovia BA 052, em direção à Utinga, entrada a 2 km à direita. Morro da Torre da EMBRATEL, a 8 km. 30/8/1990, *Hage, J.L.* et al. 2316.
Caravelas: Arredores. 9/10/1986, *Hatschbach, G.* & *J.M. Silva*, 50759.
Morro do Chapéu: Serra Pé do Morro. 29/6/1996, *Hind, D.J.N.* et al. IN PCD 3230.
Mucugê: Pedra Redonda, entre o Rio Preto e o Rio Paraguaçu. 15/7/1996, *Hind, D.J.N.* et al. IN PCD 3654.
Rio de Contas: Base do Pico das Almas, a 18 km as NW de Rio de Contas. 24/7/1979, *King, R.M.* et al. 8130.
Mucugê: A 3 km as S de Mucugê, na estrada que vai para Jussiape. 26/7/1979, *King, R.M.* et al. 8150.
Mucugê: A 3 km as S de Mucugê, na estrada que vai para Jussiape. 26/7/1979, *King, R.M.* et al. 8160.
Mucugê: Estrada que liga Mucugê a Andaraí, a 11 km do primeiro. 27/7/1979, *King, R.M.* et al. 8169.
Rio de Contas: Serra das Almas. 1813, Photograph of *Luetzelburg, P. von* 205.
Andaraí: Rodovia Andaraí-Mucugê, km 30. 20/5/1989, *Mattos Silva, L.A.* et al. 2813.
Mucuri: Area de restinga com algumas manchas de Campos, a 7 km a NW de Mucuri. 14/9/1978, *Mori, S.A.* et al. 10507.
Palmeiras: Morro do Pai Inácio. 29/8/1994, *Orlandi, R.* et al. IN PCD 419.
Camaçari: BA 099 (estrada do côco), Guarajuba, Reserva Ecológica. 14/7/1983, *Pinto, G.C.P.* & *H.P. Bautista*, 313/83.
Mun. ?: Nazaré near Bahia [= Salvador]. *Sello* 624.

Baltimora geminata (Brandegee) Stuessy
Bahia
Maracás: Rodovia BA 026, 13 a 15 km ao S.W. de Maracás. 26/4/1978, *Mori, S.A.* et al. 9984.
Iaçu: Fazenda Suíbra, Morro do Gado Bravo. 14/3/1985, *Noblick, L.R.* 3694.
Piauí
Serra Nova. 1/1907, *Ule, E.* 7482.

Barrosoa apiculata (Gardner) R.M.King & H.Rob.
Bahia
Itamarajú: Fazenda Pau-Brasil. Pedras. 5/12/1981, *Carvalho, A.M.* & *G.P. Lewis*, 893.

Barrosoa atlantica R.M.King & H.Rob.
Bahia
Caravelas: Rodovia para Nanuque. 19/6/1985, *Hatschbach, G.* & *J.M. Silva*, 49488.

Bejaranoa semistriata (Baker) R.M.King & H.Rob.
Bahia
Bom Jesus da Lapa: Rodovia Igoporã-Caetité. 2/7/1983, *Coradin, L.* et al. 6348.
Lençóis: Entroncamento BR 242-Boninal, km 10. 13/9/1992, *Coradin, L.* et al. 8610.
Abaíra: Estrada Abaíra-Piatã, ca. 2 km de Abaíra. 4/6/1992, *Ganev, W.* 404.
Abaíra: Rio da Agua Suja (volta) Estiva. 12/9/1993, *Ganev, W.* 2232.
Jacobina: Ramal à direita a 5 km na Rodovia BA 052. Fazendinha do Boqueirão, 2 km ramal a dentro. 28/8/1990, *Hage, J.L.* et al. 2276.
Seabra: Caminho para Xique-Xique. 21/6/1996, *Hind,*

D.J.N. et al. IN PCD 2920.

Morro do Chapéu: Próximo ao rio Ventura.
27/6/1996, *Hind, D.J.N.* et al. IN PCD 3096.

Mucugê: Passagem Funda, na estrada Mucugê-
Cascavel, passando pelas fazendas. 17/7/1996,
Hind, D.J.N. et al. IN PCD 3708. [× 2]

Ituaçú: 2 km SE da cidade de Ituaçú. 22/6/1987,
Queiroz, L.P. 1661.

Maracás: Ca. 20 km W de Maracás na estrada para
Contendas do Sincorá. 1/7/1993, *Queiroz, L.P. &
V.L.F. Fraga*, 3278.

Caetité: BR 430, Brumado-Caetité, km 61 (marcados
do centro de Brumado). 29/9/1996, *Silva, G.P. & M.
Way*, 3687.

Bidens gardneri Baker
Bahia

Agua Quente: Pico das Almas. Campo abaixo da
Serra do Pau Queimado. 11/12/1988, *Harley, R.M.
& D.J.N. Hind*, 27207.

Bidens pilosa L.
Bahia

Tucano: Distrito de Caldas do Jorro. Area do Parque
das Aguas, na sede do Distrito. 2/3/1992, *Carvalho,
A.M. & D.J.N. Hind*, 3871.[× 2]

Salvador: UFBA. Campus de Ondina, próximo da
entrada na margem da estrada. 13/12/1991, *Guedes,
M.L. & D.J.N. Hind*, 20.

Morro do Chapéu: 19.5 km S.E. of the town of Morro
do Chapéu on the BA 052 road to Mundo Novo,
by the Rio Ferro Doido. 2/3/1977, *Harley, R.M.* et
al. 19229.

Bom Jesus da Lapa: Basin of the Upper São
Francisco River. 15/4/1980, *Harley, R.M.* et al.
21367.

Correntina: Chapadão Ocidental da Bahia. 12 km N.
of Correntina on the road to Inhaúmas. 28/4/1980,
Harley, R.M. et al. 21885.

Lençóis: Fazenda na estrada para Barra Branca.
28/10/1996, *Hind, D.J.N. & L. Funch*, IN PCD 3793.

Abaíra: Arredores de Catolés. 19/12/1991, *Hind,
D.J.N. & R.F. Queiroz*, IN H 50007.

Abaíra: Arredores de Catolés. 19/12/1991, *Hind,
D.J.N. & R.F. Queiroz*, IN H 50015. [× 2]

Bahia: Serra do Tombador. 2/7/1996, *Hind, D.J.N.* et
al. IN PCD 3341.

Mucugê: Estrada Andaraí-Mucugê, ao lado da Torre
da EMBRATEL. 12/7/1996, *Hind, D.J.N.* et al. IN
PCD 3533. [× 2]

Piatã: Piatã. 6/11/1996, *Hind, D.J.N.* et al. IN PCD
4115.

Bidens riparia Kunth var. *refracta* (Brandeg.) O. E.
Schulz
Bahia

Road sides Bahia [= Salvador]. 1837, *Gardner, G.* 878
[× 2]

Bidens rubifolia Kunth
Pernambuco

Fazenda Nova: Fazenda Araras. 14/9/1998, *Andrade,
W.M. & L.S. Figueirêdo*, 124.

Bidens subalternans DC.
Bahia

Riachão do Jacuípe: Rio Toco, 14 km suleste da
cidade. 10/7/1985, *Noblick, L.R. & M.J.S. Lemos*,
4109.

Piauí

Oeiras: A dry hilly places cane near Oeiras. 3/1839,
Gardner, G. 2222.

Bidens spp.
Bahia

Nova Itarana: s.l. 18/7/1982, *Britto, K.B.* 59.

Itamarajú: Fazenda Pau-Brasil, ca. 5 km ao N.W. de
Itamarajú. 30/10/1979, *Mattos Silva, L.A. & H.S.
Brito*, 658.

Feira de Santana: BA 052, km 25 N.W. de Feira de
Santana. Fazenda Retiro. 13/11/1986, *Queiroz, L.P.
& M.J.S. Lemos*, 1028.

Ibotirama: BR 242 Ibotirama-Seabra, km 4 3/8/1994,
Silva, G.P. et al. 2423.

Bishopalea erecta H.Rob.
Bahia

Mucugê: 1 km W of Mucugê. 31/1/1981, *King, R.M. &
L.E. Bishop*, 8729, Photograph of HOLOTYPE,
Bishopalea erecta H.Rob.

Mucugê: 1 km W of Mucugê. 31/1/1981, *King, R.M. &
L.E. Bishop*, 8729, ISOTYPE, Bishopalea erecta
H.Rob.

Bishopiella elegans R.M.King & H.Rob.
Bahia

Rio de Contas: Pico das Almas, ao longo do caminho
entre a Fazenda Morro Redondo e o Campo do
Queiroz. 3/3/1994, *Atkins, S.* et al. IN CFCR 14805.

Rio de Contas: Pico das Almas. 19/2/1987, *Harley,
R.M.* et al. 24389.

Rio de Contas: Pico das Almas. Vertente leste. Campo
do Queiroz. 9/11/1988, *Harley, R.M.* et al. 25978.

Abaíra: Campo de Ouro Fino (alto), no limite do
campo. 31/12/1991, *Harley, R.M.* et al. IN H 50590.

Abaíra: Campo de Ouro Fino (alto), face leste da
serra. 19/1/1992, *Hind, D.J.N. & R.F. Queiroz*, IN H
50907.

Rio de Contas: Vicinity of Pico das Almas, ca. 20 km
NW of town of Rio de Contas. 25/1/1981, *King, R.M.
& L.E. Bishop*, 8645, Photograph of HOLOTYPE,
Bishopiella elegans R.M.King & H.Rob.

Rio de Contas: Vicinity of Pico das Almas, ca. 20 km
NW of town of Rio de Contas. 25/1/1981, *King,
R.M. & L.E. Bishop*, 8645, Photograph of ISOTYPE,
Bishopiella elegans R.M.King & H.Rob.

Blainvillea acmella (L.) Philipson
Bahia

Glória: Povoado de Brejo do Burgo. 26/8/1995,
Bandeira, F.P. 254.

Mun. ?: Bahia [= Salvador]. *Blanchet, J.S.* 3705.

Bom Jesus da Lapa: Basin of the Upper São
Francisco River. 15/4/1980, *Harley, R.M.* et al.
21400.

Jacobina: Catuaba. 4/7/1996, *Harley, R.M.* et al. IN
PCD 3403.

Jacobina: Barracão de Cima. 6/7/1996, *Harley, R.M.* et
al. IN PCD 3446.

Abaíra: Estrada Abaíra-São José. Gerais do Pastinho.
31/1/1992, *Hind, D.J.N.* et al. IN H 51404.

Morro do Chapéu: Próximo ao Rio Ventura.
27/6/1996, *Hind, D.J.N.* et al. IN PCD 3100.
Santa Cruz de Cabrália: Ca. 18 km W of Porto
Seguro. 7/7/1979, *King, R.M.* et al. 7995.
Mun. ?: 1 km S from road between Itaberaba and
Ibotirama, along road to Andarai. 30/1/1981, *King,
R.M. & L.E. Bishop*, 8696.
Feira de Santana: Campus da UEFS. 26/6/1982, *Lobo,
C.M.B.* 9.
Mun. ?: Bahia [= Salvador] [leg. ?] *Martius Herb. Fl.
bras.* 853. [× 2]
Angüera: Lagoa 6. 15/9/1996, *Melo, E.* et al. 1705.
Iaçú: Fazenda Suibra, 18 km a Leste da cidade,
seguindo a ferrovia. 12/3/1985, *Noblick, L.R. &
M.J.S.Lemos*, 3607.
Mun. ?: Bahia [= Salvador], ad sepes. *Salzmann, P.*
42. [× 2]
Uruçuca: s.l. 19/6/1970, *Santos, T.S.* 850.
Ibotirama: BR 242, Ibotirama-Seabra, km 4. 3/8/1994,
Silva, G.P. et al. 2427.
Ceará
Mun. ?: Shady places below Icó. 8/1838, *Gardner, G.*
1740, TYPE, Blainvillea racemosa Gardner. [× 2]
Paraíba
Santa Rita: 20 km do centro de João Pessoa, Usina
Sâo Joâo, Tibirizinho. 12/7/1990, *Agra, M.F. & G.
Gois*, 1238. [× 2]
Pernambuco
Mun. ?: Very common in wastes places. 1838,
Gardner, G. s.n.
Fernando de Noronha: Fernando de Noronha 1887,
Ridley et al. 99.
Bezerros: Parque Municipal de Serra Negra. 2/6/1995,
Sales de Melo, M.R.C. 69.
Piauí
Colônia do Piauí: Paraguai. 16/3/1994, *Alcoforado
Filho, F.G.* 315.
Colônia do Piauí: Paraguai. 19/4/1994, *Alcoforado
Filho, F.G.* 333.
São João do Piauí: Fazenda Experimental Guimarães
Duque. 6/4/1995, *Carvalho, J.H. & F.G. Alcoforado
Filho*, 489.
Castelo do Piauí: Fazenda Cipó (Roça). 19/4/1994,
Nascimento, M.S.B. 219.

Blanchetia heterotricha DC.
Bahia
Mun. ?: Bahia [=Salvador], Mediterrânea. "*Martius*"
s.n.
Jacobina: Estrada Jacobina-Itaitu, ca. de 22 km a
partir da sede do município. 21/2/1993, *Amorim,
A.M.A.* et al. 981. [× 2]
Jacobina: Barracâo de Cima. 6/7/1996, *Bautista, H.P.*
et al. IN PCD 3456.
Mun. ?: 'in Brasiliae ad Caxoeira ab urbe Bahia
[=Salvador] leucis 15 dist.' *Blanchet, J.S.* s.n.,
ISOTYPE, Blanchetia heterotricha DC.
Maracás: Km 7 da estrada Maracás-Contendas do
Sincorá, afloramento rochoso ao lado S da estrada.
9/2/1983, *Carvalho, A.M. & T. Plowman*, 1561.
Vitória da Conquista: Ramal a 15 km na estrada
Vitória da Conquista à Ilhéus. 19/2/1992, *Carvalho,
A.M.* et al. 3803.

Jaguarari: Rodovia Juazeiro-Senhor do Bonfim (BR
407) km 100. 25/6/1983, *Coradin, L.* et al. 5997.
Mun. ?: s.l. 1842, *Glocker, E.F.* 12.
Senhor do Bonfim/Jaguarari: Side road ca. 2 km from
Estiva, about 12 km N of Senhor do Bonfim on the
BA 130 to Juazeiro. 27/2/1974, *Harley, R.M.* et al.
16520.
Iaçú: 14 km [de Iaçú] ao longo do Rio Paraguassu,
solo arenoso à margem do rio. 11/2/1997, *Harley,
R.M.* et al. IN PCD 5497.
Morro do Chapéu: Estrada para Lagoa Nova.
6/3/1997, *Harley, R.M.* et al. IN PCD 6092.
Jacobina: Meio. Serra do Tombador. 2/7/1996, *Hind,
D.J.N.* et al. IN PCD 3337.
[Morro do Chapéu]: Ca. 2 km E of Morro do Chapéu.
18/2/1971, *Irwin, H. S.* et al. 32529.
Iaçú: BA 046, trecho Iaçú-Milagres, a 5 km à E de
Iaçú. 9/3/1980, *Mori, S.A.* 13428.
Feira de Santana: Campus da UEFS. 25/5/1983,
Noblick, L.R. 2684.
[João Amaro]: 8 km de João Amaro rumo à Iaçú.
25/1/1965, *Pereira, E. & G. Pabst*, 9740.
Feira de Santana: Campus da UEFS. 27/3/1987,
Queiroz, L.P. & I. Crepaldi, 1492.
Maracás: Ca. 1 km NE de Maracás, na Lajinha, ao
lado do Cruzeiro. 2/6/1993, *Queiroz, L.P. & V.L.F.
Fraga*, 3296.
Abaíra: Estrada Ribeirão-Barra, 1 km da saída de
Ribeirão. 13/3/1992, *Stannard, B.L.* et al. IN H 51879.
Piauí
Mun. ?: Serra da Lagoa. 1/1907, *Ule, E.* 7483.

Brickellia diffusa A.Gray
Ceará
Mun. ?: Common in waste places near Crato. 9/1838,
Gardner, G. 1738. [× 2]
Mun. ?: Bl. weisslich, am Riacho do Capim, Serra de
Baturité. 9/1910, *Ule, E.* 9122.
Maranhão
Carolina: Transamazonian Highway, BR 230 and BR
010; Pedra Caída, 35 km N of Carolina. Base of
Serra da Baleia. 14/4/1983, *Taylor, E.L.* et al. E 1208.

Caatinganthus harleyi H.Rob.
Bahia
Bom Jesus da Lapa: Basin of the Upper Sâo
Francisco River. Just beyond Calderão, ca. 32 km
N.E. From Bom Jesus da Lapa. 18/4/1980, *Harley,
R.M.* et al. 21507, ISOTYPE, Caatinganthus harleyi
H.Rob.

Calea angusta S.F.Blake
Bahia
Morro do Chapéu: Morrão al Sur de Morro do
Chapéu. 28/11/1992, *Arbo, M.M.* et al. 5394.
Ilhéus: s.l. *Blanchet, J.S.* 2447.
Salvador: Dunas de Itapoan. 2/12/1984, *Guedes, M.L.
& G.L.Bromley*, 925.
Salvador: Dunas de Itapuã e Lagoa do Abaeté.
20/2/1992, *Hind, D.J.N. & M.L.Guedes*, 68. [× 4]
Mucugê: 29 km along road N of Mucugê towards
Andaraí. 2/2/1981, *King, R.M. & L.E. Bishop*, 8769.
Mun. ?: 'ad Allegres'. 1837, *Pohl* 444. [This was very
doubtfully collected in Bahia]

Calea candolleana (Gardner) Baker
Bahia
Mucugê: Estrada Igatu-Mucugê, a 3 km de Igatu. 14/7/1996, *Bautista, H.P.* et al. IN PCD 3605. [× 2]
Piatã: Boca da Mata. 12/11/1996, *Bautista, H.P. & D.J.N. Hind*, IN PCD 4231.
Abaíra: Estrada Piatã-Abaíra, ca. 1 km da Ponte da Divisa. 15/8/1992, *Ganev, W.* 866.
Piatã: Salão, divisa Piatã-Abaíra. 23/12/1992, *Ganev, W.* 1737.
Abaíra: Cabaceira. Riacho Fundo, atrás da Serra do Bicota. 25/10/1993, *Ganev, W.* 2342.
Piatã: Toboro, encontro do Rio do Machado com o Rio Toboro. 14/6/1994, *Ganev, W.* 3365.
Mun.?: Serra da Batalha. 1841, *Gardner, G.* 2903, SYNTYPE, Meyeria candolleana Gardner.
Palmeiras: Pai Inácio. 26/9/1994, *Giulietti, A.M.* et al. IN PCD 806.
Ituaçu: Estrada de Ituaçu à Barra da Estiva, a 13 km de Ituaçu, próximo do Rio Lajedo. 18/7/1981, *Giulietti, A.M.* et al. IN CFCR 1222.
Palmeiras: Pai Inácio. 29/8/1994, *Guedes, M.L.* et al. IN PCD 387.
Barra da Estiva: Serra do Sincorá. 15–19 km W. of Barra da Estiva, on the road to Jussiape. 22/3/1980, *Harley, R.M.* et al. 20755.
Palmeiras: Serras dos Lençóis. Lower slopes of Morro do Pai Inácio. Ca. 14.5 km N.W. of Lençóis just N. of the main Seabra-Itaberaba road. 21/5/1980, *Harley, R.M.* et al. 22246.
Barra da Estiva: Morro do Ouro. 9 km ao S da cidade na estrada para Ituaçu. 16/11/1988, *Harley, R.M.* et al. 26463.
Abaíra: Estrada nova Abaíra-Catolés. 19/12/1991, *Harley, R.M. & V.C.Souza*, IN H 50103.
Livramento do Brumado: Subida para Rio de Contas. 6/4/1992, *Hatschbach, G.* et al. 56670.
Lençóis: Rio Lençóis. 10/4/1992, *Hatschbach, G.* et al. 56945.
Abaíra: Abaíra. 31/1/1992, *Hind, D.J.N. & W.Ganev*, IN H 51397. [× 2]
Santa Cruz de Cabrália: A 5 km a W de Santa Cruz de Cabrália. 6/7/1979, *King, R.M.* et al. 7993.
Lençóis: Serra da Chapadinha. 29/7/1994, *Orlandi, R.* et al. IN PCD 273. [× 2]
Lençóis: Serra da Chapadinha. 31/8/1994, *Orlandi, R.* et al. IN PCD 651. [× 2]
Lençóis: Serra da Chapadinha. 30/7/1994, *Pereira, A.* et al. IN PCD 335.
Castro Alves: Serra da Jibóia (= Serra da Pioneira). 8/12/1992, *Queiroz, L.P.* et al. 2934.
Castro Alves: Serra da Jibóia (= Serra da Pioneira). 22/12/1992, *Queiroz, L.P. & T.S.N. Sena*, 2979.
Santa Cruz de Cabrália: Ca. 6–7 km de Santa Cruz de Cabrália, na antiga estrada para a Estação Ecológica do Pau-Brasil. 13/12/1991, *Sant'Ana, S.C.* et al. 118.

Calea elongata (Gardner) Baker
Bahia
Gentio do Ouro: Ca. 10 km de Santo Inácio na estrada para Xique-Xique. 24/6/1996, *Guedes, M.L.* et al. IN PCD 3043.

Xique-Xique: Ca. 10 km N of Santo Inácio on the road to Xique-Xique. 26/2/1977, *Harley, R.M.* et al. 19078.

Calea harleyi H.Rob.
Bahia
Palmeiras: Pai Inácio, ca. km 224 da BR 242. 21/12/1981, *Carvalho, A.M.* et al. 1069.
Caetité: Ca. 3 km S.W. de Caetité, na estrada para Brejinho das Ametistas. 18/2/1992, *Carvalho, A.M.* et al. 3692.
Piatã: Estrada Piatã-Inúbia, próximo ao entroncamento. 22/12/1992, *Ganev, W.* 1726.
Abaíra: Caminho Boa Vista-Riacho Fundo, pelo Toucinho. 27/1/1994, *Ganev, W.* 2892.
Piatã: Entroncamento da estrada Piatã-Cabrália, com estrada de Inúbia. 12/7/1994, *Ganev, W.* 3521.
Palmeiras: Pai Inácio. 26/9/1994, *Giulietti, A.M.* et al. IN PCD 809.
Palmeiras: Pai Inácio, descida da Torre de Repetição. 27/6/1995, *Guedes, M.L.* et al. IN PCD 1930.
Palmeiras: Pai Inácio, caminho para o Cercado. 29/6/1995, *Guedes, M.L.* et al. IN PCD 2013.
Palmeiras: Estrada entre Palmeiras e Mucugê, ca. 1 km N de Guiné de Baixo. 19/2/1994, *Harley, R.M.* et al. IN CFCR 14252.
Barra da Estiva: Ca. 6 km N of Barra da Estiva on Ibicoara road. 29/1/1974, *Harley, R.M.* et al. 15586, Photograph of HOLOTYPE, Calea harleyi H.Rob.
Barra da Estiva: Ca. 14 km N of Barra da Estiva, near the Ibicoara road. 2/2/1974, *Harley, R.M.* et al. 15842.
Barra da Estiva: Serra do Sincorá. 15–19 km W. of Barra da Estiva on the road to Jussiape. 22/3/1980, *Harley, R.M.* et al. 20764.
Caetité: Serra Geral de Caetité, ca. 5 km S from Caetité along the Brejinhos das Ametistas road. 9/4/1980, *Harley, R.M.* et al. 21128.
Caetité: Serra Geral de Caetité. 9.5 km S of Caetité on road to Brejinhos das Ametistas. 13/4/1980, *Harley, R.M.* et al. 21336.
Palmeiras: Serras dos Lençóis. Lower slopes of Morro do Pai Inácio, ca. 14.5 km N.W. of Lençóis just N. of the main Seabra-Itaberaba road. 21/5/1980, *Harley, R.M.* et al. 22317.
Rio de Contas: Pico das Almas. Vertente leste, entre Junco e Fazenda Brumadinho. 29/10/1988, *Harley, R.M.* et al. 25743. [× 4]
Ibiquara: 25 km ao N de Barra da Estiva, na estrada nova para Mucugê. 20/11/1988, *Harley, R.M.* et al. 26976.
Agua Quente: Pico das Almas. Campo abaixo da Serra do Pau Queimado. 11/12/1988, *Harley, R.M. & D.J.N. Hind*, 27206.
Abaíra: Perto do Riacho da Quebrada, ao pé da Serra do Atalho. 26/12/1991, *Harley, R.M.* et al. IN H 50441.
Abaíra: Campo de Ouro Fino (alto). 21/1/1992, *Harley, R.M.* et al. IN H 50936.
Rio de Contas: Rodovia para Mato Grosso. 7/4/1992, *Hatschbach, G.* et al. 56757.
Piatã: Três Morros. 5/11/1996, *Hind, D.J.N.* et al. IN PCD 4072.

Piatã: Estrada Piatã-Inúbia, a 2 km da entrada para Inúbia. 11/11/1996, *Hind, D.J.N. & H.P. Bautista,* IN PCD 4194. [× 2]

Rio de Contas: Fazenda Brumadinho, Morro Brumadinho. 17/11/1996, *Hind, D.J.N.* et al. IN PCD 4392.

Bahia: Ca. 24 km N. of Seabra, road to Agua de Rega. 25/2/1971, *Irwin, H.S.* et al. 31073.

Mucugê: 6 km along road S of Mucugê. 1/2/1981, *King, R.M. & L.E. Bishop,* 8743.

Piatã: A 10 km ao N de Piatã. 3/3/1980, *Mori, S.A. & R. Funch,* 13381.

Palmeiras: Pai Inácio, BR 242, W of Lençóis at km 232. 12/6/1981, *Mori, S.A. & B.M. Boom,* 14349.

Palmeiras: Pai Inácio. Cercado, campos gerais indo para a Fazenda da Sra. Helena. 27/4/1995, *Pereira, A.* et al. IN PCD 1863.

Abaíra: Base da encosta da Serra da Tromba. 2/2/1992, *Pirani, J.R.* et al. IN H 51467.

Mucugê: Ca. 16 km N.W. de Mucugê, na estrada para Boninal. 15/2/1992, *Queiroz, L.P.* 2639.

Piatã: Estrada Piatã-Inúbia. 2/11/1996, *Queiroz, L.P.* et al. IN PCD 3910.

Caetité: 12–20 km da cidade em direção à Brejinho das Ametistas. 8/3/1994, *Souza, V.C.* et al. 5360.

Bahia: Brejo de Cima, 51 km de Mucugê, na estrada para Jussiape. 15/12/1984, *Stannard, B.L.* et al. IN CFCR 6943.

Abaíra: Campo de Ouro Fino. 1/2/1992, *Stannard, B.L. & R.F. Queiroz,* IN H 51130.

Calea martiana Baker
Bahia

Santa Cruz de Cabrália: Ca. 6–7 km de Santa Cruz de Cabrália, na antiga estrada para a Estação Ecológica do Pau-Brasil. 13/12/1991, *Sant'Ana, S.C.* et al. 118.

Calea microphylla (Gardner) Baker
Bahia

Barreiras: Serra ca. 30 km W of Barreiras. 3/3/1972, *Anderson, W.R.* et al. 36514.

Mun.?: Marshy place, banks of Rio Preto. 9/1839, *Gardner, G.* 2904, TYPE, Meyeria microphylla Gardner.

Correntina: Chapadão Ocidental da Bahia. Ca. 15 km S.W. of Correntina on the road to Goiás. 25/4/1980, *Harley, R.M.* et al. 21755.

Calea morii H.Rob.
Bahia

Mucugê: Estrada Mucugê-Guiné, a 7 km de Mucugê. 7/9/1981, *Furlan, A.* et al. IN CFCR 2003.

Abaíra: Estrada Catolés-Inúbia, Serra em frente à Samambaia ca. 6 km de Catolés. 28/7/1993, *Ganev, W.* 760.

Abaíra: Bem-Querer, próximo à casa de Samuel. 17/8/1992, *Ganev, W.* 891.

Abaíra: Agua Limpa, Fazenda Catolés de Cima. 17/9/1992, *Ganev, W.* 1104.

Abaíra: Rio de Contas. Caminho Funil do Porco Gordo-Capim Vermelho. 14/7/1993, *Ganev, W.* 1852.

Rio de Contas: Encosta da Serra dos Frios, Agua Limpa. 25/8/1993, *Ganev, W.* 2132.

Abaíra: Engenho de Baixo, Morro do Cuscuzeiro,

caminho Casa Velha de Artur para Boa Vista. 10/7/1994, *Ganev, W.* 3487.

Abaíra: Bem-Querer, Garimpo da Cia. 18/7/1994, *Ganev, W.* 3579.

Piatã: 10 km ao Sul de Piatã, na estrada para Abaíra. 5/9/1996, *Harley, R.M.* et al. 28282.

Lençóis: Estrada para Barra Branca. 25/10/1996, *Hind, D.J.N. & L. Funch,* IN PCD 3786.

Rio de Contas: Base do Pico das Almas, a 18 km as N.W. de Rio de Contas. 22/7/1979, *King, R.M.* et al. 8097, Photograph of HOLOTYPE, Calea morii H.Rob.

Rio de Contas: Base do Pico das Almas, a 18 km as N.W. de Rio de Contas. 22/7/1979, *King, R.M.* et al. 8097, ISOTYPE, Calea morii H.Rob.

Calea pilosa Baker
Bahia

Porto Seguro: Porto Seguro. 2/9/1961, *Duarte, A.P.* 6116.

Delfino: 8 km N.W. of Lagoinha (5.5 km S.W. of Delfino) on the road to Minas do Mimoso. 5/3/1974, *Harley, R.M.* et al. 16791.

Morro do Chapéu: 19.5 km S.E. of the town of Morro do Chapéu on the BA 052 road to Mundo Novo, by the Rio Ferro Doido. 2/3/1977, *Harley, R.M.* et al. 19280.

Rio de Contas: 18 km W.N.W. along road from Vila do Rio de Contas to the Pico das Almas. 21/3/1977, *Harley, R.M.* et al. 19800.

Caetité: Serra Geral de Caetité, ca. 5 km S from Caetité along the Brejinhos das Ametistas road. 9/4/1980, *Harley, R.M.* et al. 21142.

Rio de Contas: 9 km ao norte da cidade na estrada para o povoado de Mato Grosso. 26/10/1988, *Harley, R.M.* et al. 25655. [× 2]

Rio de Contas: Pico das Almas. Vertente leste. 13–14 km ao N-O da cidade. 28/10/1988, *Harley, R.M.* et al. 25717. [× 2]

Morro do Chapéu: Próximo à ponte sobre o Rio Ferro Doido. 28/6/1996, *Hind, D.J.N.* et al. IN PCD 3160.

Rio de Contas: Fazenda Brumadinho, Morro Brumadinho. 17/11/1996, *Hind, D.J.N.* et al. IN PCD 4394.

Rio de Contas: A 4 km as N.W. of Rio de Contas. 21/7/1979, *King, R.M.* et al. 8063.

Livramento do Brumado: 10 km N of Livramento do Brumado, along road to the town of Rio de Contas. 23/1/1981, *King, R.M. & L.E. Bishop,* 8598.

Bahia: 54 km E of Seabra along road towards Itaberaba. 2/2/1981, *King, R.M. & L.E. Bishop,* 8770.

Morro do Chapéu: Telebahia Tower, ca. 6 km S of Morro do Chapéu. 16/6/1981, *Mori, S.A. & B.M. Boom,* 14449.

Rio de Contas: Subida do morro ao lado da barragem, no Rio Brumado. 25/1/1998, *Queiroz, L.P.* et al. 4928.

Rio de Contas: Ca. 7 km da cidade, em direção ao vilarejo de Bananal. 5/3/1994, *Roque, N.* et al. IN CFCR 14925. [× 2]

Barra da Estiva: Estrada Barra da Estiva-Ituaçu. Morro da Antena de Televisão. 18/5/1999, *Souza, V.C.* et al. 22627.

Barra da Estiva: Torre da Telebahia. 16/2/1997, *Stannard, B.L.* et al. IN PCD 5749.

Calea pinheiroi H.Rob.
Bahia
  Delfino: 16 km N.W. of Lagoinha (which is 5.5 km
    S.W. of Delfino) on side road to Minas do Mimoso.
    8/3/1974, *Harley, R.M.* et al. 17020, Photograph of
    HOLOTYPE, Calea pinheiroi H.Rob.

Calea villosa Sch.Bip. ex Baker
Bahia
  Abaíra: Caminho Capão de Levi-Serrinha. 25/10/1993,
    Ganev, W. 2627.
  Rio de Contas: Pico das Almas, vertente leste entre
    Junco e Fazenda Brumadinho, 10 km ao N-O da
    cidade. 29/10/1988, *Harley, R.M.* et al. 25747.
  Mucugê: Santa Cruz. 9/4/1992, *Hatschbach, G.* et al.
    56884.
  Piatã: Estrada Piatã-Inúbia, a 2 km da entrada para
    Inúbia. 11/11/1996, *Hind, D.J.N. & H.P. Bautista*, IN
    PCD 4204.
  Rio de Contas: 14 km N.W. from the town of Rio de
    Contas, along road to Pico das Almas. 24/1/1981,
    King, R.M. & L.E. Bishop, 8640.
  Umburanas: Serra do Curral Feio (localmente referida
    como Serra da Empreitada), entrando para W a
    cerca de 20 km S de Delfino na estrada para
    Umburanas. 10/4/1999, *Queiroz, L.P.* et al. 5220.

Calea spp.
Bahia
  Caravelas: Ca. 16 km na estrada Caravelas-Alcobaça.
    5/9/1989, *Carvalho, A.M.* et al. 2469.
  Morro do Chapéu: Summit of Morro do Chapéu, ca.
    8 km S.W. of the town of Morro do Chapéu to the
    west of the road to Utinga. 30/5/1980, *Harley, R.M.*
    et al. 22824.
  Morro do Chapéu: Ca. 16 km along the Morro do
    Chapéu to Utinga road, S.W. of Morro do Chapéu.
    1/6/1980, *Harley, R.M.* et al. 22951.
  Mucugê: Caminho para Guiné. 15/2/1997, *Stannard,
    B.L.* et al. IN PCD 5671.

Calyptocarpus bahiensis (DC.) Sch.Bip.
Bahia
  Mun.?: Bahia [= Salvador] *Luschnath* s.n.
  Mun. ?: In campis ad Soteropolin. 8, [leg. ?] *Martius
    Herb. Fl. bras.* 694.
  Mun. ?: Nazaré *Sello* s.n.

Campuloclinium arenarium Gardner
Pernambuco
  Mun.?: Itamaracá. 1837, *Gardner, G.* 1048, ISOTYPE,
    Campuloclinium arenarium Gardner.

Catolesia mentiens D.J.N. Hind
Bahia
  Abaíra: Serra das Brenhas. 22/10/1992, *Ganev, W.*
    1313, ISOTYPE, Catolesia mentiens D.J.N. Hind.
  Abaíra: Serra do Barbado. 10/10/1993, *Ganev, W.*
    2286.
  Abaíra: Campo de Ouro Fino (alto). 27/1/1992, *Hind,
    D.J.N. & R.F. Queiroz*, IN H 50961a. [× 2]

Centratherum punctatum Cass. ssp. **punctatum**
Bahia
  Paulo Afonso: Fazenda São Domingos. 18/5/1981,
    Bautista, H.P. 469.

Jacobina: Barracão de Cima. 6/7/1996, *Bautista, H.P.*
  et al. IN PCD 3459.
Ilhéus: s.l. *Blanchet, J.S.* 1297.
Mun. ?: s.l. *Blanchet, J.S.* 3689, LECTOTYPE,
  Centratherum punctatum Cass. var. parviflorum
  Baker.
Tucano: Ca. 7 km na estrada Tucano para Araci.
  20/2/1992, *Carvalho, A.M. & D.J.N. Hind*, 3840.
Mina Boquira, perto da Caixa da água. 3/4/1966,
  Castellanos, A. 26016.
Feira de Santana: Lagoa 1, km 3, BA 052. 18/8/1996,
  França, F. et al. 1734.
Mun. ?: Road sides and in waste placed about Bahia
  [= Salvador]. 9/1837, *Gardner, G.* 876. [× 2]
Mun. ?: Cruz de Cosma. 8/1835, *Glocker, E.F.* 54.
Salvador: UFBA, Campus de Ondina, às margens da
  estrada. 13/12/1991, *Guedes, M.L. & D.J.N. Hind*,
  21.
Porto Seguro: Reserva Biológica do Pau-Brasil, 17 km
  W from Porto Seguro on the road to Eunápolis.
  12/2/1974, *Harley, R.M.* et al. 16133.
Mun. ?: Lagoa da Eugenia southern end near
  Camaleão. 20/2/1974, *Harley, R.M.* et al. 16257.
Mun. ?: 6 km S of Senhor do Bonfim on road to
  Capim Grosso (BA 130). 1/3/1974, *Harley, R.M.* et
  al. 16621.
Morro do Chapéu: Rio do Ferro Doido, 19,5 km S.E.
  of Morro do Chapéu on the BA 052 highway to
  Mundo Novo. 1/3/1977, *Harley, R.M.* et al. 19198.
Rio de Contas: 13 km of the town of Vila do Rio de
  Contas on the road to Marcolino Moura. 25/3/1977,
  Harley, R.M. et al. 19995.
Rio de Contas: Ca. 0,5 km SW of Jussiape by the Rio
  de Contas, on the road to Marcolino Moura.
  26/3/1977, *Harley, R.M.* et al. 20017.
Correntina: Islets and banks of the Rio Corrente by
  Correntina. 23/4/1980, *Harley, R.M.* et al. 21624.
Lençóis: Ca. 4 km N.E. of Lençóis by old road.
  23/5/1980, *Harley, R.M.* et al. 22449.
Morro do Chapéu: Próximo ao Rio Ventura.
  27/6/1996, *Hind, D.J.N.* et al. IN PCD 3092.
Jacobina: A beira do Rio Jacobina. 3/7/1996, *Hind,
  D.J.N.* et al. IN PCD 3378.
Lençóis: Barra Branca. 28/10/1996, *Hind, D.J.N. & L.
  Funch*, IN PCD 3802.
Abaíra: Arredores de Catolés. 19/12/1991, *Hind,
  D.J.N. & R.F. Queiroz*, IN H 50013.
Itaberaba: 4 km W of Itaberaba along road to
  Ibotirama. 30/1/1981, *King, R.M. & L.E. Bishop*,
  8688.
Itaberaba: 7 km S from road between Itaberaba and
  Ibotirama, along road to Anadaraí. 30/1/1981, *King,
  R.M. & L.E. Bishop*, 8698.
Feira de Santana: Campus da UEFS. 26/6/1982, *Lobo,
  C.M.B.* 11.
Ilhéus: Locis udis prope Ilheos. 7 [leg. ?] *Martius
  Herb. Fl. bras.* 670.
Feira de Santana: Feira VI. 12/9/1997, *Moraes, M.V. &
  E.M. Costa Neto*, 104.
Paulo Afonso: 15–20 km NW of Paulo Afonso on
  airport road that eventually leads to Petrolândia.
  6/6/1981, *Mori, S.A. & B.M. Boom*, 14223.

Ituaçú: Arredores do Morro da Mangabeira. 20/6/1987, *Queiroz, L.P.* & et al., 1626.

Mun. ?: Bahia [= Salvador], in ruderalis. *Salzmann, P.* s.n. [x 2]

Riachão das Neves: Estrada para Formosa do Rio Preto, cerca de 15 km de Riachão das Neves. 20/7/2000, *Souza, V.C.* et al. 24339.

Abaíra: Morro da Zabumba, Engenho de Baixo. 13/3/1992, *Stannard, B.L.* et al. IN H 51946.

Mun. ?: s.l. s.c. s.n.

Ceará

Mun. ?: Coastal region; common on low ground. 8/6/1929, *Bolland, G.* 19.

Mun.?: Serra de Maranguape. 10/1910, *Ule, E.* 9120.

Maranhão

Lorêto: "Ilhas de Balsas" region, between the Balsas and Parnaíba Rivers. Ca. 35 km South of Lorêto. Ca. 1 km North of the house at "Veados". About 11 km West of main house of Fazenda Morros. 5/4/1962, *Eiten, G. & L.T. Eiten*, 4018.

Lorêto: "Ilhas de Balsas" region, between the Balsas and Parnaíba Rivers. Ca. 35 km South of Lorêto. Ca. 1 km North of the house at "Veados". 5/4/1962, *Eiten, G. & L.T. Eiten*, 4042.

Lorêto: "Ilhas de Balsas" region, between the Rios Balsas and Parnaíba. Santa Bárbara, due SSE of Lorêto, on shore of Rio Parnaíba. 25/5/1962, *Eiten, G. & L.T. Eiten*, 4712.

Paraíba

Brejo da Cruz: Estrada de Catolé do Rocha à Brejo da Cruz. 2/6/1984, *Collares, J.E.R. & L. Dutra*, 159.

Pernambuco

Fazenda Nova: Fazenda Araras, próximo a matacões. 14/9/1998, *Andrade, W.M. & L.S. Figueirêdo*, 117.

Fazenda Nova: Fazenda Araras, trilha da área. 9/8/1998, *Figueirêdo, L.S. & W.M. Andrade*, 407.

Exú: 3 km northeast of Exú on road to Crato, Ceará. 30/7/1997, *Thomas, W.W.* et al. 11700.

Piauí

Colônia do Piauí: Paraguai. 16/3/1994, *Alcoforado Filho, F.G.* 310.

São João do Piauí: Porfírio. 4/4/1995, *Alcoforado Filho, F.G. & J.H. de Carvalho*, 485.

Mun. ?: s.l. [Oeiras]. 1839, *Gardner, G.* 2202.

Oeiras: Common around Oeiras-growing even in the streets of this city. 5/1839, *Gardner, G.* 2208.

Mun. ? SE Piauí. In front of nurse's house, Fundação Ruralista. 28/11/1981, *Pearson, H.P.N.* 46.

Rio Grande do Norte

Currais Novos: 5 km from Currais Novos on Caicó road. 26/3/1972, *Pickersgill, B.* et al. RU 72 395.

Sergipe

Santa Luzia do Itanhi: Ca. 2,5 km do Distrito de Crasto, na estrada para Santa Luzia do Itanhi. 27/11/1993, *Amorim, A.M. et al.* 1469.

Cephalopappus sonchifolius Nees & Mart.
Bahia

Buerarema: Estrada Buerarema-Pontal de Ilhéus. 21/7/1980, *Carvalho, A.M. & G. Bromley*, 285.

Jussari: Fazenda Teimoso, km 9 da Rodovia Jussari-Palmira, lado esquerdo. 26/2/1987, *Mattos Silva, L.A.* et al. 2135.

Vitória da Conquista: Rodovia BA 265, trecho Vitória da Conquista-Barra do Choça, entre os km 15 e 20, a leste da primeira. 4/3/1978, *Mori, S.A.* et al. 9482.

Ilhéus: Ilhéus. 1816, *Neuwied, M. von* 101, Photograph of HOLOTYPE, Cephalopappus sonchifolius Ness & Mart.

Ilhéus: Ilhéus. 1816, *Neuwied, M. von* 101, Photograph of ISOTYPE, Cephalopappus sonchifolius Ness & Mart.

Jussari: Serra do Teimoso, 7.5 km N then W of Jussari on road to Palmira, then 2 km S to Fazenda Teimoso: "Reserva da Fazenda Teimoso", southern end. 1/2/1999, *Thomas, W.W.* et al. 11910.

Chaptalia chapadensis D.J.N. Hind
Bahia

Palmeiras: Pai Inácio, km 224 da Rodovia BR 242. Vale entre os blocos que compõem o conjunto. 19/12/1981, *Carvalho, A.M.* et al. 1017.

Palmeiras: Pai Inácio, km 224 da Rodovia BR 242. Vale entre os blocos que compõem o conjunto. 19/12/1981, *Carvalho, A.M.* et al. 1017, Photograph.

Palmeiras: Pai Inácio, BR 242 W of Lençóis at km 232. 12/6/1981, *Mori, S.A. & B.M. Boom*, 14388, ISOTYPE, Chaptalia chapadensis D.J.N. Hind.

Chaptalia denticulata (Baker) Zardini
Bahia

Abaíra: Campos de Ouro Fino, próximo ao acampamento da expedição. 14/7/1992, *Ganev, W.* 647.

Rio de Contas: Middle N.E. slopes of the Pico das Almas ca. 25 km W.N.W of the Vila do Rio de Contas. 18/3/1977, *Harley, R.M.* et al. 19618.

Rio de Contas: Perto do Pico das Almas, em local chamado Queiroz. 21/2/1987, *Harley, R.M.* et al. 24607.

Rio de Contas: Pico das Almas. Vertente leste, subida do pico do campo norte do Queiroz. 10/11/1988, *Harley, R.M.* et al. 26340.

Rio de Contas: Pico das Almas. Vertente leste, vale a Sudeste do Campo do Queiroz. 3/12/1988, *Harley, R.M.* et al. 26584. [x 2]

Rio de Contas: Serra Marsalina (serra da antena de TV). 18/11/1996, *Harley, R.M.* et al. IN PCD 4468.

Abaíra: Campo de Ouro Fino (alto). 19/1/1992, *Hind, D.J.N. & R.F. Queiroz*, IN H 50908. [x 2]

Rio de Contas: Vicinity of Pico das Almas, ca. 20 km NW of the town of Rio de Contas. 25/1/1981, *King, R.M. & L.E. Bishop*, 8647.

Abaíra: Campo do Cigano. 24/2/1992, *Sano, P.T.* et al. IN H 52170.

Chaptalia integerrima (Vell.) Burkart
Bahia

Mun.?: s.l. *Blanchet, J.S.* s.n.

Palmeiras: Pai Inácio. 29/8/1994, *Guedes, M.L.* et al. IN PCD 477.

Encruzilhada: s.l. 7/12/1975, *Gusmão, E.F.* s.n.

Bonito: 2 km N. of Bonito on the road to Morro do Chapéu. 29/5/1980, *Harley, R.M.* et al. 22738.

Rio de Contas: Fazenda Brumadinho, Morro Brumadinho. 17/11/1996, *Hind, D.J.N.* et al. IN PCD 4383.

Abaíra: Subida da Forquilha da Serra. 23/12/1991, *Hind, D.J.N.* et al. IN H 50276. [× 2]

Feira de Santana: Serra de São José. 20/9/1980, *Noblick, L.R.* 2032.

Palmeiras: Pai Inácio. Cercado, campos gerais indo para a Fazenda da Sra. Helena. 27/4/1995, *Pereira, A.* et al. IN PCD 1865.

Mun. ?: s.l. s.c. s.n.

Mun. ?: Bahia [= Salvador], in umbrosis. *Salzmann, P.* 32. [× 3]

Santa Cruz de Cabrália: Area da Estação Ecológica do Pau-Brasil (ESPAB), ca. 16 km a W de Porto Seguro: Rodovia BR 367 (Porto Seguro-Eunápolis). 13/7/1985, *Santos, F.S.* 491.

Chaptalia nutans (L.) Pol.
Bahia

Rio de Contas: Pico das Almas. Vertente leste, vale a Sudeste do Campo do Queiroz. 5/12/1988, *Harley, R.M.* et al. 26598.

Lençóis: Barra Branca. 28/10/1996, *Hind, D.J.N. & L. Funch,* IN PCD 3801.

Abaíra: Arredores de Catolés. 19/12/1991, *Hind, D.J.N. & R.F. Queiroz,* IN H 50022.

Mun. ?: Bahia [= Salvador?]: in umbrosis. *Salzmann, P.* 31. [× 2]

Chionolaena jeffreyi H.Rob.
Bahia

Abaíra: Riacho das Taquaras, capão acima da Plataforma. 21/5/1992, *Ganev, W.* 335.

Abaíra: Serra das Brenhas. 22/10/1992, *Ganev, W.* 1314.

Abaíra: Serra do Bicota: subida por Aquilino. 21/7/1993, *Ganev, W.* 1914.

Abaíra: Serra dos Frios. 12/11/1993, *Ganev, W.* 2478.

Rio de Contas: Middle and upper N.E. slopes of the Pico das Almas, ca. 25 km W.N.W of the Vila do Rio de Contas. 19/3/1977, *Harley, R.M.* et al. 19677.

Rio de Contas: Pico das Almas. 19/2/1987, *Harley, R.M.* et al. 24387.

Rio de Contas: Pico das Almas. Vertente leste. Vale ao Sudeste do Campo do Queiroz. 30/11/1988, *Harley, R.M. & D.J.N. Hind,* 26529. [× 2]

Rio de Contas: Pico das Almas. Vertente leste. Vale alto ao NNW do principal Campo do Queiroz. 13/12/1988, *Harley, R.M. & D.J.N. Hind,* 27234. [× 2]

Rio de Contas: Topo do Pico do Itobira. 15/11/1996, *Harley, R.M.* et al. IN PCD 4306.

Abaíra: Campo de Ouro Fino (alto). 19/1/1992, *Hind, D.J.N. & R.F. Queiroz,* IN H 50921. [× 2]

Rio de Contas: Pico das Almas a 18 km NW de Rio de Contas. 24/7/1979, *King, R.M.* et al. 8141, Photograph of HOLOTYPE, Chionolaena jeffreyi H.Rob.

Rio de Contas: Pico das Almas a 18 km NW de Rio de Contas. 24/7/1979, *King, R.M.* et al. 8141, ISOTYPE, Chionolaena jeffreyi H.Rob.

Rio de Contas: Pico das Almas a 18 km NW de Rio de Contas. 24/7/1979, *King, R.M.* et al. 8141, Photograph of ISOTYPE, Chionolaena jeffreyi H.Rob.

Abaíra: Riacho da Taquara. 29/1/1992, *Pirani, J.R.* et al. IN H 50976.

Chromolaena alvimii R.M.King & H.Rob.
Bahia

Abaíra: Encosta da Serra do Rei. 6/6/1994, *Ganev, W.* 3306.

Rio de Contas: Middle NE slopes of the Pico das Almas, c. 25 km WNW of the Vila do Rio de Contas. 18/3/1977, *Harley, R.M.* et al. 19617, ISOTYPE, Chromolaena alvimii R.M.King & H.Rob.

Rio de Contas: Middle NE slopes of the Pico das Almas, c. 25 km WNW of the Vila do Rio de Contas. 18/3/1977, *Harley, R.M.* et al. 19617, Photograph of ISOTYPE, Chromolaena alvimii R.M.King & H.Rob.

Rio de Contas: Brumadinho, entre Fazenda Brumadinho e Queiroz. 21/2/1987, *Harley, R.M.* et al. 24621.

Rio de Contas: Pico das Almas. Vertente leste. Campo do Queiroz. 3/11/1988, *Harley, R.M.* et al. 25879. [Photograph]

Abaíra: Serra ao Sul do Riacho da Taquara. 10/1/1992, *Harley, R.M.* et al. IN H 51245.

Abaíra: Campo de Ouro Fino (baixo). 11/1/1992, *Hind, D.J.N. & R.F. Queiroz,* IN H 50060.

Rio de Contas: Pico das Almas, a 18 km NW de Rio de Contas. 24/7/1979, *King, R.M.* et al. 8144.

Agua Quente: Arredores do Pico das Almas. 26/3/1980, *Mori, S.A. & F. Benton,* 13623.

Chromolaena cinereoviridis (Sch.Bip. ex Baker) R.M.King & H.Rob.
Bahia

Barra da Estiva: Ca. 30 km na estrada de Mucugê para Barra da Estiva. 19/3/1990, *Carvalho, A.M. & J. Saunders,* 2972.

Barra da Estiva: Estrada Barra da Estiva-Mucugê, km 31. 4/7/1983, *Coradin, L.* et al. 6444.

Abaíra: Distrito de Catolés, Boa Vista. 5/5/1992, *Ganev, W.* 248.

Piatã: Entroncamento da estrada Piatã-Cabrália com estrada para Inúbia. 12/7/1994, *Ganev, W.* 3507.

Chromolaena cylindrocephala (Sch.Bip. ex Baker) R.M.King & H.Rob.
Bahia

Mun. ?: s.l. *Blanchet, J.S.* 3238, HOLOTYPE, Eupatorium cylindrocephalum Sch.Bip. ex Baker.

Chromolaena horminoides DC.
Bahia

Abaíra: Distrito de Catolés, caminho Capão-Bicota, garimpo novo do Bicota. 21/4/1992, *Ganev, W.* 150.

Abaíra: Distrito de Catolés, Serra do Porco Gordo-Gerais do Tijuco. 24/4/1992, *Ganev, W.* 187.

Abaíra: Caminho Boa Vista-Bicota. 23/7/1994, *Ganev, W.* 3444.

Palmeiras: Pai Inácio, caminho para o Cercado. 29/6/1995, *Guedes, M.L.* et al. IN PCD 2004.

Rio de Contas: About 2 km N of the town of Vila do Rio de Contas in flood plain of the Rio Brumado. 22/3/1977, *Harley, R.M.* et al. 19835.

Caetité: Serra Geral de Caetité, c. 5 km S from Caetité along the Brejinhos das Ametistas road. 9/4/1980, *Harley, R.M.* et al. 21098.

Piatã: Estrada Piatã-Abaíra, entrada à direita, após a entrada para Catolés. 8/11/1996, *Hind, D.J.N. & H.P. Bautista,* IN PCD 4141.

Mun.?: Cerrado near Rio Piau, ca. 150 km SW of Barreiras. 14/4/1966, *Irwin, H.S.* et al. 14779.

Rio de Contas: Base do Pico das Almas a 18 km as NW de Rio de Contas. 22/7/1979, *King, R.M.* et al. 8088.

Chromolaena laevigata (Lam.) R.M.King & H.Rob.
Bahia

Abaíra: Distrito de Catolés: estrada Catolés-Catolés de Cima, ca. 1 km de Catolés. 7/4/1992, *Ganev, W.* 80.

Abaíra: Engenho de Baixo. 25/5/1992, *Ganev, W.* 384.

Abaíra: Estrada Abaíra-Piatã, radiador acima do garimpo velho. 25/6/1992, *Ganev, W.* 556.

Mun.?: Basin of the upper São Francisco River, c. 28 km SE of Bom Jesus da Lapa, on the Caetité road. 16/4/1980, *Harley, R.M.* et al. 21413.

Mun.?: Chapadão Ocidental da Bahia. Islets and banks of the Rio Corrente by Correntina. 23/4/1980, *Harley, R.M.* et al. 21644.

Abaíra: Distrito de Catolés: encosta da Serra do Atalho, subida pela Boca do Leão. 20/4/1998, *Queiroz, L.P.* & et al., 5069.

Barra da Estiva: Camulengo, povoado embaixo dos inselbergs, ao S da Cadeia de Sincorá. Estrada B da Estiva-Triunfo do Sincorá, entrada km 17. 23/5/1991, *Santos, E.B. & S. Mayo*, 281.

Piauí

Parnaguá: Marshy places near Parnaguá. 9/1839, *Gardner, G.* 2644. [× 2]

Chromolaena maximilianii (Schrad. ex DC.) R.M.King & H.Rob.
Bahia

Encruzilhada: margem do Rio Pardo. 23/5/1968, *Belém, R.P.* 3592.

Mun.?: Bahia [= ?Salvador] s.l. *Blanchet, J.S.* s.n. ISOSYNTYPE, Eupatorium maximiliani DC. var. hispidulum DC.

Piauí

Mun.?: Buriti swamps banks of the Gurgêa. 8/1839, *Gardner, G.* 2647. [× 2]

Chromolaena morii R.M.King & H.Rob.
Bahia

Lençóis: Serra da Chapadinha. 29/7/1994, *Bautista, H.P.* et al. 313.

Mucugê: Estrada nova Andaraí-Mucugê, entre 11–13 km de Mucugê. 8/9/1981, *Furlan, A.* et al. IN CFCR 1576.

Abaíra: Caminho Samambaia-Serrinha, ca. 4 km de Catolés. 22/5/1992, *Ganev, W.* 352.

Piatã: Serra do Atalho, próximo ao Garimpo da Cravada. 11/6/1992, *Ganev, W.* 468.

Abaíra: Mata do Bem Querer, próximo ao Rancho de José Sobrinho. 17/8/1992, *Ganev, W.* 883.

Piatã: Serra da Tromba, próximo à ponte caída do Rio de Contas. 27/8/1992, *Ganev, W.* 975.

Abaíra: Serra do Bicota. 21/7/1993, *Ganev, W.* 1920.

Lençóis: Serra da Chapadinha. Serra do Brejão. 28/9/1994, *Giulietti, A.M.* et al. IN PCD 896.

Palmeiras: Pai Inácio, lado oposto da torre de repetição. 30/8/1994, *Guedes, M.L.* et al. IN PCD 619.

Rio de Contas: a 4 km as NW de Rio de Contas. 21/7/1979, *King, R.M.* et al. 8067.

Rio de Contas: Base do Pico das Almas a 18 km as NW de Rio de Contas. 24/7/1979, *King, R.M.* et al. 8122, ISOTYPE, Chromolaena morii R.M.King & H.Rob.

Rio de Contas: Base do Pico das Almas a 18 km as NW de Rio de Contas. 24/7/1979, *King, R.M.* et al. 8122, Photograph of ISOTYPE, Chromolaena morii R.M.King & H.Rob.

Rio de Contas: Base do Pico das Almas a 18 km as NW de Rio de Contas. 24/7/1979, *King, R.M.* et al. 8131.

Mucugê: Margem da estrada Mucugê-Cascavel, km 3 a 6, próximo ao Rio Paraguaçu. 20/7/1981, *Menezes, N.L.* et al. IN CFCR 1468.

Chromolaena odorata (L.) R.M.King & H.Rob.
Bahia

Mun. ?: Cruz de Cosma. 7/1835, *Glocker, E.F.* 57.

Mun. ?: Chapadão Ocidental da Bahia. 5 km to the North of Tabocas, which is 10 km NW of Serra Dourada. 1/5/1980, *Harley, R.M.* et al. 22009.

Uruçuca: Arredores. 11/4/1992, *Hatschbach, G.* et al. 56994.

Ilhéus: Near Aritaguá c. 10 km N of Ilhéus. Roadside. 9/2/1992, *Hind, D.J.N.* et al. 35. [× 2]

Livramento do Brumado: Entre Livramento do Brumado e Rio de Contas, a 5 km do primeiro. 20/7/1979, *King, R.M.* et al. 8053.

Mun. ?: In udiusculis apricis, ad Ilheos. 10, [*Luschnath s.n.*] *Mart. herb. fl. bras.* 690 [× 2]

Ilhéus: Road from Olivença to Maruim, 6–8 km W of Olivença. 10/5/1981, *Mori, S.A. & B.M. Boom*, 13943.

Iraquara: Fazenda Torrinha, 12 km S of Iraquara. 14/6/1981, *Mori, S.A.* et al. 14427.

Mun. ?: Bahia [=Salvador] 1872, *Preston, T.A.* s.n.

Mun. ?: Bahia [=Salvador] ad sepes. *Salzmann, P.* 14 [× 2]

Chromolaena squalida (DC.) R.M.King & H.Rob.
Bahia

Abaíra: Distrito de Catolés: caminho Boa Vista-Bicota. 2/4/1992, *Ganev, W.* 164.

Piatã: Encosta do Morro de Santana, fundo da igreja. 8/6/1992, *Ganev, W.* 439.

Abaíra: Estrada Catolés-Abaíra. Beira do Rio do Machado com Rio Tomboro. 25/6/1992, *Ganev, W.* 580.

Abaíra: Salão, campos gerais do Salão. 2/5/1994, *Ganev, W.* 3203.

Abaíra: Estrada abandonada Catolés-Arapiranga, próximo à casa de Osmar Campos, entre Riacho Fundo e Riacho Piçarrão. 13/5/1994, *Ganev, W.* 3251.

Palmeiras: Morro do Pai Inácio. 26/9/1994, *Giulietti, A.M.* et al. IN PCD 854.

Lençóis: Serra da Chapadinha. 30/6/1995, *Guedes, M.L.* et al. IN PCD 2069.

Caitité: Serra Geral de Caetité, c. 5 km S from Caetité along the Brejinhos das Ametistas road. 9/4/1980, *Harley, R.M.* et al. 21123.

Palmeiras: Serras dos Lençóis. Lower slopes of Morro do Pai Inácio, ca. 14.5 km NW of Lençóis just N of the main Seabra-Itaberaba road. 21/5/1980, *Harley, R.M.* et al. 22281.

Mun.?: 37 km E of Seabra, along road towards Itaberaba. 2/2/1981, *King, R.M. & L.E. Bishop*, 8779.

Barreiras: Estrada Barreiras-Brasília, próximo ao posto Mimoso. 24/3/1984, *Moreira, M. de L. & E.deF. Almeida*, 10.

Abaíra: Guarda-Mor, arredores de Catolés. 22/3/1992, *Stannard, B.L. & T. Silva*, IN H 52781.

Maranhão

Lorêto: "Ilhas de Balsas" region, between the Rios Balsas and Parnaíba. Fazenda "Morros": "Chapada Alta", ca. 3 km south of main house or ca. 35 km south of Lorêto. 27/4/1962, *Eiten, G. & L.T. Eiten*, 4431.

Chromolaena stachyophylla (Spreng.) R.M.King & H.Rob.

Bahia

Rio de Contas: Mato Grosso, próximo à lavra velha no final da estrada. 7/11/1993, *Ganev, W.* 2444.

Palmeiras: Pai Inácio. Cercado. 28/12/1994, *Guedes, M.L.* et al. IN PCD 1466.

Rio de Contas: Pico das Almas. Vertente leste. Ao norte do Campo do Queiroz. 15/11/1988, *Harley, R.M. & B.Stannard*, 26159.

Rio de Contas: Pico das Almas. Vertente leste. Orla de mata, vale-esquina NO do Campo do Queiroz. 20/12/1988, *Harley, R.M.* et al. 27303. [× 3]

Chrysanthellum indicum DC. ssp. ***afroamericanum*** B.L.Turner

Ceará

Mun. ?: Dry arid places near Aracaty. 7/1838, *Gardner, G.* 1743. [× 2]

Mun. ? : Abundant in a dry bank. *Gardner, G.* 2023.

Mun. ?: Pasture near Brejo Grande. 2/1839, *Gardner, G.* 2423. [× 2]

Crato: s.l. 27/2/1972, *Pickersgill, B.* et al. RU 72 224.

Paraíba

Campina Grande: Distrito de São José da Mata, Fazenda Pedro da Costa Agra, estrada para Soledade, 16 km Oeste do centro de Campina Grande. 25/6/1990, *Agra, M.F.* 1129.

Clibadium armanii (Balb.) Sch.Bip.

Bahia

Mun. ?: Rodovia Itabuna-Uruçuca. 1/7/1965, *Belém, R.P. & A.M. Aguiar*, 1258.

Mun. [Ilhéus]: Margem da Rodovia Itabuna-Ilhéus. 30/8/1965, *Belém, R.P.* 1650.

Mun. ?: Vila da Barra. 1840, *Blanchet, J.S.* 3115.

Mun. ?: Bahia [= Salvador]: s.l. *Blanchet, J.S.* 3115. [mounted with *Salzman* 36]

Jacobina: Jacobina: s.l. 1840, *Blanchet, J.S.* 3115. [mounted with *Pohl* 475 & *Blanchet* s.n.]

Mun. ?: s.l. *Blanchet, J.S.* s.n. [mounted with *Pohl* 475 & *Blanchet* 3155]

Correntina: Chapadão Ocidental da Bahia. 12 km N of Correntina on the road to Inhaúmas. 28/4/1980, *Harley, R.M.* et al. 21874.

Mun. ?: Coastal Zone. Ca. 11 km North from turning to Maraú, along the road to Campinho. 17/5/1980, *Harley, R.M.* et al. 22188.

Itabuna: Grounds of the Centro de Pesquisas do Cacau. 9/7/1979, *King, R.M. & S.A. Mori*, 8000.

Ilhéus: Rodovia Ilhéus-Uruçuca (BA 262) km 4,

próximo ao Distrito Industrial. 10/7/1979, *King, R.M. & L.A. Mattos Silva*, 8008.

Ilhéus:: In campis aridis ad Ilhéus. 6. [leg. ?] *Martius Herb. Fl. bras.* 696.

Ilhéus: s.l. [leg. ?] *Martius Herb. Fl. bras.* 820.

Mun. ?: Bahia: Pedra Branca, prov. Bahiensis. [leg. ?] *Martius Herb. Fl. bras.* s.n.

Maraú: Estrada que liga Ponta do Mutá (Porto de Campinhos) à Maraú, a 3 km do Porto. 5/2/1979, *Mori, S.A.* et al. 11391.

Mun. ?: Entre Itabuna e Itajuba. 20/1/1965, *Pereira, E. & G. Pabst*, 9554.

Mun. ?: Bahia [= Salvador]. in convallibus. *Salzmann, P.* 36, SYNTYPE, Clibadium rotundifolium DC. [mounted with *Burchell* 4470]

Mun. ?: Bahia [= Salvador]. in convallibus. *Salzmann, P.* 36, SYNTYPE, Clibadium rotundifolium DC. [mounted wiht *Blanchet* 3115]

Santa Cruz de Cabrália: Estação Ecológica Pau-Brasil, 14 km NW of Porto Seguro. 23/7/1984, *Webster, G.L.* 25014.

Conocliniopsis prasiifolia (DC.) R.M.King & H.Rob.

Alagoas

Mun. ?: Rio São Francisco. 1838, *Gardner, G.* 1341. [× 3]

Mun. ?: Banks of the Rio São Francisco, at Vila Nova. 3/1838, *Gardner, G.* 1342. [× 2]

Bahia

Mun. ?: Bahia [= Salvador], s.l. *Blanchet, J.S.* 3688.

Tucano: Distrito de Caldas do Jorro. Estrada que liga Caldas do Jorro ao Rio Itapicuru. 1/3/1992, *Carvalho, A.M. & D.J.N. Hind*, 3849. [× 2]

Tucano: Kms 7 a 10 na estrada de Tucano para Ribeira do Pombal. 21/3/1992, *Carvalho, A.M.* et al. 3924.

Conde: Praia de Siribinha. 28/4/1996, *Costa Neto, E.M.* 44.

Abaíra: Distrito de Catolés: Estrada Abaíra-Mucugê, via São João, 40 km de Abaíra. 13/4/1992, *Ganev, W.* 118.

Mun. ?: Wasteplaces near Bahia [= Salvador]. 9/1837, *Gardner, G.* 870. [× 2]

Mun. ?: Bahia [= Salvador], s.l. 1842, *Glocker, E.F.* 17.

Mun. ?: Cruz de Cosma. *Glocker, E.F.* s.n.

Rio de Contas: About 2 km N of the town of Rio de Contas in flood plain of the Rio Brumado. 23/1/1974, *Harley, R.M.* et al. 15626.

Senhor do Bonfim: 6 km S of Senhor do Bonfim on road to Capim Grosso (BA 130). 1/3/1974, *Harley, R.M.* et al. 16620.

Rio de Contas: About 2 km N of the Vila do Rio de Contas in flood plain of the Rio Brumado. 27/3/1977, *Harley, R.M.* et al. 20043.

Caetité: Serra Geral de Caetité, ca. 5 km S from Caetité along the Brejinhos das Ametistas road. 9/4/1980, *Harley, R.M.* et al. 21092.

Mun. ?: Coastal Zone, ca. 11 km North form turning to Maraú along the road to Campinho. 17/5/1980, *Harley, R.M.* et al. 22202.

Palmeiras: Lower slopes of Morro do Pai Inácio, ca. 14.5 km NW of Lençóis, just N of the main Seabra-Itaberaba road. 21/5/1980, *Harley, R.M.* et al. 22318.

Lençóis: About 7–10 km along the main Seabra-Itaberaba road, W of the Lençóis turning, by the Rio Mucugezinho. 27/5/1980, *Harley, R.M.* et al. 22715.

Palmeiras: Lower slopes of Morro do Pai Inácio, ca. 14.5 km NW of Lençóis, just N of the main Seabra-Itaberaba road. 27/5/1980, *Harley, R.M.* et al. 22729.

Vitória da Conquista: 30 km da cidade na Rodovia BR 116 para Cândido Sales. 21/10/1988, *Harley, R.M.* et al. 25285.

Abaíra: 17 km da cidade na estrada para Catolés. 25/12/1988, *Harley, R.M.* et al. 27737.

Anajé: BA 262, Serra dos Pombos. 21/8/1995, *Hatschbach, G.* et al. 63231.

Macaúbas: Estrada para Canatiba, subida para a Serra Poção, próximo ao alto. 20/4/1996, *Hatschbach, G.* et al. 65122.

Morro do Chapéu: Próximo ao Rio Ventura. 27/6/1996, *Hind, D.J.N.* et al. IN PCD 3097.

Morro do Chapéu: 12 km na estrada Morro do Chapéu-Ferro Doido. 28/6/1996, *Hind, D.J.N.* et al. IN PCD 3130.

Mucugê: Estiva Nova, na estrada Mucugê-Guiné. 16/7/1996, *Hind, D.J.N.* et al. IN PCD 3683.

Lençóis: Fazenda na estrada Barra Branca. 28/10/1996, *Hind, D.J.N. & L. Funch,* IN PCD 3798.

Piatã: Na Pousada Arco-íris. 7/11/1996, *Hind, D.J.N.* et al. IN PCD 4120.

Abaíra: Arredores de Catolés. 19/12/1991, *Hind, D.J.N. & R.F. Queiroz,* IN H 50006.

Abaíra: Brejo do Engenho. 27/12/1992, *Hind, D.J.N.* et al. IN H 50449.

Santa Cruz de Cabrália: BR 367, ca. 26 km E of Eunápolis. 4/7/1979, *King, R.M.* et al. 7982.

Ilhéus: Km 1–2 do ramal para a Fazenda Almada com entrada no km 20 da rodovia Ilhéus-Uruçuca (BA 262). 10/7/1979, *King, R.M. & L.A. Mattos Silva,* 8012.

Mun. ?: 12 km along road N of Rio Verde Pequeno toward Guanambi. 22/1/1981, *King, R.M. & L.E. Bishop,* 8588.

Bahia: "In campis ad Cruz de Casma, praedium prov. Soteropolitanae". 7, [leg. ?] *Martius Herb. Fl. bras.* 669.

Mun. ? : Km 6 da Rodovia BR 415, trecho Itapetinga-Itororó. Fazenda Barra da Negra. 19/4/1978, *Mattos Silva, L.A.* et al. 169.

Lençóis: BR 242, km 225, a 20 km ao NW de Lençóis. 1/3/1980, *Mori, S.A.* 13340.

Paulo Afonso: BR 110, road from Paulo Afonso to Jeremoabo, 39–46 km S of Paulo Afonso. 7/6/1981, *Mori, S.A. & B.M. Boom,* 14232.

Salvador: Lagoa do Abaeté. Dunas. 2/9/1999, *Oliveira, P.P.* et al. 25.

Mun. ?: Bahia [= ?Salvador], s.l. 1872, *Preston, T.A.* s.n.

Umburanas: Serra do Curral Feio (localmente referida como Serra da Empreitada): Cachoeirinha, à beira do Rio Tabuleiro, ca. 10 km NW de Delfino na estrada que sai pelo depósito de lixo. 11/4/1999, *Queiroz, L.P.* et al. 5385.

Morro do Chapéu: Próximo à represa na Fazenda

Candeal. 12/3/1996, *Roque, N.* et al. IN PCD 2301.

Mun. ?: Bahia [= Salvador]. in apricis. s.d, *Salzmann, P.* 30, ISOSYNTYPE, Conoclinium prasiifolium DC. [× 2]

Lençóis: Estrada Lençóis-Remanso, km 4. 4/10/1995, *Silva, G.P.* et al. 3069.

Abaíra: Arredores de Catolés. 22/11/1991, *Souza, V.C. & C.M.Sakuragui,* IN H 50265.

Abaíra: Estrada Catolés-Ribeirão de Baixo-Inúbia, 9 –12 km de Catolés. 19/3/1992, *Stannard, B.L. & T. Silva,* IN H 51999.

Campo Formoso: Morro do Cruzeiro, east of town. 31/1/1993, *Thomas, W.W.* et al. 9663.

Ceará

Mun. ?: Serra do Araripe, between Crato and Brejo Grande. 7/1839, *Gardner, G.* 2420. [× 2]

Pernambuco

Mun. ?: s.l. 1838, *Gardner, G.* 1048.

Buíque: Catimbau. 18/5/1995, *Laurênio, A.* et al. 42.

Floresta: Inajá, Reserva Biológica de Serra Negra. 4/6/1995, *Laurênio, A.* et al. 77.

Bezerros: Parque Municipal de Serra Negra. 2/6/1995, *Oliveira, M.* et al. 45.

Garanhuns: 13 km NW of Garanhuns on Caetés road. 25/1/1972, *Pickersgill, B.* et al. RU 72 20.

Bezerros: Parque Ecológico de Serra Negra. 5/10/1995, *Silva, L.F. & E. Inácio,* 61.

Conyza canadensis (L.) Cronquist

Bahia

Porto Seguro: Reserva Biológica do Pau-Brasil (CEPLAC). 17 km W from Porto Seguro on road to Eunápolis. 20/1/1977, *Harley, R.M.* et al. 18112.

Morro do Chapéu: Leito pedregoso do Rio Ventura. 27/6/1996, *Harley, R.M.* et al. IN PCD 3119.

Conyza floribunda Kunth

Bahia

Agua Quente: Pico da Almas. Vertente norte, vale ao noroeste do Pico. 20/12/1988, *Harley, R.M.* et al. 27314.

Conyza primulifolia (Lam.) Cuatrec. & Lourt.

Bahia

Salvador: UFBA. Campus de Ondina, próximo ao Instituto de Biologia. 13/12/1991, *Guedes, M.L. & D.J.N. Hind,* 5.

Itacaré: Ca. 6 km S.W. of Itacaré, on side road, by small dam and hydroelectric generator by river. South of mouth of the Rio de Contas. 30/3/1974, *Harley, R.M.* et al. 17532.

Morro do Chapéu: Summit of Morro do Chapéu, ca. 8 km S.W. of the town of Morro do Chapéu to the West of the road to Utinga. 3/3/1977, *Harley, R.M.* et al. 19311.

Mun. ?: 48 km E of Seabra along road towards Itaberaba. 2/2/1981, *King, R.M. & L.E. Bishop,* 8777.

Mun. ?: Bahia [= Salvador], in apricis. *Salzmann, P.* 2. [× 2]

Abaíra: Bem-Querer 29/2/1992, *Stannard, B.L.* et al. IN H 51679.

Conyza sumatrensis (Retz.) E.Walker

Bahia

Salvador: UFBA. Campos de Ondina, próximo da

entrada à margem da estrada. 13/12/1991, *Guedes, M.L. & D.J.N. Hind*, 14.

Senhor Bonfim/Jaguararari: Serra de Jacobina, W of Estiva, ca. 12 km N of Senhor do Bonfim on the BA 130 to Juazeiro. Upper W facing slopes of serra to the summit with television mast. 28/2/1974, *Harley, R.M. et al.* 16552.

Porto Seguro: Reserva Biológica do Pau-Brasil (CEPLAC). 17 km W from Porto Seguro on road to Eunápolis. 20/1/1977, *Harley, R.M. et al.* 18112A.

Morro do Chapéu: Rio do Ferro Doido, 19.5 km S.E. of Morro do Chapéu on the BA 052 highway to Mundo Novo. 1/3/1977, *Harley, R.M. et al.* 19190.

Maraú: Coastal Zone, ca. 11 km North from turning to Maraú along the road to Campinho. 17/5/1980, *Harley, R.M. et al.* 22200.

Rio de Contas: Pico das Almas. Vertente norte. Vale acima da Fazenda Silvina. 22/12/1988, *Harley, R.M. & D.J.N. Hind*, 27332.

Ilhéus: Road to Ponto do Ramo, c. 15 km N of Ilhéus. 9/2/1992, *Hind, D.J.N. et al.* 36.

Abaíra: Brejo do Engenho. 27/12/1992, *Hind, D.J.N. et al.* IN H 50474.

Morro do Chapéu: Serra Pé do Morro. 29/6/1996, *Hind, D.J.N. et al.* IN PCD 3239.

Mucugê: Estiva Nova, na estrada Mucugê-Guiné. 16/7/1996, *Hind, D.J.N. et al.* IN PCD 3682.

Piatã: Na Pousa Arco-íris. 7/11/1996, *Hind, D.J.N. et al.* IN PCD 4122.

Piatã: Na Pousa Arco-íris. 7/11/1996, *Hind, D.J.N. et al.* IN PCD 4124.

Ceará

Mun. ?: In waste places common. 9/1838, *Gardner, G.* 1727. [× 2]

Maranhão

Monção: Basin of the Rio Turiaçu; Ka'apor Indian Reserve; within 7 km of the settlement of Urutawy. 13/5/1985, *Balée, W.L.* 952.

Paraíba

Areia: Mata do Pau Ferro, orla da mata ao lado da estrada Areia-Remígio, a leste da Picada dos Postes. 7/1/1981, *Fevereiro, V.P.B. & et al.*, M 497.

Pernambuco

Brejo da Madre de Deus: Fazenda Buriti. 15/3/1996, *Freire, E.* 81.

Garanhuns: Mata da propriedade da Serra Branca. 27/4/1998, *Rodal, M.J.N. et al.* 742.

Caruaru: Murici, Brejo dos Cavalos. 29/2/1996, *Silva, L.F. et al.* 160.

Cosmos caudatus Kunth

Bahia

Correntina: Chapadão Ocidental da Bahia. Islets and banks of the Rio Corrente by Correntina. 23/4/1980, *Harley, R.M. et al.* 21614.

Mun.?: Chapadão Ocidental da Bahia. 5 km to the North of Tabocas, which is 10 km N.W. of Serra Dourada. 1/5/1980, *Harley, R.M. et al.* 21985.

Eunápolis: BR 367, a 56 km a E de Eunápolis. 7/7/1979, *King, R.M. et al.* 7994.

Vera Cruz: Ilha de Itaparica, Praia da Coroa, ramal que liga a BA 001 à Praia da Coroa. 9/2/1997, *Queiroz, L.P.* 4752.

Ceará

Mun.?: Riacho do Capim, Serra de Baturité. 9/1910, *Ule, E.* 9118.

Paraíba

Areia: Serra da Onça. 12/1992, *Agra, M.F. & M.G. Silva*, 1768.

Pernambuco

Bonito: Reserva Municipal de Bonito. 18/9/1995, *Henrique, V.V. et al.* 27.

Cosmos sulphureus Cav.

Bahia

Feira de Santana: s.l. 26/6/1982, *Lobo, C.M.B.* 21.

Dasycondylus santosii R.M.King & H.Rob.

Bahia

Acaraí: Estrada ao lado S. 1/7/1971, *Santos, T.S.* 1713, Photograph of HOLOTYPE, Dasycondylus santosii R.M.King & H.Rob.

Acaraí: Estrada ao lado S. 1/7/1971, *Santos, T.S.* 1713, Photograph of ISOTYPE, Dasycondylus santosii R.M.King & H.Rob.

Dasyphyllum brasiliense (Spreng.) Cabrera

Bahia

Jacobina: Ramal à direita a 5 km na Rodovia BA 052, Fazendinha do Boqueirão, 2 km ramal adentro. 28/8/1990, *Hage, J.L. et al.* 2291.

Piatã: Proximidades do Riacho Toborou. 4/11/1996, *Queiroz, L.P. et al.* IN PCD 4029.

Dasyphyllum candolleanum (Gardner) Cabrera

Bahia

Abaíra: Engenho de Baixo. 9/7/1992, *Ganev, W.* 630.

Rio de Contas: Samambaia. 23/8/1993, *Ganev, W.* 2103.

Mun. ?: Serra da Batalha. 9/1839, *Gardner, G.* 2906, TYPE, Flotovia candolleana Gardner. [× 3]

Correntina: Chapadão Ocidental da Bahia. 12 km N. of Correntina on the road to Inhaúmas. 28/4/1980, *Harley, R.M. et al.* 21880.

Seabra: Rodovia BR 242, 15 km O de Seabra, Bahia. 12/10/1981, *Hatschbach, G.* 44190.

Dasyphyllum donianum (Gardner) Cabrera

Bahia

Bom Jesus da Lapa: Rodovia Igaporã-Caetité, km 8. 2/7/1983, *Coradin, L. et al.* 6361.

Correntina: Chapadão Ocidental da Bahia. About 9 km S.E. of Correntina, on road to Jaborandi. 27/4/1980, *Harley, R.M. et al.* 21836.

Dasyphyllum leptacanthum (Gardner) Cabrera

Bahia

Bonito: Estrada Bonito-Utinga, km 13. 22/9/1992, *Coradin, L. et al.* 8697.

Rio do Pires: Beira do Riacho da Forquilha. 24/7/1993, *Ganev, W.* 1945.

Palmeiras: Pai Inácio. 25/9/1994, *Guedes, M.L. et al.* IN PCD 763.

Palmeiras: Pai Inácio, descida da torre de repetição. 27/6/1995, *Guedes, M.L. et al.* IN PCD 1913.

Palmeiras: Lower slopes of Morro do Pai Inácio, ca. 14.5 km N.W. of Lençóis, just N. of the main Seabra-Itaberaba road. 23/5/1980, *Harley, R.M. et al.* 22506.

Dasyphyllum sprengelianum (Gardner) Cabrera
Bahia
Piatã: Estrada Inúbia-Catolés, ca. 5 km de Inúbia. 12/6/1992, *Ganev, W.* 479.
Abaíra: Garimpo do Engenho. 4/7/1994, *Ganev, W.* 3461.
Abaíra: Salão da Barra-Campos Gerais do Salão. 16/7/1994, *Ganev, W.* 3548.
Rio de Contas: Ao N da cidade, a 4 km do povoado de Mato Grosso. 8/11/1988, *Harley, R.M.* et al. 26046.
Piatã: Proximidades do Riacho Toborou. 4/11/1996, *Hind, D.J.N.* et al. IN PCD 4043.
Abaíra: Arredores de Catolés. 22/11/1991, *Souza, V.C. & C.M. Sakuragui,* IN H 50261.
Montugaba: Ca. 8 km da cidade em direção à Jacarau. 16/3/1994, *Souza, V.C.* et al. 5535.

Dasyphyllum sprengelianum (Gardner) Cabrera var. **inerme** (Gardner) Cabrera
Ceará
Mun. ?: Common on the Serra de Araripe. 10/1838, *Gardner, G.* 1749, Photograph of HOLOTYPE, Flotovia lessingiana Gardner.
Mun. ?: Common on the Serra de Araripe. 11/1838, *Gardner, G.* 1749, TYPE, Flotovia lessingiana Gardner. [× 2]
Pernambuco
Buíque: Sopé da Serra. 20/11/1995, *Andrade, K.* et al. 252. [× 2]
Buíque: Trilha das Torres. 11/1/1996, *Andrade, K.* et al. 285.
Buíque: Estrada Buíque-Catimbau. 8/5/1996, *Inácio, E.* et al. 248.
Buíque: Catimbau. Trilha das Torres. 17/10/1994, *Lira, S.S.* 2.
Buíque: Catimbau. Serra do Catimbau. 19/8/1994, *Rodal, M.J.N.* 290.
Buíque: Catimbau. Serra do Catimbau. 18/10/1994, *Sales, M.F.* 422.

Dasyphyllum sp.
Bahia
Caetité: Brejinho das Ametistas. 8/3/1994, *Roque, N.* et al. IN CFCR 14958.

Delilia biflora (L.) Kuntze
Bahia
Mun. ?: Bahia [= Salvador], s.l. *Blanchet, J.S.* s.n.
Feira de Santana: s.l. 8/7/1982, *Britto, K.B.* 21.
Mun. ?: Chapadão Ocidental da Bahia. Islets and banks of the Rio Corrente by Correntina. 23/4/1980, *Harley, R.M.* et al. 21629.
Jacobina: Barracão de Cima. 6/7/1996, *Harley, R.M.* et al. IN PCD 3447.
Jacobina: Serra da Jacobina (Toca da Areia). 5/7/1996, *Hind, D.J.N.* et al. IN PCD 3438.
Barreiras: Ca. 10 km of Barreiras, Rio das Ondas. 6/3/1971, *Irwin, H.S.* et al. 31658.
Mun. ?: In umbrosis, udiusculis, herbidis ad Villam da Cachoeira, prov. Bahiensis. 10 [leg. ?] *Martius Herb. Fl. bras.* 695. [× 2]
Conceição do Coité: BA 409, entre Serrinha e Conceição do Coité, a 22 km W de Serrinha. 16/11/1986, *Queiroz, L.P. &* et al., 1105.

Mun. ?: s.l. 4/1865, *Riedel* 435.
Mun. ?: Bahia [= Salvador] ad sepes. *Salzmann, P.* s.n. [× 2]
Ceará
Mun. ?: Guarmaranga, about 50 miles inland. *Bolland, G.* s.n.
Mun. ?: Serra de Baturité 10/1910, *Ule, E.* 9068.
Paraíba
Santa Rita: 20 km do centro de João Pessoa, Usina São João, Tibirizinho. 22/9/1987, *Agra, M.F. & G. Gois,* 606.
Pernambuco
Fazenda Nova: Fazenda Araras. 9/8/1998, *Figueirêdo, L.S. & W.M. Andrade,* 408.
São Vicente Ferrer: Mata do Estado. 31/10/1995, *Oliveira, M. & M.F.A. Lucena,* 106.
Caruaru: Murici, Brejo dos Cavalos, Parque Ecológico Municipal. 12/8/1994, *Sales, M.F.* 252.

Diacranthera crenata (Schltdl. ex Mart.) R.M.King & H.Rob.
Bahia
Itacaré: near the mouth of the Rio de Contas. 31/3/1974, *Harley, R.M.* et al. 17551.
Itacaré: near the mouth of the Rio de Contas. 28/1/1977, *Harley, R.M.* et al. 18309.
Mun.?: Coastal Zone, ca. 5 km SE of Maraú near junction with road to Campinho. 14/5/1980, *Harley, R.M.* et al. 22067.
Mun.?: Coastal Zone, ca. 11 km North form turning to Maraú along the road to Campinho. 17/5/1980, *Harley, R.M.* et al. 22193.
Maraú: Rodovia BR 030, a 3 km ao S de Maraú. 7/2/1979, *Mori, S.A.* et al. 11478.
Itacaré: a 3 km ao S de Itacaré. 8/12/1979, *Mori, S.A.* et al. 13077.
Pernambuco
Caruaru: Brejo dos Cavalos, Fazenda Caruaru. 9/10/1994, *Mayo, S.* et al. 1020.

Diacranthera ulei R.M.King & H.Rob.
Ceará
Mun.?: Serra de Maranguape. 10/1910, *Ule, E.* 9119, ISOTYPE, Diacranthera ulei R.M.King & H.Rob.

Dimerostemma episcopale (H.Rob.) H.Rob.
Bahia
Piatã: Caminho Tromba-Piatã, volta da serra. 15/6/1992, *Ganev, W.* 499.
Piatã: Serra do Atalho, próximo ao Caminho Velho de Inúbia-Cravada. 20/8/1992, *Ganev, W.* 915.
Abaíra: Caminho Catolés de Cima-Barbado, subida da serra. 26/10/1992, *Ganev, W.* 1352.
Piatã: Cravadinha-Gerais da Serra do Atalho. 5/12/1992, *Ganev, W.* 1626.
Abaíra: Catolés de Cima-Bem Querer. 5/1/1993, *Ganev, W.* 1799.
Abaíra: Ca. 3 km south of small town of Mato Grosso on the road to Vila do Rio de Contas. 25/10/1993, *Ganev, W.* 2625.
Rio de Contas: Riacho da Pedra de Amolar. 27/1/1994, *Ganev, W.* 2885.
Rio de Contas: Fazenda Fiúza. 4/2/1997, *Guedes, M.L.* et al. IN PCD 5047.
Rio de Contas: 12–14 km N. of town of Rio de

Contas on the road to Mato Grosso. 17/1/1974, *Harley, R.M.* et al. 15163A.

Rio de Contas: Lower Northern slopes of the Pico das Almas, ca. 25 km W.N.W. of the town of Rio de Contas. 22/1/1974, *Harley, R.M.* et al. 15402.

Rio de Contas: Ca. 1 km south of small town of Mato Grosso on the road to Vila do Rio de Contas. 24/3/1977, *Harley, R.M.* et al. 19904.

Rio de Contas: Ca. 3 km south of small town of Mato Grosso on the road to Vila do Rio de Contas. 24/3/1977, *Harley, R.M.* et al. 19936.

Agua Quente: Pico das Almas. Vertente norte. Vale ao Noroeste do Pico. 30/11/1988, *Harley, R.M.* et al. 26502. [× 2]

Agua Quente: Pico das Almas. Vale ao N-O da Serra d o Pau Queimado, próximo da Casa Folheta. 11/12/1988, *Harley, R.M. & D.J.N. Hind*, 27203.

Agua Quente: Pico das Almas. Vertente oeste, entre Paramirim das Creoulas e a face N.N.W. do pico. 17/12/1988, *Harley, R.M.* et al. 27575.

Piatã: Quebrada da Serra do Atalho. 26/12/1991, *Harley, R.M.* et al. IN H 50387. [× 2]

Piatã: Estrada Piatã-Abaíra, 4 km após Piatã. 7/1/1992, *Harley, R.M.* et al. IN H 50677.

Rio de Contas: Mato Grosso. 17/9/1989, *Hatschbach, G. & V. Nicolack*, 53432.

Piatã: Estrada Inúbia-Piatã, a 8 km de Inúbia. 11/11/1996, *Hind, D.J.N. & H.P. Bautista*, IN PCD 4211.

Abaíra: Subida da Forquilha da Serra. 23/12/1991, *Hind, D.J.N.* et al. IN H 50292.

Abaíra: Campo de Ouro Fino (alto). 21/1/1992, *Hind, D.J.N. & R.F. Queiroz*, IN H 50933.

Abaíra: Catolés de Cima. 30/1/1992, *Hind, D.J.N. & J.R. Pirani*, IN H 51335.

Rio de Contas: 14 km N.W. from the town of Rio de Contas along road to Pico das Almas. 24/1/1981, *King, R.M. & L.E. Bishop*, 8633, ISOTYPE, Oyedaea episcopalis H.Rob.

Rio de Contas: 14 km N.W. from the town of Rio de Contas along road to Pico das Almas. 24/1/1981, *King, R.M. & L.E. Bishop*, 8633, Photograph of ISOTYPE, Oyedaea episcopalis H.Rob.

Rio de Contas: Subida do morro ao lado da barragem no Rio Brumado. 25/1/1998, *Queiroz, L.P.* et al. 4930.

Dissothrix imbricata (Gardner) B. L. Rob.
Ceará
Aracati: Shades places, Aracaty. 7/1838, *Gardner, G.* 1744. SYNTYPE, *Stevia imbricata* Gardner [× 2]
Piauí
Oeiras: Shades sandes places near Oeiras. 5/1839, *Gardner, G.* 2211. SYNTYPE, *Stevia imbricata* Gardner [× 2]

Eclipta prostrata (L.) L.
Bahia
Tucano: Ca. 7 km na estrada de Tucano para Araci. 20/2/1992, *Carvalho, A.M. & D.J.N. Hind*, 3846.
Euclides da Cunha: Ca. 20 km north of village of Formosa on road from Tarrachil to Canudos. Ca. 15 km due north of Canudos. 18/7/1962, *Eiten, G. & L.T. Eiten*, 4997.

Angüera: Lagoa 3. 8/12/1996, *França, F.* et al. 1993.
Salvador: UFBA. Campus de Ondina, próximo da entrada, à margem da estrada. 13/12/1991, *Guedes, M.L. & D.J.N. Hind*, 17.
Livramento do Brumado: Lagoa Vargem de Dentro, c. 8 km ao oeste da cidade. 2/11/1988, *Harley, R.M.* et al. 25850.
Xique-Xique: s.l. 22/6/1996, *Hind, D.J.N.* et al. IN PCD 2938.
Jacobina: A beira do Rio Jacobina. 3/7/1996, *Hind, D.J.N.* et al. IN PCD 3381.
Abaíra: Brejo do Engenho. 27/12/1992, *Hind, D.J.N.* et al. IN H 50475.
Ibotirama: 5 km along road from Ibotirama to Barreiras. 3/2/1981, *King, R.M. & L.E. Bishop*, 8789.
Guaratinga: Fazenda Vitória, ramal à esquerda da estrada que liga o povoado de Cajuíta à rodovia BR 101, km 11. 29/10/1979, *Mattos Silva, L.A. & H.S. Brito*, 631.
Ilhéus: CEPEC, km 22 da Rodovia Ilhéus-Itabuna. Quadra E. 24/3/1979, *Mori, S.A.* 11617.
Mun. ?: Bahia [= Salvador]: in humidis. *Salzmann, P.* 13. [× 2]
Pernambuco
Fazenda Nova: Fazenda Araras. 15/9/1998, *Andrade, W.M. & L.S. Figueirêdo*, 136.
Mun. ?: In marshes places common. 10/1837, *Gardner, G.* 1054.
Fernando de Noronha: s.l. 1873, *Moseley* 9/73.
Fernando de Noronha: s.l. 1887, *Ridley* et al. 102.

Egletes viscosa (L.) Less.
Bahia
Utinga: s.l. 1838, *Blanchet, J.S.* 2766. [× 2]
Xique-Xique: Dunas do Rio São Francisco. 23/6/1996, *Giulietti, A.M.* et al. IN PCD 2981.
Nova Itarana: Ponte sobre o Rio Ribeirão, 3 km da cidade. Estrada entre Nova Itarana e Planaltino. 30/8/1996, *Harley, R.M. & A.M. Giulietti*, 28200.
Xique-Xique: Margem do Rio São Francisco. 22/6/1996, *Hind, D.J.N.* et al. IN PCD 2937.
Ilhéus: s.l. [leg. ?] *Martius Herb. Fl. bras.* s.n.
Curaçá: s.l. 8/8/1983, *Pinto, G.C.P. & S.B.da Silva*, 202/83.
Ceará
Mun. ?: Sandy banks of the Rio Salgado between Icó and Crato. 9/1838, *Gardner, G.* 1739, ISOSYNTYPE, *Platystephium graveolens* Gardner. [× 2]
Mun.?: H. P. M. Campus do Piraí. *Velosa, R.* s.n.
Maranhão
Mun. ?: Road from São Luiz Gonzaga to Santo Antônio, 53 to 35 km from Bacabal. 1/10/1980, *Daly, D.C.* et al. D 406.
Piauí
Parnaguá (Paranagoá): Sandy places impregnated with salt near the lake at Paranagoá. 8/1839, *Gardner, G.* 2651, ISOSYNTYPE, Platystephium graveolens Gardner. [× 3]

Elephantopus angustifolius Sw.
Bahia
Maraú: Coastal Zone. About 5 km S.E. of Maraú near junction with road to Campinho. 15/5/1980, *Harley, R.M.* et al. 22092.

Ilhéus: Road to Ponta do Ramo, c. 15 km N of
Ilhéus. 9/2/1992, *Hind, D.J.N.* et al. 31.
Santa Cruz de Cabrália: BR 367, ca. 26 km E of
Eunápolis. 4/7/1979, *King, R.M.* et al. 7978.
Maraú: Estrada que liga Ponta do Mutá (Porto de
Campinhos) à Maraú, a 3 km do Porto. 5/2/1979,
Mori, S.A. et al. 11387.
Abaíra: Bem Querer. 29/2/1992, *Stannard, B.L.* et al.
IN H 51678.

Elephantopus hirtiflorus DC.
Bahia
Ilhéus: s.l. *Blanchet, J.S.* 359.
Palmeiras: ca. km 250 na rodovia BR 242. 19/3/1990,
Carvalho, A.M. & J.Saunders, 2958.
Mun. ?: s.l. 29/8/1835, *Glocker, E.F.* s.n.
Mun. ?: Lagoa Itaparica, 10 km W of the São Inácio-
Xique-Xique road at the turning 13,1 km. North of
São Inácio. 26/2/1977, *Harley, R.M.* et al. 19090. [× 2]
Maraú: Coastal Zone. Ca. 11 km North from turning
to Maraú along the road to Campinho. 17/5/1980,
Harley, R.M. et al. 22199.
Morro do Chapéu: 12 km na estrada Morro do
Chapéu-Ferro Doido. 28/6/1996, *Hind, D.J.N.* et al.
IN PCD 3144.
Salvador: Dunas de Itapuã e Lagoa do Abaeté.
20/2/1992, *Hind, D.J.N. & M.L.Guedes*, 57.
Rio de Contas: 10 km N of Livramento do Brumado
along road to the town of Rio de Contas.
23/1/1981, *King, R.M. & L.E. Bishop*, 8599.
Lençóis: Beira da estrada BR 242, entre o ramal a
Lençóis e Pai Inácio. 19/12/1984, *Mello Silva, R.* et
al. IN CFCR 7123.
Feira de Santana: UEFS. 8/10/1982, *Noblick, L.R. &
K.B. Britto*, 2065.
Mun. ?: Alvorada, a 270 km de Brasília para Fortaleza.
Rio Correntes. 2/7/1964, *Pires, J.M.* 58140.
Mun. ?: Bahia [=Salvador], in sabulosis maritimus.
Salzmann, P. s.n., ISOTYPE, Elephantopus
hirtiflorus DC. [× 2]
Mun. ?: Caatinga bei Remanso. 1907, *Ule, E.* 7199.
Mun. ?: s.l. Wetherill s.n.
Pernambuco
Pernambuco: In dry open sandy places common.
10/1837, *Gardner, G.* 1046. [× 2]
Piauí
Oeiras: Open sandes places between the Rio Canindé
and Oeiras. 4/1839, *Gardner, G.* 2210. [× 3]
Sergipe
Santa Luzia do Itanhi: Ca. 2,5 km do distrito de
Castro, na estrada para Santa Luzia do Itanhi.
6/10/1993, *Sant'Ana, S.C.* et al. 399.

Elephantopus mollis Kunth
Bahia
Ilhéus: s.l. *Blanchet, J.S.* s.n. [× 2]
Abaíra: distrito de Catolés: Bem Querer, caminho
para a mata. 7/4/1992, *Ganev, W.* 75.
Abaíra: Jaqueira, beira do Rio da Agua Suja.
12/5/1994, *Ganev, W.* 3239.
Barra do Choça: ca. 12 km S.E. of Barra do Choça on
the road to Itapetinga. 30/3/1977, *Harley, R.M.* et
al. 20188.
Morro do Chapéu: Leito pedregoso do Rio Ventura.

27/6/1996, *Hind, D.J.N.* et al. IN PCD 3105.
Mucugê: Estiva Nova, na estrada Mucugê-Guiné.
16/7/1996, *Hind, D.J.N.* et al. IN PCD 3690.
Barreiras: Rio Piau, ca. 150 km S.W. of Barreiras.
13/4/1966, Irwin, H.S. et al. 14737.
Lençóis: vicinity of Lençóis, 2–5 km N of Lençóis on
trail to Barro Branco. 11/6/1981, *Mori, S.A. & B.M.
Boom*, 14326.
Mun. ?: Bahia [= Salvador], in argillosis. *Salzmann, P.*
s.n. [× 2]
Ceará
Mun. ?: Common in shades places, Serra de Araripe.
9/1838, *Gardner, G.* 1737. [× 2]

Elephantopus palustris Gardner
Piauí
Oeiras: s.l. 1839, *Gardner, G.* 2643, ISOSYNTYPE,
Elephantopus palustris Gardner.

Elephantopus pilosus Philipson
Piauí
Oeiras: Shades places near Oeiras. 4/1839, *Gardner,
G.* 2209.

Elephantopus riparius Gardner
Bahia
Livramento do Brumado: Entre Livramento do
Brumado e Rio de Contas, a 5 km do primeiro.
20/7/1979, *King, R.M.* et al. 8052.
Salvador: Ilha Amarela, Parque de São Bartolomeu,
próximo à Estação de tratamento de água da
EMBASA. 1/5/1997, *Queiroz, L.P.* 4894.

Eleutheranthera ruderalis (Sw.) Sch.Bip.
Paraíba
João Pessoa: Cidade Universitária, 6 km Sudeste do
centro de João Pessoa. 26/6/1987, *Agra, M.F.* 498.

Emilia fosbergii Nicolson
Bahia
Salvador: UFBA. Campus de Ondina, próximo da
entrada à margem da estrada. 13/12/1991, *Guedes,
M.L. & D.J.N. Hind*, 11.
Correntina: Chapadão Ocidental da Bahia. Islets and
banks of the Rio Corrente by Correntina.
23/4/1980, *Harley, R.M.* et al. 21626.
Lençóis: Serras dos Lençóis. Ca. 7 km N.E. of Lençóis
and 3 km S of the main Seabra-Itaberaba road
23/5/1980, *Harley, R.M.* et al. 22445.
Lençóis: Fazenda na estrada para Barra Branca.
28/10/1996, *Hind, D.J.N. & L. Funch*, IN PCD 3792.
Abaíra: Arredores de Catolés. 19/12/1991, *Hind,
D.J.N. & R.F. Queiroz*, IN H 50001. [× 2]
Morro do Chapéu: Leito pedregoso do Rio Ventura.
27/6/1996, *Hind, D.J.N.* et al. IN PCD 3104.
Morro do Chapéu: Serra Pé do Morro. 29/6/1996,
Hind, D.J.N. et al. IN PCD 3241.
Piatã: Na Pousada Arco-íris. 7/11/1996, *Hind, D.J.N.*
et al. IN PCD 4123.
Pernambuco
Bonito: Reserva Municipal de Bonito. 12/9/1995,
Sales de Melo, M.R.C. et al. 180.
Caruaru: Distrito de Murici, Brejo dos Cavalos.
11/9/1995, *Sales de Melo, M.R.C.* et al. 200.
Bonito: Reserva Municipal de Bonito. 18/9/1995,
Silva, L.F. et al. 57.

Emilia sonchifolia (L.) DC. ex Wight
Bahia
  Salvador: UFBA. Campus de Ondina, próximo da entrada à margem da estrada. 13/12/1991, *Guedes, M.L. & D.J.N. Hind*, 13.
  Santa Cruz de Cabrália: 5 km South of Santa Cruz de Cabrália. 18/3/1974, *Harley, R.M.* et al. 17133.
  Livramento do Brumado: Lagoa Vargem de Dentro, ca. 8 km ao Oeste da cidade. 2/11/1988, *Harley, R.M.* et al. 25848.
  Abaíra: Arredores de Catolés. 19/12/1991, *Hind, D.J.N. & R.F. Queiroz,* IN H 50002.
  Abaíra: Campo de Ouro fino (baixo). 19/1/1992, *Hind, D.J.N. & R.F. Queiroz,* IN H 50901.
  Jacobina: A beira do Rio Jacobina. 3/7/1996, *Hind, D.J.N.* et al. IN PCD 3379.
  Ilhéus: Rodovia Ilhéus-Uruçuca (BA 262), km 4, próximo ao Distrito Industrial. 10/7/1979, *King, R.M. & L.A. Mattos Silva*, 8009.
  Mun.?: 84 km SE of Brumado along road to Vitoria da Conquista. 26/1/1981, *King, R.M. & L.E. Bishop*, 8678.
  Feira de Santana: Campus da UEFS. 26/6/1982, *Lobo, C.M.B.* 10.
  Ilhéus: CEPEC, Quadra E, km 22 da Rodovia Ilhéus-Itabuna. 24/3/1979, *Mori, S.A.* 11618.
  Salvador: Lagoa do Abaeté. Dunas. 2/9/1999, *Oliveira, P.P.* et al. 27.
Ceará
  Mun. ?: Guarmaranga, about 50 milles inland. *Bolland, G.* s.n.
  Mun. ?: Serra de Baturité. 1910, *Ule, E.* 9123.
Paraíba
  João Pessoa: Cidade Universitária, 6 km Sudeste do centro de João Pessoa. 2/1990, *Agra, M.F.* 1180. [× 2]
Pernambuco
  Pernambuco: In dry open sandy places common. 10/1837, *Gardner, G.* 1055. [× 2]
  Pernambuco: In waste places at road sides common. *Gardner, G.* s.n.
  Pernambuco: s.l. 1872, *Preston, T.A.* s.n.
  Caruaru: Distrito de Murici, Brejo dos Cavalos. 3/8/1995, *Sales de Melo, M.R.C.* 118.

Enydra radicans (Willd.) H.W. Lack
Bahia
  Jacobina: Barracão de Cima. 6/7/1996, *Bautista, H.P.* et al. IN PCD 3466.
  Jacobina: Catuaba. 4/7/1996, *Giulietti, A.M.* et al. IN PCD 3387.
  Lagoa da Eugênia, southern end near Camaleão. 20/2/1974, *Harley, R.M.* et al. 16266.
  Morro do Chapéu: Barragem do Angelim, ca. 27,5 km SE of town of Morro do Chapéu, on the road to Mundo Novo. 3/6/1980, *Harley, R.M.* et al. 23026.
  Jussiape: A 3 km as N de Jussiape. 7/1979, *King, R.M. & S.A. Mori*, 8147.
  Angüera: Lagoa 6. 15/9/1996, *Melo, E.* et al. 1703.
  Piritiba: s.l. 31/5/1980, *Noblick, L.R.* 1887.
  Serra Preta: 7 km W de Ponto de Serra Preta-Fazenda Santa Clara. 17/7/1985, *Noblick, L.R. & M.J.S.Lemos*, 4182.

Caetité: 31–33 km da cidade em direção à Paramirim. 9/3/1994, *Souza, V.C.* et al. 5400. [× 2]
Ceará
  Mun. ?: In the muddy bed at small stream near Barra do Jardim. 12/1838, *Gardner, G.* 1976, TYPE, Enydra rivularis Gardner. [× 2]
  Mun. ?: Serra de Baturité. 9/1910, *Ule, E.* 9121.
Pernambuco
  Mun. ?: In marshy places in the Island Itamaracá, common "Barba de Lagoa" of the Brazilians. 12/1837, *Gardner, G.* 1053, TYPE, Enydra integrifolia Gardner. [× 2]

Epaltes brasiliensis DC.
Bahia
  Conde: Barra do Itariri. 26/4/1996, *Costa Neto, E.M.* 9.
  Jacobina: A beira do Rio Jacobina. 3/7/1996, *Hind, D.J.N.* et al. IN PCD 3380.
  Itaberaba: Eastern outskirts of Itaberaba. 30/1/1981, *King, R.M. & L.E. Bishop*, 8684.
  Mun. ?: Bahia [= Salvador], in humidis. *Salzmann, P.* 33, ISOTYPE, Epaltes brasiliensis DC. [× 2]
Maranhão
  Mun. ?: Maranhan. 6/1941, *Gardner, G.* 6046.
  Mun. ?: Moist places, Maranhan. 6/1941, *Gardner, G.* 6049.
Piauí
  Mun. ?: Marshy places of Gurgêa. 8/1839, *Gardner, G.* 2653. [× 2]

Erechtites hieraciifolia (L.) Raf. ex DC. var. **cacalioides** (Fisch. ex Spreng.) Griseb.
Bahia
  Porto Seguro: Parque Nacional de Monte Pascoal. Area limite entre o PARNA e a Reserva Indígena Barra Velha, da tribo Pataxó. 13/9/1998, *Amorim, A.M.* et al. 2498. [× 2]
  Maraú: Coastal Zone. Ca. 11 km North from turning to Maraú along the road to Campinho. 17/5/1980, *Harley, R.M.* et al. 22195.
  Lençóis: Serras dos Lençóis. Serra do Brejão ca. 14 km N.W. of Lençóis. 22/5/1980, *Harley, R.M.* et al. 22372.
  Rio de Contas: 9 km ao norte da cidade na estrada para o povoado de Mato Grosso. 26/10/1988, *Harley, R.M.* et al. 25643. [× 2]
  Rio de Contas: Pico das Almas. Vertente leste, Junco, 9–11 km ao N-O da cidade. 6/11/1988, *Harley, R.M.* et al. 25926.
  Rio de Contas: Pico das Almas. Vertente leste, vale ao Sudoeste do Campo do Queiroz. 14/12/1988, *Harley, R.M. & D.J.N. Hind*, 27244.
  Agua Quente: Pico das Almas. Vertente norte, vale ao Oeste da Serra do Pau Queimado. 16/12/1988, *Harley, R.M. & D.J.N. Hind*, 27264.
  Rio de Contas: Pico das Almas. Vertente leste, ao lado oeste do Campo do Queiroz. 18/12/1988, *Harley, R.M. & D.J.N. Hind*, 27289.
  Abaíra: Arredores de Catolés. 19/12/1991, *Hind, D.J.N. & R.F. Queiroz,* IN H 50021.
  Abaíra: Campos de Ouro Fino (alto). 27/2/1992, *Hind, D.J.N. & R.F. Queiroz,* IN H 50962.
  Mucugê: Estrada Igatu-Mucugê, próximo ao entroncamento com a estrada Andaraí-Mucugê. 13/7/1996, *Hind, D.J.N.* et al. IN PCD 3574.

Lençóis: Fazenda na estrada para Barra Branca. 28/10/1996, *Hind, D.J.N. & L. Funch,* IN PCD 3800.

Itamarajú: Fazenda Pau-Brasil, ca. 5 km ao NW de Itamarajú. Capoeira próxima à sede da Fazenda. 30/10/1979, *Mattos Silva, L.A. & H.S. Brito,* 646.

Mun. ?: Bahia [= Salvador], in humidis. *Salzmann, P.* 1. [× 2]

Piauí

Mun. ?: Banks Rio Gurgêa. 8/1839, *Gardner, G.* 2652.

Erechtites missionum Malme
Bahia

Mucugê: Estrada Igatu-Mucugê, próximo ao entroncamento com a estrada Andaraí-Mucugê. 13/7/1996, *Hind, D.J.N.* et al. IN PCD 3573. [× 2]

Erechtites valerianifolia (Wolf) DC.
Bahia

Rio de Contas: Pico das Almas. Vertente leste, subida do pico do campo norte do Queiroz. 10/11/1988, *Harley, R.M.* et al. 26346. [× 2]

Rio de Contas: Pico das Almas. Vertente leste, fim norte do Campo do Queiroz. 20/12/1988, *Harley, R.M.* et al. 27304.

Itamarajú: Fazenda Pau-Brasil, ca. 5 km ao NW de Itamarajú. Capoeira próxima à sede da Fazenda. 30/10/1979, *Mattos Silva, L.A. & H.S.Brito,* 647.

Mun. ?: Bahia [= Salvador], in humidis. *Salzmann, P.* 2. [× 2]

Itabuna: CEPLAC, low ground in cocoa plantation. 9/7/1964, *Silva, N.T.* 58320.

Ceará

Mun. ?: Guarmaranga, on mountain. 23/6/1929, *Bolland, G.* 39.

Mun. ?: Guarmaranga, about 50 miles inland. *Bolland, G.* s.n.

Eremanthus arboreus (Gardner) MacLeish
Ceará

Mun. ?: Serra do Araripe. 10/1838, *Gardner, G.* 1713, TYPE, Albertinia arborea Gardner. [× 3]

Crato: Richtung Nova Olinda, am Gebirgsaufstieg. 31/8/1981, *Schumacher, H.* 1049. [× 2]

Eremanthus brasiliensis (Gardner) MacLeish
Bahia

Mun. ?: Woods banks of the Rio Preto. 9/1839, *Gardner, G.* 2897, TYPE, Monosis brasiliensis Gardner. [× 2]

Eremanthus capitatus (Spreng.) MacLeish
Bahia

Mun. ?: Margem da rodovia Camacan-Canavieiras, 32 km W de Canavieiras. 8/9/1965, *Belém, R.P.* 1748.

Maraú: s.l. 6/10/1965, *Belém, R.P.* 1845.

Serra Jacobina. 1837, *Blanchet, J.S.* 2591, ISOTYPE, Polypappus discolor DC. [× 2]

Mun. ?: s.l. s.d, *Blanchet, J.S.* s.n.

Mulungú do Morro: 11–15 km de Segredo, na estrada para Bonito. 30/8/1999, *Carneiro-Torres, D.S.* 128.

Lençóis: ca. 5 km da estrada de Lençóis na BR 242. 22/12/1981, *Carvalho, A.M.* et al. 1086.

Rio de Contas: Pico do Itubira. Ca. 31 km SW da cidade, caminho para Mato Grosso. 29/8/1998, *Carvalho, A.M.* et al. 6593 [× 2]

Piatã: Estrada Boninal-Piatã, km 48. 14/9/1992, *Coradin, L.* et al. 8621. [× 2]

Morro do Chapéu: Estrada Morro do Chapéu-Utinga, km 6. 22/9/1992, *Coradin, L.* et al. 8694.

Mucugê: Estrada Mucugê-Guiné, a 5 km de Mucugê. 7/9/1981, *Furlan, A.* et al. IN CFCR 1922.

Mucugê: Estrada Mucugê-Guiné, a 5 km de Mucugê. 7/9/1981, *Furlan, A.* et al. IN CFCR 1998.

Mucugê: Estrada Mucugê-Guiné, a 28 km de Mucugê. 7/9/1981, *Furlan, A.* et al. IN CFCR 2029.

Abaíra: Caminho Agua Limpa-Guarda-Mor. 25/6/1992, *Ganev, W.* 585.

Abaíra: Campos de Ouro Fino, próximo à Serra dos Bicanos. 16/7/1992, *Ganev, W.* 674.

Abaíra: Boa Vista. 23/7/1992, *Ganev, W.* 699.

Abaíra: Distrito de Catolés, Bem Querer, próximo ao Garimpo da Companhia. 4/9/1992, *Ganev, W.* 1016.

Piatã: Serra de Santana, atrás da igreja. 20/12/1992, *Ganev, W.* 1702.

Rio do Pires: Capão da Mata de Zé do Amabica (Marques). Caminho Outeiro-Marques. 5/8/1993, *Ganev, W.* 2009.

Abaíra: Engenho de Baixo. Morro do Cuscuzeiro, caminho Casa Velha de Arthur para Boa Vista. 10/7/1994, *Ganev, W.* 3484.

Abaíra: Caminho Jambreiro-Belo Horizonte. 14/7/1994, *Ganev, W.* 3540.

Palmeiras: Pai Inácio, vale do córrego ribeirinho na base do morro do Pai Inácio. 30/7/1994, *Guedes, M.L.* et al. IN PCD 359. [× 2]

Lençóis: Serra da Chapadinha, próximo ao Rio Mucugêzinho. 25/9/1994, *Guedes, M.L.* et al. IN PCD 751.

Lençóis: BR 242, 4 km do entroncamento para Lençóis, em direção à Seabra. 22/8/1996, *Harley, R.M. & M.A. Mayworm,* IN PCD 3759.

Vitória da Conquista: Rodovia para Brumado. 14/9/1989, *Hatschbach, G.* et al. 53347.

Vitória da Conquista: Rodovia BA 265, trecho Vitória da Conquista-Barra do Choça, 9 km a leste da primeira região de mata de cipó. 21/11/1978, *Mori, S.A.* et al. 11294.

Maraú: Rodovia BR 030, trecho Ubaitaba-Maraú, 45–50 km a leste de Ubaitaba. 12/6/1979, *Mori, S.A.* et al. 11917.

Palmeiras: próximo à localidade de Caeté Açu: Cachoeira da Fumaça (Glass). 10/1987, *Queiroz, L.P. &* et al., 1942.

Miguel Calmon: Serra das Palmeira, ca. 8,5 km W do povoado de Urubu (= Lagoa de dentro), este a ca. 11 km W de Miguel Calmon. 21/8/1993, *Queiroz, L.P. & N.S. Nascimento,* 3524.

Palmeiras: ca. 6 km ao Norte do Capão (Caeté-Açu), na estrada para Palmeiras. 29/10/1996, *Queiroz, L.P. & D.J.N. Hind,* IN PCD 3803.

Utinga: entrada a ca. 9 km NW de Utinga na BA 046 (Utinga-Morro do Chapéu), do lado direito da estrada no sentido de Morro do Chapéu. 17/10/1994, *Queiroz, L.P. & N.S. Nascimento,* 4223.

Lençóis: arredores da cidade. 28/6/1983, *Queiroz, L.P.* 590.

Mun. ?: inter Vitória et Bahia. *Sello* s.n., LECTOTYPE, Conyza capitata Spreng.

Lençóis: Margem esquerda do Rio Serrano, próximo ao Salão das Areias. 4/10/1995, *Silva, G.P.* et al. 3068.

Palmeiras: Pai Inácio. 29/8/1994, *Stradmann, M.T.S. et al.* IN PCD 451.

Palmeiras: Pai Inácio, lado oposto da torre de repetição. 30/8/1994, *Stradmann, M.T.S. et al.* IN PCD 535.

Ceará

Crato: 12 km southwest of Crato on road to Exú, Pernambuco. Serra do Araripe. 30/7/1997, *Thomas, W.W. et al.* 11676.

Pernambuco

Buíque: Estrada Buíque Catimbau. 21/9/1995, *Figueirêdo, L. et al.* 170. [× 2]

Buíque: Estrada Buíque Catimbau. 8/10/1995, *Figueirêdo, L. et al.* 214. [× 3]

Buíque: Catimbau, Serra do Catimbau. 18/10/1994, *Rodal, M.J.N.* 428.

Buíque: Catimbau, Serra do Catimbau. 18/10/1994, *Sales, M.F.* 424.

Sergipe

Mun. ?: Rodovia BR 101 no trecho Estância-Aracaju, entrada no km 10 à direita. Ca. 18 km da BR 101 para a Praia do Abáis. 8/10/1993, *Jardim, J.G. et al.* 330.

Eremanthus glomerulatus Less.

Bahia

Piatã: Estrada Inúbia-Catolés, ca. 5 km de Inúbia. 12/6/1992, *Ganev, W.* 484.

Abaíra: Caminho Catolés-Boa Vista, ca. 3 km de Catolés. 23/7/1992, *Ganev, W.* 698.

Rio Preto: Serras, Santa Rosa. 9/1839, *Gardner, G.* 2896, ISOTYPE, Albertinia stellata Gardner. [× 2]

Rio de Contas: Ca. 3 km south of small town of Mato Grosso on the road to Vila do Rio de Contas. 24/3/1977, *Harley, R.M. et al.* 19949.

Piatã: Três Morros. 5/11/1996, *Hind, D.J.N. et al.* IN PCD 4076.

Rio de Contas: Base do Pico das Almas, a 18 km as NW de Rio de Contas. 22/7/1979, *King, R.M. et al.* 8099.

Eremanthus graciellae MacLeish & H.Schumach.

Bahia

Rio de Contas: 5 km da cidade na estrada para Livramento do Brumado. 25/10/1988, *Harley, R.M. et al.* 25396.

Barreiras: BR 020 Brasília richtung Barreiras, 15 km weiter in richtung Barreiras von Fazenda Prainha (km 374). 28/8/1981, *Schumacher, H.* 1048, ISOTYPE, Eremanthus graciellae MacLeish & H.Schumach.

Formosa do Rio Preto: Projeto Ouro Verde. Rodovia Anel da Soja. Reservas de cerrado entre plantios de soja. 16/11/1995, *Walter, B.M.T. et al.* 2942.

Eremanthus incanus (Less.) Less.

Bahia

Abaíra: Garimpo do Engenho de Baixo. 19/7/1994, *Ganev, W.* 3594.

Abaíra: Campo de Ouro Fino (baixo). 11/1/1992, *Hind, D.J.N. & R.F. Queiroz,* IN H 50059.

Rio de Contas: Pico das Almas a 18 km as NW de Rio de Contas. 24/7/1979, *King, R.M. et al.* 8136.

Mun. ?: Brumado, s.l. 1914, *Luetzelburg, P. von* 143. Photograph.

Eremanthus poblii (Baker) MacLeish

Bahia

Lençóis: 22 km W of the junction with the road to Lençóis on the BR 242 highway. 2/8/1998, *Ratter, J.A. et al.* 8051.

Eremanthus spp.

Bahia

Barra da Estiva: Estrada Barra da Estiva-Mucugê, km 7. 4/7/1983, *Coradin, L. et al.* 6405.

Morro do Chapéu: Rodovia BA 052, em direção à Utinga, entrada a 2 km a direita. Morro da torre da EMBRATEL a 8 km. 30/8/1990, *Hage, J.L. et al.* 2337.

Barreiras: near Rio Piau, ca. 150 km S.W. of Barreiras. 14/4/1966, *Irwin, H.S. et al.* 14802.

Rio de Contas: 10 km NW from the town of Rio de Contas, along road Pico das Almas. 24/1/1981, *King, R.M. & L.E. Bishop,* 8629.

Flaveria trinervia (Spreng.) C.Mohr

Bahia

Jacobina: A beira do Rio Jacobina. 3/7/1996, *Hind, D.J.N. et al.* IN PCD 3373. [× 2]

Fleischmannia laxa (Gardner) R.M.King & H.Rob.

Bahia

Mun. ?: Vale do Rio Mucurí, ao lado da rodovia BR 101. 16/7/1968, *Belém, R.P.* 3873.

Fleischmannia microstemon (Cass.) R.M.King & H.Rob.

Bahia

Mun. ?: Bahia [= Salvador], in ruderalis. *Salzmann, P.* s.n. [× 2]

Mun. ?, s.l. *Sellow, F.* s.n.

Ceará

Mun. ?: Serra de Baturité. 9/1910, *Ule, E.* 9124.

Galinsoga parviflora Cav.

Bahia

Rio de Contas: Pico das Almas. Vertente leste. Fazenda Silvina, 19 km ao N-O da cidade. 23/10/1988, *Harley, R.M. et al.* 25346.

Abaíra: Arredores de Catolés. 19/12/1991, *Hind, D.J.N. & R.F. Queiroz,* IN H 50005.

Gamochaeta americana (Mill.) Wedd.

Bahia

Rio de Contas: Pico das Almas. Vertente leste. Vale ao Sudeste do Campo do Queiroz. 30/11/1988, *Harley, R.M. & D.J.N. Hind,* 26524.

Agua Quente: Pico das Almas. Vertente norte. Vale ao Oeste da Serra do Pau Queimado. 16/12/1988, *Harley, R.M. & D.J.N. Hind,* 27263. [× 2]

Abaíra: Catolés, no jardim de Wilson Ganev. 2/1/1992, *Harley, R.M. et al.* IN H 50635.

Abaíra: Campo de Ouro Fino (baixo). 25/1/1992, *Hind, D.J.N. & R.F. Queiroz,* IN H 50960.

Gamochaeta falcata (Lam.) Cabrera

Ceará

Mun. ?: Side of a small lake near Icó. 8/1838, *Gardner, G.* 1747. [× 2]

Gamochaeta pensylvanica (Willd.) Cabrera

Bahia

Livramento do Brumado: Lagoa da Jurema, 10 km a

Oeste da cidade. 2/11/1988, *Harley, R.M.* et al. 25867.

Maracás: Margem da Lagoa dominada por Marsilea. 31/8/1996, *Harley, R.M. & A.M. Giulietti*, 28245.

Morro do Chapéu: Cachoeira do Ferro Doido. 28/6/1996, *Hind, D.J.N.* et al. IN PCD 3172.

Mun. ?: Bahia [= Salvador], in umbrosis. *Salzmann, P.* 24.

Gochnatia blanchetiana (DC.) Cabrera
Bahia

Mun. ?: Serra de Jacobina. 1837, *Blanchet, J. S.* 2569, ISOTYPE, Baccharis blanchetiana DC. [× 2]

Mun. ?: s.l. *Blanchet, J. S.* s.n., ?ISOTYPE, Baccharis blanchetiana DC.

Barra da Estiva: Estrada Barra da Estiva-Mucugê, km 79. 4/7/1983, *Coradin, L.* et al. 6452.

Ibotirama: Rodovia BR 242 (Ibotirama-Barreiras), km 86. 7/7/1983, *Coradin, L.* et al. 6630.

Abaíra: Distrito de Catolés. Bem Querer, próximo da roça de Mariano. 16/5/1992, *Ganev, W.* 300.

Abaíra: Gerais do Pastinho. 4/6/1992, *Ganev, W.* 415.

Abaíra: Estrada Velha Catolés-Abaíra, Serra do Pastinho. 15/8/1992, *Ganev, W.* 869.

Abaíra: Bem Querer, Catolés de Cima. 23/6/1994, *Ganev, W.* 3409.

Abaíra: Caminho Boa Vista-Bicota. 23/7/1994, *Ganev, W.* 3440.

Mun. ?: Serra da Batalha. 9/1839, *Gardner, G.* 2895, ISOTYPE, Moquinia flavescens Gardner. [× 2]

Rio de Contas: Lower N.E. Slopes of the Pico das Almas, ca. 25 km W.N.W. of the Vila do Rio de Contas. 20/3/1977, *Harley, R.M.* et al. 19746.

Rio de Contas: About 2 km N. of the town of Vila do Rio de Contas in flood plain of the Rio Brumado. 22/3/1977, *Harley, R.M.* et al. 19840.

Caitité: Serra Geral de Caitité, ca. 5 km S from Caitité along the Brejinhos das Ametistas road. 9/4/1980, *Harley, R.M.* et al. 21108.

Rio de Contas: Rio Brumado, 13 km ao norte da cidade na estrada para o povoado de Mato Grosso. 27/10/1988, *Harley, R.M.* et al. 25709.

Piatã: Estrada Piatã-Ribeirão. 1/11/1996, *Hind, D.J.N.* et al. IN PCD 3890.

Desiderio: Ca. 5 km S of Rio Roda Velha, ca. 150 km S.W. of Barreiras. 15/4/1966, *Irwin, H.S.* et al. 14892.

Rio de Contas: Base do Pico das Almas, a 18 km as NW de Rio de Contas. 22/7/1979, *King, R.M.* et al. 8094.

Caetité: Morro com torre de transmissão de TV. 25/5/1985, *Noblick, L.R.* 3778.

Ceará

Mun. ?: Common on the Serra de Araripe but not in flower at this season. 9/1838, *Gardner, G.* 1735, ISOTYPE, Moquinia cratensis Gardner. [× 2]

Gochnatia floribunda Cabrera
Bahia

Abaíra: Distrito de Catolés, Bem Querer, próximo ao Garimpo da Companhia. 4/9/1992, *Ganev, W.* 1021.

Rio de Contas: Encosta da Serra dos Frios, Agua Limpa. 25/8/1993, *Ganev, W.* 2130.

Maracás: Gameleiras. 21/11/1985, *Hatschbach, G. & F.J. Zelma*, 50045.

Gochnatia oligocephala (Gardner) Cabrera
Bahia

Mun. ?: Bahia [= Salvador], s.l. *Blanchet, J.S.* 3238.

Mun. ?: Bahia [= Salvador], s.l. *Blanchet, J.S.* 3288.

Tucano: Kms 7 a 10 na estrada de Tucano para Ribeira do Pombal. 21/3/1992, *Carvalho, A.M.* et al. 3903. [× 2]

Jacobina: Serra do Tombador. Ca. 25 km na estrada Jacobina-Morro do Chapéu. 20/2/1993, *Carvalho, A.M.* et al. 4134. [× 2]

Monte Santo: s.l. 20/2/1974, *Harley, R.M.* et al. 16415.

Jacobina: Serra do Tombador. 2/7/1996, *Harley, R.M.* et al. IN PCD 3335.

Jacobina: Serra do Tombador. 2/7/1996, *Hind, D.J.N.* et al. IN PCD 3336.

Rio de Contas: 'in campis editis ad Rio de Contas'. s.d. [leg. ?] *Martius Herb. Fl. bras.* s.n.

Maracás: Ca. 1 km NE de Maracás, na Lajinha, ao lado do Cruzeiro. 2/6/1993, *Queiroz, L.P. & V.L.F. Fraga*, 3300.

Mun. ?: Bahia [= Salvador], in collibus. *Salzmann, P.* 12, ISOTYPE, Moquinia polymorpha var. lucida DC. [× 2]

Ceará

Mun. ?: Serra de Araripe near Brejo Grande. 2/1839, *Gardner, G.* 2422, ISOTYPE, Moquinia oligocephala Gardner. [× 3]

Pernambuco

Buíque: Estrada Buíque-Catimbau. 17/6/1995, *Andrade, K.* et al. 92.

Buíque: Sopé da Serra. 12/1/1996, *Andrade, K.* et al. 298. [× 2]

Caruaru: Murici, Brejo dos Cavalos, Parque Ecológico Municipal. 26/3/1994, *Borges, M.* et al. 41.

Buíque: Fazenda Laranjeiras. 11/1/1996, *Freire, E.* et al. 20. [× 2]

Buíque: Estrada Buíque-Catimbau. 18/5/1995, *Laurênio, A.* 44.

Brejo da Madre de Deus: Fazenda Bituri, Bituri de baixo. 16/3/1996, *Tschá, M.C.* et al. 702.

Gochnatia paniculata (Less.) Cabrera var. *densicephala* Cabrera
Bahia

Palmeiras: Morro do Pai Inácio. 25/10/1994, *Carvalho, A.M.* et al. IN PCD 952.

Palmeiras: Pai Inácio. 29/8/1994, *Guedes, M.L.* et al. IN PCD 393.

Palmeiras: Pai Inácio. 25/9/1994, *Guedes, M.L.* et al. IN PCD 744.

Mucugê: Estrada Igatu-Mucugê, a 7 km do entroncamento com a estrada Andaraí-Mucugê. 14/7/1996, *Hind, D.J.N.* et al. IN PCD 3595.

Palmeiras: Capão Grande, no sentido da Cachoeira da Fumaça. 29/10/1996, *Hind, D.J.N. & L.P. Queiroz*, IN PCD 3807.

Lençóis: Serra da Chapadinha. 29/7/1994, *Orlandi, R.* et al. IN PCD 285.

Lençóis: Serra da Chapadinha. 31/8/1994, *Orlandi, R.* et al. IN PCD 655. [× 2]

Gochnatia polymorpha (Less.) Cabrera ssp. *polymorpha*
Bahia

Mun. ?: Bahia [= Salvador],: s.l. *Blanchet, J.S.* 3251.

Abaíra: Serra em Catolés de Cima. 17/4/1994, *França, F.* et al. 1046.

Abaíra: Distrito de Catolés. Bem Querer, em frente à casa de José de Benedita. 7/4/1992, *Ganev, W.* 71.

Abaíra: Catolés de Cima, Gregória, próximo à casa de Samuel, Bem Querer. 10/10/1992, *Ganev, W.* 1201.

Abaíra: Gregória, beira do córrego da mata, próximo à Cachoeira das Anáguas. Catolés de Cima. 15/12/1993, *Ganev, W.* 2648.

Abaíra: Morro do Cuscuz-Agua Limpa. 3/3/1994, *Ganev, W.* 2992.

Jacobina: Caminho para Pingadeira. 6/4/1996, *Guedes, M.L.* et al. IN PCD 2860.

Barra da Estiva: 23 km ao NE da cidade, perto da Serra Ginete, na direção de Sincorá da Serra. 17/11/1988, *Harley, R.M.* et al. 26497.

Rio de Contas: Pico das Almas. Vertente leste, 1 km da Fazenda Silvina, estrada para Fazenda Brumadinho. 9/12/1988, *Harley, R.M.* et al. 27078. [× 2]

Piatã: Piatã, proximidades do Riacho Toborou. 4/11/1996, *Hind, D.J.N.* et al. IN PCD 4020.

Gochnatia sp. 1
Bahia

Abaíra: Capão do Mel. 13/6/1994, *Ganev, W.* 3360.

Gochnatia sp. 2
Bahia

Abaíra: Engenho de Baixo. Morro do Cuscuzeiro, caminho Casa Velha de Arthur para Boa Vista. 10/7/1994, *Ganev, W.* 3483.

Abaíra: Garimpo do Engenho de Baixo. 19/7/1994, *Ganev, W.* 3595.

Gochnatia sp. 4
Bahia

Abaíra: Distrito de Catolés. Estrada Catolés-Barra, Samambaia, ca. 5 km de Catolés. 16/6/1992, *Ganev, W.* 513.

Piatã: Catolés de Cima, próximo ao Rio do Bem Querer, caminho para casa do Sr. Altino. 29/8/1992, *Ganev, W.* 999.

Abaíra: Estrada Catolés-Ribeirão, próximo ao escorregador, beira do Riacho da Cruz. 10/9/1992, *Ganev, W.* 1064.

Rio do Pires: Riacho da Forquilha. 25/7/1993, *Ganev, W.* 1973.

Rio de Contas: Caminho Boa Vista-Mutuca Corisco, próximo ao Bicota. 2/9/1993, *Ganev, W.* 2176.

Gochnatia sp. 5
Bahia

Abaíra: Distrito de Catolés. Estrada Catolés-Abaíra, ca. 4 a 5 km de Catolés, Engenho de Baixo. 19/5/1992, *Ganev, W.* 311.

Abaíra: Estrada Catolés-Abaíra, próximo ao Engenho de Baixo. 11/7/1992, *Ganev, W.* 637.

Abaíra: Salão da Barra-Campos Gerais do Salão. 16/7/1994, *Ganev, W.* 3549.

Gochnatia spp.
Bahia

Abaíra: Engenho de Baixo. 9/7/1992, *Ganev, W.* 636.

Abaíra: Agua Limpa, Fazenda Catolés de Cima. 17/9/1992, *Ganev, W.* 1105.

Rio de Contas: Caminho Funil do Porco Gordo-

Capim Vermelho. 14/7/1993, *Ganev, W.* 1847.

Abaíra: Serra do Atalho. Complexo Serra da Tromba. 18/4/1994, *Melo, E.* et al. 976.

Hebeclinium macrophyllum (L.) DC.
Bahia

Ilhéus: Area do CEPEC (Centro de Pesquisas do Cacau), km 22 da rodovia Ilhéus-Itabuna (BR 415). 8/1/1981, *Hage, J.L.* 446.

Maranhão

Carutapera: Basin of the Rio Maracaçumé; Ka'apor Indian Reserve; within 7 km of the settlement of Ximborendá. 17/9/1985, *Balée, W.L.* 1039.

Helianthus annuus L.
Alagoas

Belém: Sítio Cabeça Dantas, a 5 km da cidade. 11/11/1993, *Barros, C.S.S.* 141.

Heterocondylus alatus (Vell.) R.M.King & H.Rob.
Bahia

Piatã: Catolés de Cima, próximo do Rio do Bem Querer, caminho para casa do Sr. Altino. 29/8/1992, *Ganev, W.* 990. [× 2]

Abaíra: Caminho Guarda-Mor-Frios, subida do Covuão. 22/10/1992, *Ganev, W.* 1298.

Rio de Contas: Encosta da Serra dos Frios, Agua Limpa. 25/8/1993, *Ganev, W.* 2110.

Mun. ?: s.l. *Sello* 206.

Heterocondylus vitalbae (DC.) R.M.King & H.Rob.
Bahia

Jussari: Rodovia Jussari-Palmira. Entrada ca. 7,5 km de Jussari. Fazenda Teimosos. RPPN Serra do Teimoso. 13/8/1998, *Amorim, A.M.* et al. 2480.

Hieracium stannardii D.J.N. Hind
Bahia

Abaíra: Catolés de Cima, Brejo de Altino. 31/10/1993, *Ganev, W.* 2374.

Rio de Contas: Pico das Almas. Vertente norte. Area de campos e mata, Noroeste do Campo do Queiroz 26/11/1988, *Harley, R.M.* et al. 26296, ISOTYPE, Hieracium stannardii D.J.N. Hind. [× 2]

Hoehnephytum almasense D.J.N. Hind
Bahia

Abaíra: Estrada Catolés-Abaíra, entroncamento de Piatã-Abaíra, ca. 1 km do entroncamento, próximo ao Rio Tomboro. 25/6/1992, *Ganev, W.* 575.

Abaíra: Estrada Catolés-Abaíra, próximo ao Rio Tomboro. 18/7/1992, *Ganev, W.* 680.

Abaíra: Rio de Contas: Gerais do Porco Gordo. 16/7/1993, *Ganev, W.* 1866.

Rio de Contas: Pico da Almas. Vertente leste, ao norte do Campo do Queiroz. 15/11/1988, *Harley, R.M. & B.Stannard*, 26161.

Rio de Contas: Pico da Almas. Vertente leste, subida do pico do campo norte do Queiroz. 10/11/1988, *Harley, R.M.* et al. 26338.

Rio de Contas: Pico da Almas. Vertente leste, escarpa a Oeste do Campo do Queiroz. 18/12/1988, *Harley, R.M. & D.J.N. Hind*, 27297, ISOTYPE, Hoehnephytum almasense D.J.N. Hind. [× 3]

Rio de Contas: Sopé do Pico do Itobira. 15/11/1996, *Harley, R.M.* et al. IN PCD 4279.

Hoehnephytum imbricatum (Gardner) Cabrera

Bahia

Rio de Contas: Pico do Itubira. Ca. 31 km SW da cidade, caminho para Mato Grosso. 29/8/1998, *Carvalho, A.M.* et al. 6644.

Abaíra: Agua Limpa, Fazenda Catolés de Cima. 17/9/1992, *Ganev, W.* 1102.

Abaíra: Catolés: encosta da Serra da Tromba. 7/9/1996, *Harley, R.M.* et al. 28361.

Rio de Contas: Sopé do Pico do Itobira. 15/11/1996, *Harley, R.M.* et al. IN PCD 4283.

Rio de Contas: Campo de Aviação. 16/9/1989, *Hatschbach, G.* et al. 53392.

Piatã: Estrada Piatã-Abaíra, entrada à direita, após a entrada para Catolés. 9/11/1996, *Hind, D.J.N. & H.P. Bautista,* IN PCD 4163.

Hoehnephytum trixoides (Gardner) Cabrera

Bahia

Mucugê: Estrada Mucugê-Guiné, a 5 km de Mucugê. 7/9/1981, *Furlan, A.* et al. IN CFCR 1978. [× 2]

Abaíra: Caminho Engenho-Marques, próximo ao Marques. 26/9/1992, *Ganev, W.* 1191.

Rio de Contas: Pico da Almas. Vertente leste, Fazenda Silvina. 19 km ao N-O da cidade. 23/10/1988, *Harley, R.M.* et al. 25342.

Piatã: Estrada Piatã-Ribeirão. 1/11/1996, *Hind, D.J.N.* et al. IN PCD 3908.

Piatã: Estrada Piatã-Ressaca. 2/11/1996, *Hind, D.J.N.* et al. IN PCD 3942.

Piatã: Sopé da Serra de Santana. 3/11/1996, *Hind, D.J.N.* et al. IN PCD 3960.

Rio de Contas: Base do Pico das Almas, a 18 km as NW de Rio de Contas. 22/7/1979, *King, R.M.* et al. 8095.

Ichthyothere terminalis (Spreng.) S.F.Blake

Bahia

Rio de Contas: Serra do Mato Grosso. 3/2/1997, *Atkins, S.* et al. IN PCD 4928.

Piatã: Cravadinha-Gerais da Serra do Atalho. 5/12/1992, *Ganev, W.* 1629.

Lençóis: Serra da Chapadinha. Chapadinha. 30/6/1995, *Guedes, M.L.* et al. IN PCD 2078.

Piatã: Estrada para Inúbia, ca. 31 km. 15/2/1987, *Harley, R.M.* et al. 24293.

Rio de Contas: Pico das Almas. Vertente leste, perto da Fazenda Brumadinho, estrada para Junco. 9/12/1988, *Harley, R.M.* et al. 27083.

Rio de Contas: Pico do Itobira. 15/11/1996, *Harley, R.M.* et al. IN PCD 4297.

Piatã: Pai Inácio. Estrada Piatã-Ressaca. 2/11/1996, *Hind, D.J.N.* et al. IN PCD 3946.

Rio de Contas: 10 km N.W. from the town of Rio de Contas, along road to Pico das Almas. 24/1/1981, *King, R.M. & L.E. Bishop,* 8630.

Lençóis: Serra da Chapadinha. Chapadinha. 24/11/1994, *Melo, E.* et al. IN PCD 1349.

Rio de Contas: Entrada para o Pico do Itubira, beira da estrada. 14/11/1998, *Oliveira, R.P.* et al. 135.

Piatã: Gerais de Piatã, na estrada para Inúbia. 9/3/1992, *Stannard, B.L.* et al. IN H 51806.

Ceará

Mun. ?: Dry shady places, Serra de Araripe. 1838, *Gardner, G.* 1732, ISOTYPE, Ichthyothere cearaensis Gardner. [× 2]

Paraíba

Santa Rita: 20 km do centro de João Pessoa, Usina São João, Tibirizinho. 20/7/1990, *Agra, M.F. & G.Gois,* 1488.

Santa Rita: 20 km do centro de João Pessoa, Usina São João, Tibirizinho. 5/2/1992, *Agra, M.F.* et al. 1424.

Irwinia coronata G.M.Barroso

Bahia

Seabra: Ca. 28 km N of Seabra, road to Agua de Rega. 21/2/1971, *Irwin, H. S.* et al. 31174, ISOTYPE, Irwinia coronata G.M.Barroso.

Isocarpha megacephala Mattf.

Bahia

Lagedo Alto: s.l. 25/9/1984, *Noblick, L.R. & M.J. Lemos,* 3409.

Koanophyllon adamantinum (Gardner) R.M.King & H.Rob.

Bahia

Lençóis: Estrada Lençóis-Seabra (BR 242), km 8. 10/9/1992, *Coradin, L.* et al. 8551.

Abaíra: Campos da Serra do Bicota. 25/7/1992, *Ganev, W.* 729.

Abaíra: Estrada Catolés-Inúbia, Serra da Barra na direção Oeste do local chamado Salão. 28/7/1992, *Ganev, W.* 775.

Abaíra: Catolés: estrada Catolés-Abaíra, ca. 16 km de Catolés, próximo a Baixa da Onça, Sítio Contagem. 15/8/1992, *Ganev, W.* 861.

Piatã: Serra da Tromba, próximo à ponte caída do Rio de Contas. 27/8/1992, *Ganev, W.* 970.

Abaíra: Distrito de Catolés, Bem Querer, próximo ao Garimpo da Companhia. 4/9/1992, *Ganev, W.* 1014.

Abaíra: Tanquinho, acima do Garimpo da Mata. 14/9/1992, *Ganev, W.* 1093.

Rio do Pires: Garimpo das Almas (Cristal). 24/7/1993, *Ganev, W.* 1968.

Rio do Pires: Riacho da Forquilha. 25/7/1993, *Ganev, W.* 1981.

Rio do Pires: Capão da Mata de Zé do Amabica (Marques). Caminho Outeiro-Marques. 5/8/1993, *Ganev, W.* 2004.

Palmeiras: Pai Inácio. 26/9/1994, *Giulietti, A.M.* et al. IN PCD 812.

Palmeiras: Pai Inácio, lado oposto da torre de repetição. 30/8/1994, *Guedes, M.L.* et al. IN PCD 553.

Lençóis: Serra da Chapadinha. 31/8/1994, *Guedes, M.L.* et al. IN PCD 688.

Lençóis: Serra da Chapadinha. 31/8/1994, *Guedes, M.L.* et al. IN PCD 692.

Palmeiras: Pai Inácio. 25/9/1994, *Guedes, M.L.* et al. IN PCD 728.

Palmeiras: Serras dos Lençóis. Serra da Larguinha, ca. 2 km NE of Caeté-Açu (Capão Grande). 25/5/1980, *Harley, R.M.* et al. 22610.

Mucugê: Rodovia para Andaraí, entre km 5–15. 15/9/1984, *Hatschbach, G.* 48231.

Rio de Contas: a 10 km as NW de Rio de Contas. 21/7/1979, *King, R.M.* et al. 8083.

Mucugê: a 3 km as S de Mucugê, na estrada que vai para Jussiape. 26/7/1979, *King, R.M.* et al. 8162.

Lençóis: Serra da Chapadinha. 29/7/1994, *Pereira, A.* et al. IN PCD 249.

Palmeiras: Pai Inácio, lado oposto da torre de repetição. 30/8/1994, *Poveda, A.* et al. IN PCD 584.

Palmeiras: Pai Inácio, lado oposto da torre de repetição. 30/8/1994, *Stradmann, M.T.S.* et al. IN PCD 539.

Koanophyllon conglobatum (DC.) R.M.King & H.Rob.

Bahia

Valença: ca. 7 km na estrada para Orobó. 3/11/1990, *Carvalho, A.M.* 3226.

Jacobina: Serra da Maricota, perto da Serra do Vento. 3/7/1996, *Giulietti, A.M.* et al. IN PCD 3367.

Abaíra: Salão, 3–7 km de Catolés na estrada para Inúbia. 28/12/1991, *Harley, R.M.* et al. IN H 50550. [× 2]

Jacobina: Serra da Jacobina (Toca da Areia). 5/7/1996, *Hind, D.J.N.* et al. IN PCD 3441.

Amélia Rodrigues: 4 km SE de Amélia Rodrigues. 20/3/1987, *Queiroz, L.P. & I.C. Crepaldi*, 1441. [× 2]

Mun. ?: Bahia [= Salvador]. in collibus. *Salzmann, P.* 9, ISOSYNTYPE, Eupatorium conglobatum DC. [× 2]

Ceará

Mun. ?: In a shady ravine, Barra do Jardim 12/1838, *Gardner, G.* 1968.

Mun. ?: Roadside between Crato and Nova Olinda. 27/2/1972, *Pickersgill, B.* et al. RU 72 455.

Pernambuco

Pernambuco, Floresta: Inajá, Reserva Biológica de Serra Negra. 6/3/1995, *Figueirêdo, L.* et al. 6. [× 2]

Koanophyllon tinctorum Arruda

Pernambuco

Mun. ?: Above Taguaratinga, W. of Recife. 19/7/1967, *Lindeman, J.C. & J.H. Haas*, 6165.

Lagascea mollis Cav.

Bahia

Rio de Contas: By the waterfall of the Rio Brumado just North of Livramento do Brumado. 20/1/1974, *Harley, R.M.* et al. 15319.

Lasiolaena blanchetii (Sch.Bip. ex Baker) R.M.King & H.Rob.

Bahia

Mun. ?: Jacobina. *Blanchet, J.S.* 3698, Photograph of 'ISOTYPE' [=ISLECTOTYPE], Eupatorium blanchetii Sch.Bip. ex Baker.

Mun. ?: Jacobina. *Blanchet, J.S.* 3698, LECTOTYPE, Eupatorium blanchetii Sch.Bip. ex Baker.

Lasiolaena carvalhoi D.J.N. Hind

Bahia

Piatã: Abaixo da Serra do Ray. 18/8/1992, *Ganev, W.* 901.

Rio de Contas: Gerais do Porco Gordo. 16/7/1993, *Ganev, W.* 1875.

Rio do Pires: Garimpo das Almas (Cristal). 24/7/1993, *Ganev, W.* 1950, ISOTYPE, Lasiolaena carvalhoi D.J.N. Hind.

Rio de Contas: Serra dos Brejões, próximo ao Rio da Agua Suja, divisa com o distrito de Arapiranga. 9/8/1993, *Ganev, W.* 2071.

Lasiolaena duartei R.M.King & H.Rob.

Bahia

Palmeiras: Morro do Pai Inácio. 25/10/1994, *Carvalho, A.M.* et al. IN PCD 988b.

Palmeiras: Pai Inácio. 25/10/1994, *Carvalho, A.M.* et al. IN PCD 991.

Lençóis: s.l. 24/9/1965, *Duarte, A.P.* 9366, Photograph of HOLOTYPE, Lasiolaena duartei R.M.King & H.Rob.

Lençóis: Ca. 8–10 km NW de Lençóis. Estrada para Barro Branco. 20/12/1981, *Lewis, G.P.* et al. 925. [× 2]

Lençóis: Vicinity of Lençóis, 2–5 km N of Lençóis on trail to Barro Branco. 11/6/1981, *Mori, S.A. & B.M. Boom*, 14323.

Lençóis: Vicinity of Lençóis, on trail to Barro Branco, ca. 5 km N of Lençóis. 13/6/1981, *Mori, S.A. & B.M. Boom*, 14366

Lençóis: Margem esquerda do Rio Serrano, próximo ao Salão das Areias. 4/10/1995, *Silva, G.P.* et al. 3066.

Lasiolaena morii R.M.King & H.Rob.

Bahia

Mucugê: Pedra Redonda, entre o Rio Preto e o Rio Paraguaçu. 15/7/1996, *Bautista, H.P.* et al. IN PCD 3634.

Rio de Contas: Pico do Itobira. Ca. 31 km SW da cidade, caminho para Mato Grosso 29/8/1998, *Carvalho, A.M.* et al. 6667.

Palmeiras: Morro do Pai Inácio. 25/10/1994, *Carvalho, A.M.* et al. IN PCD 988c.

Piatã: Estrada Piatã-Abaíra, ca. 3 km de Piatã. 13/8/1992, *Ganev, W.* 849.

Abaíra: Lapinha, próximo ao Garimpo da Mata. 14/9/1992, *Ganev, W.* 1086.

Abaíra: Caminho Boa Vista-Bicota, acima do Garimpo. 22/9/1992, *Ganev, W.* 1137.

Lençóis: Entre Lençóis e a BR 242. 12/10/1987, *Guedes, M.L. &* et al., 1552.

Piatã: 10 km ao Sul de Piatã, na estrada para Abaíra. 5/9/1996, *Harley, R.M.* et al. 28287.

Rio de Contas: Pico das Almas a 18 km as NW de Rio de Contas. 22/7/1979, *King, R.M.* et al. 8110, Photograph of HOLOTYPE, Lasiolaena morii R.M.King & H.Rob.

Rio de Contas: Pico das Almas a 18 km as NW de Rio de Contas. 22/7/1979, *King, R.M.* et al. 8110, ISOTYPE, Lasiolaena morii R.M.King & H.Rob.

Mucugê: a 3 km as S de Mucugê, na estrada que vai para Jussiape. 26/7/1979, *King, R.M.* et al. 8157.

Mucugê: Estrada que liga Mucugê com Andaraí, a 11 km do primeiro. 27/7/1979, *King, R.M.* et al. 8171.

Mun. ? [?Rio de Contas]: Serra das Almas. 1914, *Luetzelburg, P. von* 167. Photograph.

Lençóis: Serra da Chapadinha. 31/8/1994, *Orlandi, R.* et al. IN PCD 640.

Mucugê: Margem da estrada Andaraí-Mucugê. Estrada nova a 13 km de Mucugê, próximo a uma grande pedreira na margem esquerda. 21/7/1981, *Pirani, J.R.* et al. IN CFCR 1664.

Mucugê: Estrada nova Andaraí-Mucugê, entre 11–13 km de Mucugê. 8/9/1981, *Pirani, J.R.* et al. IN CFCR 2115.

Palmeiras: Morro do Pai Inácio. 29/8/1994, *Poveda, A.* et al. IN PCD 453.

Lasiolaena pereirae R.M.King & H.Rob.
Bahia
[Palmeiras/Lençóis]: Entre Palmeiras e Lençóis. 14/9/1956, Pereira, E. 2081, Photograph of HOLOTYPE, Lasiolaena pereirae R.M.King & H.Rob.

Lasiolaena santosii R.M.King & H.Rob.
Bahia
Rio de Contas: Pico das Almas. Vertente leste. Subida do pico do campo norte do Queiroz. 10/11/1988, *Harley, R.M.* et al. 26330.
Rio de Contas: Pico das Almas a 18 km NW de Rio de Contas. 24/7/1979, *King, R.M.* et al. 8138, Photograph of HOLOTYPE, Lasiolaena santosii R.M.King & H.Rob.
Rio de Contas: Pico das Almas a 18 km NW de Rio de Contas. 24/7/1979, *King, R.M.* et al. 8138, ISOTYPE, Lasiolaena santosii R.M.King & H.Rob.

Lasiolaena spp.
Bahia
Palmeiras: Morro do Pai Inácio. 25/10/1994, *Carvalho, A.M.* et al. IN PCD 988a.
Abaíra: Serra das Brenhas. 22/10/1992, *Ganev, W.* 1312.
Piatã: Serra da Tromba, caminho Piatã-Gerais da Serra, via campo de futebol. 25/8/1992, *Ganev, W.* 960.

Leptostelma tweediei (Hook. & Arn.) D.J.N. Hind & G.L. Nesom
Bahia
Abaíra: Catolés de Cima-Brejo de Altino. 17/4/1994, *França, F.* et al. 1012.

Litothamnus ellipticus R.M. King & H. Rob.
Bahia
Porto Seguro: Ca. 13 km na estrada de Arraial D'Ajuda para Trancoso. 1/5/1990, *Carvalho, A.M. & J. Saunders*, 3129, ISOTYPE, Litothamnus saundersiae B.L.Turner.
Una: Ca. 3 km SW da sede do município. Entrada para o distrito de Pedras. 22/2/1992, *Carvalho, A.M.* et al. 3819. [× 2]
Entre Rios: s.l. 24/3/1995, *França, F. & E.Melo*, 1117.
Santa Cruz de Cabrália: Restinga by the sea. 17/3/1974, *Harley, R.M.* et al. 17072.
Ca. 26 km S.W. of Belmonte along road to Itapebi and 4 km along side road towards the sea. 25/3/1974, *Harley, R.M.* et al. 17406.
Una: C. 50 km S of Ilhéus on road to Una. 15/2/1992, *Hind, D.J.N.* et al. 39. [× 3]
Santa Cruz de Cabrália: BR 367 a 18.7 km as N of Porto Seguro. 6/7/1979, *King, R.M.* et al. 7988.
Santa Cruz de Cabrália: Porto Seguro-Santa Cruz de Cabrália, km 18. 24/8/1988, *Mattos Silva, L.A.* et al. 2502.
Santa Cruz de Cabrália: Entre Santa Cruz e Porto Seguro, a 15 km ao N da segunda. 27/11/1979, *Mori, S.A.* et al. 13017.
Santa Cruz de Cabrália: Rodovia BR 367, a 18,7 km ao S de Porto Seguro. 20/3/1978, *Mori, S.A.* et al.

9751, Photograph of HOLOTYPE, Litothamnus ellipticus R.M.King & H.Rob.
Ilhéus: Road from Olivença to Serra das Trempes, 6 km from Olivença. 3/2/1993, *Thomas, W.W.* et al. 9716.

Litothamnus nitidus (DC.) W.C. Holmes
Bahia
Maraú: Rodovia BR 030, trecho Porto de Campinhos-Maraú, km 11. 26/2/1980, *Carvalho, A.M.* et al. 171.
Maraú: Ca. 6 km na estrada para Ubaitaba. 23/5/1991, *Carvalho, A.M.* et al. 3278.
Itacaré 65 km NE of Itabuna, at the mouth of the Rio de Contas on the N bank opposite Itacaré. 1/4/1974, *Harley, R.M.* et al. 17600.
Maraú: Coastal Zone, about 5 km SE of Maraú near junction with road to Campinho. 15/5/1980, *Harley, R.M.* et al. 22083.
Salvador: Dunas de Itapuã e Lagoa do Abaeté. 20/2/1992, *Hind, D.J.N. & M.L. Guedes*, 60. [× 2]
Salvador: Lagoa do Abaeté, NE edge of the city of Salvador. 22/5/1981, *Mori, S.A.* et al. 14062.
Entre Rios: Road W of Subaúma, 2–5 km W of Subaúma. 28/5/1981, *Mori, S.A. & B.M. Boom*, 14177.
Salvador: Coastal dunes 2 km North of town of Itapuã. 9/4/1980, *Plowman, T. & G.E.M. Almeida*, 10051.
Salvador: Dunas de Itapuã, atrás do Hotel Stella Maris, N do condomínio Alamedas da praia. 10/6/1993, *Queiroz, L.P.*
Mun. ?: Bahia [= Salvador] in sabulosis aridis. *Salzmann, P.* 34, LECTOTYPE, Eupatorium nitidum DC.
Mun. ?: Bahia [= Salvador] in sabulosis aridis. *Salzmann, P.* 34, ISOLECTOTYPE, Eupatorium nitidum DC.

Lucilia lycopodioides (Less.) Freire
Bahia
Rio de Contas: Base do Pico das Almas, a 18 km as NW de Rio de Contas. 22/7/1979, *King, R.M.* et al. 8090.

Lychnophora bishopii H.Rob.
Bahia
Mucugê: ca. 3 km na estrada de Mucugê para Cascavel, vale do Rio Mucugê. 20/3/1990, *Carvalho, A.M. & J. Saunders*, 2953.
Abaíra: distrito de Catolés, caminho Barra-Ouro Fino, Campo da Pedra Grande. 5/5/1992, *Ganev, W.* 229.
Piatã: Serra do Atalho, próximo do Garimpo da Cravada. 11/6/1992, *Ganev, W.* 471.
Rio de Contas: Serra dos Brejões, próximo ao Rio da Agua Suja, divisa com distrito de Arapiranga. 9/8/1993, *Ganev, W.* 2070.
Abaíra: Riacho do Piçarrão de Osmar Campos. 8/5/1994, *Ganev, W.* 3233.
Mucugê: 3–5 km N da cidade, em direção à Palmeiras. Campo rupestre próximo ao Rio Moreira. 20/2/1994, *Harley, R.M.* et al. IN CFCR 14267.
Mucugê: By Rio Cumbuca ca. 3 km S of Mucugê, near site of small dam on road to Cascavel. 4/2/1974, *Harley, R.M.* et al. 15924, ISOTYPE, Lychnophora bishopii H.Rob.
Mucugê: By Rio Cumbuca ca. 3 km S of Mucugê, near site of small dam on road to Cascavel.

4/2/1974, *Harley, R.M.* et al. 15924, Photograph of ISOTYPE, Lychnophora bishopii H.Rob.

Mucugê: Serra do Sincorá, 3 km SW of Mucugê on the Cascavel road. 27/3/1980, *Harley, R.M.* et al. 21058.

Mucugê: by small river, 3 km along road S of Mucugê. 31/1/1981, *King, R.M. & L.E. Bishop,* 8719.

Mucugê: Margem da estrada Mucugê-Cascavel, km 3 a 6, próximo ao Rio Paraguaçu. 20/7/1981, *Menezes, N.L.* et al. IN CFCR 1464.

Lychnophora blanchetii Sch.Bip.
Bahia

Mun. ?: s.l. *Blanchet, J. S.* 3396, ISOTYPE, Lychnophora blanchetii Sch.Bip.

Lychnophora harleyi H.Rob.
Bahia

Lençóis: Serra dos Lençóis, about 7 –10 km along the main Seabra-Itaberaba road, W of the Lençóis turning, by the Rio Mucugêzinho. 27/3/1980, *Harley, R.M.* et al. 22716, Photograph of HOLOTYPE, Lychnophora harleyi H.Rob.

Lençóis: Serra dos Lençóis, about 7 –10 km along the main Seabra-Itaberaba road, W of the Lençóis turning, by the Rio Mucugêzinho. 27/3/1980, *Harley, R.M.* et al. 22716, ISOTYPE, Lychnophora harleyi H.Rob.

Lychnophora jeffreyi H.Rob.
Bahia

Barra da Estiva: Serra do Sincorá, 3–13 km W of Barra da Estiva on the road to Jussiape. 23/3/1980, *Harley, R.M.* et al. 20802, ISOTYPE, Lychnophora jeffreyi H.Rob.

Barra da Estiva: Serra do Sincorá, 3–13 km W of Barra da Estiva on the road to Jussiape. 23/3/1980, *Harley, R.M.* et al. 20802, Photograph of ISOTYPE, Lychnophora jeffreyi H.Rob.

Lychnophora morii H.Rob.
Bahia

Palmeiras: Morro do Pai Inácio, ca. 26 km W da cidade. 18/7/1985, Cerati, T.M. et al. 291.

Palmeiras: Serra dos Lençóis-Serra da Larguinha, ca. 2 km N.E. of Caeté-Açu (Capão Grande). 25/5/1980, *Harley, R.M.* et al. 22554, Photograph of HOLOTYPE, Lychnophora morii H.Rob.

Palmeiras: Serra dos Lençóis-Serra da Larguinha, ca. 2 km N.E. of Caeté-Açu (Capão Grande). 25/5/1980, *Harley, R.M.* et al. 22554, ISOTYPE, Lychnophora morii H.Rob.

Palmeiras: Serra da Larguinha, ca. 2 km N.E. of Caeté-Açu (Capão Grande). 25/5/1980, *Harley, R.M.* et al. 22563.

Palmeiras: Morro do Pai Inácio. 9/7/1996, *Hind, D.J.N.* et al. IN PCD 3519.

Palmeiras: Morro do Pai Inácio, BR 242 W of Lençóis at km 232. 12/6/1981, *Mori, S.A. & B.M. Boom,* 14372.

Palmeiras: próximo à localidade de Caeté Açu: Cachoeira da Fumaça (Glass). 11/10/1987, *Queiroz, L.P.* & et al., 1901.

Palmeiras: Morro do Pai Inácio. Topo do Morro. 5/7/1998, *Silva, M.M. da* & et al., 91.

Lychnophora passerina (Mart. ex DC.) Gardner
Bahia

Abaíra: distrito de Catolés, encosta da Serra do Atalho em frente ao Mendonça. 3/4/1992, *Ganev, W.* 13.

Abaíra: distrito de Catolés: estrada Catolés de Cima-Bem Querer. 7/4/1992, Ganev, W. 85.

Abaíra: Catolés de Cima, próximo a casa de Zizim. Serra do Tanque do Boi. 23/10/1992, *Ganev, W.* 1324.

Abaíra: Catolés de Cima-Bem Querer. 5/1/1993, *Ganev, W.* 1797.

Abaíra: Guarda-Mor, encosta da Serra dos Frios. 19/7/1993, *Ganev, W.* 1884.

Rio de Contas: Serra dos Brejões, próximo ao Rio da Agua Suja, divisa com o distrito de Arapiranga 9/8/1993, *Ganev, W.* 2077.

Abaíra: Marques, caminho ligando Marques, a estrada velha da FURNA. 6/11/1993, *Ganev, W.* 2427.

Abaíra: Morro do Cuscuz-Agua Limpa. 3/3/1994, *Ganev, W.* 2999.

Abaíra: Guarda-Mor. 3/3/1994, *Ganev, W.* 3050.

Abaíra: Serra da Serrinha, caminho Capão-Serrinha-Bicota. 26/4/1994, *Ganev, W.* 3146.

Abaíra: Catolés de Cima, início da subida do Barbado, caminho Catolés de Cima-Contagem. 27/4/1994, *Ganev, W.* 3161.

Abaíra: Riacho do Piçarrão de Osmar Campos. 8/5/1994, *Ganev, W.* 3235.

Abaíra: Baixa da Onça. 5/5/1994, *Ganev, W.* 3269.

Abaíra: Boa Vista, acima do Capão do Mel. 11/6/1994, *Ganev, W.* 3356.

Abaíra: Bem Querer, Catolés de Cima. 23/6/1994, *Ganev, W.* 3407.

Abaíra: Bem Querer-Garimpo da CIA. 18/7/1994, *Ganev, W.* 3573.

Abaíra: Vale em frente à Serra do Guarda-Mor. 27/12/1988, *Harley, R.M.* et al. 27839.

Piatã: 10 km ao sul de Piatã, na estrada para Abaíra. 5/9/1996, *Harley, R.M.* et al. 28290.

Abaíra: Campo da Pedra Grande. 25/3/1992, *Lughadha, E.N. & R.F. Queiroz,* IN H 53338.

Abaíra: Serra do Atalho, complexo Serra da Tromba, encosta. 18/4/1994, *Melo, E.* et al. 1008.

Abaíra: 9 km de Catolés, caminho de Ribeirão de Baixo à Piatã. Encosta. Subida da Serra do Atalho. 10/7/1995, *Queiroz, L.P.* et al. 4372.

Abaíra: Guarda-Mor, arredores de Catolés. 22/3/1992, *Stannard, B.L. & T.Silva,* IN H 52782.

Abaíra: Garimpo do Bicota. 2/3/1992, *Stannard, B.L.* et al. IN H 51691.

Abaíra: Estrada Catolés-Boa Vista, 4 km de Catolés. 21/3/1992, *Stannard, B.L.* et al. IN H 52768.

Abaíra: Bem Querer. 24/3/1992, *Stannard, B.L.* et al. IN H 52836.

Lychnophora phylicifolia DC.
Bahia

Piatã: Estrada Piatã-Ribeirão. 1/11/1996, *Bautista, H.P.* et al. IN PCD 3865.

Abaíra: Estrada Piatã-Abaíra. 16/4/1994, *França, F.* et al. 962.

Abaíra: distrito de Catolés: estrada Abaíra-Mucugê via São João, 40 km de Abaíra. 13/4/1992, *Ganev, W.* 127.

Abaíra: Tanque do Boi. 6/7/1992, *Ganev, W.* 610.

Barra da Estiva: Estrada Ituaçu-Barra da Estiva, 12 km de Barra da Estiva, próximo ao Morro do Ouro. 18/7/1981, *Giulietti, A.M.* et al. IN CFCR 1249.

Barra da Estiva: Estrada Ituaçu-Barra da Estiva, a 8 km de Barra da Estiva, Morro do Ouro. 19/7/1981, *Giulietti, A.M.* et al. IN CFCR 1278.

Barra da Estiva: Estrada Ituaçu-Barra da Estiva, a 8 km de Barra da Estiva, Morro do Ouro. 19/7/1981, *Giulietti, A.M.* et al. IN CFCR 1303.

Rio de Contas: lower NE slopes of the Pico das Almas, ca. 25 km WNW of the Vila do Rio de Contas. 20/3/1977, *Harley, R.M.* et al. 19770.

Mucugê: about 5 km along Andaraí road. 25/1/1980, *Harley, R.M.* et al. 20650.

Rio de Contas: 3 km da cidade na estrada para Arapiranga (FURNA). 1/11/1988, *Harley, R.M.* et al. 25820. [× 2]

Agua Quente: Pico das Almas. Vertente oeste. Entre Paramirim das Crioulas e a face NNW do pico. 16/12/1988, *Harley, R.M.* et al. 27512.

Rio de Contas: Pé da Serra da Marsalina. 18/11/1996, *Harley, R.M.* et al. IN PCD 4448.

Rio de Contas: Estrada para Livramento, em direção ao Rio Brumado. 13/12/1984, *Harley, R.M.* et al. IN CFCR 6819.

Piatã: Estrada Piatã-Inúbia, a 2 km da entrada para Inúbia. 11/11/1996, *Hind, D.J.N. & H.P. Bautista*, IN PCD 4200.

Rio de Contas: entre Rio de Contas e Mato Grosso a 9 km as N de Rio de Contas. 20/7/1979, *King, R.M.* et al. 8054.

Rio de Contas: 11 km N of Livramento do Brumado along road to the town of Rio de Contas. 23/1/1981, *King, R.M. & L.E. Bishop,* 8601.

Mucugê: main valley N of Mucugê from 3–8 km N of town. 31/1/1981, *King, R.M. & L.E. Bishop,* 8737.

Mucugê: Margem da estrada Mucugê-Cascavel, km 3 a 6, próximo ao Rio Paraguaçú. 20/7/1981, *Menezes, N.L.* et al. IN CFCR 1456.

Mucugê: Estrada nova Andaraí-Mucugê, entre 11–13 km de Mucugê. 8/9/1981, *Pirani, J.R.* et al. IN CFCR 2116.

Seabra: ca. 2 km SW de Lagoa da Boa Vista, na encosta da Serra do Bebedor. 22/7/1993, *Queiroz, L.P. & N.S. Nascimento,* 3372.

Rio de Contas: ca. 2 km da cidade, em direção à Marcolino Moura. 4/3/1994, *Roque, N.* et al. IN CFCR 14835.

Rio de Contas: ca. 2 km da cidade, em direção à Marcolino Moura. 4/3/1994, *Roque, N.* et al. IN CFCR 14836.

Mucugê: caminho para Guiné. 15/2/1997, *Saar, E.* et al. IN PCD 5698.

Abaíra: Estrada Piatã-Abaíra, 14 km de Abaíra. 18/3/1992, *Stannard, B.L. & R.F. Queiroz,* IN H 51993.

Abaíra: Gerais do Pastinho. 28/2/1992, *Stannard, B.L.* et al. IN H 51667.

Abaíra: perto do Garimpo do Salão, estrada Piatã-Abaíra, 10 km de Piatã. 9/3/1992, *Stannard, B.L.* et al. IN H 51825.

Piatã: Gerais da Inúbia, 22–26 km de Catolés. 10/3/1992, *Stannard, B.L.* et al. IN H 51849.

Lychnophora regis H.Rob.
Bahia

Mucugê: Córrego Moreira. 15/6/1984, *Hatschbach, G. & R. Kummrow,* 47921.

Mucugê: Estrada Andaraí-Mucugê, ao lado da Torre da EMBRATEL. 12/7/1996, *Hind, D.J.N.* et al. IN PCD 3537.

Mucugê: Pedra Redonda, entre o Rio Preto e o Rio Paraguaçu. 15/7/1996, *Hind, D.J.N.* et al. IN PCD 3643.

Mucugê: main valley N of Mucugê from 3–8 km N of town. 31/1/1981, *King, R.M. & L.E. Bishop,* 8736.

Mucugê: A 3 km as S de Mucugê na estrada que vai para Jussiape. 26/7/1979, *King, R.M.* et al. 8151, ISOTYPE, Lychnophora regis H.Rob.

Mucugê: A 3 km as S de Mucugê na estrada que vai para Jussiape. 26/7/1979, *King, R.M.* et al. 8151, Photograph of ISOTYPE, Lychnophora regis H.Rob.

Mucugê: Estrada que liga Mucugê à Andaraí a 11 km de Mucugê. 27/7/1979, *King, R.M.* et al. 8168.

Lychnophora salicifolia Mart.
Bahia

Rio de Contas: Fazendola. 16/11/1996, *Bautista, H.P.* et al. IN PCD 4328.

Barra da Estiva: estrada Barra da Estiva-Mucugê, km 79. 4/7/1983, *Coradin, L.* et al. 6451.

Abaíra: distrito de Catolés, Bem Querer em frente à casa de José de Benedita. 7/4/1992, *Ganev, W.* 70.

Abaíra: distrito de Catolés: estrada Abaíra-Mucugê via São João. 13/4/1992, *Ganev, W.* 128.

Abaíra: caminho Tanque do Boi-Anáguas. 6/7/1992, *Ganev, W.* 620.

Rio de Contas: Campos da Pedra Furada, próximo ao Rio da Agua Suja. Divisa do município de Abaíra, distrito de Arapiranga. 7/8/1993, *Ganev, W.* 2036.

Mun. ?: Estrada Barra da Estiva-Mucugê, a 48 km de Barra da Estiva. 19/7/1981, *Giulietti, A.M.* et al. IN CFCR 1370.

Abaíra: Tijuquinho. 8/1/1992, *Giulietti, A.M.* et al. IN H 51238.

Palmeiras: Pai Inácio. 26/9/1994, *Giulietti, A.M.* et al. IN PCD 847.

Palmeiras: Pai Inácio, indo para o Cercado. 1/7/1995, *Guedes, M.L.* et al. IN PCD 2126. [× 2]

Rio de Contas: ca. 6 km North of the town of Rio de Contas on road to Abaíra. 16/1/1974, *Harley, R.M.* et al. 15129.

Rio de Contas: ca. 6 km North of the town of Rio de Contas on road to Abaíra. 16/1/1974, *Harley, R.M.* et al. 15141.

Rio de Contas: 12–14 km of town of Rio de Contas on the road to Mato Grosso. 17/1/1974, *Harley, R.M.* et al. 15163.

Mucugê: ca. 15 km N of Cascavel on the Mucugê road. 3/2/1974, *Harley, R.M.* et al. 15876.

Mucugê: Serra do Sincorá, 13.3 km N of Cascavel on the road to Mucugê. 25/3/1980, *Harley, R.M.* et al. 20948.

Caitité: Serra Geral de Caitité, ca. 5 km S from Caitité along the Brejinhos das Ametistas road 9/4/1980, *Harley, R.M.* et al. 21134.

Palmeiras: Lower slopes of Morro do Pai Inácio, ca. 14.5 km N.W. of Lençóis just N of the main Seabra-

Itaberaba road. 26/5/1980, *Harley, R.M.* et al. 22650.

Piatã: 10–13 km ao norte da cidade na estrada para o povoado de Mato Grosso. 13/2/1987, *Harley, R.M.* et al. 24154.

Piatã: ca. 9 km de Piatã. 15/2/1987, *Harley, R.M.* et al. 24251.

Rio de Contas: Pico das Almas. 19/2/1987, *Harley, R.M.* et al. 24426.

Rio de Contas: 10–13 km ao norte da cidade na estrada para o povoado de Mato Grosso. 27/10/1988, *Harley, R.M.* et al. 25682.

Rio de Contas: 3 km da cidade na estrada para Arapiranga (FURNA). 1/11/1988, *Harley, R.M.* et al. 25820. [× 2]

Rio de Contas: Pico das Almas. Vertente norte. Acima do vale ao N da Fazenda Silvina. 11/12/1988, *Harley, R.M. & D.J.N. Hind,* 27211. [× 2]

Piatã: Cabrália, 26 km em direção à Piatã. 5/9/1996, *Harley, R.M.* et al. 28276.

Rio de Contas: Pico das Almas a 18 km NW de Rio de Contas. 24/7/1979, *King, R.M.* et al. 8135.

Mucugê: 47 km as SW de Mucugê. 25/7/1979, *King, R.M. & S.A.Mori,* 8148.

Mucugê: 11 km along road S of Mucugê. 1/2/1981, *King, R.M. & L.E. Bishop,* 8754.

Mun. ?: Minas de Contas. 1914, *Luetzelburg, P. von* 66, Photograph of HOLOTYPE, Lychnophora arrojadoana Mattf.

Mun. ?: Junco. 1914, *Luetzelburg, P. von* 74, Photograph of HOLOTYPE, Lychnophora luetzelburgii Mattf.

Rio de Contas: Minas de Contas. 27/7/1913, *Luetzelburg, P. von* 13700, Photograph HOLOTYPE, Lychnophora columnaris Mattf.

Piatã: a 10 km ao N de Piatã. 3/3/1980, *Mori, S.A. & R. Funch,* 13368.

Palmeiras: Pai Inácio. Cercado, campos gerais indo para a Fazenda da Sra. Helena. 27/4/1995, *Pereira, A.* et al. IN PCD 1872.

Abaíra: 9 km de Catolés, caminho de Ribeirão de Baixo à Piatã. Encosta, subida da Serra do Atalho. 10/7/1995, *Queiroz, L.P.* et al. 4381.

Rio de Contas: ca. 2 km da cidade em direção à Marcolino Moura. 4/3/1994, *Roque, N.* et al. IN CFCR 14834.

Montugaba: ca. 8 km da cidade em direção à Jacaraú. 16/3/1994, *Souza, V.C.* et al. 5529. [× 2]

Piatã: Campo rupestre, próximo à Serra do Gentio. "Gerais" entre Piatã e Serra da Tromba. 21/12/1984, *Stannard, B.L.* et al. IN CFCR 7437.

Abaíra: Bem Querer. 4/3/1992, *Stannard, B.L.* et al. IN H 51756.

Piatã: gerais de Piatã, na estrada para Inúbia. 9/3/1992, *Stannard, B.L.* et al. IN H 51816.

Mucugê: Caminho para Guiné. 15/2/1997, *Stannard, B.L.* et al. IN PCD 5671.

Lychnophora salicifolia Mart. × *phylicifolia* DC.
Bahia

Abaíra: Vale ao Norte de Ouro Fino (alto), rumo a Pedra Grande. 22/1/1992, *Hind, D.J.N. & R.F. Queiroz,* IN H 50943.

Lychnophora santosii H.Rob.
Bahia

Abaíra: Pico do Barbado. 12/7/1993, *Ganev, W.* 1829.

Abaíra: Pico do Barbado. 12/7/1993, *Ganev, W.* 1831.

Abaíra: Pico do Barbado. 28/9/1993, *Ganev, W.* 2277.

Abaíra: Pico do Barbado. 28/9/1993, *Ganev, W.* 2280.

Abaíra: Serra do Rei: subida da forquilha da serra. 3/2/1994, *Ganev, W.* 2922.

Rio de Contas: Middle and upper slopes of the Pico das Almas, ca. 25 km WNW of the Vila de Rio de Contas. 19/3/1977, *Harley, R.M.* et al. 19699.

Rio de Contas: Pico das Almas, pouco abaixo do pico. 20/2/1987, *Harley, R.M.* et al. 24495.

Rio de Contas: Pico das Almas. Vertente leste. Subida do pico do campo norte do Queiroz. 10/11/1988, *Harley, R.M.* et al. 26329. [× 2]

Rio de Contas: Pico das Almas a 18 km as NW de Rio de Contas. 22/7/1979, *King, R.M.* et al. 8114, Photograph of HOLOTYPE, Lychnophora santosii H.Rob.

Rio de Contas: Pico das Almas a 18 km as NW de Rio de Contas. 22/7/1979, *King, R.M.* et al. 8114, ISOTYPE, Lychnophora santosii H.Rob.

Abaíra: Catolés. Serra do Barbado. 26/2/1994, *Sano, P.T.* et al. IN CFCR 14631.

Lychnophora sericea D.J.N. Hind
Bahia

Rio de Contas: Topo do Pico do Itobira. 15/11/1996, *Harley, R.M.* et al. IN PCD 4308, ISOTYPE, Lychnophora sericea D.J.N. Hind.

Lychnophora tomentosa (Mart. ex DC.) Sch.Bip.
Bahia

Morro do Chapéu: s.l. *Pereira, E. & A.P. Duarte,* 9961.

Lychnophora triflora (Mattf.) H.Rob.
Bahia

Piatã: encosta do Morro de Santana, fundo da igreja. 8/6/1992, *Ganev, W.* 442.

Abaíra: Serra do Barbado, subida do Pico. 12/7/1993, *Ganev, W.* 1821.

Rio de Contas: vicinity of Pico das Almas, ca. 20 km N.W. of the town of Rio de Contas. 25/1/1981, *King, R.M. & L.E. Bishop,* 8675.

Mun. ?: Almas. 1913, *Luetzelburg, P. von* 179, Photograph of HOLOTYPE, Haplostephium triflorum Mattf.

Lychnophora uniflora Sch.Bip.
Bahia

Rio de Contas: Pico do Itobira. 16/11/1996, *Bautista, H.P.* et al. IN PCD 4362.

Caetité: ca. 3 km SW de Caetité, na estrada para Brejinhos das Ametistas. 18/2/1992, *Carvalho, A.M.* et al. 3705.

Mucugê: Estrada Mucugê-Guiné, a 5 km de Mucugê. 7/9/1981, *Furlan, A.* et al. IN CFCR 1969.

Mucugê: Estrada Mucugê-Guiné, a 28 km de Mucugê. 7/9/1981, *Furlan, A.* et al. IN CFCR 2030.

Abaíra: subida da Serra do Atalho, topo da subida. 29/11/1992, *Ganev, W.* 1598.

Barra da Estiva: Estrada Ituaçu-Barra da Estiva, 12 km de Barra da Estiva, próximo ao Morro do Ouro.

18/7/1981, *Giulietti, A.M.* et al. IN CFCR 1254.

Rio de Contas: ca. 6 km North of the town of Rio de Contas on road to Abaíra. 16/1/1974, *Harley, R.M.* et al. 15110.

Rio de Contas: ca. 6 km North of the town of Rio de Contas on road to Abaíra. 16/1/1974, *Harley, R.M.* et al. 15111.

Barra da Estiva: ca. 10 km N of Barra da Estiva, on Ibicoara road, by the Rio Preto. 2/2/1974, *Harley, R.M.* et al. 15864.

Delfino: 22 km North-west of Lagoinha (which is 5.5 km SW of Delfino) on side road to Minas do Mimoso. 6/3/1974, *Harley, R.M.* et al. 16864. [× 2]

Andaraí: By road from Andaraí to BR 242. 25/1/1980, *Harley, R.M.* et al. 20675.

Barra da Estiva: Serra do Sincorá, 15–19 km W of Barra da Estiva on the road to Jussiape. 22/3/1980, *Harley, R.M.* et al. 20749.

Barra da Estiva: Serra do Sincorá, 3–13 km W of Barra da Estiva on the road to Jussiape. 23/3/1980, *Harley, R.M.* et al. 20836.

Rio de Contas: 10–13 km ao norte da cidade na estrada para o povoado de Mato Grosso. 27/10/1988, *Harley, R.M.* et al. 25699. [× 2]

Rio de Contas: 3 km da cidade na estrada para Arapiranga (FURNA). 1/11/1988, *Harley, R.M.* et al. 25820. [× 2]

Rio de Contas: 2–9 km da cidade na estrada a Arapiranga (FURNA) para o aeroporto. 11/11/1988, *Harley, R.M.* et al. 26115. [× 2]

Barra da Estiva: Morro do Ouro. 9 km ao S da cidade na estrada para Ituaçu. 16/11/1988, *Harley, R.M.* et al. 26459. [× 2]

Barra da Estiva: 3 km ao leste da cidade na estrada para Triunfo do Sincorá. 17/11/1988, *Harley, R.M.* et al. 26482. [× 4]

Abaíra: Catolés, encosta da Serra da Tromba. 7/9/1996, *Harley, R.M.* et al. 28372.

Piatã: Estrada Piatã-Ribeirão. 1/11/1996, *Hind, D.J.N.* et al. IN PCD 3882. [× 2]

Piatã: Estrada Piatã-Abaíra, entrada à direita após a entrada para Catolés. 8/11/1996, *Hind, D.J.N. & H.P. Bautista,* IN PCD 4157. [× 2]

Abaíra: Gerais do Pastinho, estrada velha Abaíra-Catolés. 31/1/1992, *Hind, D.J.N.* et al. IN H 51414.

Mucugê: from road 8 km along road S of Mucugê, 2–5 km E along base of mountain. 1/2/1981, *King, R.M. & L.E. Bishop,* 8764.

Mun. ?: Junco. 1914, *Luetzelburg, P. von* 12460, Photograph of HOLOTYPE, Lychnophora bahiensis Mattf.

Barra da Estiva: Torre da Telebahia. 16/2/1997, *Passos, L.* et al. IN PCD 5774.

Rio de Contas: a 1 km da cidade na estrada para Marcolino Moura. 9/9/1981, *Pirani, J.R.* et al. IN CFCR 2173.

Rio de Contas: a 1 km da cidade na estrada para Marcolino Moura. 9/9/1981, *Pirani, J.R.* et al. IN CFCR 2180.

Seabra: Serra do Bebedor, ca. 4 km W de Lagoa da Boa Vista na estrada para Gado Bravo. 22/6/1993, *Queiroz, L.P. & N.S. Nascimento,* 3349.

Lychnophora spp.
Bahia

Jacobina: Serra da Jacobina (Toca da Areia). 5/7/1996, *Bautista, H.P.* et al. IN PCD 3426.

Abaíra: Caminho Boa Vista para Bicota. 9/7/1995, *França, F.* et al. 1281. [× 2]

Piatã: Serra da Tromba. Estrada Piatã-Gerais da Serra. 14/5/1992, *Ganev, W.* 282.

Abaíra: Veio de Cristais. 25/5/1992, *Ganev, W.* 368.

Abaíra: Campos da Serra do Bicota. 25/7/1992, *Ganev, W.* 730.

Abaíra: Serra do Bicota (vira-saia). 5/7/1993, *Ganev, W.* 1803.

Abaíra: Serra do Bicota. 21/7/1993, *Ganev, W.* 1925.

Abaíra: Frios, caminho Guarda-Mor-Frios, pelo Covuão. 11/4/1994, *Ganev, W.* 3078.

Abaíra: Serra dos Cristais. 8/6/1994, *Ganev, W.* 3339.

Abaíra: Caminho Boa Vista-Bicota. 23/7/1994, *Ganev, W.* 3425.

Rio de Contas: ca. 6 km North of the town of Rio de Contas on road to Abaíra. 16/1/1974, *Harley, R.M.* et al. 15130.

Abaíra: Serra ao Sul do Riacho da Taquara. 10/1/1992, *Harley, R.M.* et al. IN H 51282.

Rio de Contas: Pé da Serra Marsalina. 18/11/1996, *Harley, R.M.* et al. IN PCD 4427.

Mucugê: Estrada Andaraí-Mucugê, ao lado da Torre da EMBRATEL. 12/7/1996, *Hind, D.J.N.* et al. IN PCD 3551.

Livramento do Brumado: 16 km N of Livramento do Brumado, along the road to Arapiranga. 23/1/1981, *King, R.M. & L.E. Bishop,* 8609.

Abaíra: 9 km N de Catolés, caminho de Ribeirão de Baixo à Piatã. 10/7/1995, *Queiroz, L.P.* et al. 4350.

Montugaba: Ca. 8 km da cidade em direção à Jacarau. 16/3/1994, *Souza, V.C.* et al. 5523.

Mattfeldanthus andrade-limae (G. M. Barroso) Dematt.
Bahia

Mun. ?: Raso da Catarina. 16/5/1981, *Bautista, H.P.* 457.

Abaíra: distrito de Catolés: estrada Catolés-Abaíra, ca. 4 a 5 km de Catolés. Engenho de Baixo. 19/5/1992, *Ganev, W.* 635. [× 2]

Abaíra: próximo ao São José-Estrada Abaíra-São José. 14/6/1994, *Ganev, W.* 3376. [× 2]

Brumado: rodovia BA 030, 10 km O de Brumado. 17/6/1986, *Hatschbach, G. & J.M. Silva,* 50443.

Umburanas: Serra do Curral Feio (localmente referida como Serra da Empreitada): Cachoeirinha, à beira do Rio Tabuleiro, ca. 10 km NW de Delfino na estrada que sai pelo depósito de lixo. 12/4/1999, *Queiroz, L.P.* et al. 5444.

Mun. ?: Estação Ecológica do Raso da Catarina, próximo à sede. 8/7/1983, *Queiroz, L.P.* 736.

Mun. ?: s.l. 19/6/1915, *Rose, J.N. & P.G. Russell,* 19966, Photograph of HOLOTYPE, Mattfeldanthus nobilis H.Rob.

Tremedal: km 79 da BA 262, trecho Anajé-Aracatu. 18/7/1991, *Sant'Ana, S.C. & et al.,* 3.

Mattfeldanthus mutisioides H.Rob. & R.M.King
Bahia

Cocos: ca. 13 km S of Cocos and 3 km S of the Rio Itaguari. 15/3/1972, *Anderson, W.R.* et al. 36985, Photograph of HOLOTYPE, Mattfeldanthus mutisioides H.Rob. & R.M.King.

Melampodium divaricatum (Rich. in Pers.) DC.
Bahia
Alagoinhas: s.l. 10/9/1988, *Campos, M.* & et al., s.n.
Vera Cruz: Ilha de Itaparica, Praia da Coroa, ramal que liga a BA 001 à Praia da Coroa. 9/2/1997, *Queiroz, L.P.* 4750.
Ilhéus: Area do CEPEC (Centro de Pesquisas do Cacau), km 22 da rodovia Ilhéus-Itabuna (BR 415). Jardim do CENEX. 16/3/1993, *Sant'Ana, S.C. & E.B. dos Santos*, 324.
Pernambuco
Mun. ?: In an open marshy place. 10/1837, *Gardner, G.* 1051. [× 3]
Mun. ?: Common in moist shady places. *Gardner, G.* s.n.

Melampodium paniculatum Gardner
Bahia
Correntina: Chapadão Ocidental da Bahia. Islets and banks of the Rio Corrente by Correntina. 23/4/1980, *Harley, R.M.* et al. 21660.

Melanthera latifolia (Gardner) Cabrera
Bahia
Feira de Santana: s.l. 8/7/1982, *Britto, K.B.* 23.
Feira de Santana: Lagoa 1, km 3, BA 052. 18/8/1996, *França, F.* et al. 1733. [× 2]
Angüera: Lagoa 6. 1/6/1997, *França, F.* et al. 2293.
Ilhéus: Rodovia BR 415, trecho Ilhéus-Itabuna, km 17, margem da rodovia. 10/7/1979, *King, R.M. & L.A. Mattos Silva*, 8002.
Andaraí: 7 km S from road between Itaberaba and Ibotirama, along road to Andaraí. 30/1/1981, *King, R.M. & L.E. Bishop*, 8697.
Cruz das Almas: Arredores de Cruz das Almas. 29/7/1964, *Santos, E. & J.C. Sacco*, 2255.
Ceará
Mun. ?: Coastal and interior regions; common in low ground. 26/5/1929, *Bolland, G.* 30.
Aiuaba: Estrada Aiuaba à Antonina do Norte. 7/6/1984, *Collares, J.E.R. & L. Dutra*, 191.
Mun. ?: An annual in cane fields frequent. 9/1838, *Gardner, G.* 1728, TYPE, Echinocephalum latifolium Gardner. [× 2]
Mun. ?: In bushy places near the Rio Jaguaribe, Aracaty. 7/1838, *Gardner, G.* 1729, TYPE, Echinocephalum lanceolatum Gardner. [× 2]
Piauí
São João do Piauí: Fazenda Experimental Guimarães Duque. 6/4/1995, *Alcoforado Filho, F.G. & J.H. Carvalho*, 491.
São João do Piauí: Fazenda Experimental Guimarães Duque. 2/3/1994, *Nascimento, M.S.B.* 416.

Mikania alvimii R.M.King & H.Rob.
Bahia
Abaíra: Distrito de Catolés, Mata do Bem-Querer. Tanque do Garimpo. 14/5/1992, *Ganev, W.* 272.
Abaíra: Serra da Tromba, nascente do Rio de Contas (Caba saco). 18/12/1992, *Ganev, W.* 1682.

Abaíra: Serra do Rei. 12/1/1994, *Ganev, W.* 2792.
Rio de Contas: Lower slopes of the Pico das Almas, ca. 25 km W.N.W. of the town of Rio de Contas. 24/1/1974, *Harley, R.M.* et al. 15478.
Rio de contas: Lower N.E. slopes of the Pico das Almas, ca. 25 km W.N.W. of Vila do Rio de Contas. 17/2/1977, *Harley, R.M.* et al. 19563.
Agua Quente: Pico das Almas. Vertente Norte. Vale ao Noroeste do Pico. 20/12/1988, *Harley, R.M.* et al. 27315.
Abaíra: Campo de Ouro Fino. 31/12/1991, *Harley, R.M.* et al. IN H 50592.
Abaíra: Campo de Ouro Fino (baixo). 10/1/1992, *Harley, R.M.* et al. IN H 50729.
Rio de Contas: Base do Pico das Almas, a 18 km as NW de Rio de Contas. 24/7/1979, *King, R.M.* et al. 8126, Photograph of HOLOTYPE, Mikania alvimii R.M.King & H.Rob.
Rio de Contas: Base do Pico das Almas, a 18 km as NW de Rio de Contas. 24/7/1979, *King, R.M.* et al. 8126, ISOTYPE, Mikania alvimii R.M.King & H.Rob.
Abaíra: Riacho da Taquara. 29/1/1992, *Pirani, J.R.* et al. IN H 50970.

Mikania arrojadoi Mattf.
Bahia
Abaíra: Distrito de Catolés: Serra do Porco Gordo-Gerais do Tijuco. 24/4/1992, *Ganev, W.* 190.
Abaíra: Catolés de Cima, caminho para a Serra do Barbado. 22/6/1992, *Ganev, W.* 537.
Rio de Contas: A 4 km as NW de Rio de Contas. 21/7/1979, *King, R.M.* et al. 8071.

Mikania belemii R.M.King & H.Rob.
Bahia
Ilhéus: Rodovia BR 415, trecho Ilhéus-Itabuna, km 12. 10/7/1979, *King, R.M. & L.A.Mattos Silva*, 8007, Photograph of HOLOTYPE, Mikania belemii R.M.King & H.Rob.
Ilhéus: Rodovia BR 415, trecho Ilhéus-Itabuna, km 12. 10/7/1979, *King, R.M. & L.A.Mattos Silva*, 8007, ISOTYPE, Mikania belemii R.M.King & H.Rob.

Mikania biformis DC.
Bahia
Una: Reserva Biológica do Mico-leão (IBAMA). Entrada no km 46 da Rodovia BA 001 Ilhéus-Una. 16/7/1997, *Amorim, A.M.* et al. 2083.
Mun. ?: Bahia [= Salvador], s.l. *Blanchet, J.S.* 1557, ISOTYPE, Mikania biformis DC.
Uruçuca: Distrito de Serra Grande, 7.3 km na estrada Serra Grande-Itacaré. Fazenda Lagoa do Conjunto Fazenda Santa Cruz. 19/7/1994, *Carvalho, A.M.* et al. 4565.[× 2]
Una: Entrada principal que leva à sede da Reserva do Mico-leão (IBAMA). Entrada no km 46 da Rodovia BA 001 Ilhéus-Una. 22/7/1998, *Jardim, J.G.* et al. 1817.

Mikania congesta DC.
Alagoas
Alagoas: A climber among bushes in inundated places on the banks of the Rio São Francisco near Piassabassú. 3/1838, *Gardner, G.* 1344, SYNTYPE, Mikania variabilis Gardner. [× 3]

Ceará

Ceará: Banks of the Rio Salgado, below Crato. 9/1838, *Gardner, G.* 1725, SYNTYPE, Mikania variabilis Gardner. [× 2]

Mikania cordifolia (L. f.) Willd.

Bahia

Mucuré: Vale do Rio Mucuré, ao lado da Rodovia BR 101. 13/7/1968, *Belém, R.P.* 3862.

Jussiape: a 3 km as N de Jussiape. 25/7/1979, *King, R.M. & S.A. Mori,* 8146.

Mun. ?: Bahia [= Salvador], in sepibus. *Salzmann, P.* 25, ISOSYNTYPE, Mikania gonoclada var. b ambigua DC. [× 2]

Mun. ?: Bahia [= Salvador], in fruticebis maritimis. *Salzmann, P. 28* [× 2]

Ceará

Crato: Common in bushes places near Crato. 9/1838, *Gardner, G.* 1724. [× 2]

Mun. ?: Bushes places near Barra do Jardim. 12/1838, *Gardner, G.* 1972. [× 2]

Piauí

Mun. ?: Bushes places. 7/1839, *Gardner, G.* 2646. [× 2]

Sergipe

Mun. ?: Serra da Mancinha. 25/7/1964, *Castellanos, A. & L. Duarte,* 501.

Mikania duckei G.M.Barroso

Bahia

Ilhéus: Road from Olivença to Una, 18 km S of Olivença. 21/4/1981, *Mori, S.A.* et al. 13703.

Mikania elliptica DC.

Bahia

Jacobina: Serra Jacobina. *Blanchet, J. S.* 2596, ISOTYPE, Mikania elliptica DC. [× 2]

Mun. ?: s.l. *Blanchet, J. S.* s.n., ISOTYPE?, Mikania elliptica DC.

Abaíra: Distrito de Catolés, Bem-Querer, próximo à Companhia. 3/9/1992, *Ganev, W.* 1012.

Piatã: Estrada Inúbia-Piatã, Três Morros. 8/9/1992, *Ganev, W.* 1031.

Abaíra: Caminho Engenho-Tromba, à beira do riacho próximo à casa de Niquinha. 12/9/1992, *Ganev, W.* 1079.

Abaíra: Caminho Catolés de Cima-Barbado, subida da serra. 26/10/1992, *Ganev, W.* 1355.

Rio de Contas: Samambaia. 23/8/1993, *Ganev, W.* 2092.

Rio de Contas: Encosta da Serra dos Frios, Agua Limpa. 25/8/1993, *Ganev, W.* 2126.

Abaíra: Jambeiro, próximo à Catolés. 10/9/1993, *Ganev, W.* 2213.

Palmeiras: Morro do Pai Inácio. Caminho para o Cercado. 26/9/1994, *Giulietti, A.M.* et al. IN PCD 830.

Lençóis: Serra da Chapadinha. Serra do Brejão. 28/9/1994, *Giulietti, A.M.* et al. IN PCD 884.

Lençóis: Serra da Chapadinha. 31/8/1994, *Guedes, M. L.* et al. IN PCD 696.

Seabra: Rodovia BR 242, 10 km O de Seabra. 12/10/1981, *Hatschbach, G.* 44200.

Mucugê: Estrada velha Andaraí-Mucugê, em trecho próximo à Igatu. 8/9/1981, *Pirani, J.R.* et al. IN CFCR 2095.

Mikania firmula Baker

Bahia

Una: Km 27 da Rodovia São José (entroncamento da BR 101), próximo à Fazenda Piedade. 20/7/1981, *Mattos Silva, L.A.* et al. 1297. [× 2]

Santa Cruz de Cabrália: Estação Ecológica do Pau-Brasil e arredores, ca. 16 km a W de Porto Seguro. 21/3/1978, *Mori, S.A.* et al. 9772.

Lençóis: Margem esquerda do Rio Serrano, próximo ao Salão das Areias. 4/10/1995, *Silva, G.P.* et al. 3063.

Mikania glandulosissima W.C. Holmes & D.J.N. Hind

Bahia

Mucugê: Estrada nova Andaraí-Mucugê, entre 11–13 km de Mucugê. 8/9/1981, *Furlan, A.* et al. IN CFCR 1566, ISOTYPE, Mikania glandulosissima W.C.Holmes & D.J.N. Hind.

Abaíra: Catolés de Cima, encosta da Serra do Barbado. 20/11/1993, *Ganev, W.* 2513

Abaíra: Ao Oeste de Catolés, perto de Catolés de Cima, nas vertentes das serras. 26/12/1988, *Harley, R.M.* et al. 27801.

Abaíra: Acima do Riacho da Taquara. 6/1/1992, *Harley, R.M.* et al. IN H 50661.

Abaíra: Campo do Cigano. 29/1/1992, *Pirani, J.R.* et al. IN H 50975.

Palmeiras: Próximo à localidade de Caeté-Açu: Cachoeira da Fumaça. 11/10/1987, *Queiroz, L.P. &* et al., 1918. [× 2]

Seabra: Serra do Bebedor, ca. 4 km W de Lagoa da Boa Vista, na estrada para Gado Bravo. 22/6/1993, *Queiroz, L.P. & N.S. Nascimento,* 3353.

Mikania glomerata Spreng.

Bahia

Ilhéus: Pontal dos Ilhéus, saída para Buerarema. 17/5/1968, *Belém, R.P.* 3572.

Ilhéus: s.l. *Blanchet, J.S.* 2111, ISOTYPE, Mikania hederifolia DC.

Ilhéus: Litoral Norte, a 9 km NE de Ilhéus. 3/8/1980, *Carvalho, A.M.* 301. [× 2]

Una: Ramal à esquerda no km 14 da Rodovia Una-Canavieiras, BA 001, Comandatuba. 3/6/1981, *Hage, J.L. & E.B. Santos,* 852.

Santa Cruz de Cabrália: Old road to Santa Cruz de Cabrália between the Reserva Ecológica Pau-Brasil, 5–7 kms NE of Reserva, ca. 20 kms NW of Porto Seguro. 5/7/1979, *King, R.M.* et al. 7986.

Santa Cruz de Cabrália: Estrada velha de Santa Cruz de Cabrália, 2–4 km a W de Santa Cruz de Cabrália. 28/7/1978, *Mori, S.A.* et al. 10373.

Mun. ?: km 80 between Betanha and Canavieiros. 13/7/1964, *Silva, N.T.* 58413.

Mikania grazielae R.M.King & H.Rob.

Bahia

Palmeiras: Morro do Pai Inácio, lado oposto à estrada para a torre de repetição. 4/7/1994, *Ferreira, M.C.* et al. IN PCD 20.

Abaíra: Jambreiro. 17/6/1994, *Ganev, W.* 3385.

Mucugê: Campo defronte ao cemitério. 20/7/1981, *Giulietti, A.M.* et al. IN CFCR 1437.

Lençóis: Serra do Brejão ca. 14 km N.W. of Lençóis.

22/5/1980, *Harley, R.M.* et al. 22388.

Palmeiras: Morro do Pai Inácio. 9/7/1996, *Hind, D.J.N.* et al. IN PCD 3520.

Mucugê: Estrada Igatu-Mucugê, a 7 km do entroncamento com a estrada Andaraí-Mucugê. 14/7/1996, *Hind, D.J.N.* et al. IN PCD 3596.

Mucugê: a 3 km as S de Mucugê, na estrada que vai para Jussiape. 26/7/1979, *King, R.M.* et al. 8159, Photograph of HOLOTYPE, Mikania grazielae R.M.King & H.Rob.

Mucugê: a 3 km as S de Mucugê, na estrada que vai para Jussiape. 26/7/1979, *King, R.M.* et al. 8159, ISOTYPE, Mikania grazielae R.M.King & H.Rob.

Mucugê: 2 km along road S of Mucugê. 31/1/1981, *King, R.M. & L.E. Bishop*, 8717.

Palmeiras: Morro do Pai Inácio, BR 242 W of Lençóis at km 232. 12/6/1981, *Mori, S.A. & B.M. Boom*, 14382.

Mikania hagei R.M.King & H.Rob.
Bahia

Abaíra: Catolés, gerais da Serra da Tromba, encosta da Serra do Atalho. 18/6/1992, *Ganev, W.* 522.

Abaíra: Estrada velha Catolés-Abaíra, Serra do Pastinho. 15/8/1992, *Ganev, W.* 871.

Abaíra: Estrada velha Catolés-Abaíra, Serra do Pastinho. 15/8/1992, *Ganev, W.* 872.

Abaíra: Tanquinho, acima do garimpo da mata. 14/9/1992, *Ganev, W.* 1092.

Abaíra: Salão da Barra-Campos gerais do Salão. 16/7/1994, *Ganev, W.* 3563.

Barra da Estiva: Estrada Ituaçu-Barra da Estiva, a 12 km de Barra da Estiva, próximo ao Morro do Ouro. 18/7/1981, *Giulietti, A.M.* et al. IN CFCR 1239.

Rio de Contas: Base do Pico das Almas, a 18 km as NW de Rio de Contas. 22/7/1979, *King, R.M.* et al. 8101, Photograph of HOLOTYPE, Mikania hagei R.M.King & H.Rob.

Mikania hemisphaerica Sch.Bip. ex Baker
Bahia

Abaíra: Covuão, subida para os frios. 8/6/1994, *Ganev, W.* 3318.

Pernambuco

Floresta: Distrito de Inajá, Reserva Biológica de Serra Negra. 15/9/1995, *Laurênio, A.* et al. 164.

Caruaru: Reserva Municipal de Brejo dos Cavalos. 22/7/1994, *Rodal, M.J.N. & M.F. Sales*, 245.

Mikania hirsutissima DC.
Bahia

Mun. ?: s.l. *Blanchet, J.S.* 3692.

Abaíra: Mata do Bem Querer, próximo ao Rancho de José Sobrinho. 17/8/1992, *Ganev, W.* 884.

Wenceslau Guimarães: Reserva Estadual de Wenceslau Guimarães, ca. 40 km W de Teolândia, próximo ao povoado de Cocão. 29/8/1991, *Sant'Ana, S.C.* et al. 29.

Mikania hookeriana DC.
Bahia

Una: Rodovia para Pedras de Una. 15/8/1995, *Hatschbach, G.* et al. 63343.

Mikania inordinata R.M.King & H.Rob.
Bahia

Maracás: Fazenda dos Pássaros, a 24 km a E de Maracás. 13/7/1979, *King, R.M. & S.A. Mori*, 8021, Photograph of HOLOTYPE, Mikania inordinata R.M.King & H.Rob.

Mikania jeffreyi D.J.N. Hind
Bahia

Rio de Contas: Middle N.E. slopes of the Pico das Almas, ca. 25 km W.N.W. of the Vila do Rio de Contas. 18/3/1977, *Harley, R.M.* et al. 19615, ISOTYPE, Mikania jeffreyi D.J.N. Hind.

Mikania kubitzkiii R.M.King & H.Rob.
Bahia

Una: Estrada que liga a BR 101 (São José) com BA 265, a 17 km da primeira, ca. 35 km ao S de Itabuna. 27/9/1979, *Mori, S.A.* et al. 12825, ISOTYPE, Mikania kubitzkii R.M.King & H.Rob.

Mikania lindbergii Baker var. collina Baker
Bahia

Abaíra: Distrito de Catolés, caminho Guarda-Mor-Cristais, Covuão. 7/4/1992, *Ganev, W.* 54.

Mikania lindleyana DC.
Bahia

Caravelas: Rodovia para Nanuque. 19/6/1985, *Hatschbach, G. & J.M. Silva*, 49494.

Mikania luetzelburgii Mattf.
Bahia

Mucugê: Estrada Mucugê-Guiné, a 28 km de Mucugê. 7/9/1981, *Furlan, A.* et al. IN CFCR 2061. [× 2]

Abaíra: Caminho Samambaia-Serrinha, ca. 4 km de Catolés. 22/5/1992, *Ganev, W.* 351.

Abaíra: Rio de Contas, Gerais do Porco Gordo. 16/7/1993, *Ganev, W.* 1882.

Abaíra: Caminho Jambreiro-Belo Horizonte. 14/7/1994, *Ganev, W.* 3529.

Barra da Estiva: Estrada Ituaçu-Barra da Estiva, a 8 km de Barra da Estiva. Morro do Ouro. 19/7/1981, *Giulietti, A.M.* et al. IN CFCR 1268.

Mucugê: s.l. 13/7/1996, *Hind, D.J.N.* et al. IN PCD 3556.

Mucugê: Pedra Redonda, entre o Rio Preto e o Rio Paraguaçu. 15/7/1996, *Hind, D.J.N.* et al. IN PCD 3652.

Rio de Contas: A 10 km as NW de Rio de Contas. 21/7/1979, *King, R.M.* et al. 8077.

Rio de Contas: A 10 km as NW de Rio de Contas. 21/7/1979, *King, R.M.* et al. 8086.

Rio de Contas: Base do Pico das Almas, a 18 km as NW de Rio de Contas. 24/7/1979, *King, R.M.* et al. 8119.

Mucugê: Estrada que liga Mucugê, 17 km de Mucugê. 27/7/1979, *King, R.M.* et al. 8180.

Mucugê: Estrada que liga Mucugê, 17 km de Mucugê. 27/7/1979, *King, R.M.* et al. 8181.

Abaíra: Campo do Cigano. 29/1/1992, *Pirani, J.R.* et al. IN H 50971.

Mikania mattos-silvae R.M.King & H.Rob.
Bahia

Maraú: Fazenda Agua Boa, BR 030, a 22 km a E de Ubaitaba. 25/8/1979, *Mori, S.A.* 12739, ISOTYPE, Mikania mattos-silvae R.M.King & H.Rob.

Maraú: Fazenda Agua Boa, BR 030, a 22 km a E de

Ubaitaba. 25/8/1979, *Mori, S.A.* 12739, Photograph of ISOTYPE, Mikania mattos-silvae R.M.King & H.Rob.

Mikania micrantha Kunth
Ceará
Mun. ?: s.l. 1928, *Bolland, G.* 29.
Maranhão
Lorêto: "Ilhas de Balsas" region, between the Balsas and Parnaíba Rivers. Ca. 4 km North of main house of Fazenda "Morros", ca. 35 km south of Lorêto. 2/5/1962, *Eiten, G. & L.T. Eiten*, 4502.
Mun. ?: Maracassumé River Region: Campo da Boa Esperança. 19/8/1932, *Froes, R.* 1806.
São Luiz: Estrada do Sacavem. 2/1939, *Froes, R.* 11522.
Santa Luzia: Fazenda AGRIPEC, da VARIG. Margem esquerda do Rio Pindaré. 2/4/1983, *Lobo, M.G.* et al. 343.

Mikania microptera DC.
Bahia
Ilhéus: Entre os povoados de Sambaituba e Campinho, pela antiga Estrada de Ferro, ao Norte de Ilhéus. 8/8/1980, *Mattos Silva, L.A. & J.L. Hage*, 1017.
Mun. ?: s.l. s.c. s.n.

Mikania morii R.M.King & H.Rob.
Bahia
Maracás: Rodovia BA 026, a 26 km ao SW de Maracás. 27/4/1978, *Mori, S.A.* et al. 9995, Photograph of HOLOTYPE, Mikania morii R.M.King & H.Rob.

Mikania myriocephala DC.
Bahia
Camacan: Rodovia Camacan-Canavieiras, 3–30 km L de Camacan. 28/7/1965, *Belém, R.P.* et al. 1383.
Mucuri: Ao lado da Rodovia BR 101. Vale do Rio. 13/7/1968, *Belém, R.P.* 3867.
Ilhéus: s.l. *Blanchet, J.S.* 2342. [× 2]
Santa Luzia: Ca. 7.5 km na estrada da BR 101 para Santa Luzia. 19/8/1994, *Carvalho, A.M.* et al. 4587.

Mikania nelsonii D.J.N. Hind
Bahia
Palmeiras: Pai Inácio. 26/9/1994, *Bautista, H.P.* et al. IN PCD 820.
Abaíra: Caminho Guarda-Mor-Agua Limpa, volteando o morro do cuscuz por trás. 25/6/1992, *Ganev, W.* 592.
Abaíra: Campos de Ouro fino, próximo à Serra dos Bicanos. 16/7/1992, *Ganev, W.* 659.
Abaíra: Guarda-Mor, encosta da Serra dos Frios. 19/7/1993, *Ganev, W.* 1888.
Abaíra: Encosta da Serra do Rei. 6/6/1994, *Ganev, W.* 3304.
Palmeiras: Pai Inácio. 29/8/1994, *Guedes, M.L.* et al. IN PCD 494. [× 2]
Rio de Contas: Pico das Almas. Vertente leste, ao lado oeste do Campo do Queiroz. 18/12/1988, *Harley, R.M. & D.J.N. Hind*, 27290, ISOTYPE, Mikania nelsonii D.J.N. Hind.
Mucugê: Estrada Igatu-Mucugê, a 7 km do entroncamento com a estrada Andaraí-Mucugê. 14/7/1996, *Hind, D.J.N.* et al. IN PCD 3589.

Lençóis: Vicinity of Lençóis, on trail to Barro Branco, ca. 5 km N of Lençóis. 13/6/1981, *Mori, S.A. & B.M. Boom*,
Palmeiras: Pai Inácio, lado oposto da torre de repetição. 30/8/1994, *Stradmann, M.T.S.* et al. IN PCD 540.

Mikania nodulosa Sch.Bip. ex Baker
Bahia
Uruçuca: Estrada que liga Serra Grande a Itacaré, coletas a 8 km partindo de Serra Grande. 26/8/1992, *Amorim, A.M.* et al. 682.

Mikania obovata DC.
Alagoas
Mun. ?: Among bushes near Maceió. 4/1838, *Gardner, G.* 1343.
Bahia
Mun. ?: Bahia [= Salvador], s.l. *Blanchet, J. S.* s.n., ISOSYNTYPE, Mikania psychotrioides DC.
Abaíra: Mata do Engenho de Baixo. 2/1/1993, *Ganev, W.* 1767.
Itacaré: Near the mouth of the Rio de Contas. 31/3/1974, *Harley, R.M.* et al. 17543.
Salvador: Lagoa do Abaeté, NE edge of the city of Salvador. 22/5/1981, *Mori, S.A.* et al. 14065.
Feira de Santana: Fazenda Boa Vista. Serra de São José. 10/5/1984, *Noblick, L.R.* 3181.
Estação Ecológica do Raso da Catarina. Mata das Pororocas. 24/6/1982, *Queiroz, L.P.* 337.
Mun. ?: Bahia [= Salvador], in fruticebis maritimis. *Salzmann, P.* 23, ISOSYNTYPE, Mikania obovata DC. [× 2]
Pernambuco
Mun. ?: s.l. 1838, *Gardner, G.* s.n.

Mikania obtusata DC.
Bahia
Barra da Estiva: Morro do Ouro. 19/7/1981, *Giulietti, A.M.* et al. IN CFCR 1327.

Mikania officinalis Mart.
Bahia
Abaíra: Agua Limpa. 10/1/1994, *Ganev, W.* 2759.
Mun. ?: Marshes banks of the Rio Preto. 9/1839, *Gardner, G.* 2901. [× 3]
Rio de Contas: Lower slopes of the Pico das Almas, ca. 25 km W.N.W. of the town of Rio de Contas. 24/1/1974, *Harley, R.M.* et al. 15477.
Rio de Contas: Lower N.E. slopes of the Pico das Almas, ca. 25 km W.N.W. of the Vila do Rio de Contas. 17/2/1977, *Harley, R.M.* et al. 19564.
Rio de Contas: Pico das Almas. 19/2/1987, *Harley, R.M.* et al. 24399.
Agua Quente: Pico das Almas. Campo abaixo da Serra do Pau Queimado. 11/12/1988, *Harley, R.M. & D.J.N. Hind*, 27208.
Abaíra: Campo de Ouro Fino (baixo). 10/1/1992, *Harley, R.M.* et al. IN H 50721.
Abaíra: Base da encosta da Serra da Tromba. 2/2/1992, *Pirani, J.R.* et al. IN H 51471.
Abaíra: Agua Limpa. 8/3/1992, *Stannard, B.L.* et al. IN H 51776.

Mikania pernambucencis Gardner
Maranhão

Mun. ?: Woods Maranham. 1/1941, *Gardner, G.* 6047, TYPE, Mikania pernambucensis Gardner. [× 2]

Mikania phaeoclados Mart. ex Baker
Bahia
Barra da Estiva: Ca. 6 km N of Barra da Estiva on Ibicoara road. 28/1/1974, *Harley, R.M.* et al. 15552. [× 2]
Belmonte: 24 km S.W. of Belmonte on road to Itapebi. 24/3/1974, *Harley, R.M.* et al. 17371.
Palmeiras: Middle and upper slopes of Pai Inácio ca. 15 km N.W. of Lençóis, just N of the main Seabra-Itaberaba road. 24/5/1980, *Harley, R.M.* et al. 22510.
Abaíra: Subida da Forquilha da Serra. 23/12/1991, *Hind, D.J.N.* et al. IN H 50298.
Lençóis: Trilha Lençóis-Capão, próximo à Cachoeira Estrela do Céu. 28/11/1997, *Passos, L.* et al. IN PCD 4613.
Abaíra: Cachoeira das Anáguas. 26/1/1992, *Pirani, J.R.* et al. IN H 51326.

Mikania psilostachya DC.
Bahia
Maraú: Estrada que liga Ponta do Mutá (Porto de Campinhos) a Maraú, a 28 km do Porto. 6/2/1979, *Mori, S.A.* et al. 11429
Mun. ?: Bahia [= Salvador], in fruticebis. *Salzmann, P.* 11, ISOSYNTYPE, Mikania polystachya DC. [× 2]
Andaraí: Caminho para a antiga estrada para Xique-Xique do Igatú. 14/2/1997, *Santos, T.R.* et al. IN PCD 5649. [× 2]
Ceará
Mun. ?: Brejo Grande. 2/1839, *Gardner, G.* 2421. [× 2]

Mikania ramosissima Gardner
Bahia
Abaíra: Campos de Ouro Fino, próximo da Serra dos Bicanos. 16/7/1992, *Ganev, W.* 670.
Abaíra: Guarda-Mor, Capão de Quinca. 19/7/1993, *Ganev, W.* 1890.

Mikania reticulata Gardner
Bahia
Abaíra: Distrito de Catolés, Boa Vista. 5/5/1992, *Ganev, W.* 243.
Abaíra: Gerais do Porco-gordo. 16/7/1993, *Ganev, W.* 1882.
Rio do Pires: Garimpo das Almas (Cristal). 24/7/1993, *Ganev, W.* 1960.
Abaíra: Encosta da Serra do Rei. 6/6/1994, *Ganev, W.* 3307.
Rio de Contas: Serra da Marsalina (Serra da antena de TV). 18/11/1996, *Harley, R.M.* et al. IN PCD 4464.
Seabra: Serra do Bebedor, ca. 4 km W de Lagoa da Boa Vista, na estrada para Gado Bravo. 22/6/1993, *Queiroz, L.P. & N.S. Nascimento*, 3356.
Abaíra: 9 km de Catolés, caminho de Ribeirão de Baixo a Piatã. Serra do Atalho, ápice da serra. 10/7/1995, *Queiroz, L.P.* et al. 4422.
Montugaba: Ca. 8 km da cidade, em direção à Jacaraú. 16/3/1994, *Souza, V.C.* et al. 5537.

Mikania retifolia Sch.Bip. ex Baker
Bahia

Rio de Contas: Subida para o Campo de Aviação. 16/9/1989, *Hatschbach, G.* et al. 53370.

Mikania salzmanniifolia DC.
Bahia
Porto Seguro: Reserva da Brasil Holanda de Ind. S.A. Entradano km 22 da Rodovia Eunápolis-Porto Seguro. Ca. 9.5 km na estrada. *Carvalho, A.M.* et al. 4500.
Mucugê: Estrada nova Andaraí-Mucugê, 3–4 km de Mucugê. 8/9/1981, *Furlan, A.* et al. IN CFCR 1580.
Itacaré: Near the mouth of the Rio de Contas. 28/1/1977, *Harley, R.M.* et al. 18319.
Mucugê: Estrada velha Andaraí-Mucugê, em trecho próximo de Igatú. 8/9/1981, *Pirani, J.R.* et al. IN CFCR 2096.
Mun. ?: Bahia [= Salvador], in collibus. *Salzmann, P.* 44, ISOTYPE, Mikania salzmanniifolia DC. [× 2]
Mun. ?: s.l. s.c. s.n.
Mun. ?: s.l. s.c. s.n.

Mikania santosii R.M.King & H.Rob.
Bahia
Rio Branco: Estrada de Pratas. 27/1/1971, *Santos, T.S.* 1438, Photograph of HOLOTYPE, Mikania santosii R.M.King & H.Rob.

Mikania scandens Willd.
Bahia
Mucuri: Fazenda Afonsópolis, margem do Rio Mucuri. 7/8/1965, *Belém, R.P.* 1452.
Itabuna: Margem do Rio Cachoeira. 23/9/1965, *Belém, R.P.* 1804.
Una: Margem do Rio Una. 19/5/1965, *Belém, R.P. & M. Magalhães*, 1024.
Jussiape: Agua empoçada à margem do Rio de Contas, próximo da cidade. Cachoeira do Fraga. 16/2/1987, *Harley, R.M.* et al. 24343.
Camacan: Ramal para a Torre da EMBRATEL na Serra Boa, ao N de São João da Panelinha. 6/4/1979, *Mori, S.A. & T.S.dos Santos*, 11696.
Maranhão
Mun. ?: Bushy places, Maranham. 6/1841, *Gardner, G.* 6048.

Mikania sessilifolia DC.
Bahia
Mun. ?: Bahia [= Salvador], s.l. *Blanchet, J. S.* 3721.
Piatã: Enosta do Morro de Santana. Fundo da igreja. 8/6/1992, *Ganev, W.* 440.
Abaíra: Catolés de Cima, Campo Grande. 22/6/1992, *Ganev, W.* 552.
Abaíra: Caminho Betão-Tanque do Boi. 4/7/1992, *Ganev, W.* 608.
Rio de Contas: Caminho funil do Porco Gordo, capim vermelho. 14/7/1993, *Ganev, W.* 1851.
Abaíra: Bem Querer, Catolés de Cima. 23/6/1994, *Ganev, W.* 3411.
Palmeiras: Morro do Pai Inácio-BR 242. 12/10/1987, *Guedes, M.L. &* et al., 1523.
Palmeiras: Pai Inácio, lado oposto da torre de repetição. 30/8/1994, *Guedes, M.L.* et al. IN PCD 590.
Rio de Contas: Lower N.E. slopes of the Pico das Almas, ca. 25 km W.N.W. of the Vila do Rio de Contas. 20/3/1977, *Harley, R.M.* et al. 19751.

Caeté-Açu: Serra da Larguinha, ca. 2 km N.E. of Caeté-Açu (Capão Grande). 25/5/1980, *Harley, R.M.* et al. 22624.

Abaíra: Campo de Ouro Fino (alto). 17/1/1992, *Hind, D.J.N. & R.F. Queiroz*, IN H 50076.

Rio de Contas: Base do Pico das Almas, a 18 km as NW de Rio de Contas. 22/7/1979, *King, R.M.* et al. 8104.

Palmeiras: Morro do Pai Inácio. 12/10/1987, *Queiroz, L.P. & et al.*, 1980.

Mikania smaragdina Dusén ex Malme
Bahia

Caravelas: Rodovia para Nanuque. 19/6/1985, *Hatschbach, G. & J.M. Silva*, 49494.

Mikania subverticillata Sch.Bip. ex Baker
Bahia

Palmeiras: Próximo à localidade de Caeté-Açu: Cachoeira da Fumaça (Glass). 11/10/1987, *Queiroz, L.P.* 1926.

Palmeiras: Morro do Pai Inácio. 29/6/1983, *Queiroz, L.P.* 625.

Mikania trichophila DC.
Bahia

Ilhéus: s.l. *Blanchet, J.S.* 2097, ISOTYPE, Mikania trichophila DC. [× 2]

Itacaré: Ramal da torre da EMBRATEL com entrada no km 15 da Rodovia Ubaitaba-Itacaré. 21/7/1984, *Carvalho, A.M.* et al. 2091.

Camacan: Ramal que liga Biscó (lugarejo) ao povoado de São João do Panelinha, km 4. 14/7/1978, *Santos, T.S. & L.A. Mattos Silva*, 3314.

Mikania vitifolia DC.
Bahia

Mun. ?: Serra da Jacobina, West of Estiva, ca. 12 km N. of Senhor do Bonfim on the BA 130 highway to Juazeiro. 1/3/1974, *Harley, R.M.* et al. 16584.

Mikania spp.
Bahia

Uruçuca: Estrada que liga Uruçuca ao Distrito de Serra Grande. Coletas efetuadas a 23 km a partir da sede do município. 24/8/1992, *Amorim, A.M.* et al. 597.

Palmeiras: Pai Inácio. 25/10/1994, *Carvalho, A.M.* et al. IN PCD 978.

Rio do Pires: Beira do Riacho da Forquilha. 24/7/1983, *Ganev, W.* 1944.

Jacobina: Cachoeira de Itaitu. 30/3/1996, *Giulietti, A.M.* et al. IN PCD 2669.

Jacobina: Lagoa Antônio Teixeira Sobrinho, a 6 km de Jacobina. 4/7/1996, *Harley, R.M.* et al. IN PCD 3409.

Mucugê: Rodovia para Andaraí, entre km 5–15. 15/9/1984, *Hatschbach, G.* 48230.

Xique-Xique: s.l. 22/6/1996, *Hind, D.J.N.* et al. IN PCD 2939.

Palmeiras: Capão Grande no sentido da Cachoeira da Fumaça. 29/10/1996, *Hind, D.J.N. & L.P. Queiroz*, IN PCD 3813.

Lençóis: Serra da Chapadinha. Chapadinha. 23/11/1994, *Melo, E.* et al. IN PCD 1284.

Palmeiras: BR 242. Pai Inácio. 19/11/1983, *Noblick, L.R. & A. Pinto*, 2800.

Castro Alves: Topo da Serra da Jibóia, em torno da torre de televisão. 12/3/1993, *Queiroz, L.P.* et al. 3095.

Jacobina: Serra do Tombador, ca. 20 km W de Jacobina na estrada para Umburanas. 13/4/1999, *Queiroz, L.P.* et al. 5490.

Moquinia kingii (H.Rob.) Gamerro
Bahia

Piatã: Serra de Santana. 3/11/1996, *Bautista, H.P.* et al. IN PCD 4005.

Mucugê: Estrada de Mucugê a Guiné, a 5 km de Mucugê. 7/9/1981, *Furlan, A.* et al. IN CFCR 1951.

Abaíra: Caminho Samambaia-Serrinha, ca. 4 km de Catolés. 22/5/1992, *Ganev, W.* 341.

Abaíra: Campos da Serra do Bicota. 25/7/1992, *Ganev, W.* 726.

Abaíra: Serra das Brenhas. 19/10/1992, *Ganev, W.* 1284.

Abaíra: Serra da Tromba, nascente do Rio de Contas (caba saco). 18/12/1992, *Ganev, W.* 1689.

Rio de Contas: gerais do Porco Gordo. 16/7/1993, *Ganev, W.* 1874.

Rio de Contas: Serra dos Brejões, próximo ao Rio da Agua Suja, divisa com distrito de Arapiranga. 9/8/1993, *Ganev, W.* 2063.

Abaíra: subida para a Serra do Barbado pela casa de Zé da Mata. 22/11/1993, *Ganev, W.* 2532.

Abaíra: Serra da Serrinha, caminho Capão-Serrinha-Bicota. 26/4/1994, *Ganev, W.* 3137.

Mucugê: Alto do Morro do Pina. Estrada de Mucugê a Guiné, a 25 km NO de Mucugê. 20/7/1981, *Giulietti, A.M.* et al. IN CFCR 1506.

Mucugê: By Rio Cumbuca, about 3 km N of Mucugê on the Andaraí road. 5/2/1974, *Harley, R.M.* et al. 16024.

Piatã: arredores da cidade no caminho para a Capelinha. 14/2/1987, *Harley, R.M.* et al. 24217.

Rio de Contas: Pico das Almas: vertente leste. Trilha Fazenda Silvina-Queiroz. 30/10/1988, *Harley, R.M.* et al. 25785.

Piatã: Quebrada da Serra do Atalho. 26/12/1991, *Harley, R.M.* et al. IN H 50386.

Abaíra: Serra ao sul do Riacho da Taquara. 10/1/1992, *Harley, R.M.* et al. IN H 51279.

Abaíra: Campos de Ouro Fino (alto). 27/2/1992, *Hind, D.J.N. & R.F. Queiroz*, IN H 50961. [× 2]

Mucugê: s.l. 13/7/1996, *Hind, D.J.N.* et al. IN PCD 3553. [× 2]

Rio de Contas: Pico das Almas a 18 km NW de Rio de Contas. 24/7/1979, *King, R.M.* et al. 8145.

Mucugê: Estrada que liga Mucugê, 17 km de Mucugê. 27/7/1979, *King, R.M.* et al. 8179, Photograph of HOLOTYPE, Pseudostifftia kingii H.Rob.

Mucugê: Estrada que liga Mucugê, 17 km de Mucugê. 27/7/1979, *King, R.M.* et al. 8179, ISOTYPE, Pseudostifftia kingii H.Rob.

Mucugê: Margem da estrada Andaraí-Mucugê. Estrada nova a 13 km de Mucugê, próximo a uma grande pedreira na margem esquerda. 21/7/1981, *Pirani, J.R.* et al. IN CFCR 1665.

Abaíra: Base da encosta da Serra da Tromba. 2/2/1992, *Pirani, J.R.* et al. IN H 51505.

Abaíra: Distrito de Catolés. Estrada para Serrinha e Bicota. 20/4/1998, *Queiroz, L.P.* & et al., 5030.

Abaíra: Campo do Cigano. 25/2/1992, *Sano, P.T.* IN H 52315.

Moquinia racemosa (Spreng.) DC.
Bahia

Mucugê: Estrada Mucugê-Guiné, a 5 km de Mucugê. 7/9/1981, *Furlan, A.* et al. IN CFCR 1944.

Abaíra: Caminho Serrinha-Capão de Levi. 22/9/1992, *Ganev, W.* 1152.

Abaíra: Caminho para Cachoeira das Anaguinhas, subida cachoeira. 10/10/1992, *Ganev, W.* 1210.

Piatã: Jambeiro, próximo de Catolés. 17/10/1992, *Ganev, W.* 1252.

Abaíra: Jambeiro, próximo de Catolés. 10/9/1993, *Ganev, W.* 2206.

Morro do Chapéu: Rio do Ferro Doido, 19.5 km SE of Morro do Chapéu on the BA 052 highway to Mundo Novo. 31/5/1980, *Harley, R.M.* et al. 22876.

Rio de Contas: Rodovia para Mato Grosso. 17/9/1989, *Hatschbach, G.* et al. 53407.

Palmeiras: Capão Grande, no sentido da Cachoeira da Fumaça. 29/10/1996, *Hind, D.J.N. & L.P. de Queiroz,* IN PCD 3814. [× 2]

Morro do Chapéu: Serra Pé do Morro. 29/6/1996, *Hind, D.J.N.* et al. IN PCD 3229.

Piatã: Sopé da Serra de Santana. 3/11/1996, *Hind, D.J.N.* et al. IN PCD 3985.

Mucugê: a 3 km as S de Mucugê, na estrada que vai para Jussiape. 26/7/1979, *King, R.M.* et al. 8163.

Palmeiras: Pai Inácio, BR 242, km 232 a ca. 15 km ao NE de Palmeiras. 31/10/1979, *Mori, S.A.* 12908.

Lençóis: BR 242 entre km 224 e 228, ca. 20 km ao NW de Lençóis. 2/11/1979, *Mori, S.A.* 12967.

Morithamnus crassus R.M.King, H.Rob. & G.M.Barroso
Bahia

Andaraí: 22 km S of Andaraí on road to Mucugê. 16/2/1977, *Harley, R.M.* et al. 18728.

Mucugê: Estrada Andaraí-Mucugê, ao lado da torre da EMBRATEL. 12/7/1996, *Hind, D.J.N.* et al. IN PCD 3532. [× 2]

Mucugê: Estrada que liga Mucugê à Andaraí, a 11 km do primeiro. 27/7/1979, *King, R.M.* et al. 8166, Photograph of HOLOTYPE, Morithamnus crassus R.M.King & H.Rob.

Mucugê: Estrada que liga Mucugê à Andaraí, a 11 km do primeiro. 27/7/1979, *King, R.M.* et al. 8166, ISOTYPE, Morithamnus crassus R.M.King & H.Rob.

Morithamnus ganophyllus (Mattf.) R.M.King & H.Rob.
Bahia

Piatã: Três Morros (próximo à Fazenda Porteiras). 2/9/1997, *Bautista, H.P. & J. Oubiña,* 2224.

Piatã: Serra do Atalho, entre Cravada e Cravadinha. 22/8/1992, *Ganev, W.* 944.

Rio de Contas: Serra Marsalina (serra da antena de TV). 18/11/1996, *Harley, R.M.* et al. IN PCD 4467.

Piatã: Sopé da Serra de Santana. 3/11/1996, *Hind, D.J.N.* et al. IN PCD 3986.

Oiospermum involucratum Less.
Bahia

Itabuna: CEPLAC, low ground in cocoa plantation. 9/7/1964, *Silva, N.T.* s.n.

Ophryosporus freyreissii (Thumb. & Dallin.) Baker
Bahia

Abaíra: Mata do Bem Querer, próximo ao Rancho de José Sobrinho. 17/8/1992, *Ganev, W.* 885.

Rio de Contas: Pico das Almas. Vertente leste. Fazenda Silvina. 19 km ao N-O da cidade. 23/10/1988, *Harley, R.M.* et al. 25330.

Oyedaea bahiensis Baker
Bahia

Mun. ?: s.l. Martius Herb. Fl. bras. s.n. Probable ISOTYPE of Oyedaea bahiensis Baker

Paralychnophora atkinsiae D.J.N. Hind
Bahia

Mucugê: Estrada Mucugê-Andaraí, a ca. 3 km de Mucugê. Próximo ao córrego da Piabinha. 22/2/1994, *Sano, P.T.* et al. IN CFCR 14403, ISOTYPE, Paralychnophora atkinsiae D.J.N. Hind.

Paralychnophora barleyi (H.Rob.) D.J.N. Hind
Bahia

Lençóis: Estrada de Lençóis BR 242, 5 km ao N de Lençóis. 19/12/1981, *Carvalho, A.M.* et al. 1001.

Abaíra: Belo Horizonte, acima de Jambeiro, próximo à Serra do Sumbaré. 27/10/1992, *Ganev, W.* 1376.

Abaíra: Guarda-Mor, próximo à Serrinha. 15/9/1993, *Ganev, W.* 2239.

Palmeiras: Pai Inácio. 28/2/1997, *Gasson, P.* et al. IN PCD 5905.

Barra da Estiva: Morro do Ouro. 19/7/1981, *Giulietti, A.M.* et al. IN CFCR 1317.

Mucugê: Morro do Pina. Estrada de Mucugê à Guiné, a 25 km NO de Mucugê. 20/7/1981, *Giulietti, A.M.* et al. IN CFCR 1491

Rio de Contas: 12–14 km N of town of Rio de Contas on the road to Mato Grosso. 17/1/1974, *Harley, R.M.* et al. 15187.

Mucugê: By Rio Cumbuca ca. 3 km S of Mucugê, near site of small dam on road to Cascavel. 4/2/1974, *Harley, R.M.* et al. 15923.

Lençóis: Serra dos Lençóis-Serra do Brejão, ca. 14 km N.W. of Lençóis. 22/5/1980, *Harley, R.M.* et al. 22335.

Rio de Contas: Povoado de Mato Grosso, arredores. 24/10/1988, *Harley, R.M.* et al. 25372. [× 2]

Rio de Contas: Pico das Almas. Vertente leste. Alto do vale acima da Fazenda Silvina. 16/12/1988, *Harley, R.M. & D.J.N. Hind,* 27255, ISOTYPE, Eremanthus harleyi H.Rob. [× 2]

Mucugê: 3–5 km N da cidade, em direção à Palmeiras. 20/2/1994, *Harley, R.M.* et al. IN CFCR 14301.

Piatã: Quebrada da Serra do Atalho. 26/12/1991, *Harley, R.M.* et al. IN H 50385.

Lençóis: Serra da Chapadinha. 8/7/1996, *Harley, R.M.* et al. IN PCD 3518. [× 2]

Rio de Contas: Pé da Serra da Marsalina. 18/11/1996, *Harley, R.M.* et al. IN PCD 4450.

Abaíra: Campo de Ouro Fino (alto). 17/1/1992, *Hind, D.J.N. & R.F. Queiroz,* IN H 50071. [× 5]

Mucugê: Estrada Andaraí-Mucugê, ao lado da Torre da EMBRATEL. 12/7/1996, *Hind, D.J.N.* et al. IN PCD 3550. [× 2]

Piatã: Sopé da Serra de Santana. 3/11/1996, *Hind, D.J.N.* et al. IN PCD 3964.

Rio de Contas: a 4 km as NW de Rio de Contas. 21/7/1979, *King, R.M.* et al. 8069.

Rio de Contas: Base do Pico das Almas, a 18 km as NW de Rio de Contas. 24/7/1979, *King, R.M.* et al. 8132.

Mucugê: a 3 km as S de Mucugê, na estrada que vai para Jussiape. 26/7/1979, *King, R.M.* et al. 8152.

Mucugê: Estrada que liga Mucugê com Andaraí, a 11 km de Mucugê. 27/7/1979, *King, R.M.* et al. 8170.

Mucugê: 2 km along road S of Mucugê. 31/1/1981, *King, R.M. & L.E. Bishop*, 8712.

Lençóis: 52 km E of Seabra, along the road toward Itaberaba. 2/2/1981, *King, R.M. & L.E. Bishop*, 8774.

Lençóis: Estrada que liga Lençóis à BR 242, numa extensão de 12 km. Coletas ao longo da estrada. 18/5/1989, *Mattos Silva, L.A.* et al. 2752.

Palmeiras: BR 242, Pai Inácio. 19/11/1983, *Noblick, L.R. & A. Pinto*, 2826.

Lençóis: Serra da Chapadinha. 29/7/1994, *Orlandi, R.* et al. IN PCD 274.

Palmeiras: Pai Inácio: topo do Morro do Pai Inácio, próximo ao cruzeiro. 24/4/1995, *Pereira, A.* et al. IN PCD 1751.

Lençóis: Rio Mucugezinho, próximo à BR 242. Em direção à Serra do Brejão, próximo ao Morro do Pai Inácio. 20/12/1984, *Stannard, B.L.* et al. IN CFCR 7322.

Paralychnophora patriciana D.J.N. Hind
Bahia

Abaíra: Serra do Barbado, subida do Pico. 12/7/1993, *Ganev, W.* 1828.

Abaíra: Serra ao Sul do Riacho da Taquara. 27/1/1992, *Hind, D.J.N. & R.F. Queiroz*, IN H 50967, ISOTYPE, Paralychnophora patriciana D.J.N. Hind. [× 4]

Abaíra: Campo do Cigano. 5/2/1992, *Stannard, B.L.* et al. IN H 51189.

Abaíra: Campo do Cigano. 5/2/1992, *Stannard, B.L.* et al. IN H 51189.

Paralychnophora reflexoauriculata (G.M.Barroso) MacLeish
Bahia

Morro do Chapéu: Morrão ao sur de Morro do Chapéu. 28/11/1992, *Arbo, M.M.* et al. 5388.

Jacobina: Serra do Tombador, ca. 25 km na estrada Jacobina-Morro do Chapéu. 20/2/1993, *Carvalho, A.M.* et al. 4177.

Jacobina: Rodovia Jacobina-Lage do Batata, km 15. 28/6/1983, *Coradin, L.* et al. 6190.

Morro do Chapéu: Rodovia BA 052, em direção à Utinga, entrada a 2 km a direita. Morro da torre da EMBRATEL a 8 km. 30/8/1990, *Hage, J.L.* et al. 2332.

Morro do Chapéu: Summit of Morro do Chapéu, ca. 8 km SW of the town of Morro do Chapéu to the west of the road to Utinga. 30/5/1980, *Harley, R.M.* et al. 22766.

Morro do Chapéu: Rio do Ferro Doido, 19.5 km SE of Morro do Chapéu on the BA 052 highway to Mundo Novo. 31/5/1980, *Harley, R.M.* et al. 22867.

Morro do Chapéu: 12 km na estrada Morro do

Chapéu-Ferro Doido. 28/6/1996, *Hind, D.J.N.* et al. IN PCD 3154. [× 2]

Jacobina: Serra do Tombador. 2/7/1996, *Hind, D.J.N.* et al. IN PCD 3343.

Jacobina: Serra do Tombador. 2/7/1996, *Hind, D.J.N.* et al. IN PCD 3345.

Morro do Chapéu: Extensive area of sandstone above 100 m falls of the Rio Ferro Doido, ca. 18 km E of Morro do Chapéu. 20/2/1971, *Irwin, H.S.* et al. 30689.

Senhor do Bonfim: Serra de Santana. 26/12/1984, *Mello Silva, R.* et al. IN CFCR 7638.

Jacobina: Serra de Jacobina a SE da cidade. 18/11/1986, *Queiroz, L.P.* & et al., 1187.

Pernambuco

Buíque: Catimbau, perto do paraíso selvagem. 17/8/1995, *Figueiredo, L.S.* et al. 155. [× 2]

Buíque: Serra do Catimbau-Paraíso selvagem. 8/3/1996, *Laurênio, A.* et al. 354. [× 2]

Buíque: Serra do Catimbau. 18/8/1994, *Rodal, M.J.N.* 278.

Paralychnophora santosii (H.Rob.) D.J.N. Hind
Bahia

Abaíra: Campos de Ouro Fino, próximo à Serra dos Bicanos. 16/7/1992, *Ganev, W.* 671.

Abaíra: Encosta da Serra do Rei. 6/6/1994, *Ganev, W.* 3316.

Barra da Estiva: Serra do Sincorá, 3–13 km W of Barra da Estiva on the road to Jussiape. 23/3/1980, *Harley, R.M.* et al. 20809.

Rio de Contas: Pico das Almas. Vertente leste. Fazenda Silvina, 19 km ao N-O da cidade. 23/10/1988, *Harley, R.M.* et al. 25319.

Abaíra: Campo de Ouro Fino (alto). 21/1/1992, *Hind, D.J.N. & R.F. Queiroz*, IN H 50928. [× 3]

Paralychnophora sp.
Bahia

Jacobina: Monte Tabor. Hotel Serra do Ouro. Vegetação nos arredores do hotel. 20/2/1993, *Carvalho, A.M.* et al. 4195.

Parthenium hysterophorus L.
Pernambuco

Bezerros: Parque Municipal de Serra Negra. 12/4/1995, *Henrique, V.* et al. 11.

Bezerros: Parque Municipal de Serra Negra. 12/4/1995, *Lucena, M.F.A.* et al. 33.

Pectis brevipedunculata (Gardner) Sch.Bip.
Bahia

Don Basílio: Ca. 52 km na rodovia de Brumado para Livramento do Brumado. Local chamado Fazendinha. 28/12/1989, *Carvalho, A.M.* et al. 2684.

Tucano: Distrito de Caldas do Jorro. Estrada que liga Caldas do Jorro ao Rio Itapicuru. 1/3/1992, *Carvalho, A.M. & D.J.N. Hind*, 3855.

Jussiape: 11 km de Jussiape na estrada para Morro Branco e Brejo de Cima. 7/2/1997, *Giulietti, A.M.* et al. IN PCD 5463.

?Jaguarari/Juazeiro: 64 km North of Senhor do Bonfim on the BA 130 highway to Juazeiro. 25/2/1974, *Harley, R.M.* et al. 16318.

XiqueXique: Lagoa Itaparica, 10 km West of the

Santo Inácio-Xique-Xique road at the turning 13.1
km North of Santo Inácio. 26/2/1977, *Harley, R.M.
et al.* 19074.

Correntina: Chapadão Ocidental da Bahia. Islets and
banks of the Rio Corrente by Correntina.
23/4/1980, *Harley, R.M.* et al. 21653.

Paramirim: Rio Paramirim, 4 km da cidade na estrada
para Agua Quente. 30/11/1988, *Harley, R.M. & N.
Taylor,* 27034.

Mun. ?: Rodovia BR 430, 20–30 km a Oeste de
Brumado. 5/4/1992, *Hatschbach, G.* et al. 56652.

Caetité: Ca. 13 km da cidade em direção à
Paramirim, localidade de Cachoeirinha. 9/3/1994,
Souza, V.C. et al. 5391.

Juazeiro: 7 km South of Juazeiro, along BR 407.
Grounds of the Pousada Juazeiro. 23/1/1993,
Thomas, W.W. et al. 9565.

Pectis congesta (Gardner) Sch.Bip.
Piauí

Parnaguá (Paranagoá): An a dry sandy place which
had been covered with water during the rains.
District Paranagoá. 8/1839, *Gardner, G.* 2648,
ISOTYPE, Lorentea congesta Gardner. [× 2]

Pectis decumbens (Gardner) Sch.Bip.
Piauí

Mun. ?: Dry hills near Pobre not far from Oeiras.
7/1839, *Gardner, G.* 2649, ISOTYPE, Lorentea
decumbens Gardner. [× 2]

Pectis elongata Kunth
Bahia

Livramento do Brumado: 35 km S of Livramento do
Brumado on road to Brumado. 1/4/1991, *Lewis,
G.P. & S.M.M. de Andrade,* 1928. [× 2]

Brumado: Margem da estrada Brumado-Livramento,
18 km de Brumado. 12/12/1984, *Lewis, G.P.* et al.
IN CFCR 6721.

Ceará

Mun. ?: Dry shady places below Icó. 8/1838,
Gardner, G. 1745, ISOTYPE, Lorentea polycephala
Gardner. [× 2]

Rio Grande do Norte

Currais Novos: 5 km from Currais Novos on Caicó
road. 26/3/1972, *Pickersgill, B.* et al. RU 72 390.

Pectis linifolia L. var. *linifolia*
Bahia

Mun. ?: Entre Jeremoabo e Paulo Afonso. 13/5/1981,
Bautista, H.P. 433.

Pernambuco

Fazenda Nova: Fazenda Araras. 16/9/1998, *Andrade,
W.M. & L.S. Figueirêdo,* 158.

Pectis oligocephala (Gardner) Baker var. *affinis*
(Gardner) Baker
Bahia

Paulo Afonso: Fazenda Arrasta Pé. 18/5/1981,
Bautista, H.P. 463.

Mun. ?: Mina Caraíba. 17/3/1966, *Castellanos, A.* 25830.

Piauí

Mun. ?: Dry rocky hills near Retiro. 3/1839, *Gardner,
G.* 2213, ISOTYPE, Lorentea affinis Gardner. [× 2]

Mun. ?: Dry pasture near Canabrava. 3/1839,
Gardner, G. 2214, ISOTYPE, Lorentea ramosissima
Gardner. [× 2]

Mun. ?: Dry open places near Boa Esperança. 3/1839,
Gardner, G. 2215, ISOTYPE, Lorentea oligocephala
Gardner. [× 2]

Campo Maior: Fazenda Sol Posto. 20/4/1994,
Nascimento, M.S.B. 106.

Castelo do Piauí: Próximo ao Rio Poty. 20/4/1994,
Nascimento, M.S.B. 247.

Piptocarpha leprosa (Less.) Baker
Bahia

Mun.?: s.l. *Blanchet, J.S.* 3429.

Uruçuca: distrito de Serra Grande, 7,3 km na estrada
Serra Grande-Itacaré. Faz. Lagoa do Conjunto-Faz.
Santa Cruz. 13/1/1999, *Jardim, J.G.* et al. 1895.

Piptocarpha lucida (Spreng.) A.W.Benn. ex Baker
Bahia

Mun. ?: Etiam prope Bahiam [= Salvador]. *Vauthier*
160.

Piptocarpha lundiana (Less.) Baker
Bahia

Porto Seguro: Parque Nacional de Monte Pascoal.
Area limite entre o PARNA e a Reserva Indígena
Barra Velha, da tribo Pataxó. 13/9/1998, *Amorim,
A.M.A.* et al. 2540.

Piptocarpha macropoda (DC.) Baker
Bahia

Ilhéus: estrada entre Sururú e Vila Brasil, a 6–14 km
de Sururú. 12–20 km de Buerarema. 27/10/1979,
Mori, S.A. & F. Benton, 12883.

Piptocarpha macropoda (DC.) Baker var. aff.
crassifolia Baker
Bahia

Bonito: Estrada Bonito-Utinga, cerca de 5 km de
Bonito. 11/11/1998, *Nascimento, F.H.F.* 75.

Piptocarpha oblonga Baker
Bahia

Cairú: rodovia Nilo Peçanha-Cairú, km 4. 9/12/1980,
Carvalho, A.M. et al. 397.

Piptocarpha pyrifolia (DC.) Baker
Bahia

Maraú: s.l. 5/10/1965, *Belém, R.P.* 1820.

Maraú: s.l. 5/10/1965, *Belém, R.P.* 1831.

Ubatã: Fazenda Rancho Alegre, ca. 4 km na estrada
da BR 101 para Ibirataia, ca. 2 km ramal adentro.
25/3/1993, *Carvalho, A.M.* et al. 4227.

Santa Luzia: ca. 7,5 km na estrada da BR 101 para
Santa Luzia. 19/8/1994, *Carvalho, A.M.* et al. 4588.

Nilo Peçanha: ramal para os povoados de Itiúca, São
Francisco, Barra do Carvalho e Boitaraca, com
entrada no km 10 da rodovia Nilo Peçanha-Cairu,
lado direito. Coletas próximas à Itiúca, em direção
ao povoado de São Francisco (13 km ao sul da
entrada). 22/9/1988, *Mattos Silva, L.A.* et al. 2579.

Wenceslau Guimarães: Reserva Estadual de
Wenceslau Guimarães, ca. 40 km W de Teolândia,
próximo ao povoado de Cocão. 29/8/1991,
Sant'Ana, S.C. et al. 27.

Una: Reserva Biológica do Mico-leão (IBAMA).
Entrada no km 46 da rodovia BA 001 Ilhéus-Una.
6/9/1994, *Sant'Ana, S.C.* et al. 558.

Piptocarpha quadrangularis (Vell.) Baker
Bahia
  Santa Terezinha: Serra da Pioneira. 14/11/1986,
    Queiroz, L.P. et al. 1062.

Piptocarpha robusta G.M.Barroso
Bahia
  Eunápolis: Colônia, estrada do Rio do Peixe do W.
    18/5/1971, *Santos, T.S.* 1670, Photograph of
    HOLOTYPE, Piptocarpha santosii H.Rob.

Piptocarpha rotundifolia (Less.) Baker
Bahia
  Cocos: Porto Cajueiro. 6/6/1984, *Silva, S.B. da &*
    M.G.G. de Lima, 386.

Piptocarpha stifftioides H.Rob.
Bahia
  Una: Margem do Rio Una. 7/6/1968, *Belém, R.P.* 3683
    [PARATYPE Stifftia axillaris G. M. Barroso & da
    Vinha].

Piptocarpha venulosa Baker
Bahia
  Una: Reserva Biológica do Mico-leão (IBAMA).
    Entrada no km 46 da rodovia BA 001 Ilhéus-Una.
    Coletas efetuadas na picada do príncipe.
    13/7/1993, *Jardim, J.G.* et al. 175.
  Una: Reserva Biológica do Mico-leão (IBAMA).
    Entrada no km 46 da rodovia BA 001 Ilhéus-Una.
    Coletas efetuadas na picada do príncipe.
    14/9/1993, *Amorim, A.M.A.* et al. 1377. [× 2]

Piptocarpha spp.
Bahia
  Jussari: Rodovia Jussari-Palmira, entrada ca. 7,5 km
    de Jussari. Fazenda Teimosos. RPPN Serra do
    Teimoso. 13/8/1998, *Amorim, A.M.A.* et al. 2449.
  Jacobina: Oeste de Jacobina. Serra do Tombador,
    estrada para Lagoa Grande. 23/12/1984, *Pirani, J.R.*
    et al. IN CFCR 7464.
  Uruçuca: Parque Estadual Serra do Condurú, ca. 11
    km W of Serra Grande on road to Uruçuca.
    28/1/1999, *Thomas, W.W.* et al. 11870. [× 2]

Piqueriella brasiliensis R.M.King & H.Rob.
Ceará
  Mun. ?: Serra de Baturité, Bico Alto, cume. 17/8/1908,
    Ducke, A. s.n., Photograph of ISOTYPE, Piqueriella
    brasiliensis R.M.King & H.Rob.

Pithecoseris pacourinoides Mart. ex DC.
Bahia
  Palmeiras: Pai Inácio. 25/10/1994, *Carvalho, A.M.* et
    al. IN PCD 1003. [× 2]
  Jacobina: Rodovia Jacobina-Lage do Batata, km 15.
    28/6/1983, *Coradin, L.* et al. 6176.
  Palmeiras: Morro do Pai Inácio. 12/10/1987, *Queiroz,*
    L.P. & et al., 1993.
  Maracás: Felsen bei Maracás. 9/1906, *Ule, E.* 7011.
Ceará
  Mun. ?: Among gneiss rocks a few leagues below
    Icó. 8/1838, *Gardner, G.* 1712. [× 2]

Platypodanthera melissifolia (DC.) R.M.King &
  H.Rob. ssp. **melissifolia**
Bahia
  Mucugê: Ca. 4 km na estrada Mucugê-Andaraí,

margens do Rio Cumbuca. 14/4/1990, *Carvalho,*
    A.M. & W.W.Thomas, 3091.
  Jequié: 36 km de Jequié. 11/7/1964, *Duarte, L. &*
    A.Castellanos, 353.
  Mun. ?: Road sides near Bahia [= Salvador]. 9/1837,
    Gardner, G. 877, LECTOTYPE, Eupatorium nudum
    Gardner.
  Mun. ?: Road sides near Bahia [= Salvador]. 9/1837,
    Gardner, G. 877, ISOLECTOTYPE, Eupatorium
    nudum Gardner.
  Mun. ?: s.l. *Gardner, G.* s.n., Probable
    ISOLECTOTYPE, Eupatorium nudum Gardner.
  Mun.?: Cruz de Comsa 21.3.56 *Glocker, E.F.* s.n.
    [mounted with one sheet of Salzmann 43]
  Salvador: UFBA, Campus de Ondina, às margens da
    estrada. 13/12/1991, *Guedes, M.L. & D.J.N. Hind*, 4.
  Senhor do Bonfim: 6 km S of Senhor do Bonfim on
    road to Capim Grosso (BA 130). 1/3/1974, *Harley,*
    R.M. et al. 16622. [× 2]
  Mucugê: About 2 km along Andaraí road. 25/1/1990,
    Harley, R.M. et al. 20645.
  Lençóis: Estrada para Barra Branca. 27/10/1996,
    Hind, D.J.N. & L. Funch, IN PCD 3788.
  Mucugê: s.l. 13/7/1996, *Hind, D.J.N.* et al. IN PCD
    3571. [× 2]
  Una: Comandatuba, 60 km de Ilhéus, c. 10 km from
    Una. 15/2/1992, *Hind, D.J.N.* et al. 48. [× 2]
  Mucugê: a 3 km as S de Mucugê, na estrada que vai
    para Jussiape. 26/7/1979, *King, R.M.* et al. 8155.
  Andaraí: 46 km from road between Itaberaba and
    Ibotirama, along road to Andaraí. 30/1/1981, *King,*
    R.M. & L.E. Bishop, 8705.
  Andaraí: One km S of Andaraí, along road to
    Mucugê. 30/1/1981, *King, R.M. & L.E. Bishop*, 8709.
  Mucugê: 3 km along road S of Mucugê. 31/1/1981,
    King, R.M. & L.E. Bishop, 8723.
  Mun. ?: Cruz de Cosma. 7/1835, *Luchsnath* "60".[× 4]
  Feira de Santana: Campus universitário. 18/10/1980,
    Noblick, L.R. 2048.
  Mucugê: Estrada Andaraí-Mucugê, a 4–5 km de
    Andaraí. 8/9/1981, *Pirani, J.R.* et al. IN CFCR 2083.
  Mun. ?: Bahia [= Salvador], in collibus. *Salzmann, P.*
    43, ISOLECTOTYPE, Ageratum melissifolium DC.
    [× 2]
Pernambuco
  Igarassú: s.l. 21/8/1954, *Falcão, J.* et al. 756. [× 2]
  Buíque: Catimbau-Serra do Catimbau. 18/8/1994,
    Rodal, M.J.N. 259.

Platypodanthera melissifolia (DC.) R.M.King &
  H.Rob. ssp. **riocontensis** D.J.N. Hind
Bahia
  Rio de Contas: Margem da barragem da cidade de
    Rio de Contas. 16/11/1996, *Bautista, H.P.* et al. IN
    PCD 4377. [× 2]
  Caetité: Ca. 3 km SW de Caetité, na estrada para
    Brejinho das Ametistas. 18/2/1992, *Carvalho, A.M.*
    et al. 3727.
  Rio de Contas: Ca. 1 km S of Rio de Contas on side
    road to W of the road to Livramento do Brumado.
    15/1/1974, *Harley, R.M.* et al. 15082.
  Rio de Contas: About 3 km N of the town of Rio de
    Contas. 21/1/1974, *Harley, R.M.* et al. 15352.
  Rio de Contas: About 2 km N of the town of Rio de

Contas in flood plain of Rio Brumado. 23/1/1974, *Harley, R.M.* et al. 15621.

Rio de Contas: About 2 km N of the Vila do Rio de Contas in flood plain of Rio Brumado. 27/3/1977, *Harley, R.M.* et al. 20040.

Brejinho das Ametistas: Serra Geral de Caitité, 1.5 km S of Brejinho das Ametistas. 11/4/1980, *Harley, R.M.* et al. 21226.

Livramento do Brumado: Arredores da cidade, na beira da estrada para Rio de Contas. 22/10/1988, *Harley, R.M.* et al. 25295. [× 2]

Rio de Contas: Pico das Almas. Vertente leste, perto da Fazenda Brumadinho, estrada para Fazenda Silvina. 9/12/1988, *Harley, R.M.* et al. 27080, ISOTYPE, Platypodanthera melissifolia (DC.) R.M.King & H.Rob. ssp. riocontensis D.J.N. Hind. [× 2]

Rio de Contas: Pé da Serra Marsalina. 18/11/1996, *Harley, R.M.* et al. IN PCD 4433.

Rio de Contas: Rio Brumado, próximo à Cachoeira do Fraga. 14/11/1996, *Hind, D.J.N.* et al. IN PCD 4258.

Rio de Contas: Estrada Rio de Contas-Livramento do Brumado. 14/11/1996, *Hind, D.J.N.* et al. IN PCD 4271.

Rio de Contas: Base do Pico das Almas, a 18 km as NW de Rio de Contas. 24/7/1979, *King, R.M.* et al. 8133.

Livramento do Brumado: 10 km North of Livramento do Brumado along road toward Rio de Contas. 23/1/1981, *King, R.M. & L.E. Bishop*, 8597. [× 2]

Rio de Contas: Caminho para a Cachoeira do Fraga. 1/2/1997, *Passos, L.* et al. IN PCD 4796.

Caetité: Caminho para Licínio de Almeida. 10/2/1997, *Passos, L.* et al. IN PCD 5390.

Rio de Contas: Margem do Rio Brumado, abaixo da represa. 25/1/1998, *Queiroz, L.P.* et al. 4905.

Caetité: Arredores de Brejinho das Ametistas. 12/3/1994, *Roque, N.* et al. IN CFCR 14992.

Pluchea oblongifolia DC.
Bahia

Agua Quente: Pico das Almas. Vertente norte. Vale a Oeste da Serra do Pau Queimado. 16/12/1988, *Harley, R.M. & D.J.N. Hind*, 27265.

Agua Quente: Pico das Almas. Vertente norte. Vale ao Noroeste do Pico. 20/12/1988, *Harley, R.M.* et al. 27314a.

Piatã: Gerais da Inúbia, 22–26 km de Catolés. 10/3/1992, *Stannard, B.L.* et al. IN H 51858.

Pluchea sagittalis (Lam.) Cabrera
Alagoas

Mun. ?: In rather moist shady places near the city of Alagoas. 4/1838, *Gardner, G.* 1347. [× 2]

Bahia

Mun. ?: Lagoa da Eugênia, southern end near Camaleão. 21/2/1974, *Harley, R.M.* et al. 16274.

Porto Seguro: Reserva Biológica do Pau-Brasil (CEPLAC), 17 km W from Porto Seguro on road to Eunápolis. 20/1/1977, *Harley, R.M.* et al. 18111.

Livramento do Brumado: Lagoa Vargem de Dentro, ca. 8 km ao Oeste da cidade. 2/11/1988, *Harley, R.M.* et al. 25849.

Jacobina: Lagoa Antônio Teixeira Sobrinho, a 6 km de Jacobina. 4/7/1996, *Harley, R.M.* et al. IN PCD 3410.

Mucugê: Pedra Redonda, entre o Rio Preto e O Rio Paraguaçu. 15/7/1996, *Hind, D.J.N.* et al. IN PCD 3640.

Mun. ?: 84 km SE of Brumado along road to Vitoria da Conquista. 26/1/1981, *King, R.M. & L.E. Bishop*, 8679.

Ilhéus: s.l. coll. ? [*Martius Herb. Fl. bras.* 659.]

Mun. ?: Bahia [=Salvador], in humidis. *Salzmann, P.* 4. [× 2]

Mun. ?: s.l. *Sello* 2031.

Podocoma blanchetiana Baker
Bahia

[?Jacobina]: [ad Igreja Velha]. *Blanchet, J.S.* 3365, HOLOTYPE, Podocoma blanchetiana Baker.

Porophyllum angustissimum Gardner
Bahia

Mucugê: Na estrada para Guiné de Mucugê. 16/7/1996, *Hind, D.J.N.* et al. IN PCD 3679. [× 2]

Rio de Contas: Base do Pico das Almas, a 18 km as N.W. de Rio de Contas. 22/7/1979, *King, R.M.* et al. 8102.

Porophyllum bahiense D.J.N. Hind
Bahia

Ibiquara: 25 km ao N de Barra da Estiva, na estrada nova para Mucugê. 20/11/1988, *Harley, R.M.* et al. 26979, ISOTYPE, Porophyllum bahiense D.J.N. Hind. [× 2]

Piatã: Estrada Piatã-Inúbia, a 2 km da entrada para Inúbia. 11/11/1996, *Hind, D.J.N. & H.P. Bautista*, IN PCD 4192.

Piatã: Estrada Piatã-Inúbia. 2/11/1996, *Hind, D.J.N.* et al. IN PCD 3926.

Porophyllum obscurum (Spreng.) DC.
Bahia

Rio de Contas: caminho Boa Vista-Mutuca Corisco, próximo ao Bicota. 2/9/1993, *Ganev, W.* 2186.

Abaíra: Caminho Jambreiro-Belo Horizonte. 14/7/1994, *Ganev, W.* 3527.

Palmeiras: Pai Inácio. 26/9/1994, *Giulietti, A.M.* et al. IN PCD 852.

Palmeiras: Pai Inácio, caminho para o Cercado. 29/6/1995, *Guedes, M.L.* et al. IN PCD 2021. [× 2]

Abaíra: Catolés, encosta da Serra da Tromba. 7/9/1996, *Harley, R.M.* et al. 28367.

Feira de Santana: Campus da UEFS. 26/6/1982, *Lemos, M.J.S.* 2.

Porophyllum ruderale (Jacq.) Cass. ssp. *ruderale*
Bahia

Mun. ?: s.l. *Blanchet, J.S.* 3722.

Mun. ?: s.l. *Blanchet, J.S.* s.n.

Travessão: BR 101, Itabuna-Cruz das Almas, km 105. 16/7/1980, *Coradin, L.* et al. 2951.

Salvador: UFBA. Campus de Ondina, à margem da estrada. 13/12/1991, *Guedes, M.L. & D.J.N. Hind*, 10.

Mun.?: Serra de Jacobina. West of Estiva, ca. 12 km N of Senhor do Bonfim, on the BA 130 highway to Juazeiro. 1/3/1974, *Harley, R.M.* et al. 16604.

Maraú: Coastal Zone, ca. 11 km North form turning to Maraú along the road to Campinho. 17/5/1980, *Harley, R.M.* et al. 22194.

Barra da Estiva: Ao pé da Serra do Sincorá, 28 km

NE da cidade, perto do povoado Sincorá da Serra. 18/11/1988, *Hind, D.J.N.* et al. 26920.

Ilhéus: Road to Ponto do Ramo, c. 15 km N of Ilhéus. 9/2/1992, *Hind, D.J.N.* et al. 32. [× 2]

Lençóis: Fazenda na estrada para Barra Branca. 28/10/1996, *Hind, D.J.N. & L. Funch,* IN PCD 3795.

Abaíra: Estrada Velha de Abaíra à Sào José, 1 km de Abaíra. 31/1/1992, *Hind, D.J.N.* et al. IN H 51398.

Ilhéus: Rodovia Ilhéus-Uruçuca (BA 262), km 4, próximo ao Distrito Industrial. 10/7/1979, *King, R.M. & L.A. Mattos Silva,* 8010.

Mun. ?: s.l. 1872, *Preston, T.A.* s.n.

Mun. ?Bahia [= Salvador], in argillosis. *Salzmann, P.* 46. [× 2]

Piauí

Gilbues: Rodovia Corrente-Bom Jesus, 2 km leste da cidade de Gilbues. 18/6/1983, *Coradin, L.* et al. 5858.

Porophyllum spp.
Bahia

Piatã: Serra da Tromba, próximo à ponte caída do Rio de Contas. 27/8/1992, *Ganev, W.* 967.

Abaíra: Belo Horizonte, acima de Jambreiro, próximo à Serra do Sumbaré. 27/10/1992, *Ganev, W.* 1374.

Mun. ?: Serra de Jacobina. West of Estiva, ca. 12 km N of Senhor do Bonfim on the BA 130 highway to Juazeiro. 1/3/1974, *Harley, R.M.* et al. 16604.

Mucugê: Beira da estrada para Andaraí, a ca. 2 km. 16/12/1984, *Lewis, G.P.* et al. IN CFCR 7021.

Abaíra: 9 km N de Catolés, caminho de Ribeirão de Baixo à Piatã. Serra do Atalho, descida para os gerais entre Serra do Atalho e a Serra da Tromba. 10/7/1995, *Queiroz, L.P.* et al. 4390.

Praxelis asperulacea (Baker) R.M.King & H.Rob.
Maranhão

Carolina: Transamazonian Highway, BR 230 and BR 010; Pedra Caída, 35 km N of Carolina. Base of Serra da Baleia. 14/4/1983, *Taylor, E.L.* et al. E 1211.

Praxelis clematidea (Griseb.) R.M.King & H.Rob.
Bahia

Salvador: UFBA-campus de Ondina, próximo ao Instituto de Biologia, à margem da estrada. 13/12/1991, *Guedes, M.L. & D.J.N. Hind,* 6.

Ilhéus: Area do CEPEC (Centro de Pesquisas do Cacau), km 22 da Rodovia Ilhéus-Itabuna (BR 415). 17/11/1987, *Hage, J.L. & H.S.Brito,* 2201.

Milagres: Morro de Nossa Senhora dos Milagres, just west of Milagres. 6/3/1977, *Harley, R.M.* 19464.

Correntina: Chapadão Ocidental da Bahia. Islets and banks of the Rio Corrente by Correntina. 23/4/1980, *Harley, R.M.* et al. 21627.

Agua Quente: Pico das Almas. Vertente norte. Vale ao lado da Serra do Pua Queimado. 22/12/1988, *Harley, R.M. & D.J.N. Hind,* 27347. [× 2]

Lençóis: Fazenda na estrada Barra Branca. 28/10/1996, *Hind, D.J.N. & L. Funch,* IN PCD 3797.

Abaíra: Arredores de Catolés. 19/12/1991, *Hind, D.J.N. & R.F. Queiroz,* IN H 50008.

Livramento do Brumado: 10 km N of Livramento do Brumado along road to the town of Rio de Contas. 23/1/1981, *King, R.M. & L.E. Bishop,* 8600.

Maraú: Ponta do Mutá (Porto de Campinhos). 6/2/1979, *Mori, S.A.* et al. 11369.

Ilhéus: CEPEC, km 22 da Rodovia Ilhéus-Itabuna. 25/4/1979, *Mori, S.A. & T.S. dos Santos,* 11741.

Mun. ?: s.l. *Salzmann, P.* s.n.

Paraíba

Areia: Mata de Pau-ferro, parte oeste mais seca, ca. 1 km da estrada Areia-Remígio. 1/12/1980, *Fevereiro, V.P.B.* et al. M 151.

Praxelis kleinioides (Kunth) Sch.Bip.
Bahia

Piatã: Catolés de Cima, próximo ao Rio do Bem Querer, caminho para casa do Sr. Altino. 29/8/1992, *Ganev, W.* 993.

Agua Quente: Pico das Almas. Vertente norte. Vale ao noroeste do Pico. 20/12/1988, *Harley, R.M.* et al. 27313.

Abaíra: Bem Querer. 29/2/1992, *Stannard, B.L.* et al. IN H 51677. [× 2]

Maranhão

Lorêto: "Ilhas de Balsas" region, between the Balsas and Parnaíba Rivers. Ca. 40 km south of Lorêto. Near place called "Picada", on north side of the creek "Riacho da Picada". 28/3/1962, *Eiten, G. & L.T. Eiten,* 3919.

Lorêto: "Ilhas de Balsas" region, between the Rios Balsas and Parnaíba. About 35 km south of Lorêto. Next to house at "Veados" (about 11 km W of main house of Fazenda "Morros". 5/4/1962, *Eiten, G. & L.T. Eiten,* 4011.

Lorêto: "Ilhas de Balsas" region, between the Balsas and Parnaíba Rivers. Ca. 2 km south of main house of Fazenda "Morros", ca. 35 km south of Lorêto 27/4/1962, *Eiten, G. & L.T. Eiten,* 4422.

Carolina: Vicinity of Carolina, cerrado near Instituto Teológico Batista. 11/6/1966, *Prance, G.T.* 2095.

Praxelis pauciflora (Kunth) R.M.King & H.Rob.
Ceará

Mun. ?: In a came field near Crato. 10/1838, *Gardner, G.* 1722. [× 2]

Maranhão

Lorêto: "Ilhas de Balsas" region, between the Rios Balsas and Parnaíba. About 40 km south of Lorêto. At the place called "Picada". 27/3/1962, *Eiten, G. & L.T. Eiten,* 3891.

Lorêto: "Ilhas de Balsas" region, between the Rios Balsas and Parnaíba. Ca. 1/3 km S of main house of Fazenda "Morros", about 35 km south of Lorêto. Along trail to Santa Bárbara. 11/5/1962, *Eiten, G. & L.T. Eiten,* 4563.

Prolobus nitidulus (Baker) R.M.King & H.Rob.
Bahia

Salvador: Dunas de Itapuã, arredores da Lagoa do Abaeté. 15/6/1991, *Carvalho, A.M.* et al. 3315.

Salvador: Dunas de Itapuã e Lagoa do Abaeté. 20/2/1992, *Hind, D.J.N. & M.L.Guedes,* 69. [× 2]

Salvador: Lagoa do Abaeté, NE edge of the city of Salvador. 22/5/1981, *Mori, S.A.* et al. 14059.

Salvador: Dunas de Itapuã, arredores da Lagoa do Abaeté. 19/10/1984, *Noblick, L.R. & I.C. Britto,* 3443.

Salvador: Dunas de Itapuã, Lagoa do Abaeté. 11/12/1985, *Noblick, L.R. & I.C.Britto,* 4433.

Pseudobrickellia angustissima (Spreng. ex Baker) R.M.King & H.Rob.
Bahia
Piatã: Estrada Piatã-Ribeirão. 1/11/1996, *Bautista, H.P.* et al. IN PCD 3895.
Rio de Contas: Sopé do Pico do Itobira. 16/11/1996, *Bautista, H.P.* et al. IN PCD 4337.
Abaíra: Caminho Serrinha-Capão de Levi. 22/9/1992, *Ganev, W.* 1150.
Piatã: Jambeiro, próximo à Catolés. 17/10/1992, *Ganev, W.* 1251.
Abaíra: Jambeiro, próximo à Catolés. 10/9/1993, *Ganev, W.* 2207.
Rio de Contas: Pico das Almas. Vertente leste. Fazenda Silvina, 19 km ao N-O da cidade. 23/10/1988, *Harley, R.M.* et al. 25341.
Rio de Contas: Povoado de Mato Grosso, arredores. 24/10/1988, *Harley, R.M.* et al. 25362.
Piatã: Sopé da Serra de Santana. 3/11/1996, *Hind, D.J.N.* et al. IN PCD 3961.
Piatã: Estrada Piatã-Inúbia a 2 km da entrada para Inúbia. 11/11/1996, *Hind, D.J.N. & H.P.Bautista*, IN PCD 4199. [× 2]
Piatã: Serra de Santana. 3/11/1996, *Queiroz, L.P.* et al. IN PCD 3997.
Piatã: Três Morros. 5/11/1996, *Queiroz, L.P.* et al. IN PCD 4094.

Pseudobrickellia brasiliensis (Spreng.) R.M.King & H.Rob.
Bahia
Rio de Contas: Pico do Itubira. Ca. 31 km SW da cidade, caminho para Mato Grosso. 29/8/1998, *Carvalho, A.M.* et al. 6624
Barreiras: Estrada Brasília-Fortaleza. 25/10/1965, *Duarte, A.P. & E. Pereira*, 9508.
Abaíra: Distrito de Catolés, Bem Querer, próximo ao Garimpo da Companhia. 4/9/1992, *Ganev, W.* 1015.
Rio do Pires: Capão da Mata de Zé do Amabica (Marques). Caminho Outeiro-Marques. 5/8/1993, *Ganev, W.* 2014.
Mun. ?: Sandy campos banks Rio Preto. 9/1839, *Gardner, G.* 2898, SYNTYPE, Clavigera pinifolia Gardner. [× 3]
Palmeiras: Pai Inácio. 26/9/1994, *Giulietti, A.M.* et al. IN PCD 840.
Rio de Contas: Pico das Almas. Vertente leste. Fazenda Silvina. 19 km ao N-O da cidade. 23/10/1988, *Harley, R.M.* et al. 25304.
Rio de Contas: Pico das Almas. Vertente leste. Fazenda Silvina. 19 km ao N-O da cidade. 23/10/1988, *Harley, R.M.* et al. 25327.
Piatã: 10 km ao sul de Piatã, na estrada para Abaíra. 5/9/1996, *Harley, R.M.* et al. 28294.
Mun. ?: Estrada Brasília-Fortaleza. 25/10/1965, *Pereira, E. & A.P. Duarte*, 10419.
Barreiras: 68 km W de Barreiras. 2/11/1987, *Queiroz, L.P. & et al.*, 2084. [× 2]

Pseudognaphalium cheiranthifolium (Lam.) O.M.Hilliard & B.L.Burtt
Bahia
Mun. ?Rio Brumado. 1813, *Luetzelburg, P. von* 141. [Photograph]

Pseudogynoxys benthamii Cabrera
Bahia
Piatã: Inúbia, cultivado em jardim. 11/11/1996, *Hind, D.J.N. & H.P. Bautista*, IN PCD 4209.

Pterocaulon alopecuroides (Lam.) DC.
Bahia
Abaíra: Agua Limpa. 10/1/1994, *Ganev, W.* 2753.
Maraú: Coastal Zone, about 5 km SE of Maraú near junction with road to Campinho. 15/5/1980, *Harley, R.M.* et al. 22098.
Ilhéus: Road to Ponto do Ramo, ca. 15 km N of Ilhéus. 9/2/1992, *Hind, D.J.N.* et al. 33.
Abaíra: Brejo do Engenho. 27/12/1992, *Hind, D.J.N.* et al. IN H 50448. [× 2]
Serra do Tombador. 2/7/1996, *Hind, D.J.N.* et al. IN PCD 3338.
Morro do Chapéu: Low woodland on slopes, ca. 23 km E of Morro do Chapéu, road to Mundo Novo. 21/2/1971, *Irwin, H.S.* et al. 30730.
Itaberaba: 29 km W of Itaberaba along the road to Ibotirama. 30/1/1981, *King, R.M. & L.E. Bishop*, 8690.
Palmeiras: Pai Inácio. BR 242, km 232, ca. 15 km ao NE de Palmeiras. 29/2/1980, *Mori, S.A.* 13284.
Lençóis: BR 242, 112 km W de Itaberaba. 20/11/1986, *Queiroz, L.P. & et al.*, 1325.
Mun. ?: Bahia [= Salvador]: in apricis. *Salzmann, P.* 7. ISOSYNTYPE of Pterocaulon interruptum DC. [× 2]
Abaíra: Mendonça de Daniel Abreu. 24/2/1992, *Stannard, B.L.* et al. IN H 51574.

Raulinoreitzia crenulata (Spreng.) R.M.King & H.Rob.
Piauí
Parnaguá: Marshy places Dist. Parnaguá. 9/1839, *Gardner, G.* 2645. [× 2]

Raulinoreitzia tremula (Hook. & Arn.) R.M.King & H.Rob.
Bahia
Mucugê: Fazenda Pedra Grande, estrada para Boninal. 17/2/1997, *Guedes, M.L.* et al. IN PCD 5800.
Abaíra: Distrito de Catolés. Encosta da Serra do Atalho, subida pela Boca do Leão. 20/4/1998, *Queiroz, L.P. & et al.*,

Richterago discoidea (Less.) Kuntze
Bahia
Piatã: Serra de Santana. 3/11/1996, *Bautista, H.P.* et al. IN PCD 4007.
Mun. ?: s.l. *Blanchet, J.S.* 3345.
Palmeiras: Pai Inácio. 25/10/1994, *Carvalho, A.M.* et al. IN PCD 969. [× 2]
Abaíra: Caminho Samambaia-Serrinha, ca. 4 km de Catolés. 22/5/1992, *Ganev, W.* 350.
Abaíra: Campos de Ouro Fino, próximo à Serra dos Bicanos. 16/7/1992, *Ganev, W.* 661.
Piatã: Serra do Atalho, próximo ao Garimpo da Cravada. 21/8/1992, *Ganev, W.* 928.
Abaíra: Campo das Anáguas, acima da cachoeira à beira do córrego. 10/10/1992, *Ganev, W.* 1215.
Abaíra: Serra do Bicota (vira saia), próximo à Pedra do Requeijão. 5/7/1993, *Ganev, W.* 1817.
Abaíra: Caminho Jambreiro-Belo Horizonte.

14/7/1994, *Ganev, W.* 3537.

Palmeiras: Pai Inácio. 29/8/1994, *Guedes, M.L.* et al. IN PCD 469.

Palmeiras: Pai Inácio. 25/9/1994, *Guedes, M.L.* et al. IN PCD 724.

Lençóis: Ca. 1 km do início da estrada lateral que sai da Rodovia Lençóis-Seabra, a 23 km N.W. de Lençóis. Serra do Palmital. 16/2/1994, *Harley, R.M.* et al. IN CFCR 14127.

Barra da Estiva: Ca. 6 km N. of Barra da Estiva on Ibicoara road. 28/1/1974, *Harley, R.M.* et al. 15539.

Rio de Contas: Lower N.E. slopes of the Pico das Almas, ca. 25 km W.N.W. of the Vila do Rio de Contas. 17/2/1977, *Harley, R.M.* et al. 19502.

Rio de Contas: Ca. 1 km South of small town of Mato Grosso on the road to Vila do Rio de Contas. 24/3/1977, *Harley, R.M.* et al. 19895.

Barra da Estiva: Serra do Sincorá. N.W. face of Serra do Ouro to the East of the Barra da Estiva-Ituaçú road, about 9 km S of Barra da Estiva. 24/3/1980, *Harley, R.M.* et al. 20856.

Palmeiras: Serras dos Lençóis. Serra da Larguinha, ca. 2 km N.E. of Caeté-Açu (Capão Grande). 25/5/1980, *Harley, R.M.* et al. 22615.

Rio de Contas: Pico das Almas. Vertente leste, entre Junco e Fazenda Brumadinho, 10 km ao N-O da cidade. 29/10/1988, *Harley, R.M.* et al. 25744. [× 2]

Rio de Contas: Pico das Almas. Vertente leste, trilha Fazenda Silvina-Queiroz. 30/10/1988, *Harley, R.M.* et al. 25782.

Barra da Estiva: Morro do Ouro. 9 km ao S da cidade na estrada para Ituaçú. 16/11/1988, *Harley, R.M.* et al. 26460. [× 2]

Rio de Contas: Serra Marsalina (serra da antena de TV). 18/11/1996, *Harley, R.M.* et al. IN PCD 4478.

Palmeiras: Capão Grande, no sentido da Cachoeira da Fumaça. 29/10/1996, *Hind, D.J.N. & L.P. de Queiroz,* IN PCD 3809.

Mucugê: Estrada Andaraí-Mucugê, ao lado da torre da EMBRATEL. 12/7/1996, *Hind, D.J.N.* et al. IN PCD 3530.

Rio de Contas: A 4 km as N.W. de Rio de Contas. 21/7/1979, *King, R.M.* et al. 8070.

Rio de Contas: Base do Pico das Almas, a 18 km as N.W. de Rio de Contas. 24/7/1979, *King, R.M.* et al. 8125.

Mucugê: Estrada que liga Mucugê à Andaraí, a 11 km de Mucugê. 27/7/1979, *King, R.M.* et al. 8167.

Palmeiras: Pai Inácio. 21/11/1994, *Melo, E.* et al. IN PCD 1163.

Agua Quente: Arredores do Pico das Almas. 26/3/1980, *Mori, S.A. & F. Benton,* 13621.

Palmeiras: Pai Inácio, BR 242 W of Lençóis at km 232. 12/6/1981, *Mori, S.A. & B.M. Boom,* 14381.

Palmeiras: Pai Inácio, lado oposto da torre de repetição. 30/8/1994, *Orlandi, R.* et al. IN PCD 527.

Lençóis: Serra da Chapadinha, base da Serra. 29/7/1994, *Pereira, A.* et al. IN PCD 247. [× 2]

Rio de Contas: A 1 km da cidade na estrada para Marcolino Moura. 9/9/1981, *Pirani, J.R.* et al. IN CFCR 2159. [× 2]

Piatã: Três Morros. 5/11/1996, *Queiroz, L.P.* et al. IN PCD 4092.

Rio de Contas: Serra do Mato Grosso. 3/2/1997, *Stannard, B.L.* et al. IN PCD 4987.

Riencourtia tenuifolia Gardner
Bahia

Abaíra: Mata do Outeiro, próximo ao caminho Engenho-Marques. 2/1/1993, *Ganev, W.* 1759.

Abaíra: Caminho Boa Vista-Riacho Fundo, pelo Toucinho. 27/1/1994, *Ganev, W.* 2883. [× 2]

Correntina: Chapadão Ocidental da Bahia. 12 km N of Correntina on the road to Inhaúmas. 28/4/1980, *Harley, R.M.* et al. 21871.

Abaíra: 17 km da cidade, na estrada para Catolés. 25/12/1988, *Harley, R.M.* et al. 27732.

Piatã: Estrada Piatã-Inúbia, a 2 km da entrada para Inúbia. 11/11/1996, *Hind, D.J.N. & H.P. Bautista,* IN PCD 4193. [× 2]

Barreiras: Cerrado near Rio Piau, ca. 150 km S.W. of Barreiras. 14/4/1966, *Irwin, H.S.* et al. 14780.

Barreiras: Cerrado on slopes of Espigão Mestre, ca. 25 km W of Barreiras. 3/3/1971, *Irwin, H.S.* et al. 31353.

Mucugê: 6 km along road S of Mucugê. 1/2/1981, *King, R.M. & L.E. Bishop,* 8740.

S. Disedério: 54 km along road SW of Roda Velha, toward Brasília. 4/2/1981, *King, R.M. & L.E. Bishop,* 8795.

Abaíra: Base da encosta da Serra da Tromba. 2/2/1992, *Pirani, J.R.* et al. IN H 51489.

Abaíra: Catolés de Cima. 4/3/1992, *Stannard, B.L.* et al. IN H 51751.

Rolandra fruticosa (L.) Kuntze
Bahia

Ituberá: km 20 da estrada Gandu-Ituberá, rodovia BA 120. 11/8/1980, *Carvalho, A.M.* et al. 319.

Mun.?: 'oppidum S. Georgii Insularorum.' *Martius Herb. Fl. bras.* 436.

Alcobaça: Ca. 13 km ao NW de Alcobaça, rodovia BR 255. 17/9/1978, *Mori, S.A.* et al. 10633.

Santo Amaro: BA 026, 9 km W de Santo Amaro. 22/11/1986, *Queiroz, L.P. & et al.,* 1344.

Mun.?: Bahia [= Salvador]: in subhumidis. *Salzmann, P.* s.n. [× 2]

Maranhão

Mun?: Moist places Maranham. 6/1941, *Gardner, G.* 6046. [× 2]

Pernambuco

Mun.?: In moist bushy places common. 10/1837, *Gardner, G.* 1047. [× 2]

Santosia talmonii R.M.King & H.Rob.
Bahia

Porto Seguro: BR 5, km 18. 26/8/1961, *Duarte, A.P.* 6036, Photograph of HOLOTYPE, Santosia talmonii R.M.King & H.Rob.

Santa Cruz de Cabrália: Old road to Santa Cruz de Cabrália between the Reserva Ecologia Pau-Brasil, 5–7 km NE of Reserva, ca. 20 km NW of Porto Seguro. 5/7/1979, *King, R.M.* et al. 7985.

Scherya bahiensis R.M.King & H.Rob.
Bahia

Mun.?: Cachoeira, 29/5/1944, *Schery, R.W.* 607, Photograph of HOLOTYPE, Scherya bahiensis R.M.King & H.Rob.

Semiria viscosa D.J.N. Hind
Bahia
  Abaíra: Campos de Ouro Fino, próximo a Serra dos Bicanos. 16/7/1992, *Ganev, W.* 666.
  Abaíra: Campo de Ouro Fino. 31/12/1991, *Harley, R.M.* et al. IN H 50593, ISOTYPE, Semiria viscosa D.J.N. Hind. [× 3]
  Abaíra: Ladeira rochosa entre Ouro Fino e Pedra Grande. 11/2/1992, *Queiroz, L.P.* et al. IN H 51084.

Senecio almasensis Mattf.
Bahia
  Rio de Contas: Pico das Almas. Vertente leste. Vale ao Sudeste do Campo do Queiroz. 3/12/1988, *Harley, R.M.* et al. 26577. [× 6]
  Andaraí: Rodovia Andaraí-Mucugê, km 30. Próximo ao Parque Nacional da Chapada Diamantina. 20/5/1989, *Mattos Silva, L.A.* et al. 2820.
  Mucugê: Margem da estrada Andaraí-Mucugê. Estrada nova a 13 km de Mucugê, próximo a uma grande pedreira na margem esquerda. 21/7/1981, *Pirani, J.R.* et al. IN CFCR 1655.

Senecio harleyi D.J.N. Hind
Bahia
  Rio do Pires: Garimpo das Almas (Cristal). 24/7/1993, *Ganev, W.* 1966, ISOTYPE, Senecio harleyi D.J.N. Hind.
  Rio de Contas: Pico do Itobira. 15/11/1996, *Harley, R.M.* et al. IN PCD 4299. [× 2]

Senecio regis H.Rob.
Bahia
  Rio de Contas: Base do Pico das Almas, a 18 km as N.W. de Rio de Contas. 24/7/1979, *King, R.M.* et al. 8123, ISOTYPE, Senecio regis H.Rob.

Simsia dombeyana DC.
Bahia
  Palmeiras: Ca. km 250 na Rodovia BR 242. 19/3/1990, *Carvalho, A.M. & J. Saunders*, 2963.
  Caetité: Ca. 20 km 250 S.W. de Caetité na estrada para Brejinho das Ametistas. 18/2/1992, *Carvalho, A.M.* et al. 3754.
  Correntina/Coribe: Chapadão Ocidental da Bahia. Valley of the Rio Formoso, ca. 40 km S.E. of Correntina. 24/4/1980, *Harley, R.M.* et al. 21718. [× 2]
  Tabocas de Brejo Velho: Chapadão Ocidental da Bahia. 5 km to the North of Tabocas, which is 10 km N.W. of Serra Dourada. 1/5/1980, *Harley, R.M.* et al. 21987.
  Abaíra: Gerais do Pastinho. Beira da Estrada Abaíra-São José. 31/1/1992, *Hind, D.J.N.* et al. IN H 51403.
  Andaraí: 32 km S from road between Itaberaba and Ibotirama, along road to Andaraí. 30/1/1981, *King, R.M. & L.E. Bishop*, 8704.
  Itiúba: Fazenda Experimental da EPABA. 26/5/1983, *Pinto, G.C.P. & H.P. Bautista*, 90/83.

Solidago chilensis Meyen
Bahia
  Palmeiras: Capão Grande, no sentido da Cachoeira da Fumaça. 29/10/1996, *Hind, D.J.N. & L.P.Queiroz*, IN PCD 3812. [× 2]
  Abaíra: Catolés de Cima. 15/2/1992, *Stannard, B.L.* et al. IN H 51957.

Sonchus oleraceus L.
Bahia
  Salvador: UFBA. Campus de Ondina próximo da entrada, à margem da estrada. 13/12/1991, *Guedes, M.L. & D.J.N. Hind*, 8.
  Rio de Contas: Between Marcolino Moura and Jussiape. 18/12/1991, *Hind, D.J.N. & S.C. Sant'Ana*, 29.
  Abaíra: Brejo do Engenho. 27/12/1992, *Hind, D.J.N.* et al. IN H 50476.
  Morro do Chapéu: Cachoeira do Ferro Doido. 28/6/1996, *Hind, D.J.N.* et al. IN PCD 3173.
  Jacobina: A beira do Rio Jacobina. 3/7/1996, *Hind, D.J.N.* et al. IN PCD 3374.
  Piatã: Piatã, 6/11/1996, *Hind, D.J.N.* et al. IN PCD 4113.
  Miguel Calmon: Arredores da cidade. 16/6/1985, *Noblick, L.R.* 3914.

Sphagneticola trilobata (L.) Pruski
Bahia
  Conde: Barra do Itariri. 26/4/1996, *Costa Neto, E.M.* 10.
  Salvador: Road sides common about Bahia [= Salvador]. 9/1837, *Gardner, G.* 879. [× 2]
  Salvador: UFBA. Campus de Ondina, à margem da estrada. 13/12/1991, *Guedes, M.L. & D.J.N. Hind*, 9.
  Itacaré: Near the mouth of the Rio de Contas. 31/3/1974, *Harley, R.M.* et al. 17554.
  Maraú: Coastal Zone. Ca. 11 km North from turning to Maraú along the road to Campinho. 18/5/1980, *Harley, R.M.* et al. 22222.
  Ilhéus: Olivença, ca. 6 km na estrada Olivença-Marim (Vila Brasil). 3/12/1991, *Hind, D.J.N.* et al. 1. [× 2]
  Lençóis: Fazenda na estrada para Barra Branca. 28/10/1996, *Hind, D.J.N. & L. Funch*, IN PCD 3799.
  Jacobina: Serra da Jacobina (Toca da Areia). 5/7/1996, *Hind, D.J.N.* et al. IN PCD 3440.
  Itabuna: Grounds of the Centro de Pesquisas do Cacau. 9/7/1979, *King, R.M. & S.A. Mori*, 7998.
  Mucugê: 8 km along road S of Mucugê. 1/2/1981, *King, R.M. & L.E. Bishop*, 8751.
  ?Rio Belmonte. 1827, *Martius* s.n.
  Ilhéus: Area do CEPEC (Centro de Pesquisas do Cacau). Km 22 da Rodovia Ilhéus-Itabuna (BR 415). 12/5/1978, *Mori, S.A. & J.A. Kallunki*, 10104.
  Mun.?: s.l. s.c. s.n.
  Mun.?: in argillosis. *Salzmann, P.* 37. ISOTYPE of Wedelia paludosa var. b vialis DC.[× 2]
  Maracás: Bei Maracás. 9/1906, *Ule, E.* 7237.
Pernambuco
  Mun.?: s.l. 1838, *Gardner, G.* 1050.

Stenophalium eriodes (Mattf.) Anderb.
Bahia
  Abaíra: Campos da Serra do Bicota. 25/7/1992, *Ganev, W.* 716.
  Rio de Contas: Pico das Almas. Vertente leste. Subida do pico do Campo do Queiroz. 16/11/1988, *Harley, R.M.* et al. 26173, ISOTYPE, Stenophalium almasense D.J.N. Hind.
  Rio de Contas: Pico das Almas. Cume. 24/11/1988, *Harley, R.M.* et al. 26276. [× 3]
  Rio de Contas: Pico do Itobira. 15/11/1996, *Harley,*

R.M. et al. IN PCD 4285. [× 2]

Piatã: Quebrada da Serra do Atalho. 26/12/1992, *Harley, R.M.* et al. IN H 50430. [× 2]

Palmeiras: Capão Grande, no sentido da Cachoeira da Fumaça. 29/10/1996, *Hind, D.J.N. & L.P. de Queiroz*, IN PCD 3810.

Stenophalium gardneri (Baker) D.J.N. Hind
Bahia

Mucugê: A 3 km as S de Mucugê, na estrada que vai para Jussiape. 26/7/1979, *King, R.M.* et al. 8165.

Stenophalium sp.
Bahia

Piatã: Serra do Atalho, próximo ao garimpo da cravada. 11/6/1992, *Ganev, W.* 466.

Stevia morii R.M.King & H.Rob.
Bahia

Morro do Chapéu: s.l. 27/8/1980, *Bautista, H.P.* 405.

Lençóis: Serra da Chapadinha, Rio Mucugezinho. 27/9/1994, *Bautista, H.P.* et al. IN PCD 868. [× 2]

Lençóis: Serra da Chapadinha. 27/10/1994, *Carvalho, A.M.* et al. IN PCD 1078. [× 2]

Palmeiras: Morro do Pai Inácio. 25/10/1994, *Carvalho, A.M.* et al. IN PCD 976.

Abaíra: Veio de Cristais. 25/5/1992, *Ganev, W.* 358.

Abaíra: Serra das Brenhas. 22/10/1992, *Ganev, W.* 1315.

Barra da Estiva: Estrada Ituaçu-Barra da Estiva, a 8 km de Barra da Estiva. Morro do Ouro. 19/7/1981, *Giulietti, A.M.* et al. IN CFCR 1260.

Lençóis: Serra da Chapadinha. 29/7/1994, *Guedes, M.L.* et al. IN PCD 294. [× 3]

Lençóis: Serra do Brejão, ca. 14 km NW of Lençóis. 22/5/1980, *Harley, R.M.* et al. 22332.

Barra da Estiva: Morro do Ouro, 9 km ao S da cidade na estrada para Ituaçu. 16/11/1988, *Harley, R.M.* et al. 26474.

Abaíra: Serra do Sul do Riacho da Taquara. 10/1/1992, *Harley, R.M.* et al. IN H 51247.

Lençóis: Serra da Chapadinha. 8/7/1996, *Harley, R.M.* et al. IN PCD 3517.

Rio de Contas: Pico do Itobira. 15/11/1996, *Harley, R.M.* et al. IN PCD 4295.

Rio de Contas: Mato Grosso. 27/9/1989, *Hatschbach, G.* et al. 53427.

Palmeiras: Morro do Pai Inácio. 9/7/1996, *Hind, D.J.N.* et al. IN PCD 3522.

Rio de Contas: a 10 km as NW de Rio de Contas. 21/7/1979, *King, R.M.* et al. 8075, Photographs of material marked as ISOTYPE, but clearly not isotype material, of Stevia morii R.M.King & H.Rob.

Rio de Contas: Bse do Pico das Almas, a 18 km as NW de Rio de Contas. 22/7/1979, *King, R.M.* et al. 8103. [× 2]

Mun.?: Junco. 1914, *Luetzelburg, P. von* 210. [Photograph]

Abaíra: Campo do Cigano. 29/2/1992, *Lughadha, E.N.* et al. IN H 52397.

Palmeiras: Pai Inácio, BR 242, W of Lençóis at km 232. 12/6/1981, *Mori, S.A. & B.M. Boom*, 14354.

Palmeiras: Morro do Pai Inácio. 29/8/1994, *Poveda, A.* et al. IN PCD 460.

Abaíra: Tijuquinho. 4/3/1992, *Sano, P.T.* IN H 51293.

Stifftia parviflora D.Don
Bahia

Mun. ?: Ad Rio das Contas, Brasil. 1827, *Martius [ex herb. Martius]*s.n.

Stilpnopappus cearensis Huber
Paraíba

Santa Rita: 20 km do centro de João Pessoa, Usina São João, Tibirizinho. 5/2/1992, *Agra, M.F.* et al. 1420.

Stilpnopappus pickelii Mattf.
Bahia

Bom Jesus da Lapa: Basin of the Upper São Francisco River. Just beyond Calderão, ca. 32 km N.E. from Bom Jesus da Lapa. 18/4/1980, *Harley, R.M.* et al. 21480.

Mun. ?: 53 km along road W from Seabra, toward Ibotirama. 3/2/1981, *King, R.M. & L.E. Bishop*, 8785.

Stilpnopappus pratensis Mart. ex DC.
Bahia

Jacobina: Serra Jacobina. 1837, *Blanchet, J.S.* 2672. [× 2]

Rio de Contas: 10–13 km ao norte da cidade na estrada para o povoado de Mato Grosso. 27/10/1988, *Harley, R.M.* et al. 25699.

Ceará

Ubajara: Jaburuna Sul. 23/9/1994, *Araújo, F.S.* 964.

Mun.?: s.l. 1839, *Gardner, G.* 1721.

Piauí

Colônia do Piauí: Paraguai. 19/4/1994, *Alcoforado Filho, F.G.* 338. [× 2]

Mun.?: s.l. 1839, *Gardner, G.* 2206.

Mun.?: About 3 leagues north of Oeiras. 5/1839, *Gardner, G.* 2207, ISOTYPE, Stilpnopappus dentatus Gardner. [× 2]

Stilpnopappus procumbens Gardner
Bahia

Caetité: ca. 3 km SW Caetité, na estrada para Brejinho das Ametistas. 18/2/1992, *Carvalho, A.M.* et al. 3694. [× 2]

Caetité: Serra Geral de Caetité, ca. 5 km S from Caetité along the Brejinhos das Ametistas road. 9/4/1980, *Harley, R.M.* et al. 21135.

Caetité: 12–20 km da cidade em direção à Brejinho das Ametistas. 8/3/1994, *Souza, V.C.* et al. 5368.

Piauí

Mun.?: Sandy taboleiro near Lagoa Comprida. 2/1839, *Gardner, G.* 2203, LECTOTYPE, Stilpnopappus procumbens Gardner. [ex Herb. Hookerianum]

Mun.?: Sandy taboleiro near Lagoa Comprida. 2/1839, *Gardner, G.* 2203, ISOLECTOTYPE, Stilpnopappus procumbens Gardner. [ex Herb. Benthamianum]

Campo Maior: Fazenda Sol Posto. 20/4/1994, *Nascimento, M.S.B.* 114.

Stilpnopappus scaposus DC.
Bahia

Ilhéus: s.l. *Blanchet, J.S.* 1687, ISOLECTOTYPE, Stilpnopappus scaposus DC.

Salvador: Dunas de Itapuã e Lagoa de Abaeté. 20/2/1992, *Hind, D.J.N. & M.L.Guedes*, 67. [× 2]

Salvador: Dunas de Itapuã. 30/9/1984, *Queiroz, L.P.* 867.

Salvador: Abaeté. Dunas. 3/6/1996, *Viana, B.F.* et al. 87.

Stilpnopappus semirianus R.L. Esteves
Bahia

Morro do Chapéu: Summit of Morro do Chapéu, c. 8 km SW of the town of Morro do Chapéu to the west of the road to Utinga. 30/5/1980, *Harley, R.M.* et al. 22759.

Piatã: a 2 km da entrada para Inúbia, a partir da entrada de Piatã. 11/11/1996, *Hind, D.J.N. & H.P. Bautista*, IN PCD 4188.

Morro do Chapéu: 12 km na estrada Morro do Chapéu-Ferro Doido. 28/6/1996, *Hind, D.J.N.* et al. IN PCD 3142.

Piatã: Pousada Arco-íris. 3/11/1996, *Hind, D.J.N.* et al. IN PCD 3958.

Morro do Chapéu: ca. 10 km no Morrão do Chapéu, ao SW da cidade. 22/2/1993, *Jardim, J.G.* et al. 50. [× 2]

Morro do Chapéu: BR 052, 4–6 km E of Morro do Chapéu. 18/6/1981, *Mori, S.A. & B.M. Boom,* 14546, ISOTYPE, Stilpnopappus semirianus R.L.Esteves.

Stilpnopappus suffruticosus Gardner
Piauí

Oeiras: Not incommon an dry hilly places around Oeiras. 4/1839, *Gardner, G.* 2204, TYPE, Stilpnopappus suffruticosus Gardner. [× 2]

Stilpnopappus tomentosus Mart. ex DC.
Bahia

Barra da Estiva: Torre da Telebahia. 16/2/1997, *Atkins, S.* et al. IN PCD 5759.

Piatã: Serra de Santana. 3/11/1996, *Bautista, H.P.* et al. IN PCD 4009.

Barra da Estiva: ca. 30 km na estrada de Mucugê para Barra da Estiva. 19/3/1990, *Carvalho, A.M. & J.Saunders,* 2974.

Palmeiras: km 232 da rodovia BR 242 para Ibotirama. Pai Inácio. 18/12/1981, *Carvalho, A.M.* et al. 970.

Abaíra: distrito de Catolés, caminho Jambeiro-Belo Horizonte. 16/12/1992, *Ganev, W.* 1662.

Piatã: Estrada Piatã-Inúbia, próximo do entroncamento. 22/12/1992, *Ganev, W.* 1728.

Abaíra: Caminho Capão de Levi-Serrinha. 13/12/1993, *Ganev, W.* 2606.

Palmeiras: estrada entre Lençóis e Seabra, a 25 km NW de Lençóis. 15/2/1994, *Harley, R.M.* et al. IN CFCR 14110.

Palmeiras: estrada entre Palmeiras e Mucugê, ca. 1 km N de Guiné de Baixo. 19/2/1994, *Harley, R.M.* et al. IN CFCR 14223.

Rio de Contas: 10 km N of town of Rio de Contas on road to Mato Grosso. 19/1/1974, *Harley, R.M.* et al. 15306.

Rio de Contas: ca. 1 km south of small town of Mato Grosso on the road to Vila do Rio de Contas. 24/3/1977, *Harley, R.M.* et al. 19981.

Barra da Estiva: Serra do Sincorá, 3 –13 km W of Barra da Estiva on the road to Jussiape. 23/3/1980, *Harley, R.M.* et al. 20853.

Mucugê: Serra do Sincorá, 133 km N of Cascavel on the road to Mucugê. 25/3/1980, *Harley, R.M.* et al. 20949.

Palmeiras: Lower slopes of Morro do Pai Inácio, ca.

14.5 km N.W. of Lençóis just N. of the main Seabra-Itaberaba road 21/5/1980, *Harley, R.M.* et al. 22296.

Lençóis: Serra do Brejão, ca. 14 km N.W. of Lençóis. Western face of sandstone serra with horizontally bedded rocks. 22/5/1980. *Harley, R. M.* et al. 22330.

Piatã: s.l. 13/2/1987, *Harley, R.M.* et al. 24125.

Rio de Contas: perto do Pico das Almas, em local chamado Queiroz. 21/2/1987, *Harley, R.M.* et al. 24612.

Barra da Estiva: Morro do Ouro, 9 km ao S da cidade na estrada para Ituaçú. 16/11/1988, *Harley, R.M.* et al. 26456.

Agua Quente: Pico das Almas. Vertente norte. Vale ao noroeste do Pico. 30/11/1988, *Harley, R.M.* et al. 26501.

Ibiquara: 25 km ao N de Barra da Estiva, na estrada nova para Mucugê. 20/11/1988, *Harley, R.M.* et al. 26977.

Rio de Contas: Pico das Almas. Vertente leste. Campo do Queiroz. 14/12/1988, *Harley, R.M. & D.J.N. Hind,* 27238. [× 2]

Rio de Contas: Pico do Itubira. 15/11/1996, *Harley, R.M.* et al. IN PCD 4298.

Abaíra: Campo de Ouro Fino (baixo). 8/1/1992, *Harley, R.M.* et al. IN H 50029. [× 2]

Abaíra: Agua Limpa. 21/12/1991, *Harley, R.M.* et al. IN H 50235. [× 3]

Abaíra: Campo de Ouro Fino. 31/12/1991, *Harley, R.M.* et al. IN H 50595.

Piatã: Estrada Piatã-Abaíra, entrada à direita após a entrada para Catolés. 8/11/1996, *Hind, D.J.N. & H.P. Bautista,* IN PCD 4127.

Abaíra: Gerais do Pastinho. 31/1/1992, *Hind, D.J.N.* et al. IN H 51420.

Rio de Contas: 16 km N of Livramento do Brumado, along the road to Arapiranga. 23/1/1981, *King, R.M. & L.E. Bishop,* 8607.

Rio de Contas: 23 km NW of the town of Rio de Contas, along branch road from road to Pico das Almas. 24/1/1981, *King, R.M. & L.E. Bishop,* 8642.

Mucugê: 6 km along road S of Mucugê. 31/1/1981, *King, R.M. & L.E. Bishop,* 8725.

Caitité: In aridis prope Caitité. *Martius Herb. Fl. bras.* s.n., ISOTYPE-Desenho, Stilpnopappus tomentosus Mart. ex DC.

Palmeiras: Pai Inácio, BR 242, km 232, cerca de 15 km ao NE de Palmeiras. 29/2/1980, *Mori, S.A.* 13302.

Barra da Estiva: Estrada Barra da Estiva-Ituaçu. Morro da Antena de Televisão. 18/5/1999, *Souza, V.C.* et al. 22664.

Piatã: campo rupestre próximo à Serra do Gentio (Gerais entre Piatã e Serra da Tromba). 21/12/1984, *Stannard, B.L.* et al. 7373.

Stilpnopappus trichospiroides Mart. ex DC.
Bahia

Rio de Contas: Fazendola. 16/11/1996, *Bautista, H.P.* et al. IN PCD 4320.

Rio de Contas: margem da barragem da cidade de Rio de Contas. 16/11/1996, *Bautista, H.P.* et al. IN PCD 4379.

Rio de Contas: ca. 1 km S. of Rio de Contas on side road to W. of the road to Livramento do Brumado. 15/1/1974, *Harley, R.M.* et al. 15046.

Rio de Contas: Near Junco, ca. 15 km W.N.W. of the town of Rio de Contas. 22/1/1974, *Harley, R.M.* et al. 15605.

Rio de Contas: Pico das Almas. Vertente leste. Junco. 9–11 km ao N-O da cidade 6/11/1988, *Harley, R.M.* et al. 25925.

Rio de Contas: Ao N da cidade, ramal à direita da estrada para o povoado do Mato Grosso. 22/11/1988, *Harley, R.M.* et al. 26980.

Rio de Contas: Pico das Almas. Vertente leste. Ca. 3 km da Fazenda Brumadinho na estrada para Junco. 19/12/1988, *Harley, R.M.* et al. 27608.

Rio de Contas: Povoado de Mato Grosso. 7/4/1992, *Hatschbach, G.* et al. 56795.

Mun.?: 35 km along road E of Guanambi, towards Caetité. 22/1/1981, *King, R.M. & L.E. Bishop*, 8591.

Rio de Contas: 5 km NW from the town of Rio de Contas toward Pico das Almas. 24/1/1981, *King, R.M. & L.E. Bishop*, 8615.

Rio de Contas: 23 km NW of the town of Rio de Contas, along branch road from road to Pico das Almas. 24/1/1981, *King, R.M. & L.E. Bishop*, 8641.

Barreiras: 25 km along to road W of Barreiras. 4/2/1981, *King, R.M. & L.E. Bishop*, 8790.

Barreiras: 25 km along to road W of Barreiras. 4/2/1981, *King, R.M. & L.E. Bishop*, 8791.

Rio de Contas: Serra do Marcelino. 2/2/1997, *Stannard, B.L.* et al. IN PCD 4917.

Piauí

Colônia do Piauí: Paraguai. 16/3/1994, *Alcoforado Filho, F.G.* 310.

Mun.?, Oeiras: s.l. 1839, *Gardner, G.* 2205.

Stilpnopappus spp.
Bahia

Novo Remanso: Remanso, 5 km E on BR 235. 11/2/1972, *Pickersgill, B.* et al. RU 72 111.

Rio de Contas: Estrada para Livramento, ca. 1 km de Rio de Contas. 15/11/1998, *Silva, M.M. & R.P. Oliveira*, 187.

Mun.?: Campos bei der Serra do São Ignacio. 2/1907, *Ule, E.* 7564.

Mun.?: Chique-Chique und São Ignacio. 2/1907, *Ule, E.* 7565.

Piauí

Campo Maior: Fazenda Sol Posto. 26/4/1995, *Nascimento, M.S.B.* 164.

Stomatanthes pernambucensis (B.L.Rob.) H.Rob.
Bahia

Mun.?: Banks of the Rio Preto. 9/1839, *Gardner, G.* 2900, ISOTYPE, Eupatorium bracteatum Gardner. [× 3 – ex Herb. Benthamianum, ex Herb. Hookerianum, ex Trinity College]

Strophopappus bicolor DC.
Bahia

Mun. ?: Rio Preto. Santa Rosa. 9/1839, *Gardner, G.* 2894, LECTOTYPE, Vernonia riedeliana Gardner. [ex Herb. hookerianum]

Mun. ?: Rio Preto. Santa Rosa. 9/1839, *Gardner, G.* 2894, ISOLECTOTYPE, Vernonia riedeliana Gardner. [ex Herb. Benthamianum]

Struchium sparganophorum (L.) Kuntze
Bahia

Mun. ?: in fossis. *Salzmann, P.* 16 [× 2]

Pernambuco

Mun.? : In moist places commons. 11/1837, *Gardner, G.* 1045.

Stylotrichium corymbosum (DC.) Mattf.
Bahia

Mun.?: Serra Jacobina. *Blanchet, J.S.* 2535, ISOTYPE, Agrianthus corymbosus DC. [× 2]

Mun.?: s.l. *Blanchet, J.S.* 2535, Photograph of ISOTYPES in BR, Agrianthus corymbosus DC. [× 2]

Mun.?: Serra Jacobina *Blanchet, J.S.* 2535, Photographs of ISOTYPES in GH, Agrianthus corymbosus DC. [× 4]

Mun.?: Serra do Sincorá. 1858, *ex Herb Martius* s.n.

Jacobina: Serra de Jacobina (= Serra do Ouro), por trás do Hotel Serra do Ouro. 20/8/1993, *Queiroz, L.P. & N.S. Nascimento*, 3486. [× 2]

Morro do Chapéu: 9 km de Morro do Chapéu, em direção à Jacobina. 24/9/1985, *Wanderley, M.G.L.* et al. s.n.

Stylotrichium glomeratum Bautista, Rodr. Oubiña & S. Ortiz
Baiha

Barra da Estiva: Morro da Antena. 16/7/2001, *V.C. Souza, J.P. Souza, G.O. Romão & S.I. Elias* 26129.

Stylotrichium rotundifolium Mattf.
Bahia

Palmeiras: Ao longo da estrada Palmeiras-Capão, Serra da Larguinha. 19/7/1985, *Cerati, T.M.* et al. 302.

Mucugê: Estrada Mucugê-Guiné, a 5 km de Mucugê. 7/9/1981, *Furlan, A.* et al. IN CFCR 1985.

Piatã: Encosta da Serra de Santana. Fundo da Igreja. 8/6/1992, *Ganev, W.* 438.

Piatã: Serra do Atalho, próximo do Garimpo da Cravada. 11/6/1992, *Ganev, W.* 470.

Mucugê: Estrada Mucugê-Abaíra, ca. 4 km antes de Mucugê, antes da ponte. 12/8/1992, *Ganev, W.* 828.

Piatã: Serra da Tromba, caminho Piatã-Gerais da Serra, via campo de futebol. 25/8/1992, *Ganev, W.* 963.

Lençóis: Serra da Chapadinha. Rio Mucugezinho. 27/9/1994, *Giulietti, A.M.* et al. IN PCD 872.

Lençóis: Serra da Chapadinha. 29/7/1994, *Guedes, M.L.* et al. IN PCD 303.

Palmeiras: Morro do Pai Inácio: lado oposto da torre de repetição. 30/8/1994, *Guedes, M.L.* et al. IN PCD 614.

Lençóis: Serra da Chapadinha. 8/7/1996, *Harley, R.M.* et al. IN PCD 3515.

Mucugê: Rodovia para Andaraí, entre km 5–15. 15/9/1984, *Hatschbach, G.* 48262.

Mucugê: a 3 km as S de Mucugê, na estrada que vai para Jussiape. 26/7/1979, *King, R.M.* et al. 8149.

Mucugê: Margem da Estrada Mucugê-Cascavel, km 3 a 6. Próximo ao Rio Paraguaçu. 20/7/1981,

Menezes, N.L. et al. IN CFCR 1444.

Palmeiras: Morro do Pai Inácio: lado oposto da torre de repetição. 30/8/1994, *Stradmann, M.T.S.* et al. IN PCD 565.

Stylotrichium sucrei R.M.King & H.Rob.
Bahia

Mucugê: Morro do Pina. Estrada Mucugê à Guiné, a 25 km NO de Mucugê. 20/7/1981, *Giulietti, A.M.* et al. IN CFCR 1490.

Andaraí: s.l. *Sucre, D.* 10853, Photograph of ISOTYPE, Stylotrichium sucrei R.M.King & H.Rob.

Symphyopappus compressus (Gardner) B.L.Rob.
Bahia

Abaíra: Catolés de Cima-Bem-Querer. 5/1/1993, *Ganev, W.* 1780.

Abaíra: Agua Limpa. 10/1/1994, *Ganev, W.* 2750.

Rio de Contas: 12–14 km N. of town of Rio de Contas on the road to Mato Grosso. 17/1/1974, *Harley, R.M.* et al. 15188.

Abaíra: Bem-Querer. 30/1/1992, *Hind, D.J.N. & J.R.Pirani,* IN H 51332. [× 2]

Rio de Contas: 14 km NW from the town of Rio de Contas along road to Pico das Almas. 24/1/1981, *King, R.M. & L.E. Bishop,* 8634.

Rio de Contas: Vicinity of Rio de Contas, ca. 20 km NW of the town of Rio de Contas. 25/1/1981, *King, R.M. & L.E. Bishop,* 8655.

Symphyopappus decussatus Turcz.
Bahia

Mucugê: Caminho para Abaíra. 13/2/1997, *Atkins, S.* et al. IN PCD 5584.

[Jacobina]: Igreja Velha. 1841, *Blanchet, J.S.* 3249. ISOTYPE, Symphyopappus decussatus Turcz. [× 2]

Morro do Chapéu: Fazenda Colvãozinho, ca. 9 km de Morro do Chapéu, próximo à estrada para Utinga. 15/3/1996, *Conceição, A.A.* et al. IN PCD 2434.

Abaíra: Distrito de Catolés: Bem-Querer, em frente à casa de José de Benedita. 7/4/1992, *Ganev, W.* 68.

Abaíra: Distrito de Catolés: Serra do Porco Gordo-Gerais do Tijuco. 24/4/1992, *Ganev, W.* 188.

Abaíra: Serra da Serrinha, caminho Capão-Serrinha-Bicota. 26/4/1994, *Ganev, W.* 3141.

Abaíra: Entre Samambaia-Serrinha. 2/6/1994, *Ganev, W.* 3297.

Abaíra: Bem-Querer-Garimpo da Cia. 18/7/1994, *Ganev, W.* 3583.

Barra da Estiva: Ca. 6 km N of Barra da Estiva on Ibicoara road. 28/1/1974, *Harley, R.M.* et al. 15540.

Mucugê: 8 km S.W. of Mucugê, on road from Cascavel near Fazenda Paraguaçu. 6/2/1974, *Harley, R.M.* et al. 16065.

Delfino: 8 km N.W. of Lagoinha (5.5 km S.W. of Delfino) on the road to Minas do Mimoso. 5/3/1974, *Harley, R.M.* et al. 16800.

Mucugê: 6 km along road S of Mucugê. 31/1/1981, *King, R.M. & L.E. Bishop,* 8724.

Mucugê: 10 km along road S of Mucugê. 1/2/1981, *King, R.M. & L.E. Bishop,* 8753.

Senhor do Bonfim: Serra de Santana. 26/12/1984, *Lewis, G.P.* et al. IN CFCR 7578.

Vitória da Conquista: Capoeiras próximas à Vitória da Conquista. 10/3/1958, *Lima, A.* 58–2922.

Barra da Estiva: Estrada entre a Barra da Estiva e Capão da Volta, a 4 km NW de Barra da Estiva. 22/2/1994, *Sano, P.T.* et al. IN CFCR 14409.

Rio de Contas: Em direção ao Rio Brumado. Estrada para Livramento. 13/12/1984, *Stannard, B.L.* et al. IN CFCR 6841.

Symphyopappus reticulatus Baker
Bahia

Abaíra: Caminho Capão de Levi-Guarda-Mor, próximo à Serrinha. 6/6/1992, *Ganev, W.* 427.

Abaíra: Bem-Querer, Catolés de Cima. 23/6/1994, *Ganev, W.* 3419.

Abaíra: Caminho de Boa Vista até o Bicota. 2/3/1992, *Stannard, B.L.* et al. IN H 51710.

Abaíra: Guarda-Mor, perto do Morro do Cuscuz. 8/3/1992, *Stannard, B.L.* et al. IN H 51792.

Symphyotrichum sp.
Bahia

Piatã: Piatã. 6/11/1996, *Hind, D.J.N.* et al. IN PCD 4116.

Synedrella nodiflora (L.) Gaertn.
Bahia

Salvador: UFBA. Campus de Ondina, à margem da estrada. 13/12/1991, *Guedes, M.L. & D.J.N. Hind,* 7.

Porto Seguro: Just North of Porto Seguro. 21/3/1974, *Harley, R.M.* et al. 17266.

Jacobina: A beira do Rio Jacobina. 3/7/1996, *Hind, D.J.N.* et al. IN PCD 3376.

Itacaré: Ramal à esquerda da Rodovia BR 101, com entrada no km 11 do trecho Ubaitaba-Itabuna. 12/6/1979, *Mattos Silva, L.A.* et al. 422.

Itacaré: Ramal à esquerda da Rodovia BR 101, com entrada no km 11 do trecho Ubaitaba-Itabuna. 12/6/1979, *Mattos Silva, L.A.* et al. 424.

Ilhéus: Area do CEPEC (Centro de Pesquisas do Cacau), km 22 da Rodovia Ilhéus/Itabuna (BR 415). 18/11/1998, *Paixão, J.L.* et al. 81. [× 2]

Paraíba

João Pessoa: Cidade Universitária, 6 km sudeste do centro de João Pessoa. 18/9/1985, *Agra, M.F.* 497.

Pernambuco

Mun.?: s.l. 1872, *Preston, T.A.* s.n.

Tagetes erecta L.
Bahia

Mundo Novo: Na cidade. 26/8/1980, *Bautista, H.P.* 359.

Mucugê: Estrada que liga Mucugê, 17 km de Mucugê. 27/7/1979, *King, R.M.* et al. 8173.

Ilhéus: Area do CEPEC (Centro de Pesquisas do Cacau), km 22 da Rodovia Ilhéus-Itabuna (BR 415). 7/5/1992, *Sant'Ana, S.C. & T.S. dos Santos,* 223.

Tagetes minuta L.
Bahia

Rio de Contas: About 2 km N of the Vila do Rio de Contas in flood plain of the Rio Brumado. 22/3/1977, *Harley, R.M.* et al. 19828.

Morro do Chapéu: Summit of Morro do Chapéu, ca. 8 km SW of the town of Morro do Chapéu to the west of the road to Utinga. 30/5/1980, *Harley, R.M.* et al. 22785.

Morro do Chapéu: Serra Pé do Morro. 29/6/1996,

Hind, D.J.N. et al. IN PCD 3236.

Serra do Tombador. 2/7/1996, Hind, D.J.N. et al. IN PCD 3339.

Umburanas: Serro do Curral Feio (localmente referida como Serra da Empreitada): Cachoeirinha, à beira do Rio Tabuleiro, ca. 10 km NW of Delfino na estrada que sai pelo depósito de lixo. 12/4/1999, Queiroz, L. P. et al. 5443.

Jacobina: Serra do Tombador, ca. 20 km W de Jacobina na estrada para Umburanas. 13/4/1999, Queiroz, L.P. et al. 5483.

Ilhéus: Area do CEPEC (Centro de Pesquisas do Cacau), km 22 da Rodovia Ilhéus-Itabuna (BR 415). 7/5/1992, Sant'Ana, S.C. & T.S. dos Santos, 224.

Tanacetum parthemium (L.) Sch.Bip.
Bahia

Abaíra: Arredores de Catolés. 19/12/1991, Hind, D.J.N. & R.F. Queiroz, IN H 50014. [× 2]

Ceará

São Benedito: s.l. 17/9/1988, Matos, F.J.A. s.n.

Taraxacum sp.
Bahia

Piatã: Piatã, on drystone wall in middle of town. 18/12/1991, Hind, D.J.N. & S.C. Sant'Ana, 30. [× 2]

Piatã: Piatã. 6/11/1996, Hind, D.J.N. et al. IN PCD 4112. [× 2]

Teixeiranthus foliosus (Gardner) R.M.King & H.Rob.
Bahia

Mun.?: Utinga, s.l. Blanchet, J.S. 2754. [× 2]

Mun.?: Utinga, s.l. Blanchet, J.S. 2754. Photograph of material in BR.

Tilesia baccata (L. f.) Pruski
Alagoas

Mun.?: In bushy places near the sea about 20 leagues W. of Maceió. 4/1838, Gardner, G. 1348.

Bahia

Vitória da Conquista: Ramal a 15 km na estrada de Vitória da Conquista à Ilhéus. 19/2/1992, Carvalho, A.M. et al. 3798.

Tucano: Km 7 a 10 na estrada de Tucano para Ribeira do Pombal. 21/3/1992, Carvalho, A.M. et al. 3920.

Porto Seguro: Km 6 da Rodovia Porto Seguro-Eunápolis. 25/11/1971, Euponino, A. 27.

Jaguaquara: s.l. 4/2/1999, França, F. et al. 2615.

Abaíra: Engenho de Baixo, próximo ao brejo. Beira do Rio da Ribeira. 26/12/1992, Ganev, W. 1753.

Santa Cruz de Cabrália: 11 km S of Santa Cruz de Cabrália. 17/3/1974, Harley, R.M. et al. 17090.

Caetité: Serra Geral de Caetité, ca. 3 km from Caetité S along the road to Brejinhos das Ametistas. 10/4/1980, Harley, R.M. et al. 21177.

Jacobina: Serra da Jacobina (Toca da Areia). 5/7/1996, Hind, D.J.N. et al. IN PCD 3439.

Abaíra: Arredores de Catolés. 30/1/1992, Hind, D.J.N. & J.R. Pirani, IN H 51337.

Abaíra: Base da encosta da Serra da Tromba. 2/2/1992, Pirani, J.R. et al. IN H 51440.

Mun. ?: s.l. 1872, Preston, T.A. s.n.

Feira de Santana: 10 km NE do entroncamento da BA 052 com a estrada para Jaguara. 21/7/1987, Queiroz, L.P. et al. 1709.

Mun. ?: Estação Ecológica do Raso da Catarina. Mata das Pororocas. 24/6/1982, Queiroz, L.P. 325.

Mun.?: Bahia [= Salvador], in fruticebis. Salzmann, P. 22. [× 2]

Santa Cruz de Cabrália: Km 5 da estrada que liga a Estação Ecológica do Pau-Brasil à Santa Cruz de Cabrália, com entroncamento no km 17 da Rodovia Porto Seguro-Eunápolis. 11/12/1991, Sant'Ana, S.C. et al. 52.

Porto Seguro: Ca. 6–7 km na estrada que liga Trancoso ao Arraial D'Ajuda. 12/12/1991, Sant'Ana, S.C. et al. 99.

Ceará

Mun.?: Guarmaranga, about 50 miles inland. Bolland, G. s.n.

Mun.?: In a shady ravine Barra do Jardim. 12/1838, Gardner, G. 1969. [× 2]

Mun.?: In a wood near Crato. 1/1839, Gardner, G. 1970. [× 2]

Mun.?: In bushy places Serra do Araripe. 1/1839, Gardner, G. 1971. [× 2]

Crato: CE 090, 8 km W of Crato, "mata" vegetation on slopes of Chapada do Araripe. 15/2/1985, Gentry, A. et al. 50175.

Paraíba

Santa Rita: 20 km do centro de João Pessoa, Usina São João, Tibirizinho. 12/7/1990, Agra, M.F. & G. Gois, 1218.

Santa Rita: 20 km do centro de João Pessoa, Usina São João, Tibirizinho. 5/2/1992, Agra, M.F. et al. 1425.

Pernambuco

Bezerros: Parque Municipal de Serra Negra. 12/4/1995, Almeida, E.B. et al. 11.

Mun.?: In shady bushy places. 11/1837, Gardner, G. 1052.

Brejo da Madre de Deus: Fazenda Bituri. 14/3/1996, Marcon, A.B. 138.

Bezerros: Parque Municipal de Serra Negra. 2/6/1995, Oliveira, M. & C. Ramalho, 47.

Tithonia diversifolia (Hemsl.) A.Gray
Bahia

Mucugê: Estrada Igatu-Mucugê, a 3 km de Igatu. 14/7/1996, Hind, D.J.N. et al. IN PCD 3613.

Tithonia rotundifolia (Mill.) S.F.Blake
Bahia

Ilhéus: 6 km W of Ilhéus. 9/7/1979, King, R.M. & S.A. Mori, 7996.

Trichogonia campestris Gardner
Ceará

Mun.?: Lagoa Comprida. 7/1839, Gardner, G. 2212, ISOTYPE, Trichogonia campestris Gardner. [× 3]

Mun.?: Lagoa Comprida. 7/1839, Gardner, G. 2212, Photograph of TYPES in BM, Trichogonia campestris Gardner. [× 2]

Trichogonia harleyi R.M.King & H.Rob.
Bahia

Delfino: 16 km North West of Lagoinha (which is 5.5 km SW of Delfino) on side road to Minas do Mimoso. 8/3/1974, Harley, R.M. et al. 16977, Photograph of HOLOTYPE, Trichogonia harleyi R.M.King & H.Rob.

Delfino: 16 km North West of Lagoinha (which is 5.5 km S.W. of Delfino) on side road to Minas do Mimoso. 8/3/1974, *Harley, R.M.* et al. 16977, ISOTYPE, Trichogonia harleyi R.M.King & H.Rob.

Morro do Chapéu: 3 km SE of Morro do Chapéu on the road to Mundo Novo. 1/6/1980, *Harley, R.M.* 22905.

Morro do Chapéu: BR 052, vicinity of bridge over Rio Ferro Doido, ca. 18 km E of Morro do Chapéu. 17/6/1981, *Mori, S.A. & B.M. Boom,* 14521.

Trichogonia heringeri R.M.King & H.Rob.
Bahia

Livramento do Brumado: a 2 km ao NE de São Timóteo. 20/3/1980, *Mori, S.A. & F. Benton,* 13495.

Iaçu: Fazenda Suibra, 18 km a leste da cidade, seguindo a ferrovia. 12/3/1985, *Noblick, L.R. & M.J. Lemos,* 3584.

Pernambuco

Mun.?: Entre Petrolina e Afrânio. 19/4/1971, *Heringer, E.P.* et al. 165, Photograph of HOLOTYPE, Trichogonia heringeri R.M.King & H.Rob.

Trichogonia laxa Gardner
Bahia

Mun.?: 26 km along road SW of Roda Velha toward Brasilia. 4/2/1981, *King, R.M. & L.E. Bishop,* 8792.

Trichogonia pseudocampestris R.M.King & H.Rob.
Bahia

Ribeira do Pombal: s.l. 19/5/1981, *Bautista, H.P.* 474.

Morro do Chapéu: Rodovia Morro do Chapéu-Várzea Nova, km 1. 21/6/1987, *Coradin, L.* et al. 7691.

Abaíra: Distrito de Catolés: Estrada Abaíra-Mucugê via São João, 40 km de Abaíra. 13/4/1992, *Ganev, W.* 124.

Piatã: Campo rupestre próximo à Serra do Gentio (gerais entre Piatã e Serra da Tromba). 21/12/1984, *Mello Silva, R.* et al. IN CFCR 7426. [× 2]

Morro do Chapéu: Ca. 2 km S.W. of the town of Morro do Chapéu, on the Utinga road. 3/3/1977, *Harley, R.M.* et al. 19320, Photograph of HOLOTYPE, Trichogonia pseudocampestris R.M.King & H.Rob.

Morro do Chapéu: Ca. 2 km S.W. of the town of Morro do Chapéu, on the Utinga road. 3/3/1977, *Harley, R.M.* et al. 19320, ISOTYPE, Trichogonia pseudocampestris R.M.King & H.Rob.

Mucugê: Serra do Sincorá. 13.3 km N of Cascavel on the road to Mucugê. 25/3/1980, *Harley, R.M.* et al. 20950.

Morro do Chapéu: Summit of Morro do Chapéu, ca. 8 km SW of the town of Morro do Chapéu to the west of the road to Utinga. 30/5/1980, *Harley, R.M.* et al. 22828.

Morro do Chapéu: Ca. 16 km along the Morro do Chapéu to Utinga road, SW of the Morro do Chapéu. 1/6/1980, *Harley, R.M.* et al. 22968.

Abaíra: Gerais do Pastinho. 31/1/1992, *Hind, D.J.N.* et al. IN H 51418.

Morro do Chapéu: Próximo ao Rio Ventura. 27/6/1996, *Hind, D.J.N.* et al. IN PCD 3098.

Morro do Chapéu: 12 km na estrada Morro do Chapéu-Ferro Doido. 28/6/1996, *Hind, D.J.N.* et al. IN PCD 3135.

Jacobina: Serra do Tombador. 2/7/1996, *Hind, D.J.N.* et al. IN PCD 3342.

Piatã: Estrada Piatã-Inúbia, a 2 km do entroncamento com a estrada Piatã-Boninal. 11/11/1996, *Hind, D.J.N. & H.P. Bautista,* IN PCD 4181.

Morro do Chapéu: Ca. 10 km, no Morrãao do Chapéu, ao SW da cidade. 22/2/1993, *Jardim, J.G.* et al. 62.

Abaíra: Serra do Atalho. Complexo Serra da Tromba. Campo entre Serra do Atalho e Serra da Tromba. 18/4/1994, *Melo, E.* et al. 1003.

Morro do Chapéu: 1–2 km ao sul da cidade na estrada para Utinga. 16/11/1984, *Noblick, L.R.* 3476.

Umburanas: Serra do Curral Feio (localmente referida como Serra da Empreitada): Cachoeirinha, à beira do Rio Tabuleiro, ca. 10 km NW de Delfino na estrada que sai pelo depósito de lixo. 11/4/1999, *Queiroz, L.P.* et al. 5353.

Jacobina: Serra do Tombador, ca. 20 km W de Jacobina na estrada para Umburanas. 13/4/1999, *Queiroz, L.P.* et al. 5496.

Piatã: Gerais de Piatã, na estrada para Inúbia. 9/3/1992, *Stannard, B.L.* et al. IN H 51808.

Trichogonia salviifolia Gardner
Bahia

Morro do Chapéu: 27.5 km SE of the Morro do Chapéu on the BA 052 road to Mundo Novo. 4/3/1977, *Harley, R.M.* et al. 19410.

Caetité: Serra Geral de Caetité ca. 5 km S from Caetité along the Brejinhos das Ametistas road. 9/4/1980, *Harley, R.M.* et al. 21089.

Correntina: Chapadão Ocidental da Bahia. Islets and banks of the Rio Corrente by Correntina. 23/4/1980, *Harley, R.M.* et al. 21625.

Tabocas de Brejo Velho: Chapadão Ocidental da Bahia. 5 km to the North of Tabocas, which is 10 km NW of Serra Dourada. 1/5/1980, *Harley, R.M.* et al. 21995.

Piatã: Estrada Piatã-Abaíra, entrada à direita, após a entrada de Catolés. 9/11/1996, *Hind, D.J.N. & H.P. Bautista,* IN PCD 4164. [× 2]

Abaíra: Arredores de Catolés. 19/12/1991, *Hind, D.J.N. & R.F. Queiroz,* IN H 50018. [× 2]

Rio de Contas: 5 km NW from the town of Rio de Contas toward Pico das Almas. 24/1/1981, *King, R.M. & L.E. Bishop,* 8621.

Rio de Contas: 10 km NW from the town of Rio de Contas, along road Pico das Almas. 24/1/1981, *King, R.M. & L.E. Bishop,* 8631.

Itaberaba: One km E of Itaberaba. 29/1/1981, *King, R.M. & L.E. Bishop,* 8683.

Maracás: Rodovia BA 250, 13–25 km a E de Maracás. 18/11/1978, *Mori, S.A.* et al. 11174.

Caetité: Caminho para Licínio de Almeida. 10/2/1997, *Stannard, B.L.* et al. IN PCD 5356.

Ceará

Mun.?: In loco country about 20 m from coast. 1928, *Bolland, G.* 26.

Mun. ?: Dry hill between Cachoeira and Marmaluco. 2/1839, *Gardner, G.* 2419, TYPE, Eupatorium conoclinioides Gardner. [× 2]

Mun. ?: Sandy campos at Cachoeira, Province of Ceará. 2/1839, *Gardner, G.* 2419, TYPE, Eupatorium conoclinioides Gardner.

Trichogonia santosii R.M.King & H.Rob.
Bahia
  Gentio do Ouro: Serra de Santo Inácio, ca. 18–30 km
    na estrada de Xique-Xique para Santo Inácio.
    17/3/1990, *Carvalho, A.M. & J.Saunders*, 2883.
  Gentio do Ouro: Ca. 10 km de Santo Inácio na
    estrada para Xique-Xique. 24/6/1996, *Guedes, M.L.*
    et al. 3040. [× 2]
  Gentio de Ouro: 1.5 km S of São Inácio on Gentio
    do Ouro road. 24/2/1977, *Harley, R.M. et al.* 18987,
    Photograph of HOLOTYPE, Trichogonia santosii
    R.M.King & H.Rob.
  Gentio de Ouro: 1.5 km S of São Inácio on Gentio
    do Ouro road. 24/2/1977, *Harley, R.M. et al.* 18987,
    ISOTYPE, Trichogonia santosii R.M.King & H.Rob.
  Mun.?: 186 km along road W of Seabra, toward
    Ibotirama. 3/2/1981, *King, R.M. & L.E. Bishop*, 8788.
  Gentio de Ouro: Campos der Serra do São Ignacio.
    2/1907, *Ule, E.* 7561.

Trichogonia scottmorii R.M.King & H.Rob.
Bahia
  Maracás: BA 250, 40 km a E de Maracás. 13/7/1979,
    King, R.M. & S.A.Mori, 8018, Photograph of
    HOLOTYPE, Trichogonia scottmorii R.M.King &
    H.Rob.

Trichogonia tombadorensis R.M.King & H.Rob.
Bahia
  Morro do Chapéu: Rodovia Lage do Batata-Morro do
    Chapéu, km 66. 28/6/1983, *Coradin, L. et al.* 6223.
  Morro do Chapéu: Rodovia BA 052, em direção à
    Utinga, entrada a 2 km à direita. Morro da torre da
    EMBRATEL a 8 km. 30/8/1990, *Hage, J.L. et al.*
    2314.
  Morro do Chapéu: Ca. 22 km W of Morro do
    Chapéu. 20/2/1971, *Irwin, H.S. et al.* 30671,
    Photograph of HOLOTYPE, Trichogonia
    tombadorensis R.M.King & H.Rob.

Trichogonia villosa (Spreng.) Sch.Bip. ex Baker
Bahia
  Abaíra: Serrinha-Guarda-Mor. 3/3/1994, *Ganev, W.*
    3038.
  Abaíra: Caminho Marques-Boa Vista, estrada
    abandonada da furna. 27/4/1994, *Ganev, W.* 3147.
  Mun.?: Junco. 1914, *Luetzelburg, P. von* 209.

Trichogonia zehntneri Mattf.
Bahia
  Xique-Xique: Lagoa de Itaparica. 19/3/1996,
    Stannard, B.L. et al. IN PCD 2540.

Trichogonia sp.
Bahia
  Cocos: Banks of the Rio Itaguari and adjacent weedy
    pastures, ca. 10 km S of Cocos. 15/3/1972,
    Anderson, W.R. et al. 37010.

Trichogoniopsis adenantha (DC.) R.M.King &
  H.Rob.
Bahia
  Prado: 12 km ao S de Prado. Estrada para Alcobaça.
    7/12/1981, *Carvalho, A.M. & G.P. Lewis*, 918.
  Lençóis: Ca. 7 km NE of Lençóis, and 3 km S of the
    main Seabra-Itaberaba road. 23/5/1980, *Harley,*
    R.M. et al. 22425.

Abaíra: Arredores de Catolés. 30/1/1992, *Hind, D.J.N.*
  & J.R.Pirani, IN H 51336.
Mucuri: 4 km a W de Mucuri. 12/9/1978, *Mori, S.A. et*
  al. 10466.
Abaíra: Garimpo do Engenho. 26/2/1992, *Stannard,*
  B.L. et al. IN H 51611.
Abaíra: Rodeador. 20/3/1992, *Stannard, B.L. et al.* IN
  H 52720.
Ceará
  Mun.?: In a shady ravine, Serra do Araripe. 9/1838,
    Gardner, G. 1723, HOLOTYPE, Trichogonia
    gardneri A. Gray.
  Mun.?: In a shady ravine, Serra do Araripe. 9/1838,
    Gardner, G. 1723, ISOTYPE, Trichogonia gardneri
    A. Gray.

Trichogoniopsis morii R.M.King & H.Rob.
Bahia
  Mucugê: Estrada que liga Mucugê, 17 km de Mucugê.
    27/7/1979, *King, R.M. et al.* 8178, Photograph of
    HOLOTYPE, Trichogoniopsis morii R.M.King &
    H.Rob.
  Mucugê: Estrada que liga Mucugê. 17 km de Mucugê.
    27/7/1979, *King, R.M. et al.* 8178, ISOTYPE,
    Trichogoniopsis morii R.M.King & H.Rob.

Tridax procumbens L.
Bahia
  Salvador: UFBA. Campus de Ondina. 13/12/1991,
    Guedes, M.L. & D.J.N. Hind, 3.
  Mucugê: Estrada Igatu-Mucugê, a 3 km de Igatu.
    14/7/1996, *Hind, D.J.N. et al.* IN PCD 3612.
  Salvador: Dunas de Itapuã, atrás do Hotel Stella
    Maris, N do condomínio Alamedas da Praia.
    10/6/1993, *Queiroz, L.P.* 3206.
Paraíba
  Santa Rita: 20 km do centro de João Pessoa, Usina
    São João, Tibirizinho. 22/4/1991, *Agra, M.F. & G.*
    Gois, 1299. [× 2]
  João Pessoa: Distrito Industrial. 22/11/1991, *Agra,*
    M.F. & Bhattacharyya, 1327.

Trixis divaricata (Kunth) Spreng.
Bahia
  Vitória da Conquista: Ramal a 15 km na estrada de
    Vitória da Conquista à Ilhéus. 19/2/1992, *Carvalho,*
    A.M. et al. 3802.
  Itaberaba: 7 km S from road between Itaberaba and
    Ibotirama, along road to Andaraí. 30/1/1981, *King,*
    R.M. & L.E. Bishop, 8700.
  Feira de Santana: BA 052, 25 km N.W. do
    entroncamento com a BR 116. 22/11/1986,
    Queiroz, L.P. & et al., 1379.
  Mun.?: Bahia [= Salvador], in fruticebis sabulosis. s.d,
    Salzmann, P. 8. [× 2]
  Andaraí: Rodovia que liga Itaberaba à Lençóis, a 40
    km E.N.E. de Lençóis. 13/2/1994, *Souza, V.C. et al.*
    5201.
Ceará
  Mun.?: In woods near Crato. 9/1838, *Gardner, G.*
    1748. [× 2]

Trixis pruskii D.J.N. Hind
Bahia
  Rio de Contas: Carrapato, beira do Rio da Agua Suja,

acima da barragem. 14/11/1993, *Ganev, W.* 2483, ISOTYPE, Trixis pruskii D.J.N. Hind.

Trixis vautbieri DC.
Bahia
Morro do Chapéu: Rodovia Morro do Chapéu-Irecê (BA 052), km 21. 29/6/1983, *Coradin, L.* et al. 6242.
Mucugê: Estrada Mucugê-Guiné, a 5 km de Mucugê. 7/9/1981, *Furlan, A.* IN CFCR 1921.
Abaíra: Estrada Catolés-Abaíra, próximo ao Engenho de Baixo. 11/7/1992, *Ganev, W.* 639.
Abaíra: Estrada Catolés-Inúbia, Serra da Barra na direção Oeste do local chamado Salão. 28/7/1992, *Ganev, W.* 778.
Abaíra: Bem-Querer-Garimpo da CIA. 18/7/1994, *Ganev, W.* 3577.
Maracás: Fazenda Cana Brava. 31/8/1996, *Harley, R.M. & A.M. Giulietti*, 28224.
Seabra: 2 km de Seabra na estrada BR 242, para Ibotirama. 5/9/1996, *Harley, R.M.* et al. 28250.
Palmeiras: Estrada para Mucugê. 23/8/1996, *Harley, R.M. & M.A. Mayworm*, IN PCD 3772.
Andaraí: Rio Paraguaçu. 17/9/1984, *Hatschbach, G.* 48343.
Morro do Chapéu: Próximo ao rio Ventura. 27/6/1996, *Hind, D.J.N.* et al. IN PCD 3093.
Palmeiras: Morro do Pai Inácio. 9/7/1996, *Hind, D.J.N.* et al. IN PCD 3521.
Mucugê: Estrada Igatu-Mucugê, próximo ao entroncamento com a estrada Andaraí-Mucugê. 13/7/1996, *Hind, D.J.N.* et al. IN PCD 3588.
Mucugê: Pedra Redonda, entre o Rio Preto e o Paraguaçu. 15/7/1996, *Hind, D.J.N.* et al. IN PCD 3618.
Piatã: Estrada Piatã-Ribeirão. 1/11/1996, *Hind, D.J.N.* et al. IN PCD 3897.
Piatã: Piatã. 5/11/1996, *Hind, D.J.N.* et al. IN PCD 4061.
Rio de Contas: A 10 km as N.W. de Rio de Contas. 21/7/1979, *King, R.M.* et al. 8087.
Mucugê: 1 km N de Mucugê. 10/10/1987, *Queiroz, L.P. &* et al., 1832.
Abaíra: 9 km N de Catolés, caminho de Ribeirão de Baixo a Piatã. Encosta, subida da Serra do Atalho. 10/7/1995, *Queiroz, L.P.* et al. 4371.
Rio de Contas: Rodovia Rio de Contas-Pico das Almas, km 15. 28/9/1996, *Silva, G.P. & M. Way*, 3685.
Mun.?: An felsen bei Maracás. 1906, *Ule, E.* 7233.
Piauí
Parnaguá: In dry rocks wooded hills at Parnaguá. 8/1839, *Gardner, G.* 2654. [× 3]

Verbesina baccharifolia Mattf.
Bahia
Abaíra: Veio de Cristais. 25/5/1992, *Ganev, W.* 363.
Abaíra: Campos de Ouro Fino, próximo ao acampamento da expedição, em Capão. 14/7/1992, *Ganev, W.* 650.
Piatã: Abaixo da Serra do Ray. 18/8/1992, *Ganev, W.* 903.

Verbesina glabrata Hook. & Arn.
Bahia
Mun. ?: s.l. *Blanchet, J. S.* 3699.

Barra da Estiva: Serra do Sincorá. 15–19 km W. of Barra da Estiva, on the road to Jussiape. 22/3/1980, *Harley, R.M.* et al. 20741.
Morro do Chapéu: Summit of Morro do Chapéu, ca. 8 km S.W. of the town of Morro do Chapéu to the west of the road to Utinga. 30/5/1980, *Harley, R.M.* et al. 22797.
Mucugê: Rodovia para Andaraí. 17/9/1984, *Hatschbach, G.* 48319.
Mucugê: Estrada que liga Mucugê. 17 km de Mucugê. 27/7/1979, *King, R.M.* et al. 8174.
Mucugê: Margem da Estrada Andaraí-Mucugê. Estrada nova, a 13 km de Mucugê, próximo a uma grande pedreira, na margem esquerda. 21/7/1981, *Pirani, J.R.* et al. IN CFCR 1668.

Verbesina luetzelburgii Mattf.
Bahia
Abaíra: Serra do Barbado, subida do Pico. 12/7/1993, *Ganev, W.* 1824.
Abaíra: Serra do Bicota. 21/7/1993, *Ganev, W.* 1928.
Rio de Contas: Pico das Almas. Vertente leste, começo da subida do Pico do Campo do Queiroz. 12/11/1988, *Harley, R.M. & D.J.N. Hind*, 26109.
Piatã: Encosta da Serra do Barbado, após Catolés de Cima. 6/9/1996, *Harley, R.M.* et al. 28304.
Rio de Contas: Topo do Pico do Itobira. 15/11/1996, *Harley, R.M.* et al. IN PCD 4307.
Mucugê: Vereda Grande. 18/6/1984, *Hatschbach, G. & R.Kummrow*, 48039.
Rio de Contas: Entre Rio de Contas e Mato Grosso a 9 km as N de Rio de Contas. 20/7/1979, *King, R.M.* et al. 8055.
Rio de Contas: Base do Pico das Almas, a 18 km as NW de Rio de Contas. 22/7/1979, *King, R.M.* et al. 8100.

Verbesina macrophylla (Cass.) S.F.Blake
Bahia
Encruzilhada: Saída para Divinópolis. 25/5/1968, *Belém, R.P.* 3648.
Ilhéus: s.l. *Blanchet, J.S.* 1199.
Mun.?: Bahia [= Salvador]. *Blanchet, J.S.* s.n. [Possibly an ISOSYNTYPE of Verbesina diversifolia DC.]
Mulungú do Morro: 17 km de Segredo, indo para Bonito. 30/8/1999, *Carneiro-Torres, D.S.* et al. 132.
Lençóis: Entroncamento e entrada para Lençóis-Itaberaba (BR 242, km 13). 11/9/1992, *Coradin, L.* et al. 8565.
Morro do Chapéu: Estrada Morro do Chapéu-Utinga, km 19. 22/9/1992, *Coradin, L.* et al. 8695.
Vitória da Conquista: Vitória da Conquista para Poções. 19/10/1967, *Duarte, A.P.* 10520.
Abaíra: Distrito de Catolés, Estrada Catolés-Abaíra, ca. 4–5 km de Catolés. Engenho de Baixo. 19/5/1992, *Ganev, W.* 312.
Mun.?: Near Bahia [= Salvador]. 9/1837, *Gardner, G.* 875. TYPE of Verbesina lancifolia Gardner
Palmeiras: Pai Inácio. 28/6/1995, *Guedes, M.L.* et al. IN PCD 1946.
Jacobina: Ramal a ca. 7 km na Rodovia Jacobina-Capim Grosso. Fazenda Bom Jardim. Coletas entre 2 a 9 km ramal adentro. 28/8/1990, *Hage, J.L.* et al. 2268.

Morro do Chapéu: Leito pedregoso do Rio Ventura. 27/6/1996, *Harley, R.M.* et al. IN PCD 3109.

Itabello: Cascalheira. 13/8/1995, *Hatschbach, G.* et al. 63275.

Morro do Chapéu: Próximo à ponte sobre o Rio Ferro Doido. 28/6/1996, *Hind, D.J.N.* et al. IN PCD 3159.

Mun.?: Prope Cruz de Casma, in campis. 7, *Martius Herb. Fl. bras.* 646.

Mun.?: Bahia [= Salvador], in fruticebis. *Salzmann, P.* 17. ISOSYNTYPES of Verbesina diversifolia DC. [× 2]

Buerarema: Road Itabuna-Buerarema, km 25. 10/7/1964, *Silva, N.T.* 58336.

Santa Cruz de Salinas: Arredores da BR 251. 17/5/1999, *Souza, V.C.* et al. 22782.

Ceará

Mun.?: Common in shades ravines Serra do Araripe, but rare in flower at this season. 10/1838, *Gardner, G.* 1733.

Paraíba

Lagoa Seca: s.l. 16/12/1989, *Agra, M.F. & J.M. Barbosa Filho,* 749.

Pernambuco

Floresta: Inajá, Reserva Biológica de Serra Negra. 19/7/1995, *Rodal, M.J.N.* 606.

Floresta: Inajá, Reserva Biológica de Serra Negra. 27/8/1994, *Sales, M.* 334.

Verbesina sordescens DC.

Bahia

Mucugê: 8 km along road S of Mucugê. 1/2/1981, *King, R.M. & L.E. Bishop,* 8748.

Verbesina sp.

Pernambuco

Bezerros: Parque Ecológico de Serra Negra. 5/10/1995, *Villarouco, F.M.O.* et al. 127.

Vernonia acutangula Gardner

Maranhão

Mun.?: Marshy places in Maranham. 6/1841, *Gardner, G.* 6044, ISOTYPE, Vernonia acutangula Gardner. [× 2]

Pernambuco

Caruaru: Brejo dos Cavalos, Fazenda Caruaru. 9/10/1994, *Mayo, S.* et al. 1022.

Bezerros: Parque Ecológico de Serra Negra. 11/10/1995, *Oliveira, M.* 103.

Bezerros: Parque Ecológico de Serra Negra. 11/10/1995, *Sales de Melo, M.R.C.* 198. [× 2]

Bezerros: Parque Ecológico de Serra Negra. 5/10/1995, *Silva, L.F.* et al. 66.

Caruaru: Distrito de Murici, Brejo dos Cavalos. 6/10/1995, *Tschá, M.C.* et al. 268. [× 2]

Bezerros: Parque Ecológico de Serra Negra. 10/10/1995, *Tschá, M.C.* et al. 298.

Caruaru: Murici, Brejo dos Cavalos. 19/10/1996, *Tschá, M.C.* et al. 303.

Vernonia almasensis D.J.N. Hind

Bahia

Rio de Contas: Pico das Almas. Vertente leste. Subida do pico do campo norte do Queiroz. 10/11/1988, *Harley, R.M.* et al. 26328, ISOTYPE, Vernonia almasensis D.J.N. Hind.

Vernonia alvimii H.Rob.

Bahia

Maraú: about 5 km SE of Maraú near junction with road to Campinho. 15/5/1980, *Harley, R.M.* et al. 22087.

Santa Cruz de Cabrália: a 5 km a W de Santa Cruz de Cabrália. 6/7/1979, *King, R.M.* et al. 7991, Photograph of HOLOTYPE, Vernonia alvimii H.Rob.

Santa Cruz de Cabrália: a 5 km a W de Santa Cruz de Cabrália. 6/7/1979, *King, R.M.* et al. 7991, ISOTYPE, Vernonia alvimii H.Rob.

Vernonia amygdalina Del.

Bahia

Canavierias: Margem da rodovia Camacan-Canavieiras, 70 km W de Canavieiras. 9/9/1965, *Belém, R.P.* 1760.

Feira de Santana: s.l. 1983, *Discentes da UEFS* s.n.

Feira de Santana: s.l. 7/9/1994, *Dutra, E. de A.* 44.

Mun.?: Road Itabuna-Buerarema, km 25. 10/7/1964, *Silva, N.T.* 58345.

Vernonia apiculata Mart. ex DC.

Bahia

Abaíra: Estrada Abaíra-Mucugê via São João, 40 km de Abaíra. 13/4/1992, *Ganev, W.* 131.

Abaíra: Distrito de Catolés, Boa Vista. 5/5/1992, *Ganev, W.* 251.

Caitité: Serra Geral de Caitité, ca. 12 km SW of Caitité, by the road to Morrinhos and ca. 9 km W along this road from the junction with the Caitité-Brejinhos das Ametistas road. 10/4/1980, *Harley, R.M.* et al. 21203.

Mun.?: Campinas ca. 10 km S do Rio Piau, ca. 150 km SW of Barreiras. 13/4/1966, *Irwin, H.S.* et al. 14702.

Vernonia araripensis Gardner

Bahia

Prado: On road to Itamaraju to Cumuruxatiba, 10,5 km NE of turn off of road to Prado on road to Cumuruxatiba. 20/10/1993, *Thomas, W.W.* et al. 10018.

Ceará

Mun.?: Dry woods Serra do Araripe. 9/1838, *Gardner, G.* 1714, TYPE, Vernonia araripensis Gardner. [× 2]

Crato: 12 km southwest of Crato on road to Exú, Pernambuco. Serra do Araripe. 30/7/1997, *Thomas, W.W.* et al. 11689.

Vernonia arenaria Mart. ex DC. [incl. V. sarmentiana Gardner]

Piauí

Oeiras: Common in rocky places on the low hills around the city of Oeiras. 5/1839, *Gardner, G.* 2199, TYPE, Vernonia sarmentiana Gardner. [× 2]

Oeiras: In rocky hilly places near Oeiras. 5/1839, *Gardner, G.* 2200, TYPE, Vernonia grisea Baker. [× 2]

Sergipe

Estância: Rodovia Estância-Abais, com entrada no km 11 da rodovia BR 101 (trecho Estância/Aracaju); 20 km ao Leste do entroncamento. 15/6/1994, *Mattos Silva, L.A.* et al. 2987.

Vernonia aurea Mart. ex DC.

Bahia

Barreiras: Estrada para Brasília, BR 242. Coletas entre
20 a 22 km a partir da sede do município.
12/6/1992, *Amorim, A.M.* et al. 542.

São Dezidério: BR 020 nas proximidades do Posto de
gasolina de Roda Velha. 15/6/1983, *Coradin, L.* et
al. 5712.

Serra do Curral Feio: 22 km North-west of Lagoinha
(which is 5,5 km SW of Delfino) on side road to
Minas do Mimoso. 6/3/1974, *Harley, R.M.* et al.
16836. [× 2]

Correntina: Ca. 15 km SW of Correntina on the road
to Goiás. 25/4/1980, *Harley, R.M.* et al. 21726.

Mun. ?: Cerrado, Rio Roda Velha, ca. 150 km SW of
Barreiras. 15/4/1966, *Irwin, H.S.* et al. 14919.

Barreiras: s.l. 22/5/1984, *Silva, S.B. & R.A. Viegas,*
355.

Vernonia bahiana (H.Rob.) D.J.N. Hind
Bahia

Palmeiras: Pai Inácio, campo aberto e campo
rupestre. 25/10/1994, *Carvalho, A.M.* et al. IN PCD
963. [× 2]

Palmeiras: Pai Inácio. 21/11/1994, *Melo, E.* et al. IN
PCD 1150.

Palmeiras: Pai Inácio. 21/11/1994, *Melo, E.* et al. IN
PCD 1183. [× 2]

Palmeiras: Morro do Pai Inácio. 12/10/1987, *Queiroz,
L.P.* & et al., 1987, ISOTYPE, Lepidaploa bahiana
H.Rob.

Palmeiras: Pai Inácio. 29/8/1994, *Stradmann, M.T.S.*
et al. IN PCD 448.

Vernonia bardanoides Less.
Bahia

Mun.?: Cerrado near Rio Piau, ca. 150 km SW of
Barreiras. 14/4/1966, *Irwin, H.S.* et al. 14792.

Vernonia brasiliana (L.) Druce
Alagoas

Maceió: Common about Maceió. 2/1838, *Gardner, G.*
1340.
Bahia

Mun.?: s.l. *Blanchet, J.S.* 1843.

Ilhéus: s.l. *Blanchet, J.S.* s.n.

Mun.?: s.l. ['Plants collected near Bahia'] 9/1837,
Gardner, G. 871.

Jacobina: Ramal a ca. 7 km na Rodovia Jacobina-Capim
Grosso. Fazenda Bom Jardim, coletas entre 2 a 9
km ramal adentro. 28/8/1990, *Hage, J.L.* et al. 2263.

Lençóis: ca. 1 km do início da estrada lateral que sai
da Rodovia Lençóis-Seabra, a 23 km NW de
Lençóis. Serra do Palmital. 16/2/1994, *Harley, R.M.*
et al. IN CFCR 14130.

Correntina: Coletas efetuadas entre 5–8 km da cidade
na estrada para Jaborandi. 10/8/1996, *Jardim, J.G.*
et al. 929.

Feira de Santana: Serra de São José. 20/9/1980,
Noblick, L.R. 2018.

Mun.?: Bahia [= Salvador], In collibus. *Salzmann, P.* 5
[× 2]

Tremedal: km 72 da BA 262 trecho Anagé-Aracatu.
19/7/1991, *Sant'Ana, S.C.* & et al., 8.

Palmeiras: Pai Inácio. 29/8/1994, *Stradmann, M.T.S.*
et al. IN PCD 0450.

Ceará

Mun.?: Common in moist woods Crato. 9/1838,
Gardner, G. 1719. [× 2]
Maranhão

Mun.?: km 447-km 430 of BR 316, Codó to Peritoró.
29/9/1980, *Daly, D.* et al. D 350.

Lorêto: "Ilhas de Balsas" region, between the Balsas
and Parnaíba Rivers. 150 km North of the main
house of Fazenda "Morros", ca. 35 km South of
Lorêto 21/8/1963, *Eiten, G. & L.T. Eiten,* 5383.
Paraíba

Areia: próximo ao Campus. 12/10/1992, *Agra, M.F. &
J. Bhattacharyya,* 1746.
Pernambuco

Caruraru: Distrito de Murici, Brejo dos Cavalos.
5/9/1995, *Andrade, K. & M. Andrade,* 212.

Mun.?: s.l. 1837, *Gardner, G.* 1044. [× 3]

São Vicente Ferrer: Mata do Estado. 8/1/1996,
Marcon, A.B. et al. 110.

Caruraru: Murici, Brejo dos Cavalos, Parque
Ecológico Municipal. 11/8/1994, *Sales, M.* 242.

São Vicente Ferrer: Mata do Estado. 31/10/1995,
Souza, E.B. et al. 38.

Caruraru: Murici, Brejo dos Cavalos. 3/11/1995,
Tschá, M.C. et al. 334.

Vernonia carvalhoi H.Rob.
Bahia

Palmeiras: Pai Inácio, km 242 da rodovia BR 242.
Vale entre blocos que compõem o conjunto.
19/12/1981, *Carvalho, A.M.* et al. 1016, ISOTYPE,
Vernonia carvalhoi H.Rob.

Palmeiras: Pai Inácio, km 242 da rodovia BR 242.
Vale entre blocos que compõem o conjunto.
19/12/1981, *Carvalho, A.M.* et al. 1016, Photograph
of ISOTYPE, Vernonia carvalhoi H.Rob.

Abaíra: Serra da Tromba, nascente do Rio de Contas
(Caba saco). 18/12/1992, *Ganev, W.* 1678.

Piatã: Quebrada da Serra do Atalho. 26/12/1992,
Harley, R.M. et al. IN H 50404. [× 2]

Abaíra: Campo de Ouro Fino. 31/12/1991, *Harley,
R.M.* et al. IN H 50591.

Lençóis: Serra da Chapadinha. Chapadinha.
24/2/1995, *Melo, E.* et al. IN PCD 1732.

Abaíra: Campo do Cigano. 29/1/1992, *Pirani, J.R.* et
al. IN H 50972.

Abaíra: Campo do Cigano. 25/2/1992, *Sano, P.T.* IN H
52317.

Vernonia chalybaea Mart. ex DC.
Bahia

Tucano: Distrito de Caldas do Jorro. Estrada que liga
Caldas do Jorro ao Rio Itapicuru. 1/3/1992,
Carvalho, A.M. & D.J.N. Hind, 3851.

Milagres: Estrada para Itaberaba, km 5 da BR 116,
por Iaçú. 13/12/1981, *Carvalho, A.M. & G.P. Lewis,*
959.

Milagres: Morro Pé de Serra. 25/10/1997, França, F. et
al. 2406.

Senhor do Bonfim: Morro da Antena, ca. 11 km S de
Senhor do Bonfim. 13/5/1999, *França, F.* et al.
2898.

Pindobaçu: Carnaíba, estrada Santa Terezinha-Carnaíba,
vôo da morte. 25/10/1993, *Ganev, W.* 2352.

Ituaçu: Estrada Ituaçu-Barra da Estiva, a 13 km de Ituaçu, próximo ao Rio Lajedo. 18/7/1981, *Giulietti, A.M.* et al. IN CFCR 1204.

Lençóis: Serra da Chapadinha. 30/6/1995, *Guedes, M.L.* et al. IN PCD 2075.

Morro do Chapéu: Ca. 16 km along the Morro do Chapéu to Utinga road, SW of Morro do Chapéu. 1/6/1980, *Harley, R.M.* et al. 22956.

Morro do Chapéu: Barragem do Angelim, ca. 27,5 km SE of town of Morro do Chapéu, on the road to Mundo Novo. 3/6/1980, *Harley, R.M. & A.M.de Carvalho,* 23027.

Livramento do Brumado: Subida para Rio de Contas. 6/4/1992, *Hatschbach, G. & E. Barbosa* 56673.

Morro do Chapéu: 12 km na estrada Morro do Chapéu-Ferro Doido. 28/6/1996, *Hind, D.J.N.* et al. IN PCD 3127. [× 2]

Morro do Chapéu: 12 km na estrada Morro do Chapéu-Ferro Doido. 28/6/1996, *Hind, D.J.N.* et al. IN PCD 3128.

Jacobina: Serra da Maricota, perto da Serra do Vento. 3/7/1996, *Hind, D.J.N.* et al. IN PCD 3372.

Andaraí: One km S of Andaraí, along road to Mucugê. 30/1/1981, *King, R.M. & L.E. Bishop,* 8710.

Paulo Afonso: BR 110, road from Paulo Afonso to Jeremoabo, 39–46 km S of Paulo Afonso. 7/6/1981, *Mori, S.A. & B.M. Boom,* 14233.

Morro do Chapéu: BR 052, vicinity of bridge over Rio Ferro Doido, ca. 18 km E of Morro do Chapéu. 17/6/1981, *Mori, S.A. & B.M. Boom,* 14491.

Palmeiras: Pai Inácio, lado oposto da torre de repetição. 29/8/1994, *Orlandi, R.* et al. IN PCD 516.

Lençóis: Serra da Chapadinha. 31/8/1994, Orlandi, R. et al. IN PCD 646.

Lençóis: Serra da Chapadinha. Mata ao longo do curso de drenagem pluvial. 29/7/1994, *Pereira, A.* et al. IN PCD 0257. [× 2]

Mucugê: Estrada Andaraí-Mucugê, próximo ao Rio Paraguaçu. 21/7/1981, *Pirani, J.R.* et al. IN CFCR 1610.

Raso da Catarina: Estação Ecológica do Raso da Catarina. 25/6/1982, *Queiroz, L.P.* 352.

Maracás: Ca. 20 km W de Maracás na estrada para Contendas do Sincorá. 1/7/1993, *Queiroz, L.P. & V.L.F. Fraga,* 3273.

Monte Santo: Ca. 11 km E de Monte Santo na estrada para Euclides da Cunha (Bazzo). 24/8/1996, *Queiroz, L.P. & N.S. Nascimento,* 4603.

Lençóis: BR 242, entroncamento Lençóis-Seabra, km 5. 6/10/1995, *Silva, G.P.* et al. 3077.

Ceará

Mun.?: In dry arid hilly near Crato. 10/1838, *Gardner, G.* 1715. [× 2]

Mun.?: Rocky places near Icó. 8/1838, *Gardner, G.* 1720. [× 2]

Maranhão

Lorêto: "Ilhas de Balsas" region, between the Rios Balsas and Parnaíba. Ca. 3 km S of main house of Fazenda "Morros", about 35 km South of Lorêto. 29/4/1962, Eiten, G. *& L.T. Eiten,* 4436.

Pernambuco

Buíque: Estrada Buíque-Catimbau. 21/9/1995, *Andrade, K.* et al. 216. [× 2]

Venturosa: Parque Pedra Furada. 28/5/1998, *Costa, K.C.* 63.

Venturosa: Parque Estadual Pedra Furada. 4/8/1998, *Costa, K.C.* 157.

Venturosa: Parque Estadual Pedra Furada. 4/8/1998, *Costa, K.C.* et al. 75.

Ibimirim: Estrada Ibimirim-Petrolândia. 5/6/1995, *Gomes, A.P.S.* et al. 41.

Buíque: Catimbau. Trilha das Torres. 17/10/1994, *Lucena, M.F.A.* 2.

Floresta: Reserva Biológica de Serra Negra. 28/9/1996, *Oliveira, M.* et al. 316.

Vernonia cinerea (L.) Less.
Bahia

Salvador: UFBA. Campus de Ondina próximo da entrada. 13/12/1991, *Guedes, M.L. & D.J.N. Hind,* 15.

Ilhéus: Area do CEPEC, ao lado da entrada do CEPLAC, na estrada BR 415. 5/12/1991, *Hind, D.J.N. & A.M.V. de Carvalho,* 4. [×3]

Vernonia coriacea Less.
Maranhão

Lorêto: "Ilhas de Balsas" region, between the Rios Balsas and Parnaíba. 2–3 km South of main house of Fazenda "Morros", about 35 km south of Lorêto. 24/4/1962, *Eiten, G. & L.T.Eiten,* 4380.

Vernonia cotoneaster (Willd. ex Spreng.) Less.
Bahia

Morro do Chapéu: s.l. 26/8/1980, *Bautista, H.P.* 368.

Piatã: Serra de Santana. 3/11/1996, *Bautista, H.P.* et al. IN PCD 4002.

Ilhéus: s.l. *Blanchet* s.n.

Vitória da Conquista: ca. 14 km na rodovia Vitória da Conquista-Brumado. 26/12/1989, *Carvalho, A.M.* et al. 2603.

Andaraí: ca. 8 km na estrada Andaraí-Mucugê. 14/4/1990, *Carvalho, A.M. & W.W.Thomas,* 3040.

Tucano: kms 7 a 10 na estrada de Tucano para Ribeira do Pombal. 21/3/1992, *Carvalho, A.M.* et al. 3924.

Senhor do Bonfim: Rodovia Senhor do Bonfim-Jacobina (BR 374), km 21. 25/6/1983, *Coradin, L.* et al. 6030.

Bom Jesus da Lapa: Rodovia Igoporã-Caetité, km 08. 2/7/1983, *Coradin, L.* et al. 6359.

Vitória da Conquista: 4,7 km south of center of city of Vitória da Conquista, along highway. 10/3/1970, *Eiten, G. & L.T. Eiten,* 10893.

Mucugê: Estrada Mucugê-Guiné, a 5 km de Mucugê. 7/9/1981, *Furlan, A.* et al. IN CFCR 1997.

Mucugê: s.l. 6/12/1980, *Furlan, A.* et al. IN CFCR 403.

Piatã: Estrada Catolés-Ouro Verde, ca. 4 km de Catolés. 28/8/1992, *Ganev, W.* 982.

Abaíra: Catolés, próximo à máquina de café de Mariano. 2/12/1992, *Ganev, W.* 1613.

Abaíra: Guarda-Mor, caminho Guarda-Mor-Serrinha-Catolés. 6/11/1993, *Ganev, W.* 2424.

Abaíra: Boa Vista, acima do Capão do Mel. 11/6/1994, *Ganev, W.* 3358. [× 2]

Mun.?: Near Bahia [=Salvador]. 1837, *Gardner, G.* 872.

Ituaçu: Estrada Ituaçu-Barra da Estiva a 13 km de Ituaçu, próoximo ao Rio do Lajedo. 18/7/1981, *Giulietti, A.M.* et al. IN CFCR 1206.

Lençóis: Serra da Chapadinha. 29/7/1994, *Guedes, M.L.* et al. IN PCD 0301.

Salvador: UFBA-Campus de Ondina às margens da estrada, na encosta do morro. 13/12/1991, *Guedes, M.L. & D.J.N. Hind*, 1.

Inhambupe: s.l. 24/9/1975, *Gusmão, E. F.* 214.

Barra da Estiva: N face of Serra do Ouro, 7 km S of Barra da Estiva on the Ituaçú road. 30/1/1974, *Harley, R.M.* et al. 15681.

Morro do Chapéu: 27,5 km SE of the town of Morro do Chapéu on the BA 052 road to Mundo Novo. 4/3/1977, *Harley, R.M.* et al. 19405.

Milagres: Morro de Nossa Senhora dos Milagres, just west of Milagres. 6/3/1977, *Harley, R.M.* et al. 19440.

Rio de Contas: Ca. 3 km south of small town of Mato Grosso on the road to Vila do Rio de Contas. 24/3/1977, *Harley, R.M.* et al. 19961.

Andaraí: Among large sandstone rocks above Paraguaçó River. 24/1/1980, *Harley, R.M.* et al. 20541.

Barra da Estiva: Serra do Sincorá, W of Barra da Estiva on the road to Jussiape. 23/3/1980, *Harley, R.M.* et al. 20817.

Caitité: Serra Geral de Caitité, ca. 3 km from Caetité, S along the road to Brejinhos das Ametistas. 10/4/1980, *Harley, R.M.* et al. 21163.

Caitité: Serra Geral de Caitité, ca. 3 km from Caetité, S along the road to Brejinhos das Ametistas. 10/4/1980, *Harley, R.M.* et al. 21187.

Palmeiras: Serras dos Lençóis. Lower slopes of Morro do Pai Inácio, ca. 14,5 km NW of Lençóis just N of the main Seabra-Itaberaba road. 21/5/1980, *Harley, R.M.* et al. 22294.

Rio de Contas: 9 km ao norte da cidade na estrada para o povoado de Mato Grosso. 26/10/1988, *Harley, R.M.* et al. 25652.

Barra da Estiva: Ao pé da Serra do Sincorá, 28 km NE da cidade, perto do povoado Sincorá da Serra. 18/11/1988, *Harley, R.M.* et al. 26918.

Agua Quente: Pico das Almas, vertente norte, acima do vale ao N da Fazenda Silvina. 11/12/1988, *Harley, R.M. & D.J.N. Hind*, 27209.

Abaíra: Perto do Riacho da Quebrada, ao pé da Serra do Atalho. 26/12/1991, *Harley, R.M.* et al. IN H 50444.

Abaíra: Salão, 9 km de Catolés na estrada para Inúbia. 28/12/1991, *Harley, R.M.* et al. IN H 50544.

Rio de Contas: Campo de aviação, 1 km N. 6/4/1992, *Hatschbach, G. & E. Barbosa*, 56748.

Itabello: Cascalheira. 13/8/1995, *Hatschbach, G.* et al. 63273.

Ilhéus: Road to Ponto do Ramo, ca. 15 km N of Ilhéus. 9/2/1992, *Hind, D.J.N.* et al. 034.

Morro do Chapéu: 12 km na estrada Morro do Chapéu-Ferro Doido. 28/6/1996, *Hind, D.J.N.* et al. IN PCD 3134.

Mucugê: Estrada Igatu-Mucugê, a 7 km do entroncamento com a estrada Andaraí-Mucugê. 14/7/1996, *Hind, D.J.N.* et al. IN PCD 3593.

Lençóis: Estrada para Barra Branca. 25/10/1996, *Hind, D.J.N. & L. Funch,* IN PCD 3787. [× 2]

Piatã: Estrada Piatã-Abaíra, entrada à direita, após a entrada para Catolés. 9/11/1996, *Hind, D.J.N. &*

H.P. Bautista, IN PCD 4165. [× 2]

Abaíra: Arredores de Catolés, beira do cafezal. 19/12/1991, *Hind, D.J.N. & R.F. Queiroz,* IN H 50017.

Abaíra: Campo de Ouro Fino (baixo). 9/1/1992, *Hind, D.J.N. & R.F. Queiroz,* IN H 50037.

Abaíra: Campo de Ouro Fino (alto). 21/1/1992, *Hind, D.J.N. & R.F. Queiroz,* IN H 50934.

Seabra: ca. 27 km N of Seabra, road to Agua de Rega. 26/2/1971, *Irwin, H.S.* et al. 31133.

Santa Cruz de Cabrália: BR 367, ca. 26 km de Eunápolis. 4/7/1979, *King, R.M.* et al. 7980.

Rio de Contas: Base do Pico das Almas, a 18 km as NW de Rio de Contas. 22/7/1979, *King, R.M.* et al. 8098.

Caetité: 2 km along road E of Caetité towards Brumado. 22/1/1981, *King, R.M. & L.E. Bishop,* 8593.

Mun.?: 46 km S from road between Itaberaba and Ibotirama, along road to Andaraí. 30/1/1981, *King, R.M. & L.E. Bishop,* 8706.

Mucugê: 6 km along road S of Mucugê. 1/2/1981, *King, R.M. & L.E. Bishop,* 8738.

Mucugê: 8 km along road S of Mucugê. 1/2/1981, *King, R.M. & L.E. Bishop,* 8750.

Mun.?: 53 km along road W from Seabra, toward Ibotirama. 3/2/1981, *King, R.M. & L.E. Bishop,* 8783.

Lençóis: s.l. 1/10/1982, *Lobo, C.M.B.* 62.

Lençóis: Rio Mucugezinho, próximo à BR 242 em direção à Serra do Brejão, próximo ao Morro do Pai Inácio. 20/12/1984, *Mello Silva, R.* et al. IN CFCR 7346.

Lençóis: BR 242, km 216 a 12 km ao N de Lençóis. 1/3/1980, *Mori, S.A.* 13325.

Lençóis: vicinity of Lençóis, 2–5 km N of Lençóis on trail to Barro Branco. 11/6/1981, *Mori, S.A. & B.M. Boom,* 14312.

Serra Preta: 7 km W de Ponto de Serra Preta, Fazenda Santa Clara. 17/7/1985, *Noblick, L.R. & M.J. Lemos,* 4167.

Vitória da Conquista: 4 km de Vitória da Conquista, rumo à Jequié. 17/1/1965, *Pereira, E. & G. Pabst,* 9529.

Mun.?: Margem de mata higrófila entre Iburuçú e Maracás. 23/1/1965, *Pereira, E. & G. Pabst,* 9647.

Lençóis: Rio Mucugezinho, próximo à BR 242 em direção à Serra do Brejão, próximo ao Morro do Pai Inácio. 20/12/1984, *Pirani, J.R.* et al. IN CFCR 7270.

Lençóis: 8 km de Lençóis, ao lado da BA 850. 12/10/1987, *Queiroz, L.P.* & et al., 1960.

Castro Alves: Topo da Serra da Jibóia, em torno da Torre de Televisão. 18/6/1993, *Queiroz, L.P. & T.S.N. Sena,* 3231.

Abaíra: Rodovia Igoporã-Caetité, km 08. 31/10/1996, *Queiroz, L.P. & M.M. Silva,* IN PCD 3850.

Ipirá: Fazenda Recreio: Estrada do Feijão, km 43. 4/10/1986, *Queiroz, L.P.* 986.

Rio de Contas: Ca. 2 km da cidade, em direção à Marcolino Moura. 4/3/1994, *Roque, N.* et al. IN CFCR 14828.

Lençóis: Serra da Chapadinha. 9/3/1996, *Roque, N.* et al. IN PCD 2199.

Mun.?: Bahia [= Salvador]. In collibus arridis. *Salzmann, P.* s.n. [× 2]

Lençóis: Margem esquerda do Rio Serrano, próximo ao Salão das Areias. 4/10/1995, *Silva, G.P.* et al. 3065.

Abaíra: Arredores de Catolés. 22/11/1991, *Souza, V.C. & C.M. Sakuraghi*, IN H 50260.

Abaíra: Gerais do Pastinho. 28/2/1992, *Stannard, B.L.* et al. IN H 51666.

Abaíra: Riacho da Cruz. 3/3/1992, *Stannard, B.L.* et al. IN H 51722.

Abaíra: Guarda Mor, perto do Morro do Cuscuz. 8/3/1992, *Stannard, B.L.* et al. IN H 51793.

Abaíra: Estrada Catolés-Catolés de Cima, Engenho dos Vieiras. 15/2/1992, *Stannard, B.L.* et al. IN H 51956.

Mun.?: s.l. s.c. s.n.

Vernonia desertorum Mart. ex DC.
Bahia
Rio ce Contas: Pico das Almas, vertente leste entre Faz. Brumadinho e Faz. Silvina, 17 km N da cidade. 22/11/1988, *Harley, R.M.* et al. 26941.

Vernonia diffusa Less.
Bahia
Itacaré: Ramal à esquerda na estrada Ubaitaba-Itacaré, a 4 km do loteamento da Marambaia. 20/11/1991, *Amorim, A.* et al. 454.

Maraú: s.l. 5/10/1965, *Belém, R.P.* 1817.

[Maraú]: Rodovia Maraú-Ubaitaba. 6/10/1965, *Belém, R.P.* 1881.

Uruçuca: Distrito de Serra Grande. 7,3 km na estrada Serra Grande-Itacaré. Fazenda Lagoa do Conjunto Fazenda Santa Cruz. 7/9/1991, *Carvalho, A.M.* et al. 3622.

Mun.?: s.l. *Luschnath* 518.

[Canavieiras]: 32 km from BR 101, on road south to Canavieiras. 23/10/1980, *Nunes, J.M.S. & N.F.F. MacLeish*, 757.

Maraú: Fazenda Raquel. 6/8/1967, *Vinha, S.G. & R.S. Pinheiro*, 200.

Vernonia discolor Less.
Bahia
Ilhéus: Estrada entre Sururú e Vila Brasil, 6–14 km de Sururú, a 12–20 km a SE de Buerarema. 27/10/1979, *Mori, S.A. & F. Benton*, 12891.

Una: UNACAU, Fazenda Brasilândia. Rodovia São José-Una, a 12 km do entroncamento com a BR 101. 24/11/1987, *Santos, E.B. & M.C. Alves*, 158.

Vernonia dura Mart. ex DC.
Bahia
Barreiras: Estrada para o Aeroporto de Barreiras. Coletas entre 5 a 15 km a partir da sede do município. 11/6/1992, *Carvalho, A.M.* et al. 4063.

Vernonia edmundoi G.M.Barroso
Bahia
Itacaré: estrada que liga Serra Grande. Ramal 13 que leva ao Campinho Cheiroso. Coletas entre os km 15 e 16 a partir do Distrito de Serra Grande. 26/8/1992, *Amorim, A.M.A.* et al. 698.

Salvador: Itapoã. 14/7/1983, *Pinto, G.C.P. & H.P. Bautista*, 281/83.

Itacaré: Campo Cheiroso, 14 km north of Serra Grande off of road to Itacaré. 15/11/1992, *Thomas, W.W.* et al. 9492.

Salvador: Abaeté: Dunas. 3/6/1996, *Viana, B.F.* et al. 96.

Vernonia elegans Gardner
Bahia
Abaíra: Estrada Abaíra-Piatã, radiador acima do garimpo velho. 25/6/1992, *Ganev, W.* 562.

Vernonia eriolepis Gardner [incl. syn. Vernonia riedelii Sch.Bip.]
Ceará
Ceará: In shady ravines of the Serra de Araripe. 9/1838, *Gardner, G.* 1718. ISOSYNTYPE of Vernonia eriolepis Gardner [× 2]
Pernambuco
Bonito: Reserva Municipal de Bonito. 12/9/1995, *Rodrigues, E.H.* et al. 61.

Bonito: Reserva Municipal de Bonito. 18/9/1995, *Rodrigues, E.H.* et al. 66.

Vernonia fagifolia Gardner
Bahia
Agua Quente: Pico das Almas, vale ao NO da Serra do Pau Queimado, próximo da Casa Folheta. 11/12/1988, *Harley, R.M. & D.J.N. Hind*, 27204.

Rio de Contas: Perto do Pico das Almas, em local chamado Queiroz. 21/2/1987, *Harley, R.M.* et al. 24604.

Abaíra: arredores de Catolés, na estrada para o Guarda-Mor. 27/12/1988, *Harley, R.M.* et al. 27829. [× 2 – one specimen and one Cibachrome]

Piatã: Proximidades do riacho Toborou. 4/11/1996, *Hind, D.J.N.* et al. IN PCD 4045.

Piatã: Piatã. 5/11/1996, *Hind, D.J.N.* et al. IN PCD 4050.

Rio de Contas: 5 km NW from the town of Rio de Contas toward Pico das Almas. 24/1/1981, *King, R.M. & L.E. Bishop*, 8617.

Rio de Contas: 14 km NW from the town of Rio de Contas along road to Pico das Almas. 24/1/1981, *King, R.M. & L.E. Bishop*, 8637.

Mucugê: 2 km along road S of Mucugê. 31/1/1981, *King, R.M. & L.E. Bishop*, 8715.

Lençóis: along BR 242, ca. 15 km NW of Lençóis at km 225. 10/6/1981, *Mori, S.A. & B.M. Boom*, 14295.

Vernonia farinosa Baker
Bahia
Barra da Estiva: ca. 30 km na estrada de Mucugê para Barra da Estiva. 19/3/1990, *Carvalho, A.M. & J. Saunders*, 2981.

Barra da Estiva: Estrada Barra da Estiva-Mucugê, km 79. 4/7/1983, *Coradin, L.* et al. 6462.

Mucugê: Estrada Mucugê-Guiné, a 28 km de Mucugê. 7/9/1981, *Furlan, A.* et al. IN CFCR 2064.

Abaíra: Distrito de Catolés, Bem Querer, em frente à casa de José de Benedita. 7/4/1992, *Ganev, W.* 69.

Abaíra: Distrito de Catolés, caminho Boa Vista-Bicota. 2/4/1992, *Ganev, W.* 161.

Abaíra: Distrito de Catolés, Serra do Porco Gordo-Gerais do Tijuco. 24/4/1992, *Ganev, W.* 191.

Abaíra: Serrinha-Guarda-Mor. 3/3/1994, *Ganev, W.* 3039.

Abaíra: Serra da Serrinha, caminho Capão-Serrinha-Bicota. 26/4/1994, *Ganev, W.* 3124.

Abaíra: Gerais do Pastinho. 14/6/1994, *Ganev, W.* 3367.

Ituaçu: Estrada Ituaçu-Barra da Estiva, a 8 km de Barra da Estiva, Morro do Ouro. 19/7/1981, *Giulietti, A.M.* et al. IN CFCR 1293.

Palmeiras: Pai Inácio, indo para o cercado. 1/7/1995, *Guedes, M.L.* et al. IN PCD 2138.

Rio de Contas: Lower NE slopes of the Pico das Almas, ca. 25 km WNW of the Vila do Rio de Contas. 20/3/1977, *Harley, R.M.* et al. 19745.

Mucugê: na estrada para Guiné de Mucugê. 16/7/1996, *Harley, R.M.* et al. IN PCD 3667.

Rio de Contas: Base do Pico das Almas, a 18 km as NW de Rio de Contas. 22/7/1979, *King, R.M.* et al. 8092.

[Rio de contas]: Junco. 1914, *Luetzelburg, P. von* 204. [Photograph]

Barra da Estiva: Camulengo, povoado embaixo dos inselbergs ao S da Cadeia de Sincorá. Estrada B da Estiva/Triunfo do Sincorá. Entr. km 17. 23/5/1991, *Santos, E.B. & S. Mayo,* 268.

Barra da Estiva: Estrada Barra da Estiva-Ituaçu. Morro da Antena de Televisão. 18/5/1999, *Souza, V.C.* et al. 22619.

Piatã: Arredores de Piatã, na estrada para Ouro Verde. 20/3/1992, *Stannard , B.* et al. IN H 52726.

Vernonia ferruginea Less.
Bahia

Barreiras: Estrada para Brasília, BR 242. Coletas entre 20 a 22 km a partir da sede do município. 12/6/1992, *Amorim, A.M.* et al. 556.

Mun. ?: s.l. *Blanchet, J. S.* 3328.

Nova Viçosa: ca. 61 km na estrada de Caravelas para Nanuque. 6/9/1989, *Carvalho, A.M.* et al. 2498.

Abaíra: Catolés de Cima, próximo do Rio do Bem Querer, caminho para casa do Sr. Altino. 29/8/1992, *Ganev, W.* 994.

Correntina: about 9 km SE of Correntina, on road to Jaborandí. 27/4/1980, *Harley, R.M.* et al. 21835.

Salvador: in collibus aridis. *Salzmann, P.* 6, ISOTYPE, Vernonia polycephala DC. [× 2]

Ceará

Mun.?: Serra de Araripe. 9/1838, *Gardner, G.* 1716, ISOTYPE, Vernonia crenata Gardner. [× 2]

Piauí

Mun.?: Woods near Algodões. 7/1839, *Gardner, G.* 2641. [× 2]

Vernonia fruticulosa Mart. ex DC.
Bahia

Caitité: Serra Geral de Caitité, ca. 9 km S of Brejinhos das Ametistas. 12/4/1980, *Harley, R.M.* et al. 21294.

Correntina: Ca. 15 km SW of Correntina on the road to Goiás. 25/4/1980, *Harley, R.M.* et al. 21760.

Vernonia ganevii D.J.N. Hind
Bahia

Abaíra: Veio de cristais. 25/5/1992, *Ganev, W.* 360.

Abaíra: Serra do Bicota: subida por Aquilino. 21/7/1993, *Ganev, W.* 1915, ISOTYPE, Vernonia ganevii D.J.N. Hind.

Vernonia ?gracilis Kunth
Bahia

Mun. ?: s.l. Luschnath 693

Vernonia hagei H.Rob.
Bahia

Abaíra: caminho Catolés-Cristais. Mata dos Frios. 25/5/1992, *Ganev, W.* 374. [× 2]

Abaíra: Agua Limpa. 25/6/1992, *Ganev, W.* 600.

Abaíra: estrada Catolés-Inúbia, Samambaia. 9/7/1994, *Ganev, W.* 3472.

Rio de Contas: Cachoeira do Fraga no Rio Brumado, arredores da cidade. 4/11/1988, *Harley, R.M.* et al. 25910.

Piatã: encosta da Serra do Barbado, após Catolés de Cima. 6/9/1996, *Harley, R.M.* et al. 28309.

Rio de Contas: Entre Rio de Contas e Mato Grosso, a 9 km as N de Rio de Contas. 20/7/1979, *King, R.M.* et al. 8059, Photograph of HOLOTYPE, Vernonia hagei H.Rob.

Rio de Contas: Entre Rio de Contas e Mato Grosso, a 9 km as N de Rio de Contas. 20/7/1979, *King, R.M.* et al. 8059, ISOTYPE, Vernonia hagei H.Rob.

Lençóis: Serra da Chapadinha. 31/8/1994, *Poveda, A.* et al. IN PCD 679.

Vernonia harleyi H.Rob.
Bahia

Morro do Chapéu: estrada do Morro do Chapéu-Feira de Santana, ca. 20 km a partir da sede do município. Cachoeira do Ferro Doido. 22/2/1993, *Amorim, A.M.A.* et al. 1023.

Morro do Chapéu: s.l. 26/8/1980, *Bautista, H.P.* 364. [× 2]

Palmeiras: Pai Inácio, campos abertos e campos rupestres. 25/10/1994, *Carvalho, A.M.* et al. IN PCD 1012.

Morro do Chapéu: s.l. 2/3/1997, *França, F.* et al. IN PCD 5927. [× 2]

Palmeiras: Pai Inácio. 27/6/1995, *Guedes, M.L.* et al. IN PCD 1937.

Morro do Chapéu: rodovia BA 052, a 20 km em direção à Feira de Santana, ponte do Rio Ferro Doido. 31/8/1990, *Hage, J.L.* et al. 2342.

Morro do Chapéu: Rio do Ferro Doido, 19.5 km SE of Morro do Chapéu on the BA 052 highway to Mundo Novo, with water-worn horizontally bedded sandstone at soil surface, with damp sand, sedge-marsh, exposed rock and waterfall. 1/3/1977, *Harley, R.M.* et al. 19184.

Morro do Chapéu: 19.5 km SE of the town of Morro do Chapéu on the BA 052 on road to Mundo Novo, by the Rio Ferro Doido. 2/3/1977, *Harley, R.M.* et al. 19296, Photograph of HOLOTYPE, Vernonia harleyi H.Rob.

Morro do Chapéu: 19.5 km SE of the town of Morro do Chapéu on the BA 052 on road to Mundo Novo, by the Rio Ferro Doido. 2/3/1977, *Harley, R.M.* et al. 19296, ISOTYPE, Vernonia harleyi H.Rob.

Palmeiras: Middle and upper slopes of Pai Inácio ca. 15 km NW of Lençóis, just N of the main Seabra-Itaberaba road. 24/5/1980, *Harley, R.M.* et al. 22488.

Palmeiras: Middle and upper slopes of Pai Inácio ca. 15 km NW of Lençóis, just N of the main Seabra-Itaberaba road. 24/5/1980, *Harley, R.M.* et al. 22507.

Morro do Chapéu: summit of Morro do Chapéu, ca. 8 km SW of the town of Morro do Chapéu to the west of the road to Utinga. 30/5/1980, *Harley, R.M.* et al. 22747.

Morro do Chapéu: Rio do Ferro Doido, 19.5 km SE of Morro do Chapéu on the BA 052 highway to Mundo Novo, with water-worn, horizontally bedded sandstone at surface, with damp sand, sedge marsh, exposed rocks & waterfall. 31/5/1980, *Harley, R.M.* et al. 22843.

Lençóis: ca. 1 km do início da estrada lateral que sai da Rodovia Lençóis-Seabra, a 23 km NW de Lençóis. Serra do Palmital. 16/2/1994, *Harley, R.M.* et al. IN CFCR 14125.

Morro do Chapéu: próximo ao Rio Ventura. 27/6/1996, *Hind, D.J.N.* et al. IN PCD 3099.

Morro do Chapéu: 12 km na estrada Morro do Chapéu-Ferro Doido. 28/6/1996, *Hind, D.J.N.* et al. IN PCD 3131.

Maracás: Rodovia BA 026, a 6 km a SW de Maracás. 17/11/1978, *Mori, S.A.* et al. 11083.

Palmeiras: Pai Inácio. BR 242, km 232, a cerca de 15 km ao NE de Palmeiras. 24/12/1979, *Mori, S.A. & F.P. Benton*, 13220.

Morro do Chapéu: Telebahia tower, ca. 6 km S of Morro do Chapéu. 16/6/1981, *Mori, S.A. & B.M. Boom*, 14466.

Morro do Chapéu: BR 052, vicinity of bridge over Rio Ferro Doido, ca. 18 km E of Morro do Chapéu. Floodplain of River. 17/6/1981, *Mori, S.A. & B.M. Boom*, 14497.

Maracás: Rodovia BA 026, a 6 km a SW de Maracás. 26/4/1978, *Mori, S.A.* et al. 9933.

Palmeiras: Pai Inácio, lado oposto da torre de repetição. 29/8/1994, *Orlandi, R.* et al. IN PCD 509.

Maracás: Auf felsen bei Maracás. 9/1906, *Ule, E.* 7236.

Vernonia herbacea (Vell.) Rusby
Bahia
Barreiras: 68 km W de Barreiras. 2/11/1987, *Queiroz, L.P. & et al.*, 2090.

Vernonia hirtiflora Sch.Bip. ex Baker
Piauí
Piauí, Parnaguá: Marshy places near Parnaguá. 9/1839, *Gardner, G.* 2642. ISOSYNTYPES of Vernonia hirtiflora Sch.Blp. ex Baker [× 2]

Vernonia holosericea Mart. ex DC.
Bahia
[Jacobina]: Jacobina.*Blanchet, J.S.* 3695.
Barra da Estiva: Estrada Barra da Estiva-Mucugê, km 31. 4/7/1983, *Coradin, L.* et al. 6431.
Mucugê: Estrada Mucugê-Guiné, a 28 km de Mucugê. 7/9/1981, *Furlan, A.* et al. IN CFCR 2018.
Mucugê: Estrada Mucugê-Guiné, a 28 km de Mucugê. 7/9/1981, *Furlan, A.* et al. IN CFCR 2045.
Mucugê: Estrada Mucugê-Guiné, a 28 km de Mucugê. 7/9/1981, *Furlan, A.* et al. IN CFCR 2057.
Abaíra: caminho Capão de Levi-Guarda-Mor, próximo à Serrinha. 6/6/1992, *Ganev, W.* 428.

Abaíra: caminho Catolés-Boa Vista, ca. 3 km de Catolés. 23/7/1992, *Ganev, W.* 702.
Abaíra: estrada Catolés-Inúbia , Serra da Barra na direção oeste do local chamado Salão. 28/7/1992, *Ganev, W.* 771.
Rio de Contas: Caminho Funil do Porco Gordo, capim vermelho. 14/7/1993, *Ganev, W.* 1849.
Rio de Contas: Gerais do Porco Gordo. 16/7/1993, *Ganev, W.* 1863.
Rio do Pires: beira do Riacho da Forquilha. 24/7/1993, *Ganev, W.* 1942.
Abaíra: caminho Boa Vista-Bicota. 23/7/1994, *Ganev, W.* 3446.
Abaíra: Salão da Barra-Campos gerais do Salão. 16/7/1994, *Ganev, W.* 3554.
Palmeiras: Pai Inácio. 29/8/1994, *Guedes, M.L.* et al. IN PCD 383.
Palmeiras: Pai Inácio. 29/8/1994, *Guedes, M.L.* et al. IN PCD 495. [× 2]
Rio de Contas: Pico das Almas, vertente leste. Vale ao sudeste do Campo do Queiroz. 30/11/1988, *Harley, R.M. & D.J.N. Hind*, 26527.
Lençóis: BR 242, 4 km do entroncamento para Lençóis, em direção à Seabra. 22/8/1996, *Harley, R.M. & M.A. Mayworm*, IN PCD 3760.
Rio de Contas: entre Rio de Contas e Mato Grosso, a 9 km as N de Rio de Contas. 20/7/1979, *King, R.M.* et al. 8061.
Rio de Contas: a 10 km as NW de Rio de Contas. 21/7/1979, *King, R.M.* et al. 8073.
Rio de Contas: Base do Pico das Almas, a 18 km as NW de Rio de Contas. 22/7/1979, *King, R.M.* et al. 8091.
Rio de Contas: Pico das Almas a 18 km NW de Rio de Contas. 24/7/1979, *King, R.M.* et al. 8144a.
[?Rio de Contas]: Junco. Serra do Itubira. 1914, *Luetzelburg, P. von* 12455. [Photograph]
Abaíra: 9 km de Catolés, caminho de Ribeirão de Baixo a Piatã. Encosta: subida da Serra do Atalho. 10/7/1995, *Queiroz, L.P.* et al. 4359.
Maranhão
Lorêto: "Ilhas de Balsas" region, between the Rios Balsas and Parnaíba. About 65 km South of Lorêto. 2–3 km N of Paraíba River. Southern slope of the plateau, "Chapada Alta". 24/5/1962, *Eiten, G. & L.T. Eiten*, 4681.

Vernonia laxa Gardner
Bahia
Abaíra: Catolés de Cima, Campo Grande. 22/6/1992, *Ganev, W.* 549.
Mucugê: estrada Mucugê-Abaíra, ca. 42 km de Mucugê, próximo ao Brejo de Cima. 13/8/1992, *Ganev, W.* 842.
Abaíra: distrito de Catolés, Bem Querer, próximo à Companhia. 3/9/1992, *Ganev, W.* 1007.
Rio de Contas: Campos da Pedra Furada, próximo ao Rio da Agua Suja. Divisa dos municípios de Abaíra e Arapiranga. 7/8/1993, *Ganev, W.* 2037.
Abaíra: caminho Boa Vista-Bicota. 23/7/1994, *Ganev, W.* 3447.
Piatã: entroncamento da estrada Piatã-Cabrália, com estrada de Inúbia. 12/7/1994, *Ganev, W.* 3509.
Piatã: Piatã, na Pousada Arco-íris. 7/11/1996, *Hind,*

D.J.N. et al. IN PCD 4119.

Rio de Contas: base do Pico das Almas, a 18 km as NW de Rio de Contas. 22/7/1979, *King, R.M.* et al. 8105.

Vernonia leucodendron (Mattf.) MacLeish
Bahia

Abaíra: veio de cristais. 25/5/1992, *Ganev, W.* 370.

Abaíra: campos da Serra do Bicota. 25/7/1992, *Ganev, W.* 727.

Rio de Contas: Serra dos Brejões, próximo ao Rio da Agua Suja, divisa com distrito de Arapiranga. 9/8/1993, *Ganev, W.* 2057.

Rio de Contas: Mato Grosso, prósimo à lavra velha no final da estrada. 7/11/1993, *Ganev, W.* 2449.

Rio de Contas: 12–14 km N of town of Rio de Contas on the road to Mato Grosso. 17/1/1974, *Harley, R.M.* et al. 15166.

Rio de Contas: Upper caldeira on slopes of the Pico das Almas, ca. 25 km WNW of the town of Rio de Contas. 23/1/1974, *Harley, R.M.* et al. 15462. [× 2]

Rio de Contas: Pico das Almas. Vertente leste. Subida do pico do campo norte do Queiroz. 10/11/1988, *Harley, R.M.* et al. 26351. [× 2]

Rio de Contas: Sopé do Pico do Itubira. 15/11/1996, *Harley, R.M.* et al. IN PCD 4277.

Rio de Contas: Serra Marsalina (serra da antena de TV). 18/11/1996, *Harley, R.M.* et al. IN PCD 4469.

Vernonia lilacina Mart. ex DC. [includes V. adamantium Gardner]
Bahia

Abaíra: Distrito de Catolés, caminho Capão-Bicota, garimpo novo do Bicota. 2/4/1992, *Ganev, W.* 159

Abaíra: Riacho das Taquaras, Capão abaixo da Plataforma. 21/5/1992, *Ganev, W.* 325.

Morro do Chapéu: Rio do Ferro Doido, 19,5 km SE of Morro do Chapéu on the BA 052 highway to Mundo Novo. 31/5/1980, *Harley, R.M.* et al. 22883.

Morro do Chapéu: 3 km SE of Morro do Chapéu on the road to Mundo Novo. 1/6/1980, *Harley, R.M.* et al. 22913.

Rio de Contas: 4 km as NW de Rio de Contas. 21/7/1979, *King, R.M.* et al. 8068.

Rio de Contas: Pico das Almas, a 18 km as NW de Rio de Contas. 22/7/1979, *King, R.M.* et al. 8113.

Rio de Contas: Base do Pico das Almas, a 18 km as NW de Rio de Contas. 24/7/1979, *King, R.M.* et al. 8124.

[Rio de Contas]: Serra das Almas. 10/1920, *Luetzelburg, P. von* 1210. [Photograph]

Morro do Chapéu: BR 052, 4–6 km E of Morro do Chapéu. 19/6/1981, *Mori, S.A. & B.M. Boom,* 14533.

Morro do Chapéu: BR 052, 4–6 km E of Morro do Chapéu. 18/6/1981, *Mori, S.A. & B.M. Boom,* 14544.

Barra: Ibiraba (=Icatu), Santa Cruz, em frente ao povoado de Ibiraba, no caminho para os Brejos. 24/2/1997, *Queiroz, L.P.* 4816. [× 2]

Abaíra: Distrito de Catolés. Estrada para Serrinha e Bicota. 20/3/1998, *Queiroz, L.P. &* et al., 5038.

Vernonia linearis Spreng.
Bahia

Mucugê: Estrada Mucugê-Guiné, a 28 km de Mucugê. 7/9/1981, *Furlan, A.* et al. IN CFCR 2039.

Abaíra: Distrito de Catolés, Serra do Porco Gordo-gerais do Tijuco. 24/4/1992, *Ganev, W.* 186.

Abaíra: Distrito de Catolés, caminho Barra-Ouro Fino, abaixo Campo da Pedra Grande. 5/5/1992, *Ganev, W.* 231.

Rio de Contas: Caminho Boa Vista-Mutuca Corisco, próximo ao Bicota. 2/9/1993, *Ganev, W.* 2186.

Abaíra: Serra da Serrinha, caminho Capão-Serrinha Bicota. 26/4/1994, *Ganev, W.* 3127. [× 2]

Abaíra: Agua Limpa, Morro do Cuscuzeiro. 29/4/1994, *Ganev, W.* 3184.

Abaíra: Baixa da Onça. 30/5/1994, *Ganev, W.* 3268.

Barra da Estiva: Estrada Ituaçú-Barra da Estiva, a 8 km de Barra da Estiva. Morro do Ouro. 19/7/1981, *Giulietti, A.M.* et al. IN CFCR 1292.

Palmeiras: Pai Inácio, lado oposto da torre de repetição. 30/8/1994, *Guedes, M.L.* et al. IN PCD 551.

Palmeiras: Pai Inácio, descida da torre de repetição. 27/6/1995, *Guedes, M.L.* et al. IN PCD 1924.

Seabra: Serras dos Lençóis. Lower slopes of Morro do Pai Inácio ca. 14,5 km NW of Lençóis, just N of the main Seabra-Itaberaba road. 21/5/1980, *Harley, R.M.* 22296.

Seabra: Serras dos Lençóis. Middle and upper slopes of Pai Inácio ca. 15 km NW of Lençóis, just N of the main Seabra-Itaberaba road. 24/5/1980, *Harley, R.M.* et al. 22521.

Palmeiras: Pai Inácio. 9/7/1996, *Hind, D.J.N.* et al. IN PCD 3516.

Palmeiras: Pai Inácio. BR 242 W of Lençóis at km 232. 12/6/1981, *Mori, S.A. & B.M. Boom,* 14355.

Palmeiras: Pai Inácio. 29/8/1994, *Poveda, A.* et al. IN PCD 0466.

Seabra: Serra do Bebedor, ca. 4 km W de Lagoa da Boa Vista na estrada para Gado Bravo. 22/6/1993, *Queiroz, L.P. & N.S. Nascimento,* 3354.

Barra da Estiva: Camulengo. Povoado em baixo dos inselbergs ao S da Cadeia do Sincorá. Estr. B da Estiva-Triunfo do Sincorá. Entr. km 17. 23/5/1991, *Santos, E.B. & S. Mayo,* 276.

Vernonia macrophylla Less.
Bahia

Camacan: Rodovia Camacan-Canavieiras, 3–30 km L de Camacan. 28/7/1965, *Belém, R.P.* et al. 1403.

Itabuna: Jussari Experimental Station, near Itabuna. 11/7/1964, *Silva, N.T.* 58366.

Vernonia mattos-silvae H.Rob.
Bahia

Mun.?: Mina Boquira, Morro Sobrado. 2/4/1966, *Castellanos, A.* 26011.

Macarani: Km 18 da Rodovia Maiquinique-Itapetinga. Fazenda Lagoa. 2/8/1978, *Mattos Silva, L.A.* et al. 182, Photograph of HOLOTYPE, Vernonia mattos-silvae H.Rob.

Vernonia monocephala Gardner ssp. ***irwinii*** S.B.Jones
Bahia

Correntina: Cerrado, Rio Piau, ca. 225 km SW of Barreiras on road to Posse, Goiás. 12/4/1966, *Irwin, H.S.* et al. 14686, ISOTYPE, Vernonia monocephala Gardner ssp. irwinii S.B.Jones.

S. Desidério: 54 km along road SW of Roda Velha

toward Brasília. 4/2/1981, *King, R.M. & L.E. Bishop,* 8794.

S. Desidério: 66 km along road SW of Roda Velha toward Brasília. 4/2/1981, *King, R.M. & L.E. Bishop,* 8796.

Maranhão

Carolina: Transamazonian Highway, BR 230 and BR 010; Pedra Caída, 35 km N of Carolina. Top of Serra da Baleia. 14/4/1983, *Taylor, E.L.* et al. E 1223.

Vernonia morii H.Rob.
Bahia

Encruzilhada: margem do Rio Pardo. 23/5/1968, *Belém, R.P.* 3610.

Caetité: distrito de Brejinho das Ametistas, ca. 3 km a SW da sede do distrito. 18/2/1992, *Carvalho, A.M.* et al. 3741. [× 2]

Caetité: ca. 14 km na estrada de Caetité para Brumado. 19/2/1992, *Carvalho, A.M.* et al. 3766.

Caetité: Juazeiro, caminho para Caetité. 7/2/1997, *Guedes, M.L.* et al. IN PCD 5194.

Morro do Chapéu: 19.5 km SE of the town of Morro do Chapéu on the BA 052 on road to Mundo Novo, by the Rio Ferro Doido, with water-worn horizontally bedded sandstone at soil surface, with damp sand, sedge-marsh, exposed rock and waterfall. 2/3/1977, *Harley, R.M.* et al. 19242.

Caetité: Serra Geral de Caetité, ca. 5 km S from Caetité along the Brejinhos das Ametistas road. 9/4/1980, *Harley, R.M.* et al. 21093.

Caetité: Serra Geral de Caetité, ca. 3 km S from Caetité along the road to Brejinhos das Ametistas. 10/4/1980, *Harley, R.M.* et al. 21162.

Ibitiara: 53 km along road W from Seabra, toward Ibotirama. 3/2/1981, *King, R.M. & L.E. Bishop,* 8786.

Caetité: a 2 km ao S de Caetité. 19/3/1980, *Mori, S.A. & F. Benton,* 13467.

Caetité: BA 122, trecho Caetité-Paramirim, a 10 km ao N de Caetité. 20/3/1980, *Mori, S.A. & F.Benton,* 13480.

Caetité: BA 122, trecho Caetité-Maniaçu. 20/3/1980, *Mori, S.A. & F. Benton,* 13491.

Maracás: Rodovia BA 026, a 6 km a SW de Maracás. 26/4/1978, *Mori, S.A.* et al. 9959, Photograph of HOLOTYPE, Vernonia morii H.Rob.

Maracás: Rodovia BA 026, a 6 km a SW de Maracás. 26/4/1978, *Mori, S.A.* et al. 9959, ISOTYPE, Vernonia morii H.Rob.

Abaíra: ca. 5 km SW de Abaíra ao longo da estrada Piatã-Abaíra. 14/2/1992, *Queiroz, L.P.* 2619.

Caetité: localidade de Café Baiano, 9 km de Caetité em direção à Brumado. 7/3/1994, *Souza, V.C.* et al. 5330. [× 2]

Abaíra: Mendonça de Daniel Abreu. 24/2/1992, *Stannard, B.L.* et al. IN H 51573.

Abaíra: estrada Abaíra-Piatã, 4 km de Abaíra. 28/2/1992, *Stannard, B.L.* et al. IN H 51660.

Abaíra: estrada Ribeirão-Barra, perto de Ermelindo Barbosa. 12/3/1992, *Stannard, B.L.* et al. IN H 51888.

Vernonia mucronifolia DC.
Bahia

Ilhéus: s.l. *Blanchet, J.S.* 1817 [227], ISOSYNTYPE, Vernonia mucronifolia DC.

Salvador: 3 km da ciudad de Salvador. Aloeste del aeropuerto. 12/11/1983, *Callejas, R. & A.M.V. de Carvalho,* 1723.

Salvador: Dunas de Itapuã, arredores da Lagoa do Abaeté. 15/6/1991, *Carvalho, A.M. & M.L.Guedes,* 3314.

Salvador: Dunas de Itapuã, próximo à Abaeté. 2/12/1984, *Guedes, M.L. & G. Bromley,* 937.

Monte Santo: s.l. 20/2/1974, *Harley, R.M.* et al. 16409.

Maraú: 5 km SE of Maraú at the junction with the new road North to Ponta do Mutá. 2/2/1977, *Harley, R.M.* et al. 18497.

Salvador: Dunas de Itapuã, ca. 30 km ao norte da cidade. Arredores do aeroporto. 21/1/1987, *Harley, R.M. & M.L. Guedes,* 24110.

Camaçari: Rodovia Linha Verde, próximo de Arembepe. 17/3/1995, *Hatschbach, G.* et al. 63077.

Salvador: Dunas de Itapuã e Lagoa do Abaeté. 20/2/1992, *Hind, D.J.N. & M.L. Guedes,* 066.

Entre Rios: 10–13 km W of Subaúma. 29/5/1981, *Mori, S.A. & B.M. Boom,* 14182.

Salvador: Dunas de Itapuã, arredores da Lagoa do Abaeté. 19/10/1984, *Noblick, L.R. & I.C. Britto,* 3428.

Salvador: Coastal dunes 2 km north of town of Itapuã. 9/4/1980, *Plowman, T. & G.E.M. Almeida,* 10038.

Salvador: Dunas de Itapuã. 30/9/1984, *Queiroz, L.P.* 851.

[Salvador]: Bahia [= Salvador] in sabulosis arridis. *Salzmann, P.* 35, ISOSYNTYPE, Vernonia mucronifolia DC. [× 2]

Conde: Estrada Barra do Itariri-Conde, km 3. 23/9/1996, *Silva, G.P.* et al. 3659.

Vernonia myrsinites (H. Rob.) D.J.N. Hind
Bahia

Abaíra: Catolés de Cima-Bem Querer. 5/1/1993, *Ganev, W.* 1793.

Agua Quente: Pico das Almas. Vertente Oeste. Trilha do povoado da Santa Rosa, 23 km ao O da cidade. 1/12/1988, *Harley, R.M. & N. Taylor,* 27058.

Abaíra: Perto do riacho da Quebrada, ao pé da Serra do Atalho. 26/12/1991, *Harley, R.M.* et al. IN H 50443.

Vernonia nitens Gardner
Bahia

Barreiras: Estrada para o Aeroporto de Barreiras. Coletas entre 5 a 15 km a partir da sede do município. 11/6/1992, *Carvalho, A.M.* et al. 4005. [× 2]

Barra da Estiva: Estrada Barra da Estiva-Mucugê, km 79. 4/7/1983, *Coradin, L.* et al. 6460.

Ibotirama: Rodovia Barreiras-Brasília, km 90. 8/7/1983, *Coradin, L.* et al. 6653.

Abaíra: Distrito de Catolés, Boa Vista. 5/5/1992, *Ganev, W.* 247.

Piatã: Povoado da Tromba. 15/6/1992, *Ganev, W.* 496.

Abaíra: Catolés de Cima, caminho para Serra do Barbado. 22/6/1992, *Ganev, W.* 538.

Abaíra: Agua Limpa. 25/6/1992, *Ganev, W.* 595.

Abaíra: Distrito de Catolés: Caminho Catolés-Boa Vista, ca. 3 km de Catolés. 23/7/1992, *Ganev, W.* 704.

Abaíra: Entre Samambaia-Serrinha. 2/6/1994, *Ganev, W.* 3296.

Abaíra: Gerais do Pastinho. 14/6/1994, *Ganev, W.* 3366.

Abaíra: Caminho Boa Vista-Bicota. 23/7/1994, *Ganev, W.* 3450.

Abaíra: Salão do Barra-campos gerais do Salão. 16/7/1994, *Ganev, W.* 3564.

Formosa do Rio Preto: Rio Preto. Serra da Batalha. 9/1839, *Gardner, G.* 2893, TYPE, Vernonia nitens Gardner.

Rio de Contas: Base do Pico das Almas, a 18 km as NW de Rio de Contas. 24/7/1979, *King, R.M.* et al. 8116.

Maranhão

Carolina: Transamazonian Highway, BR 230 and BR 010; Pedra Caída, 35 km N of Carolina. Top of Serra da Baleia. 14/4/1983, *Taylor, E.L.* et al. E 1227.

Vernonia persericea H.Rob.

Bahia

Porto Seguro: Parque Nacional de Monte Pascoal. On N.W. slopes of Monte Pascoal. 12/1/1977, *Harley, R.M.* et al. 17865, Photograph of HOLOTYPE, Vernonia persericea H.Rob.

Porto Seguro: Parque Nacional de Monte Pascoal. On N.W. slopes of Monte Pascoal. 12/1/1977, *Harley, R.M.* et al. 17865, ISOTYPE, Vernonia persericea H.Rob.

Ilhéus: Road from Olivença to Una, 18 km S of Olivença. 21/4/1981, *Mori, S.A.* et al. 13700.

Vernonia pinheiroi H.Rob.

Bahia

São Inácio: On rocky hillside called Pedra da Mulher just South of town. 25/2/1977, *Harley, R.M.* et al. 19028, ISOTYPE, Vernonia pinheiroi H.Rob.

São Inácio: On rocky hillside called Pedra da Mulher just South of town. 25/2/1977, *Harley, R.M.* et al. 19028, Photograph of ISOTYPE, Vernonia pinheiroi H.Rob.

[São Inácio]: Serra do São Ignácio. 1907, *Ule, E.* 7563.

Vernonia polyanthes Less.

Bahia

Bom Jesus da Lapa: Rodovia Igoporã-Caetité, km 8. 2/7/1983, *Coradin, L.* et al. 6357.

Abaíra: Estrada Piatã-Abaíra, subida do brejo, ca. 1 km de Abaíra. 20/7/1992, *Ganev, W.* 693.

Rio de Contas: Rio da Agua Suja, próximo ao Riacho Fundo. 27/7/1993, *Ganev, W.* 1998.

Abaíra: Caminho Jambreiro-Belo Horizonte. 14/7/1994, *Ganev, W.* 3547.

Jacobina: ramal a ca. 7 km na rodovia Jacobina-Capim Grosso. Fazenda Bom Jardim. Coletas entre 2 a 9 km ramal adentro. 28/8/1990, *Hage, J.L.* et al. 2267.

Jacobina: ramal a 5 km na rodovia BA 052 à direita, Fazendinha do Boqueirão, a 2 km ramal adentro. 28/8/1990, *Hage, J.L.* et al. 2291.

Nova Itarana: 30 km de Planaltino na direção de Nova Itarana (18 km da cidade). 30/8/1996, *Harley, R.M. & A.M. Giulietti,* 28210.

Lençóis: BR 242, 4 km do entroncamento para Lençóis, em direção à Seabra. 22/8/1996, *Harley, R.M. & M.A. Mayworm,* IN PCD 3768.

Rio de Contas: entre Rio de Contas e Mato Grosso, a 9 km as N de Rio de Contas. 20/7/1979, *King, R.M.* et al. 8062.

Vernonia pseudaurea D.J.N. Hind

Bahia

Rio de Contas: Pico das Almas. Vertente Leste, Area de campos e mata, noroeste do Campo do Queiroz. 26/11/1988, *Harley, R.M.* et al. 26300, ISOTYPE, Vernonia pseudaurea D.J.N. Hind. [× 3]

Vernonia reflexa Gardner

Bahia

Mucugê: Estrada Igatu-Mucugê, a 3 km de Igatu. 14/7/1996, *Bautista, H.P.* et al. IN PCD 3607.

Abaíra: Distrito de Catolés: estrada Catolés-Ribeirão Mendonça de Daniel Abreu a 3 km de Catolés. 2/4/1992, *Ganev, W.* 007.

Abaíra: Distrito de Catolés: estrada Engenho-Marques, ca. 9 km de Catolés. 10/4/1992, *Ganev, W.* 095.

Basin of the upper São Francisco River. About 35 km north of Bom Jesus da Lapa, on the main road to Ibotirama. 19/4/1980, *Harley, R.M.* et al. 21560.

Correntna: 12 km N de Correntina on the road to Inhaúmas. 28/4/1980, *Harley, R.M.* et al. 21883.

Lençóis: Serras dos Lençóis, about 7–10 km along the main Seabra-Itaberaba road, W of the Lençóis turning, by the Rio Mucugezinho. 27/5/1980, *Harley, R.M.* et al. 22684.

Lençóis: Estrada entre Lençóis e Seabra, a 20 km NW de Lençóis. 14/2/1994, *Harley, R.M.* et al. IN CFCR 14040.

Piauí

Oeiras: Common in open sandy places around Oeiras. 4/1839, *Gardner, G.* 2201. [× 2].

Vernonia regis H.Rob.

Bahia

Mucugê: Mucugê. 13/7/1996, *Hind, D.J.N.* et al. IN PCD 3557. [× 2]

Mucugê: A 3 km ao S de Mucugê, na estrada que vai para Jussiape. 26/7/1979, *King, R.M.* et al. 8158, Photograph of HOLOTYPE,Vernonia regis H.Rob.

Mucugê: A 3 km ao S de Mucugê, na estrada que vai para Jussiape. 26/7/1979, *King, R.M.* et al. 8158, ISOTYPE, Vernonia regis H.Rob.

Mucugê: Margem da estrada Andaraí-Mucugê, estrada nova a 20 km de Mucugê. 21/7/1981, *Pirani, J.R.* et al. IN CFCR 1636.

Vernonia remotiflora Rich.

Bahia

Brotas de Macaúbas: Distrito de Ouricurí, ca. 2 km a E do povoado. 5/4/1986, *Carvalho, A.M.* et al. 2431.

Abaíra: Distrito de Catolés: Sítio Carrapato, beira do Rio da Agua Suja. 2/4/1992, *Ganev, W.* 169.

Abaíra: Distrito de Catolés: Jambeiro-Belo Horizonte, próximo à Catolés. 2/5/1992, *Ganev, W.* 218.

Abaíra: Jaqueira, beira do Rio da Agua Suja. 12/5/1994, *Ganev, W.* 3243.

Abaíra: Caminho Boa Vista-Bicota. 23/7/1994, *Ganev, W.* 3445.

Bom Jesus da Lapa: Basin of the upper São Francisco river, ca. 28 km SE of Bom Jesus da Lapa, on the Caitité road. 16/4/1980, *Harley, R.M.* et al. 21411.

Maranhão

Lorêto: "Ilhas de Balsas" region, between the Rios Balsas and Parnaíba. About 35 km south of Lorêto. Fazenda "Santo Estevão": ca. 1 km north of house at Riacho dos Veados. 5/4/1962, *Eiten, G. & L.T. Eiten*, 4031.

Lorêto: "Ilhas de Balsas" region, between the Balsas and Parnaíba Rivers. Near main house of Fazenda "Morros", ca. 35 km south of Lorêto. 17/4/1962, *Eiten, G. & L.T. Eiten*, 4324.

Lorêto: "Ilhas de Balsas" region, between the Balsas and Parnaíba Rivers. Ca.1/2 km S of main house of Fazenda "Morros", ca. 35 km south of Lorêto. 8/5/1962, *Eiten, G. & L.T. Eiten*, 4534.

Piauí

Mun.?: Dry shady sandy woods near Oeiras. 5/1839, *Gardner, G.* 2202. [× 2]

Vernonia rosmarinifolia Less.

Bahia

Abaíra: Distrito de Catolés, encosta da Serra do Atalho em frente ao Mendonça. 3/4/1992, *Ganev, W.* 015.

Rio de Contas: Ladeira do Toucinho, Caminho Catolés-Arapiranga. 30/8/1993, *Ganev, W.* 2155.

Abaíra: Agua Limpa, Morro do Cuscuzeiro. 29/4/1994, *Ganev, W.* 3180.

Abaíra: Salão, Campos Gerais do Salão. 2/5/1994, *Ganev, W.* 3192.

Abaíra: Boa Vista, acima do Capão do Mel. 11/6/1994, *Ganev, W.* 3348.

Abaíra: Campo de Ouro Fino (baixo). 12/2/1992, *Harley, R.M.* et al. IN H 51094.

Abaíra: Campo de Ouro Fino (alto). 10/1/1992, *Hind, D.J.N. & R.F. Queiroz*, IN H 50054.

Abaíra: Cachoeira das Anáguas. 24/2/1992, *Stannard, B.L.* et al. IN H 51561.

Abaíra: Bicota. 21/3/1992, *Stannard, B.L.* et al. IN H 52764.

Vernonia rufo-grisea St. Hil. [incl. V. tricephala Gardner]

Bahia

Itamarajú: 5 km NW de Itamarajú. Fazenda Guanabara. 7/12/1981, *Carvalho, A.M. & G.P.Lewis*, 917.

Vernonia salzmannii DC.

Bahia

Mun. ?: s.l. *Blanchet, J. S.* 3690.

Abaíra: Rancho de Zé Sobrinho, Mata do Bem Querer. 21/5/1992, *Ganev, W.* 338.

Ceará

Mun. ?: s.l. [Serra do Araripe]. 1839, *Gardner, G.* 1717.

Vernonia santosii H.Rob.

Bahia

Mucugê: Estrada de Mucugê à Guiné, a 28 km de Mucugê. 7/9/1981, *Furlan, A.* et al. IN CFCR 2046.

Abaíra: veio de cristais. 25/5/1992, *Ganev, W.* 359.

Abaíra: Tanque do Boi. 6/7/1992, *Ganev, W.* 611.

Abaíra: Caminho Catolés-Boa Vista, ca. 3 km de

Catolés. 23/7/1992, *Ganev, W.* 707.

Piatã: Serra do Atalho, próximo ao Garimpo da Cravada. 21/8/1992, *Ganev, W.* 929.

Barra da Estiva: estrada Ituaçu-Barra da Estiva, 8 km de Barra da Estiva. Morro do Ouro. 19/7/1981, *Giulietti, A.M.* et al. IN CFCR 1275.

Mucugê: Morro do Pina. Estrada de Mucugê à Guiné, a 25 km NO de Mucugê. 20/7/1981, *Giulietti, A.M.* et al. IN CFCR 1501

Rio de Contas: Povoado de Mato Grosso, arredores. 24/10/1988, *Harley, R.M.* et al. 25373.

Barra da Estiva: Morro do Ouro, 9 km ao S da cidade na estrada para Ituaçu. 19/11/1988, *Harley, R.M.* et al. 26958. [× 2]

Abaíra: Catolés, encosta da Serra da Tromba. 7/9/1996, *Harley, R.M.* et al. 28368.

Ibiquara: Capão da Volta. 19/9/1984, *Hatschbach, G.* 48358.

Rio de Contas: a 4 km as NW de Rio de Contas. 21/7/1979, *King, R.M.* et al. 8064.

Rio de Contas: base do Pico das Almas, a 18 km as NW de Rio de Contas. 24/7/1979, *King, R.M.* et al. 8117, Photograph of HOLOTYPE, Vernonia santosii H.Rob.

Rio de Contas: a 1 km da cidade na estrada para Marcolino Moura. 9/9/1981, *Pirani, J.R.* et al. IN CFCR 2158.

Seabra: Serra do Bebedor, ca. 4 km W de Lagoa da Boa Vista na estrada para Gado Bravo. 22/6/1993, *Queiroz, L.P. & N.S. Nascimento*, 3357.

Vernonia scorpioides (Lam.) Pers.

Bahia

Itabuna: Rodovia BR 5, 10 km S de Itabuna. 1/9/1965, *Belém, R.P.* 1673.

Canavieiras: Margem da rodovia Camacan-Canavieiras, 32 km W de Canavieiras. 8/9/1965, *Belém, R.P.* 1737.

Itabuna: saída para Uruçuca. 15/5/1968, *Belém, R.P.* 3563.

Ilhéus: s.l. *Blanchet, J. S.* 1149.

Ilhéus: s.l. *Blanchet, J. S.* s.n.

Valença: ca. 7 km na estrada para Orobó. 3/11/1990, *Carvalho, A.M.* 3222.

Itamarajú: Fazenda Pau-Brasil. Pedras. 5/12/1981, *Carvalho, A.M. & G.P. Lewis*, 898.

Caravelas: ca. 2 km a NE da cidade, na estrada para Ponta de Areia. 5/9/1989, *Carvalho, A.M.* et al. 2440.

Abaíra: Distrito de Catolés: Serra do Porco Gordo-Gerais do Tijuco. 24/4/1992, *Ganev, W.* 185.

Abaíra: Jaqueira, beira do Rio da Agua suja. 12/5/1994, *Ganev, W.* 3241.

Salvador: in hedges near Bahia [= Salvador]. 9/1837, *Gardner, G.* 873 [mounted with *Salzmann 18.*]

Maraú: about 5 km SE of Maraú near junction with road to Campinho. 15/5/1980, *Harley, R.M.* et al. 22094.

Una: Comandatuba, c. 6 km pra Poxinha. 4/12/1991, *Hind, D.J.N.* et al. 003. [× 3]

Mucugê: Estrada Igatu-Mucugê, próximo ao entroncamento com a estrada Andaraí-Mucugê. 13/7/1996, *Hind, D.J.N.* et al. IN PCD 3580.

Ilhéus: road to Ponto do Ramo, ca. 15 km N de Ilhéus. 9/2/1992, *Hind, D.J.N.* et al. 37.

Santa Cruz de Cabrália: BR 367, ca. 26 km E of Eunápolis. 4/7/1979, *King, R.M.* et al. 7984.

Itabuna: Grounds of the Centro de Pesquisas do Cacau. 9/7/1979, *King, R.M. & S.A.Mori*, 7999.

Ilhéus: BR 415, trecho Ilhéus-Itabuna, km 12. 10/7/1979, *King, R.M. & L.A.Mattos Silva*, 8006.

Rio de Contas: 7 km N of Livramento do Brumado, along road to the town of Rio de Contas. 23/1/1981, *King, R.M. & L.E. Bishop*, 8596.

Lençóis: 7 km S from road between Itaberaba and Ibotirama, along road to Andaraí. 30/1/1981, *King, R.M. & L.E. Bishop*, 8702.

Mucugê: 2 km along road S of Mucugê. 31/1/1981, *King, R.M. & L.E. Bishop*, 8714.

Ilhéus: on road from Olivença to Una, ca. 20 km S of Olivença. 21/4/1981, *Mori, S.A.* et al. 13710.

Ilhéus: Ilhéus-Una highway, 1 km S of Rio Acuípé, 29 km S of Ilhéus. 7/7/1984, *Mori, S.A.* et al. 16607.

Santa Terezinha: Serra da Pioneira, 3 km de Pedra Branca. 6/6/1984, *Noblick, L.R.* et al. 3303.

Mucugê: Margem da estrada Andaraí-Mucugê. Estrada nova a 13 km de Mucugê, próximo a uma grande pedreira na margem esquerda. 21/7/1981, *Pirani, J.R.* et al. IN CFCR 1652.

Mun. ?: s.l. 1872, *Preston, T.A.* s.n.

Castro Alves: Serra da Jibóia (= Serra da Pioneira), ca. 10 km do povoado de Pedra Branca. 7/5/1993, *Queiroz, L.P.* et al. 3136.

Castro Alves: Topo da Serra da Jibóia, ca. 3 km de Pedra Branca. 25/4/1994, *Queiroz, L.P. & N.S. Nascimento*, 3831. [× 2]

[?Salvador]: Bahia [= Salvador] ad sepes. *Salzmann, P.* 18, ISOTYPE, Vernonia scorpioides (Lam.) Pers. var. longifolia DC.

[?Salvador]: ad sepes. *Salzmann, P.* s.n.

Prado: on road from Itamaraju to Cumuruxatiba, 10.5 km NE of turn off of road to Prado on road to Cumuruxatiba. 20/10/1993, *Thomas, W.W.* et al. 10033.

Ceará

Fortaleza: Coast line, 20 miles inland on the ravines. *Bolland, G.* s.n.

Paraíba

Santa Rita: 20 km do centro de João Pessoa, Usina São João, Tibirizinho. 12/7/1990, *Agra, M.F. & G. Gois*, 1210.

João Pessoa: Marés, próximo ao açude. 9/8/1990, *Agra, M.F.* 1263.

Areia: Mata de Pau-Ferro, capoeira ao lado da estrada Areia-Remígio, em frente à Picada dos Postes. 15/12/1980, *Fevereiro, V.P.B.* et al. M 279.

Maranhão

[?Maranhão]: Bushy places Maranham. 6/1841, *Gardner, G.* 6042. [× 2]

[?Maranhão]: Bushy places Maranham. 6/1841, *Gardner, G.* 6043. [× 2]

Pernambuco

Caruaru: Distrito de Murici, Brejo dos Cavalos. 5/9/1995, *Andrade, K. & M. Andrade*, 209.

Caruaru: Murici, Brejo dos Cavalos. 3/11/1995, *Laurênio, A.* et al. 225.

Caruaru: Murici, Reserva Municipal de Brejo dos Cavalos. 9/10/1994, *Mayo, S.* 1019.

Bezerros: Parque Ecológico de Serra Negra. 10/10/1995, *Inácio, E.* et al. 114.

Caruaru: Murici, Brejo dos Cavalos, Parque Ecológico Municipal. 20/7/1994, *Sales, M. & K. Andrade*, 240.

Caruaru: Distrito de Murici, Brejo dos Cavalos. 4/9/1995, *Silva, E.I.* et al. 68.

Caruraru: Murici, Brejo dos Cavalos. 19/10/1996, *Tschá, M.C.* 303.

Vernonia simplex Less.
Bahia

Rio de Contas: Fazendola. 16/11/1996, *Bautista, H.P.* et al. IN PCD 4323.

Mun. ?: s.l. *Blanchet, J.S.* 3413.

Rio de Contas: Pico das Almas, vertente leste. Campo NW da mata ciliar ao NW do Campo do Queiroz. 29/11/1988, *Harley, R.M. & D.J.N. Hind*, 26687.

Rio de Contas: 10–13 km ao norte da cidade na estrada para o povoado de Mato Grosso. 27/10/1988, *Harley, R.M.* et al. 25676.

Rio de Contas: Pico das Almas, vertente leste. Ca. 3 km da Fazenda Brumadinho na estrada para Junco. 19/12/1988, *Harley, R.M.* et al. 27615.

Abaíra: Catolés. 20/12/1991, *Harley, R.M.* et al. IN H 50181.

Piatã: Quebrada da Serra do Atalho. 26/12/1992, *Harley, R.M.* et al. IN H 50429.

Piatã: Estrada Piatã-Abaíra, entrada à direita após a entrada para Catolés. 8/11/1996, *Hind, D.J.N. & H.P. Bautista*, IN PCD 4159.

Abaíra: Gerais do Pastinho. 31/1/1992, *Hind, D.J.N.* et al. IN H 51417.

Piatã: Estrada Piatã-Ressaca. 2/11/1996, *Hind, D.J.N.* et al. IN PCD 3938.

Rio de Contas: Fazenda Brumadinho, Morro Brumadinho. 17/11/1996, *Hind, D.J.N.* et al. IN PCD 4391.

Mucugê: Próximo ao Sítio Abóbora. 21/11/1996, *Hind, D.J.N.* et al. IN PCD 4549.

Vernonia stricta Gardner
Bahia

S. Disedério: ca. 5 km S of Rio Roda Velha, ca. 150 km SW of Barreiras. 15/4/1966, *Irwin, H.S.* et al. 14863.

Vernonia subverticillata Sch.Bip. ex. Baker
Bahia

Lençóis: Serra da Chapadinha. 29/7/1994, *Bautista, H.P.* et al. IN PCD 0319.

Piatã: Boca da Mata. 12/11/1996, *Bautista, H.P. & D.J.N. Hind*, IN PCD 4236. [× 2]

[?Jacobina]: Jacobina. *Blanchet, J.S.* 3697.

Jacobina: Serra do Tombador, ca. 25 km na estrada Jacobina-Morro do Chapéu. 20/2/1993, *Carvalho, A.M.* et al. 4161.

Palmeiras: km 232 da rodovia BR 242 para Ibotirama. Pai Inácio. 18/12/1981, *Carvalho, A.M.* et al. 982.

Piatã: Serra de Santana, atrás da igreja. 20/12/1992, *Ganev, W.* 1715.

Abaíra: Catolés de Cima-Bem Querer. 5/1/1993, *Ganev, W.* 1787.

Abaíra: Riacho da Cruz-Catolés, acima da fonte do meio. 25/10/1993, *Ganev, W.* 2367.

Abaíra: Gregória, Beira do córrego da mata, próximo

a Cachoeira das Anáguas. Catolés de Cima.
15/12/1993, *Ganev, W.* 2645.

Abaíra: Catolés de Cima, início da subida do
Barbado, caminho Catolés de Cima-Contagem.
24/4/1994, *Ganev, W.* 3118.

Jacobina: Serra da Maricota, perto da Serra do Vento.
3/7/1996, *Giulietti, A.M.* et al. IN PCD 3370.

Rio de Contas: 12–14 km N of town of Rio de Contas
on the road to Mato Grosso. 17/1/1974, *Harley,
R.M.* et al. 15178. [× 2]

Barra da Estiva: 3–13 km W of Barra da Estiva on the
road to Jussiape. 23/3/1980, *Harley, R.M.* et al.
20839.

Palmeiras: Lower slopes of Morro do Pai Inácio, ca.
14,5 km NW de Lençóis just N of the main Seabra-
Itaberaba road. 21/5/1980, *Harley, R.M.* et al. 22258.

Lençóis: About 7–10 km along the main Seabra-
Itaberaba road, W of the Lençóis turning, by the
Rio Mucugezinho. 27/5/1980, *Harley, R.M.* et al.
22678.

Abaíra: Perto do Riacho da Quebrada, ao pé da Serra
do Atalho. 26/12/1991, *Harley, R.M.* et al. IN H
50445.

Abaíra: Campo de Ouro Fino (baixo). 9/1/1992,
Hind, D.J.N. & R.F. Queiroz, IN H 50044.

Abaíra: Subida da Forquilha da Serra. 23/12/1991,
Hind, D.J.N. et al. IN H 50295.

Abaíra: Campo de Ouro Fino (alto). 21/1/1992, *Hind,
D.J.N. & R.F. Queiroz,* IN H 50930.

Rio de Contas: a 10 km as NW de Rio de Contas.
21/7/1979, *King, R.M.* et al. 8072.

Lençóis: Serra da Chapadinha. 24/11/1994, *Melo, E.* et
al. IN PCD 1346.

Lençóis: Serra da Chapadinha. 31/8/1994,
Stradmann, M.T.S. et al. IN PCD 667. [× 2]

Vernonia tombadorensis H.Rob.
Bahia

Piatã: Serra do Atalho, próximo do Garimpo da
Cravada. 11/6/1992, *Ganev, W.* 462.

Piatã: Serra do Atalho, próximo do Garimpo da
Cravada. 21/8/1992, *Ganev, W.* 935. [× 2]

Morro do Chapéu: Summit of Morro do Chapéu, ca.
8 km SW of the town of Morro do Chapéu to the
west of the road to Utinga. 30/5/1980, *Harley, R.M.*
et al. 22760.

Morro do Chapéu: 3 km SE of Morro do Chapéu on
the road to Mundo Novo. 1/6/1980, *Harley, R.M.* et
al. 22906.

Morro do Chapéu: Serra Pé do Morro. 29/6/1996,
Hind, D.J.N. et al. IN PCD 3200.

Piatã: Três Morros. 5/11/1996, *Hind, D.J.N.* et al. IN
PCD 4107. [× 2]

Morro do Chapéu: Serra do Tombador, ca. 22 km W
of Morro do Chapéu. 20/2/1971, *Irwin, H.S.* et al.
32642, Photograph of HOLOTYPE, Vernonia
tombadorensis H.Rob.

Morro do Chapéu: Telebahia Tower, ca. 6 km S of
Morro do Chapéu. 16/6/1981, *Mori, S.A. & B.M.
Boom,* 14438.

Abaíra: 9 km N de Catolés, caminho de Ribeirão de
Baixo a Piatã. Serra do Atalho: descida para os
gerais entre Serra do Atalho e a Serra da Tromba.
10/7/1995, *Queiroz, L.P.* et al. 4399.

Piatã: Estrada Piatã-Inúbia, a ca. 25 km NW de Piatã.
24/2/1994, *Sano, P.T.* et al. IN CFCR 14493. [× 2]

Vernonia vinhae H.Rob.
Bahia

Maraú: BR 030 a 45 km a E de Ubaitaba. 27/8/1979,
Mori, S.A. et al. 12812.

Santa Terezinha: Serra da Pioneira. 14/11/1986,
Queiroz, L.P. & et al., 1092.

Castro Alves: Serra da Jibóia (= Serra da Pioneira).
8/12/1992, *Queiroz, L.P.* et al. 2944.

Itacaré: Campo Cheiroso, 14 km north of Serra
Grande off of road to Itacaré. 15/11/1992, *Thomas,
W.W.* et al. 9462.

Mun. ?: Ubaitaba-Maraú. 13/12/1967, *Vinha, S.G. & A.
Castellanos,* 57, Photographs of HOLOTYPE,
Vernonia vinhae H.Rob.

Vernonia xiquexiquensis D.J.N. Hind
Bahia

Xique-Xique: Dunas do Rio São Francisco. 23/6/1996,
Giulietti, A.M. et al. IN PCD 2980, ISOTYPE,
Vernonia xiquexiquensis D.J.N. Hind.

Vernonia spp.
Bahia

Andaraí: ca. 8 km na estrada Andaraí-Mucugê.
14/4/1990, *Carvalho, A.M. & W.W. Thomas,* 3046.

Gentio do Ouro: Estrada Xique-Xique-Santo Inácio,
km 29. 30/6/1983, *Coradin, L.* et al. 6288.

Lençóis: entroncamento BR 242-Boninal, km 10.
13/9/1992, *Coradin, L.* et al. 8612.

Piatã: Serra do Atalho, próximo ao garimpo da
cravada. 11/6/1992, *Ganev, W.* 461.

Piatã: Abaixo da Serra do Ray. 18/8/1992, *Ganev, W.*
906.

Rio de Contas: Serra dos Brejões, próximo ao Rio da
Agua Suja, divisa com distrito de Arapiranga.
9/8/1993, *Ganev, W.* 2059.

Gentio do Ouro: Caminho para Santo Inácio.
24/6/1996, *Guedes, M.L.* et al. IN PCD 3013.

Rio de Contas: Pico das Almas. Vertente leste. Campo
do Queiroz. 9/11/1988, *Harley, R.M.* et al. 25978.

Rio Piau, ca. 225 km SW of Barreiras on road to
Posse, Goiás. 12/4/1966, *Irwin, H.S.* et al. 14595.

Lençóis: Serra Larga (Serra Larguinha) a oeste de
Lençóis, perto de Caeté-Açu. 19/12/1984, *Mello
Silva, R.* et al. IN CFCR 7212.

Piatã: Estrada Piatã-Inúbia, a ca. 25 km NW de Piatã.
24/2/1994, *Sano, P.T.* et al. IN CFCR 14536.

Gentio do Ouro: Arredores da cidade de Santo
Inácio. 18/3/1996, *Woodgyer, E.* et al. IN PCD 2504.

Viguiera grandiflora (Gardner) Gardner
Bahia

Rio de Contas: Pico do Itobira. 15/11/1996, *Harley,
R.M.* et al. IN PCD 4296.

Rio de Contas: Estrada para a Serra da Caiambola, ca.
25 km de Rio de Contas. 14/11/1998, *Oliveira, R.P.*
et al. 71.

Viguiera robusta Gardner
Bahia

Correntina: Chapadão Ocidental da Bahia. Ca. 20 km
N. of Correntina on the road to Inhaúmas.
28/4/1980, *Harley, R.M.* et al. 21911.

Wedelia alagoensis Baker

Alagoas

Mun. ?: Banks of the lake between Maceió and the city of Alagoas. 4/1838, *Gardner, G.* 1349, ISOSYNTYPE, Wedelia villosa Gardner [× 2]

Bahia

Cícero Dantas: s.l. 13/5/1981, *Bautista, H.P.* 437.

Abaíra: Distrito de Catolés. Estrada Abaíra-Mucugê, via São João, km 28. Entre São João e Santana. 13/4/1992, *Ganev, W.* 134.

Abaíra: Estrada Abaíra-Piatã, próximo à subida da Serra. 28/10/1992, *Ganev, W.* 1394.

Gentio do Ouro: 12 km E of Gentio do Ouro on road to Boa Vista and Ibipeba. 22/2/1977, *Harley, R.M.* et al. 18910.

Mun. Gentio de Ouro: Ca. 4 km N of São Inácio on road to Xique-Xique. 25/2/1977, *Harley, R.M.* et al. 19056.

Mun. Oliveira dos Brejinhos: 69 km along road W from Seabra toward Ibotirama. 3/2/1981, *King, R.M. & L.E. Bishop,* 8787.

Pernambuco

Buíque: Fazenda Pititi. 9/5/1996, *Andrade, K.* et al. 353.

Wedelia bahiensis H.Rob.

Bahia

Seabra: 14 km along road W from Seabra, toward Ibotirama. 3/2/1981, *King, R.M. & L.E. Bishop,* 8782, ISOTYPE of Wedelia bahiensis H.Rob.

Seabra: 14 km along road W from Seabra, toward Ibotirama. 3/2/1981, *King, R.M. & L.E. Bishop,* 8782, Photograph of ISOTYPE, Wedelia bahiensis H.Rob.

Seabra: Serra do Bebedor, ca. 4 km W de Lagoa da Boa Vista, na estrada para Gado Bravo. 22/6/1993, *Queiroz, L.P.* & N.S.Nascimento, 3347.

Wedelia hookeriana Gardner

Bahia

Palmeiras: Pai Inácio. 29/8/1994, *Guedes, M.L.* et al. IN PCD 498. [× 2]

Morro do Chapéu: Estrada Morro do Chapéu-Jacobina, a 27 km de Morro do Chapéu. 1/7/1996, *Harley, R.M.* et al. IN PCD 3284.

Livramento do Brumado: 5 km N of Livramento do Brumado along road to the town of Rio de Contas. 23/1/1981, *King, R.M. & L.E. Bishop,* 8595.

Vitoria da Conquista: 99 km SE of Brumado along road to Vitoria da Conquista. 26/1/1981, *King, R.M. & L.E. Bishop,* 8680.

?Boa Vista do tupin: 29 km W of Itaberaba along the road to Ibotirama. 30/1/1981, *King, R.M. & L.E. Bishop,* 8689.

Seabra: 14 km along road W from Seabra, toward Ibotirama. 3/2/1981, *King, R.M. & L.E. Bishop,* 8781.

Boa Vista do Tupim: Ca. 3 km após a balsa para a travessia do Rio Paraguaçu, para João Amaro, na estrada para Boa Vista do Tupim. 27/4/1994, *Queiroz, L.P. & N.S.Nascimento,* 3874. [× 2]

Piauí

Mun. ?: By the side of a small stream near Santo Antônio. 3/1839, *Gardner, G.* 2219, ISOTYPE, Wedelia hookeriana Gardner. [× 3]

Wedelia villosa Gardner

Bahia

Mun. ?: Raso da Catarina, Barreira Grande. 16/5/1981, *Bautista, H.P.* 458.

Ceará

Ubajara: Jaburuna, Planalto da Ibiapaba. 21/2/1995, Araújo, F.S. s.n.

Mun. ?: Dry shades places near Crato. 9/1838, *Gardner, G.* 1730, LECTOTYPE, Wedelia villosa Gardner.

Mun. ?: Dry shades places near Crato. 9/1838, *Gardner, G.* 1730, ISOLECTOTYPE, Wedelia villosa Gardner.

Wedelia spp.

Bahia

Barra da Estiva: Ca. 30 km na estrada de Mucugê para Barra da Estiva. 19/3/1990, *Carvalho, A.M. & J. Saunders,* 2975.

Mun. ?: 58 km W of Itaberaba along the road to Ibotirama. 30/1/1981, *King, R.M. & L.E. Bishop,* 8693.

Paraíba

Areia: Descida para Alagoa Grande. 31/7/1992, *Agra, M.F. & M.G. Silva,* 1770.

Pernambuco

Buíque: Fazenda Laranjeira. 23/2/1996, *Campelo, M.J.* et al. 66. [× 2]

Sertânia: Fazenda Coxi. 22/11/1999, *Figueirêdo, L.S.* 544.

Floresta: Inajá, Reserva Biológica de Serra Negra. 8/3/1995, *Inácio, E.* et al. 01.

Floresta: Inajá, Reserva Biológica de Serra Negra. 8/3/1995, *Lira, S.S.* et al. 14. [× 2]

Floresta: Inajá, Reserva Biológica de Serra Negra. 9/3/1995, *Sales, M.* et al. 549.

Floresta: Inajá, Reserva Biológica de Serra Negra. 8/3/1995, *Silva, D.C.* et al. 28. [× 2]

Bonito: Reserva Ecológica Municipal da Prefeitura de Bonito. 15/3/1995, *Souza, G.M.* et al. 81.

Wunderlichia cruelsiana Taub.

Bahia

Piatã: Estrada Piatã-Boninal, entrando a 3,7 km à direita, no local denominado Tiguco. 12/11/1996, *Bautista, H.P. & D.J.N. Hind,* IN PCD 4224.

Piatã: Serra do Atalho, entre Cravada e Cravadinha. 22/8/1992, *Ganev, W.* 943.

Abaíra: Engenho de Baixo. Morro do Cuscuzeiro, caminho Casa Velha de Arthur para Boa Vista. 10/7/1994, *Ganev, W.* 3488.

Rio de Contas: Pico das Almas. Vertente leste, 13–14 km ao N-O da cidade. 28/10/1988, *Harley, R.M.* et al. 25720. [× 3]

Rio de Contas: Cachoeira do Fraga no Rio Brumado, arredores da cidade. 24/11/1988, *Harley, R.M.* et al. 26998.

Abaíra: Vale em frente à Serra do Guarda-Mor. 27/12/1988, *Harley, R.M.* et al. 27854.

Piatã: Serra da Tromba. 8/9/1996, *Harley, R.M.* et al. 28381.

Palmeiras: 6 km de Palmeiras, estrada para Mucugê. 23/8/1996, *Harley, R.M. & M.A. Mayworm,* IN PCD 3774.

Piatã: Pai Inácio. Três Morros. 5/11/1996, *Hind, D.J.N.* et al. IN PCD 4089. [× 2]

Mun. ?: Carrapatos. 1913, *Luetzelburg, P. von* 331.
[Photograph]
Andaraí: Km 8 da antiga estrada Andaraí-Mucugê,
estrada que passa por Igatu (ex Xique-Xique de
Andaraí). Coletas a 3 km do entroncamento.
20/5/1989, *Mattos Silva, L.A.* et al. 2826.
Mucugê: Margem da estrada Mucugê-Cascavel, km 3
a 6. Próximo ao Rio Paraguaçu. 20/7/1981,
Menezes, N.L. et al. IN CFCR 1472. [× 2]
Rio de Contas: Serra do Tombador. 19/11/1996,
Roque, N. et al. IN PCD 4492.

Wunderlichia mirabilis Riedel ex Baker
Bahia
Caetité: Brejinho das Ametistas. 8/3/1994, *Roque, N.*
et al. IN CFCR 14936.
Caetité: 18 km da cidade, localidade de Santa Luzia.
10/3/1994, *Souza, V.C.* et al. 5418.

Xerochrysum bracteatum (Vent.) Tzvelev
Bahia
Nova Itarana: s.l. 18/7/1982, *Britto, K.B.* 64.
Nova Itarana: s.l. 18/7/1982, *Britto, K.B.* 65.

Lista de exsicatas

Agra, M.F. 497 – *Synedrella nodiflora*; 498 – *Eleutheranthera ruderalis*; 606 – *Delilia biflora*; 702 – *Aspilia martii*; 749 – *Verbesina macrophylla*; 1129 – *Chrysanthellum indicum* ssp. *afroamericanum*; 1162 – *Aspilia* sp.; 1170 – *Acmella oleracea*; 1177 – *Ageratum conyzoides* ssp. *conyzoides*; 1180 – *Emilia sonchifolia*; 1210 – *Vernonia scorpioides*; 1218 – *Tilesia baccata*; 1238 – *Blainvillea acmella*; 1263 – *Vernonia scorpioides*; 1299 – *Tridax procumbens*; 1327 – *Tridax procumbens*; 1353 – *Baccharis trinervis*; 1420 – *Stilpnopappus cearensis*; 1424 – *Ichthyothere terminalis*; 1425 – *Tilesia baccata*; 1488 – *Ichthyothere terminalis*; 1746 – *Vernonia brasiliana*; 1768 – *Cosmos caudatus*; 1770 – *Wedelia* sp.

Alcoforado Filho, F.G. 308 – *Aspilia cearensis*; 310 – *Centratherum punctatum* ssp. *punctatum*; 310 – *Stilpnopappus trichospiroides*; 315 – *Blainvillea acmella*; 333 – *Blainvillea acmella*; 338 – *Stilpnopappus pratensis*; 485 – *Centratherum punctatum* ssp. *punctatum*; 491 – *Melanthera latifolia*.

Almeida, E.B. 11 – *Tilesia baccata*.

Amorim, A.M.A. 454 – *Vernonia diffusa*; 542 – *Vernonia aurea*; 556 – *Vernonia ferruginea*; 597 – *Mikania* sp.; 682 – *Mikania nodulosa*; 698 – *Vernonia edmundoi*; 981 – *Blanchetia heterotricha*; 1017 – *Acritopappus confertus*; 1023 – *Vernonia harleyi*; 1377 – *Piptocarpha venulosa*; 1469 – *Centratherum punctatum* ssp. *punctatum*; 2083 – *Mikania biformis*; 2449 – *Piptocarpha* sp.; 2480 – *Heterocondylus vitalbae*; 2498 – *Erechtites hieraciifolia* var. *cacalioides*; 2540 – *Piptocarpha lundiana*.

Anderson, W.R. 36514 – *Calea microphylla*; 36985 – *Mattfeldanthus mutisioides*; 37010 – *Trichogonia* sp.; 37028 – *Angelphytum bahiense*.

Andrade, K. 41 – *Acritopappus* sp. 1; 92 – *Gochnatia oligocephala*; 95 – *Acritopappus* sp. 1; 209 – *Vernonia scorpioides*; 212 – *Vernonia brasiliana*; 216 – *Vernonia chalybaea*; 252 – *Dasyphyllum sprengelianum* var. *inerme*; 277 – *Acritopappus* sp. 1; 285 – *Dasyphyllum sprengelianum* var. *inerme*; 298 – *Gochnatia oligocephala*; 353 – *Acritopappus* sp. 1; 353 – *Wedelia alagoensis*.

Andrade, W.M. 117 – *Centratherum punctatum* ssp. *punctatum*; 124 – *Bidens rubifolia*; 136 – *Eclipta prostrata*; 158 – *Pectis linifolia* var. *linifolia*.

Araújo, F.S. 964 – *Stilpnopappus pratensis*; s.n. – *Wedelia villosa*.

Arbo, M.M. 5388 – *Paralychnophora reflexoauriculata*; 5394 – *Calea angusta*; 5687 – *Aspilia* sp.; 5705 – *Baccharis orbignyana*.

Atkins, S. IN PCD 4928 – *Ichthyothere terminalis*; IN PCD 5577 – *Baccharis salzmannii*; IN PCD 5584 – *Symphyopappus decussatus*; IN PCD 5759 – *Stilpnopappus tomentosus*; IN PCD 5824 – *Acritopappus prunifolius*; IN CFCR 14805 – *Bishopiella elegans*.

Balée, W.L. 952 – *Conyza sumatrensis*; 1039 – *Hebeclinium macrophyllum*.

Bandeira, F.P. 254 – *Blainvillea acmella*.

Barros, C.S.S. 141 – *Helianthus annuus*; 154 – *Acanthospermum hispidum*.

Bautista, H.P. 313 – *Chromolaena morii*; 359 – *Tagetes erecta*; 364 – *Vernonia harleyi*; 368 – *Vernonia cotoneaster*; 405 – *Stevia morii*; 433 – *Pectis linifolia* var. *linifolia*; 437 – *Wedelia alagoensis*; 438 – *Aspilia* sp.; 457 – *Mattfeldanthus andrade-limae*; 458 – *Wedelia villosa*; 463 – *Pectis oligocephala* var. *affinis*; 469 – *Centratherum punctatum* ssp. *punctatum*; 474 – *Trichogonia pseudocampestris*; 2220 – *Acritopappus pintoi*; 2224 – *Morithamnus ganophyllus*; IN PCD 319 – *Vernonia subverticillata*; IN PCD 326 – *Acritopappus hagei*; IN PCD 820 – *Mikania nelsonii*; IN PCD 865 – *Bahianthus viscosus*; IN PCD 868 – *Stevia morii*; IN PCD 3219 – *Acritopappus confertus*; IN PCD 3426 – *Lychnophora* sp.; IN PCD 3456 – *Blanchetia heterotricha*; IN PCD 3457 – *Ambrosia maritima*; IN PCD 3458 – *Acmella ciliata*; IN PCD 3459 – *Centratherum punctatum* ssp. *punctatum*; IN PCD 3466 – *Enydra radicans*; IN PCD 3480 – *Baccharis microcephala*; IN PCD 3481 – *Baccharis microcephala*; IN PCD 3605 – *Calea candolleana*; IN PCD 3607 – *Vernonia reflexa*; IN PCD 3634 – *Lasiolaena morii*; IN PCD 3865 – *Lychnophora phylicifolia*; IN PCD 3895 – *Pseudobrickellia angustissima*; IN PCD 4002 – *Vernonia cotoneaster*; IN PCD 4005 – *Moquinia kingii*; IN PCD 4007 – *Richterago discoidea*; IN PCD 4009 – *Stilpnopappus tomentosus*; IN PCD 4012 – *Aspilia parvifolia*; IN PCD 4161 – *Baccharis serrulata*; IN PCD 4162 – *Baccharis serrulata*; IN PCD 4176 – *Acritopappus confertus*; IN PCD 4221 – *Acritopappus confertus*; IN PCD 4222 – *Acritopappus hagei*; IN PCD 4223 – *Acritopappus confertus*; IN PCD 4224 – *Wunderlichia cruelsiana*; IN PCD 4231 – *Calea candolleana*; IN PCD 4232 – *Achyrocline saturejoides*; IN PCD 4236 – *Vernonia subverticillata*; IN PCD 4320 – *Stilpnopappus trichospiroides*; IN PCD 4323 – *Vernonia simplex*; IN PCD 4327 – *Baccharis aphylla*; IN PCD 4328 – *Lychnophora salicifolia*; IN PCD 4337 – *Pseudobrickellia angustissima*; IN PCD 4361 – *Aspilia parvifolia*; IN PCD 4362 – *Lychnophora uniflora*; IN PCD 4377 – *Platypodanthera melissifolia* ssp. *riocontensis*; IN PCD 4379 – *Stilpnopappus trichospiroides*.

Belém, R.P. 529 – *Austroeupatorium inuliifolium*; 1024 – *Mikania scandens*; 1238 – *Baccharis trinervis*; 1258 – *Clibadium armanii*; 1383 – *Mikania myriocephala*; 1385 – *Austroeupatorium inuliifolium*; 1403 – *Vernonia macrophylla*; 1452 – *Mikania scandens*; 1650 – *Clibadium armanii*; 1673 – *Vernonia scorpioides*; 1737 – *Vernonia scorpioides*; 1740 – *Baccharis myriocephala*; 1748 – *Eremanthus capitatus*; 1760 – *Vernonia amygdalina*; 1804 – *Mikania scandens*; 1817 – *Vernonia diffusa*; 1820 – *Piptocarpha pyrifolia*; 1831 – *Piptocarpha pyrifolia*;

1845 – *Eremanthus capitatus*; 1866 – *Babianthus viscosus*; 1881 – *Vernonia diffusa*; 3558 – *Baccharis calvescens*; 3563 – *Vernonia scorpioides*; 3572 – *Mikania glomerata*; 3574 – *Baccharis calvescens*; 3592 – *Chromolaena maximilianii*; 3610 – *Vernonia morii*; 3648 – *Verbesina macrophylla*; 3662 – *Baccharis trinervis*; 3683 – *Piptocarpha stifftioides*; 3862 – *Mikania cordifolia*; 3867 – *Mikania myriocephala*; 3873 – *Fleischmannia laxa*; 3893 – *Baccharis reticularia*; 3896 – *Babianthus viscosus*; 3897 – *Baccharis reticularia*.

Blanchet, J.S. 359 – *Elephantopus hirtiflorus*; 1149 – *Vernonia scorpioides*; 1199 – *Verbesina macrophylla*; 1297 – *Centratherum punctatum* ssp. *punctatum*; 1557 – *Mikania biformis*; 1687 – *Stilpnopappus scaposus*; 1698 – *Albertinia brasiliensis*; 1817 – *Vernonia mucronifolia*; 1826 – *Babianthus viscosus*; 1843 – *Vernonia brasiliana*; 1971 – *Albertinia brasiliensis*; 1972 – *Baccharis calvescens*; 2097 – *Mikania trichophila*; 2111 – *Mikania glomerata*; 2342 – *Mikania myriocephala*; 2447 – *Calea angusta*; 2535 – *Stylotrichium corymbosum*; 2569 – *Gochnatia blanchetiana*; 2591 – *Eremanthus capitatus*; 2596 – *Mikania elliptica*; 2672 – *Stilpnopappus pratensis*; 2754 – *Teixeiranthus foliosus*; 2766 – *Egletes viscosa*; 2819 – *Albertinia brasiliensis*; 3115 – *Clibadium armanii*; 3123 – *Acritopappus heterolepis*; 3238 – *Chromolaena cylindrocephala*; 3238 – *Gochnatia oligocephala*; 3249 – *Symphyopappus decussatus*; 3251 – *Gochnatia polymorpha* ssp. *polymorpha*; 3257 – *Austroeupatorium silphiifolium*; 3288 – *Gochnatia oligocephala*; 3316 – *Apopyros corymbosus*; 3328 – *Vernonia ferruginea*; 3341 – *Ayapana amygdalina*; 3345 – *Richterago discoidea*; 3365 – *Podocoma blanchetiana*; 3396 – *Lychnophora blanchetii*; 3413 – *Vernonia simplex*; 3429 – *Piptocarpha leprosa*; 3453 – *Baccharis varians*; 3487 – *Baccharis trinervis*; 3490 – *Achyrocline saturejoides*; 3688 – *Conocliniopsis prasiifolia*; 3689 – *Centratherum punctatum* ssp. *punctatum*; 3690 – *Vernonia salzmannii*; 3692 – *Mikania hirsutissima*; 3693 – *Baccharis salzmannii*; 3694 – *Baccharis serrulata*; 3695 – *Vernonia holosericea*; 3697 – *Vernonia subverticillata*; 3698 – *Lasiolaena blanchetii*; 3699 – *Verbesina glabrata*; 3700 – *Acritopappus micropappus*; 3705 – *Blainvillea acmella*; 3720 – *Baccharis pingraea*; 3721 – *Mikania sessilifolia*; 3722 – *Porophyllum ruderale* ssp. *ruderale*; s.n. – *Acanthospermum australe*; s.n. – *Achyrocline saturejoides*; s.n. – *Baccharis trinervis*; s.n. – *Babianthus viscosus*; s.n. – *Blanchetia heterotricha*; s.n. – *Chaptalia integerrima*; s.n. – *Chromolaena maximilianii*; s.n. – *Clibadium armanii*; s.n. – *Delilia biflora*; s.n. – *Elephantopus mollis*; s.n. – *Eremanthus capitatus*; s.n. – *Gochnatia blanchetiana*; s.n. – *Mikania elliptica*; s.n. – *Mikania obovata*; s.n. – *Porophyllum ruderale* ssp. *ruderale*; s.n. – *Stylotrichium corymbosum*; s.n. – *Vernonia brasiliana*; s.n. – *Vernonia cotoneaster*; s.n. – *Verbesina macrophylla*; s.n. – *Vernonia scorpioides*.

Bolland, G. 19 – *Centratherum punctatum* ssp.

punctatum; 26 – *Trichogonia salviifolia*; 29 – *Mikania micrantha*; 30 – *Melanthera latifolia*; 39 – *Erechtites valerianifolia*; s.n. – *Acanthospermum hispidum*; s.n. – *Acmella uliginosa*; s.n. – *Delilia biflora*; s.n. – *Emilia sonchifolia*; s.n. – *Erechtites valerianifolia*; s.n. – *Tilesia baccata*; s.n. – *Vernonia scorpioides*.

Borges, M. 41 – *Gochnatia oligocephala*.

Britto, K.B. 21 – *Delilia biflora*; 23 – *Melanthera latifolia*; 59 – *Bidens* sp.; 64 – *Xerochrysum bracteatum*; 65 – *Xerochrysum bracteatum*.

Callejas, R. 1723 – *Vernonia mucronifolia*.

Campelo, M.J. 66 – *Wedelia* sp.; 88 – *Baccharis serrulata*.

Campos, M. s.n. – *Melampodium divaricatum*.

Carneiro-Torres, D.S. [also as Carneiro, D.S.] 73 – *Aspilia foliosa*; 128 – *Eremanthus capitatus*; 132 – *Verbesina macrophylla*.

Carvalho, A.M. 171 – *Litothamnus nitidus*; 285 – *Cephalopappus sonchifolius*; 301 – *Mikania glomerata*; 319 – *Rolandra fruticosa*; 397 – *Piptocarpha oblonga*; 893 – *Barrosoa apiculata*; 898 – *Vernonia scorpioides*; 917 – *Vernonia rufo-grisea*; 918 – *Trichogoniopsis adenantha*; 959 – *Vernonia chalybaea*; 969 – *Aspilia foliosa*; 970 – *Stilpnopappus tomentosus*; 981 – *Austrocritonia angulicaulis*; 982 – *Vernonia subverticillata*; 1001 – *Paralychnophora harleyi*; 1016 – *Vernonia carvalhoi*; 1017 – *Chaptalia chapadensis*; 1021 – *Aspilia setosa*; 1069 – *Calea harleyi*; 1086 – *Eremanthus capitatus*; 1088 – *Acritopappus hagei*; 1561 – *Blanchetia heterotricha*; 2091 – *Mikania trichophila*; 2431 – *Vernonia remotiflora*; 2440 – *Vernonia scorpioides*; 2469 – *Calea* sp.; 2497 – *Ayapana amygdalina*; 2498 – *Vernonia ferruginea* var. *polycephala*; 2603 – *Vernonia cotoneaster*; 2684 – *Pectis brevipedunculata*; 2834 – *Acritopappus confertus*; 2883 – *Trichogonia santosii*; 2944 – *Acritopappus confertus*; 2953 – *Lychnophora bishopii*; 2958 – *Elephantopus hirtiflorus*; 2963 – *Simsia dombeyana*; 2972 – *Chromolaena cinereoviridis*; 2974 – *Stilpnopappus tomentosus*; 2975 – *Wedelia* sp.; 2978 – *Aspilia foliosa*; 2981 – *Vernonia farinosa*; 3019 – *Aspilia foliosa*; 3040 – *Vernonia cotoneaster*; 3046 – *Vernonia* sp.; 3091 – *Platypodanthera melissifolia* ssp. *melissifolia*; 3129 – *Litothamnus ellipticus*; 3222 – *Vernonia scorpioides*; 3226 – *Koanophyllon conglobatum*; 3242 – *Baccharis* sp.; 3278 – *Litothamnus nitidus*; 3314 – *Vernonia mucronifolia*; 3315 – *Prolobus nitidulus*; 3622 – *Vernonia diffusa*; 3692 – *Calea harleyi*; 3694 – *Stilpnopappus procumbens*; 3705 – *Lychnophora uniflora*; 3727 – *Platypodanthera melissifolia* ssp. riocontensis; 3736 – *Argyrovernonia harleyi*; 3741 – *Vernonia morii*; 3754 – *Simsia dombeyana*; 3766 – *Vernonia morii*; 3798 – *Tilesia baccata*; 3802 – *Trixis divaricata*; 3803 – *Blanchetia heterotricha*; 3819 – *Litothamnus ellipticus*; 3840 – *Centratherum punctatum* ssp. *punctatum*; 3846 – *Eclipta prostrata*; 3849 – *Conocliniopsis prasiifolia*; 3851 – *Vernonia chalybaea*; 3854 – *Acanthospermum hispidum*; 3855 – *Pectis brevipedunculata*; 3871 – *Bidens pilosa*; 3903 – *Gochnatia oligocephala*; 3920 – *Tilesia* baccata; 3924 – *Conocliniopsis prasiifolia*; 3924 – *Vernonia cotoneaster*; 4005 – *Vernonia nitens*; 4063 – *Vernonia dura*; 4134 – *Gochnatia oligocephala*; 4148 – *Baccharis salzmannii*; 4151 – *Baccharis salzmannii*; 4161 – *Vernonia subverticillata*; 4177 – *Paralychnophora reflexoauriculata*; 4195 – *Paralychnophora* sp.; 4197 – *Acritopappus micropappus*; 4227 – *Piptocarpha pyrifolia*; 4266 – *Baccharis singularis*; 4500 – *Mikania salzmanniifolia*; 4565 – *Mikania biformis*; 4587 – *Mikania myriocephala*; 4588 – *Piptocarpha pyrifolia*; 6424 – *Acritopappus confertus*; 6593 – *Eremanthus capitatus*; 6594 – *Agrianthus luetzelburgii*; 6624 – *Pseudobrickellia brasiliensis*; 6625 – *Baccharis salzmannii*; 6626 – *Baccharis leptocephala*; 6644 – *Hoehnephytum imbricatum*; 6667 – *Lasiolaena morii*; IN PCD 952 – *Gochnatia paniculata* var. *densicephala*; IN PCD 963 – *Vernonia bahiana*; IN PCD 969 – *Richterago discoidea*; IN PCD 976 – *Stevia morii*; IN PCD 978 – *Mikania* sp.; IN PCD 988a – *Lasiolaena duartei* ¥*morii*.; IN PCD 988b – *Lasiolaena duartei*; IN PCD 988c – *Lasiolaena morii*; IN PCD 991 – *Lasiolaena duartei*; IN PCD 992 – *Baccharis* sp.; IN PCD 998 – *Aspilia setosa*; IN PCD 1003 – *Pithecoseris pacourinoides*; IN PCD 1012 – *Vernonia harleyi*; IN PCD 1051 – *Aspilia foliosa*; IN PCD 1078 – *Stevia morii*.

Carvalho, J.H. 489 – *Blainvillea acmella*.

Castellanos, A. 501 – *Mikania cordifolia*; 25830 – *Pectis oligocephala* var. *affinis*; 26011 – *Vernonia mattos-silvae*; 26016 – *Centratherum punctatum* ssp. *punctatum*.

Cerati, T.M. 291 – *Lychnophora morii*; 302 – *Stylotrichium rotundifolium*.

Collares, J.E.R. 158 – *Acmella ciliata*; 158 – *Acmella paniculata*; 159 – *Centratherum punctatum* ssp. *punctatum*; 191 – *Melanthera latifolia*.

Conceição, A.A. IN PCD 2434 – *Symphyopappus decussatus*.

Coradin, L. 2951 – *Porophyllum ruderale* ssp. *ruderale*; 5712 – *Vernonia aurea*; 5858 – *Porophyllum ruderale* ssp. *ruderale*; 5987 – *Argyrovernonia martii*; 5997 – *Blanchetia heterotricha*; 6030 – *Vernonia cotoneaster*; 6128 – *Acritopappus micropappus*; 6176 – *Pithecoseris pacourinoides*; 6190 – *Paralychnophora reflexoauriculata*; 6218·– *Acritopappus confertus*; 6223 – *Trichogonia tombadorensis*; 6242 – *Trixis vauthieri*; 6288 – *Vernonia* sp.; 6348 – *Bejaranoa semistriata*; 6357 – *Vernonia polyanthes*; 6359 – *Vernonia cotoneaster*; 6361 – *Dasyphyllum donianum*; 6405 – *Eremanthus* sp.; 6425 – *Baccharis elliptica*; 6431 – *Vernonia holosericea*; 6436 – *Baccharis* sp.; 6442 – *Baccharis leptocephala*; 6444 – *Chromolaena cinereoviridis*; 6451 – *Lychnophora salicifolia*; 6452 – *Gochnatia blanchetiana*; 6460 – *Vernonia nitens*; 6462 – *Vernonia farinosa*; 6555 – *Albertinia brasiliensis*; 6630 – *Gochnatia blanchetiana*; 6653 – *Vernonia nitens*; 7691 – *Trichogonia pseudocampestris*; 8551 – *Koanophyllon adamantinum*; 8565 – *Verbesina macrophylla*; 8610 – *Bejaranoa semistriata*; 8612 – *Vernonia* sp.; 8621 – *Eremanthus capitatus*; 8694 – *Eremanthus capitatus*; 8695 – *Verbesina macrophylla*; 8696 – *Acritopappus*

prunifolius; 8697 – *Dasyphyllum leptacanthum*.

Costa Neto, E.M. 9 – *Epaltes brasiliensis*; 10 – *Sphagneticola trilobata*; 44 – *Conocliniopsis prasiifolia*.

Costa, J. IN PCD 1772 – *Aspilia setosa*.

Costa, K.C. 63 – *Vernonia chalybaea*; 75 – *Vernonia chalybaea*; 157 – *Vernonia chalybaea*.

Daly, D.C. IN D 350 – *Vernonia brasiliana*; IN D 406 – *Egletes viscosa*.

Discentes da UEFS s.n. – *Vernonia amygdalina*.

Duarte, A.P. 6036 – *Santosia talmonii*; 6116 – *Calea pilosa*; 6778 – *Baccharis calvescens*; 9330 – *Acritopappus hagei*; 9366 – *Lasiolaena duartei*; 9508 – *Pseudobrickellia brasiliensis*; 10520 – *Verbesina macrophylla*.

Duarte, L. 353 – *Platypodanthera melissifolia* ssp. *melissifolia*.

Ducke, A. s.n. – *Piqueriella brasiliensis*.

Dutra, E. de A. 44 – *Vernonia amygdalina*.

Eiten, G. 3891 – *Praxelis pauciflora*; 3919 – *Praxelis kleinioides*; 4011 – *Praxelis kleinioides*; 4018 – *Centratherum punctatum* ssp. *punctatum*; 4031 – *Vernonia remotiflora*; 4042 – *Centratherum punctatum* ssp. *punctatum*; 4324 – *Vernonia remotiflora*; 4380 – *Vernonia coriacea*; 4422 – *Praxelis kleinioides*; 4431 – *Chromolaena squalida*; 4436 – *Vernonia chalybaea*; 4502 – *Mikania micrantha*; 4534 – *Vernonia remotiflora*; 4563 – *Praxelis pauciflora*; 4681 – *Vernonia holosericea*; 4712 – *Centratherum punctatum* ssp. *punctatum*; 4997 – *Eclipta prostrata*; 5383 – *Vernonia brasiliana*; 10893 – *Vernonia cotoneaster*.

Euponino, A. 27 – *Tilesia baccata*.

Falcão, J. 756 – *Platypodanthera melissifolia* ssp. *melissifolia*.

Ferreira, M.C. IN PCD 20 – *Mikania grazielae*.

Fevereiro, V.P.B. IN M 151 – *Praxelis clematidea*; IN M 279 – *Vernonia scorpioides*; IN M 492 – *Achyrocline saturejoides*; IN M 497 – *Conyza sumatrensis*.

Figueirêdo, L.S. 6 – *Koanophyllon conglobatum*; 170 – *Eremanthus capitatus*; 140 – *Aspilia cupulata*; 155 – *Paralychnophora reflexoauriculata*; 172 – *Aspilia cupulata*; 183 – *Achyrocline saturejoides*; 199 – *Achyrocline saturejoides*; 214 – *Eremanthus capitatus*; 254 – *Acritopappus* sp. 1; 407 – *Centratherum punctatum* ssp. *punctatum*; 408 – *Delilia biflora*; 544 – *Wedelia* sp.

França, F. 962 – *Lychnophora phylicifolia*; 1012 – *Leptostelma tweediei*; 1046 – *Gochnatia polymorpha* ssp. *polymorpha*; 1117 – *Litothamnus ellipticus*; 1281 – *Lychnophora* sp.; 1733 – *Melanthera latifolia*; 1734 – *Centratherum punctatum* ssp. *punctatum*; 1993 – *Eclipta prostrata*; 2293 – *Melanthera latifolia*; 2406 – *Vernonia chalybaea*; 2615 – *Tilesia baccata*; 2898 – *Vernonia chalybaea*; IN PCD 5927 – *Vernonia harleyi*.

Freire, E. 20 – *Gochnatia oligocephala*; 81 – *Conyza sumatrensis*; 90 – *Baccharis serrulata*.

Froes, R. 1806 – *Mikania micrantha*; 11522 – *Mikania micrantha*.

Furlan, A. IN CFCR 403 – *Vernonia cotoneaster*; IN CFCR 1566 – *Mikania glandulosissima*; IN CFCR

1571 – *Baccharis myriocephala*; IN CFCR 1576 – *Chromolaena morii*; IN CFCR 1580 – *Mikania salzmanniifolia*; IN CFCR 1714 – *Achyrocline saturejoides*; IN CFCR 1921 – *Trixis vauthieri*; IN CFCR 1922 – *Eremanthus capitatus*; IN CFCR 1944 – *Moquinia racemosa*; IN CFCR 1951 – *Moquinia kingii*; IN CFCR 1969 – *Lychnophora uniflora*; IN CFCR 1972 – *Agrianthus empetrifolius*; IN CFCR 1978 – *Hoehnephytum trixoides*; IN CFCR 1985 – *Stylotrichium rotundifolium*; IN CFCR 1994 – *Aspilia foliosa*; IN CFCR 1997 – *Vernonia cotoneaster*; IN CFCR 1998 – *Eremanthus capitatus*; IN CFCR 2003 – *Calea morii*; IN CFCR 2018 – *Vernonia holosericea*; IN CFCR 2027 – *Baccharis* sp. 8; IN CFCR 2029 – *Eremanthus capitatus*; IN CFCR 2030 – *Lychnophora uniflora*; IN CFCR 2039 – *Vernonia linearis*; IN CFCR 2045 – *Vernonia holosericea*; IN CFCR 2046 – *Vernonia santosii*; IN CFCR 2057 – *Vernonia holosericea*; IN CFCR 2061 – *Mikania luetzelburgii*; IN CFCR 2064 – *Vernonia farinosa*; IN CFCR 7598 – *Acritopappus micropappus*.

Ganev, W. 6 – *Baccharis trinervis*; 7 – *Vernonia reflexa*; 13 – *Lychnophora passerina*; 15 – *Vernonia rosmarinifolia*; 50 – *Baccharis microcephala*; 53 – *Baccharis* sp.; 54 – *Mikania lindbergii* var. *collina*; 55 – *Austroeupatorium inuliifolium*; 68 – *Symphyopappus decussatus*; 69 – *Vernonia farinosa*; 70 – *Lychnophora salicifolia*; 71 – *Gochnatia polymorpha* ssp. *polymorpha*; 75 – *Elephantopus mollis*; 78 – *Baccharis calvescens*; 80 – *Chromolaena laevigata*; 85 – *Lychnophora passerina*; 95 – *Vernonia reflexa*; 118 – *Conocliniopsis prasiifolia*; 124 – *Trichogonia pseudocampestris*; 127 – *Lychnophora phylicifolia*; 128 – *Lychnophora salicifolia*; 131 – *Vernonia apiculata*; 134 – *Wedelia alagoensis*; 150 – *Chromolaena horminoides*; 159 – *Vernonia lilacina*; 161 – *Vernonia farinosa*; 164 – *Chromolaena squalida*; 169 – *Vernonia remotiflora*; 185 – *Vernonia scorpioides*; 186 – *Vernonia linearis*; 187 – *Chromolaena horminoides*; 188 – *Symphyopappus decussatus*; 189 – *Baccharis leptocephala*; 190 – *Mikania arrojadoi*; 191 – *Vernonia farinosa*; 195 – *Aspilia* sp. 3; 218 – *Vernonia remotiflora*; 229 – *Lychnophora bishopii*; 231 – *Vernonia linearis*; 243 – *Mikania reticulata*; 247 – *Vernonia nitens*; 248 – *Chromolaena cinereoviridis*; 251 – *Vernonia apiculata*; 272 – *Mikania alvimii*; 281 – *Bahianthus viscosus*; 282 – *Lychnophora* sp.; 289 – *Aspilia foliosa*; 300 – *Gochnatia blanchetiana*; 311 – *Gochnatia* sp. 5; 312 – *Verbesina macrophylla*; 316 – *Mattfeldanthus andrade-limae*; 325 – *Vernonia lilacina*; 326 – *Bahianthus viscosus*; 335 – *Chionolaena jeffreyi*; 338 – *Vernonia salzmannii*; 341 – *Moquinia kingii*; 350 – *Richterago discoidea*; 351 – *Mikania luetzelburgii*; 352 – *Chromolaena morii*; 358 – *Stevia morii*; 359 – *Vernonia santosii*; 360 – *Vernonia ganevii*; 363 – *Verbesina baccharifolia*; 368 – *Lychnophora* sp.; 370 – *Vernonia leucodendron*; 374 – *Vernonia hagei*; 384 – *Chromolaena laevigata*; 404 – *Bejaranoa semistriata*; 415 – *Gochnatia blanchetiana*; 416 – *Agrianthus luetzelburgii*; 427 – *Symphyopappus reticulatus*; 428 – *Vernonia holosericea*; 438 –

Stylotrichium rotundifolium; 439 – *Chromolaena squalida*; 440 – *Mikania sessilifolia*; 442 – *Lychnophora triflora*; 461 – *Vernonia* sp.; 462 – *Vernonia tombadorensis*; 466 – *Stenophalium* sp.; 468 – *Chromolaena morii*; 470 – *Stylotrichium rotundifolium*; 471 – *Lychnophora bishopii*; 474 – *Aspilia* sp. 2; 479 – *Dasyphyllum sprengelianum*; 484 – *Eremanthus glomerulatus*; 496 – *Vernonia nitens*; 497 – *Aspilia* sp. 2; 499 – *Dimerostemma episcopale*; 513 – *Gochnatia* sp. 4; 522 – *Mikania hagei*; 524 – *Achyrocline saturejoides*; 537 – *Mikania arrojadoi*; 538 – *Vernonia nitens*; 540 – *Baccharis calvescens*; 546 – *Baccharis salzmannii*; 549 – *Vernonia laxa*; 552 – *Mikania sessilifolia*; 556 – *Chromolaena laevigata*; 557 – *Achyrocline saturejoides*; 560 – *Baccharis* sp. 1; 561 – *Baccharis salzmannii*; 562 – *Vernonia elegans*; 566 – *Baccharis polyphylla*; 573 – *Baccharis* sp. 9; 575 – *Hoehnephytum almasense*; 580 – *Chromolaena squalida*; 585 – *Eremanthus capitatus*; 587 – *Bahianthus viscosus*; 588 – *Agrianthus giuliettiae*; 592 – *Mikania nelsonii*; 595 – *Vernonia nitens*; 596 – *Baccharis polyphylla*; 600 – *Vernonia hagei*; 606 – *Baccharis macroptera*; 608 – *Mikania sessilifolia*; 610 – *Lychnophora phylicifolia*; 611 – *Vernonia santosii*; 615 – *Agrianthus giuliettiae*; 620 – *Lychnophora salicifolia*; 630 – *Dasyphyllum candolleanum*; 635 – *Mattfeldanthus andrade-limae*; 636 – *Gochnatia* sp.; 637 – *Gochnatia* sp. 5; 639 – *Trixis vauthieri*; 647 – *Chaptalia denticulata*; 648 – *Agrianthus giuliettiae*; 650 – *Verbesina baccharifolia*; 659 – *Mikania nelsonii*; 661 – *Richterago discoidea*; 662 – *Baccharis leptocephala*; 666 – *Semiria viscosa*; 670 – *Mikania ramosissima*; 671 – *Paralychnophora santosii*; 674 – *Eremanthus capitatus*; 675 – *Baccharis camporum*; 676 – *Baccharis ligustrina*; 680 – *Hoehnephytum almasense*; 681 – *Achyrocline alata*; 686 – *Baccharis camporum*; 693 – *Vernonia polyanthes*; 698 – *Eremanthus glomerulatus*; 699 – *Eremanthus capitatus*; 702 – *Vernonia holosericea*; 704 – *Vernonia nitens*; 706 – *Agrianthus microlicioides*; 707 – *Vernonia santosii*; 716 – *Stenophalium eriodes*; 726 – *Moquinia kingii*; 727 – *Vernonia leucodendron*; 729 – *Koanophyllon adamantinum*; 730 – *Lychnophora* sp.; 731 – *Arrojadocharis praxelioides*; 734 – *Baccharis* sp.; 760 – *Calea morii*; 771 – *Vernonia holosericea*; 773 – *Agrianthus microlicioides*; 775 – *Koanophyllon adamantinum*; 778 – *Trixis vauthieri*; 788 – *Baccharis polyphylla*; 794 – *Baccharis* sp.; 819 – *Bahianthus viscosus*; 828 – *Stylotrichium rotundifolium*; 842 – *Vernonia laxa*; 843 – *Baccharis camporum*; 844 – *Baccharis leptocephala*; 847 – *Baccharis* sp.; 848 – *Baccharis* sp. 6; 849 – *Lasiolaena morii*; 852 – *Baccharis* sp. 1; 855 – *Baccharis* sp. 1; 858 – *Baccharis* sp. 8; 861 – *Koanophyllon adamantinum*; 866 – *Calea candolleana*; 869 – *Gochnatia blanchetiana*; 870 – *Aspilia hispidantha*; 871 – *Mikania hagei*; 872 – *Mikania hagei*; 873 – *Baccharis camporum*; 883 – *Chromolaena morii*; 884 – *Mikania hirsutissima*; 885 – *Ophryosporus freyreissii*; 887 – *Baccharis salzmannii*; 888 – *Baccharis salzmannii*; 891 –

Calea morii; 892a – Baccharis leptocephala; 892b –
Baccharis leptocephala; 901 – Lasiolaena carvalhoi;
903 – Verbesina baccharifolia; 906 – Vernonia sp.;
913 – Ayapana amygdalina; 915 – Dimerostemma
episcopale; 928 – Richterago discoidea; 929 –
Vernonia santosii; 935 – Vernonia tombadorensis;
943 – Wunderlichia cruelsiana; 944 – Morithamnus
ganophyllus; 954 – Babianthus viscosus; 960 –
Lasiolaena sp.; 961 – Arrojadocharis praxelioides;
963 – Stylotrichium rotundifolium; 967 –
Porophyllum sp.; 970 – Koanophyllon
adamantinum; 975 – Chromolaena morii; 982 –
Vernonia cotoneaster; 986 – Achyrocline alata; 990 –
Heterocondylus alatus; 993 – Praxelis kleinioides;
994 – Vernonia ferruginea; 996 – Baccharis
leptocephala; 997 – Baccharis sp. 8; 998 – Ayapana
amygdalina; 999 – Gochnatia sp. 4; 1007 –
Vernonia laxa; 1012 – Mikania elliptica; 1014 –
Koanophyllon adamantinum; 1015 –
Pseudobrickellia brasiliensis; 1016 – Eremanthus
capitatus; 1021 – Gochnatia floribunda; 1031 –
Mikania elliptica; 1064 – Gochnatia sp. 4; 1079 –
Mikania elliptica; 1086 – Lasiolaena morii; 1092 –
Mikania hagei; 1093 – Koanophyllon adamantinum;
1100 – Baccharis brachylaenoides; 1102 –
Hoehnephytum imbricatum; 1104 – Calea morii;
1105 – Gochnatia sp.; 1109 – Baccharis polyphylla;
1137 – Lasiolaena morii; 1150 – Pseudobrickellia
angustissima; 1152 – Moquinia racemosa; 1191 –
Hoehnephytum trixoides; 1193 – Baccharis serrulata;
1201 – Gochnatia polymorpha ssp. polymorpha;
1210 – Moquinia racemosa; 1215 – Richterago
discoidea; 1238 – Aspilia foliosa; 1242 – Agrianthus
empetrifolius; 1251 – Pseudobrickellia angustissima;
1252 – Moquinia racemosa; 1284 – Moquinia kingii;
1298 – Heterocondylus alatus; 1312 – Lasiolaena sp.;
1313 – Catolesia mentiens; 1314 – Chionolaena
jeffreyi; 1315 – Stevia morii; 1324 – Lychnophora
passerina; 1352 – Dimerostemma episcopale; 1355 –
Mikania elliptica; 1360 – Aspilia sp.; 1374 –
Porophyllum sp.; 1376 – Paralychnophora harleyi;
1394 – Wedelia alagoensis; 1440 – Aspilia sp. 4;
1496 – Acritopappus confertus; 1567 – Baccharis
calvescens; 1598 – Lychnophora uniflora; 1600 –
Aspilia hispidantha; 1602 – Albertinia brasiliensis;
1613 – Vernonia cotoneaster; 1621 – Acritopappus
catolesensis; 1626 – Dimerostemma episcopale; 1629
– Ichthyothere terminalis; 1662 – Stilpnopappus
tomentosus; 1678 – Vernonia carvalhoi; 1682 –
Mikania alvimii; 1689 – Moquinia kingii; 1695 –
Acritopappus hagei; 1702 – Eremanthus capitatus;
1715 – Vernonia subverticillata; 1717 – Acritopappus
catolesensis; 1726 – Calea harleyi; 1727 – Aspilia
setosa; 1728 – Stilpnopappus tomentosus; 1730 –
Aspilia foliosa; 1731 – Aspilia foliosa; 1732 – Aspilia
sp.; 1737 – Calea candolleana; 1753 – Tilesia
baccata; 1758 – Aspilia sp.; 1759 – Riencourtia
tenuifolia; 1763 – Acritopappus catolesensis; 1767 –
Mikania obovata; 1780 – Symphyopappus
compressus; 1787 – Vernonia subverticillata; 1788 –
Aspilia sp.; 1793 – Vernonia myrsinites; 1797 –
Lychnophora passerina; 1799 – Dimerostemma
episcopale; 1803 – Lychnophora sp.; 1817 –

Richterago discoidea; 1820 – Baccharis polyphylla;
1821 – Lychnophora triflora; 1822 – Baccharis
microcephala; 1824 – Verbesina luetzelburgii; 1825 –
Babianthus viscosus; 1828 – Paralychnophora
patriciana; 1829 – Lychnophora santosii; 1830 –
Arrojadocharis santosii; 1831 – Lychnophora
santosii; 1846 – Baccharis salzmannii; 1847 –
Gochnatia sp.; 1849 – Vernonia holosericea; 1850a –
Baccharis leptocephala; 1850b – Baccharis
leptocephala; 1851 – Mikania sessilifolia; 1852 –
Calea morii; 1863 – Vernonia holosericea; 1866 –
Hoehnephytum almasense; 1874 – Moquinia kingii;
1875 – Lasiolaena carvalhoi; 1881 – Agrianthus
myrtoides; 1882 – Mikania luetzelburgii; 1882 –
Mikania reticulata; 1884 – Lychnophora passerina;
1886 – Agrianthus giuliettiae; 1888 – Mikania
nelsonii; 1890 – Mikania ramosissima; 1905 –
Baccharis polyphylla; 1911 – Arrojadocharis santosii;
1914 – Chionolaena jeffreyi; 1915 – Vernonia
ganevii; 1920 – Chromolaena morii; 1922 –
Arrojadocharis santosii; 1925 – Lychnophora sp.;
1928 – Verbesina luetzelburgii; 1933 – Agrianthus
luetzelburgii; 1942 – Vernonia holosericea; 1944 –
Mikania sp.; 1945 – Dasyphyllum leptacanthum;
1950 – Lasiolaena carvalhoi; 1960 – Mikania
reticulata; 1966 – Senecio harleyi; 1968 –
Koanophyllon adamantinum; 1973 – Gochnatia sp.
4; 1981 – Koanophyllon adamantinum; 1998 –
Vernonia polyanthes; 2004 – Koanophyllon
adamantinum; 2009 – Eremanthus capitatus; 2014 –
Pseudobrickellia brasiliensis; 2022 – Agrianthus
microlicioides; 2036 – Lychnophora salicifolia; 2037
– Vernonia laxa; 2052 – Baccharis leptocephala;
2057 – Vernonia leucodendron; 2058 – Baccharis
sp. 3; 2059 – Vernonia sp.; 2063 – Moquinia kingii;
2065 – Agrianthus myrtoides; 2070 – Lychnophora
bishopii; 2071 – Lasiolaena carvalhoi; 2075 –
Baccharis ligustrina; 2077 – Lychnophora passerina;
2082 – Arrojadocharis praxelioides; 2092 – Mikania
elliptica; 2100 – Baccharis salzmannii; 2103 –
Dasyphyllum candolleanum; 2108 – Aspilia sp.; 2110
– Heterocondylus alatus; 2115 – Baccharis sp. 4;
2125 – Baccharis macroptera; 2126 – Mikania
elliptica; 2129 – Baccharis sp. 8; 2130 – Gochnatia
floribunda; 2132 – Calea morii; 2155 – Vernonia
rosmarinifolia; 2165 – Baccharis polyphylla; 2176 –
Gochnatia sp. 4; 2186 – Porophyllum obscurum;
2186 – Vernonia linearis; 2192 – Aspilia sp. 2; 2206
– Moquinia racemosa; 2207 – Pseudobrickellia
angustissima; 2213 – Mikania elliptica; 2232 –
Bejaranoa semistriata; 2239 – Paralychnophora
harleyi; 2275 – Arrojadocharis santosii; 2277 –
Lychnophora santosii; 2280 – Lychnophora santosii;
2286 – Catolesia mentiens; 2328 – Acritopappus sp.;
2342 – Calea candolleana; 2352 – Vernonia
chalybaea; 2367 – Vernonia subverticillata; 2374 –
Hieracium stannardii; 2424 – Vernonia cotoneaster;
2427 – Lychnophora passerina; 2443 – Baccharis
orbignyana; 2444 – Chromolaena stachyophylla;
2449 – Vernonia leucodendron; 2478 – Chionolaena
jeffreyi; 2483 – Trixis pruskii; 2513 – Mikania
glandulosissima; 2532 – Moquinia kingii; 2606 –
Stilpnopappus tomentosus; 2617 – Acritopappus

confertus; 2625 – *Dimerostemma episcopale*; 2626 – *Aspilia* sp.; 2627 – *Calea villosa*; 2645 – *Vernonia subverticillata*; 2648 – *Gochnatia polymorpha* ssp. *polymorpha*; 2750 – *Symphyopappus compressus*; 2753 – *Pterocaulon alopecuroides*; 2759 – *Mikania officinalis*; 2767 – *Aspilia* sp.; 2792 – *Mikania alvimii*; 2804 – *Albertinia brasiliensis*; 2833 – *Aspilia* sp.; 2861 – *Aspilia* sp. 3; 2883 – *Riencourtia tenuifolia*; 2885 – *Dimerostemma episcopale*; 2889 – *Acritopappus catolesensis*; 2892 – *Calea harleyi*; 2897 – *Aspilia* sp.; 2922 – *Lychnophora santosii*; 2936 – *Acritopappus hagei*; 2947 – *Acritopappus confertus*; 2992 – *Gochnatia polymorpha* ssp. *polymorpha*; 2999 – *Lychnophora passerina*; 3038 – *Trichogonia villosa*; 3039 – *Vernonia farinosa*; 3050 – *Lychnophora passerina*; 3073 – *Austroeupatorium inuliifolium*; 3076 – *Baccharis microcephala*; 3078 – *Lychnophora* sp.; 3118 – *Vernonia subverticillata*; 3119 – *Baccharis calvescens*; 3124 – *Vernonia farinosa*; 3127 – *Vernonia linearis*; 3137 – *Moquinia kingii*; 3141 – *Symphyopappus decussatus*; 3146 – *Lychnophora passerina*; 3147 – *Trichogonia villosa*; 3161 – *Lychnophora passerina*; 3172 – *Agrianthus giuliettiae*; 3180 – *Vernonia rosmarinifolia*; 3184 – *Vernonia linearis*; 3192 – *Vernonia rosmarinifolia*; 3203 – *Chromolaena squalida*; 3224 – *Aspilia* sp.; 3233 – *Lychnophora bishopii*; 3235 – *Lychnophora passerina*; 3239 – *Elephantopus mollis*; 3241 – *Vernonia scorpioides*; 3243 – *Vernonia remotiflora*; 3251 – *Chromolaena squalida*; 3268 – *Vernonia linearis*; 3269 – *Lychnophora passerina*; 3296 – *Vernonia nitens*; 3297 – *Symphyopappus decussatus*; 3304 – *Mikania nelsonii*; 3306 – *Chromolaena alvimii*; 3307 – *Mikania reticulata*; 3314 – *Baccharis macroptera*; 3316 – *Paralychnophora santosii*; 3318 – *Mikania hemisphaerica*; 3324 – *Baccharis* sp.; 3339 – *Lychnophora* sp.; 3346 – *Agrianthus microlicioides*; 3348 – *Vernonia rosmarinifolia*; 3356 – *Lychnophora passerina*; 3358 – *Vernonia cotoneaster*; 3360 – *Gochnatia* sp. 1; 3365 – *Calea candolleana*; 3366 – *Vernonia nitens*; 3367 – *Vernonia farinosa*; 3376 – *Mattfeldanthus andrade-limae*; 3385 – *Mikania grazielae*; 3386 – *Aspilia* sp.; 3406 – *Agrianthus microlicioides*; 3407 – *Lychnophora passerina*; 3409 – *Gochnatia blanchetiana*; 3411 – *Mikania sessilifolia*; 3413 – *Baccharis salzmannii*; 3419 – *Symphyopappus reticulatus*; 3425 – *Lychnophora* sp.; 3438 – *Baccharis* sp. 8; 3440 – *Gochnatia blanchetiana*; 3444 – *Chromolaena horminoides*; 3445 – *Vernonia remotiflora*; 3446 – *Vernonia holosericea*; 3447 – *Vernonia laxa*; 3450 – *Vernonia nitens*; 3461 – *Dasyphyllum sprengelianum*; 3472 – *Vernonia hagei*; 3483 – *Gochnatia* sp. 2; 3484 – *Eremanthus capitatus*; 3487 – *Calea morii*; 3488 – *Wunderlichia cruelsiana*; 3502 – *Baccharis* sp. 7; 3503 – *Agrianthus luetzelburgii*; 3507 – *Chromolaena cinereoviridis*; 3508 – *Baccharis salzmannii*; 3509 – *Vernonia laxa*; 3515 – *Baccharis leptocephala*; 3521 – *Calea harleyi*; 3527 – *Porophyllum obscurum*; 3529 – *Mikania luetzelburgii*; 3532 – *Baccharis polyphylla*; 3533 – *Arrojadocharis praxelioides*; 3537 – *Richterago discoidea*; 3540 – *Eremanthus*

capitatus; 3547 – *Vernonia polyanthes*; 3548 – *Dasyphyllum sprengelianum*; 3549 – *Gochnatia* sp. 5; 3550 – *Baccharis salzmannii*; 3554 – *Vernonia holosericea*; 3555 – *Agrianthus microlicioides*; 3563 – *Mikania hagei*; 3564 – *Vernonia nitens*; 3570 – *Agrianthus microlicioides*; 3573 – *Lychnophora passerina*; 3574 – *Baccharis* sp. 8; 3577 – *Trixis vauthieri*; 3579 – *Calea morii*; 3583 – *Symphyopappus decussatus*; 3586 – *Baccharis salzmannii*; 3594 – *Eremanthus incanus*; 3595 – *Gochnatia* sp. 2; 4194 – *Aspilia* sp.

Gardner, G. 870 – *Conocliniopsis prasiifolia*; 871 – *Vernonia brasiliana*; 872 – *Vernonia cotoneaster*; 873 – *Vernonia scorpioides*; 874 – *Baccharis trinervis*; 875 – *Verbesina macrophylla*; 876 – *Centratherum punctatum* ssp. *punctatum*; 877 – *Platypodanthera melissifolia* ssp. *melissifolia*; 878 – *Bidens riparia* var. *refracta*; 879 – *Sphagneticola trilobata*; 1044 – *Vernonia brasiliana*; 1045 – *Struchium sparganophorum*; 1046 – *Elephantopus hirtiflorus*; 1047 – *Rolandra fruticosa*; 1048 – *Campuloclinium arenarium*; 1048 – *Conocliniopsis prasiifolia*; 1050 – *Sphagneticola trilobata*; 1051 – *Melampodium divaricatum*; 1052 – *Tilesia baccata*; 1053 – *Enydra radicans*; 1054 – *Eclipta prostrata*; 1055 – *Emilia sonchifolia*; 1340 – *Vernonia brasiliana*; 1341 – *Conocliniopsis prasiifolia*; 1342 – *Conocliniopsis prasiifolia*; 1343 – *Mikania obovata*; 1344 – *Mikania congesta*; 1345 – *Acanthospermum hispidum*; 1346 – *Baccharis trinervis*; 1347 – *Pluchea sagittalis*; 1348 – *Tilesia baccata*; 1349 – *Wedelia alagoensis*; 1712 – *Pithecoseris pacourinoides*; 1713 – *Eremanthus arboreus*; 1714 – *Vernonia araripensis*; 1715 – *Vernonia chalybaea*; 1716 – *Vernonia ferruginea*; 1717 – *Vernonia salzmannii*; 1718 – *Vernonia eriolepis*; 1719 – *Vernonia brasiliana*; 1720 – *Vernonia chalybaea*; 1721 – *Stilpnopappus pratensis*; 1722 – *Praxelis pauciflora*; 1723 – *Trichogoniopsis adenantha*; 1724 – *Mikania cordifolia*; 1725 – *Mikania congesta*; 1726 – *Baccharis trinervis*; 1727 – *Conyza sumatrensis*; 1728 – *Melanthera latifolia*; 1729 – *Melanthera latifolia*; 1730 – *Wedelia villosa*; 1731 – *Aspilia foliacea*; 1732 – *Ichthyothere terminalis*; 1733 – *Verbesina macrophylla*; 1734 – *Ayapana amygdalina*; 1735 – *Gochnatia blanchetiana*; 1736 – *Acritopappus confertus*; 1737 – *Elephantopus mollis*; 1738 – *Brickellia diffusa*; 1739 – *Egletes viscosa*; 1740 – *Blainvillea acmella*; 1743 – *Chrysanthellum indicum* ssp. *afroamericanum*; 1744 – *Dissothrix intricata*; 1745 – *Pectis elongata*; 1746 – *Acmella uliginosa*; 1747 – *Gamochaeta falcata*; 1748 – *Trixis divaricata*; 1749 – *Dasyphyllum sprengelianum* var. *inerme*; 1825 – *Achyrocline satureJoides*; 1968 – *Koanophyllon conglobatum*; 1969 – *Tilesia baccata*; 1970 – *Tilesia baccata*; 1971 – *Tilesia baccata*; 1972 – *Mikania cordifolia*; 1974 – *Acritopappus confertus*; 1976 – *Enydra radicans*; 2023 – *Chrysanthellum indicum* ssp. *afroamericanum*; 2199 – *Vernonia arenaria*; 2200 – *Vernonia arenaria*; 2201 – *Vernonia reflexa*; 2202 – *Centratherum punctatum* ssp. *punctatum*; 2202 – *Vernonia remotiflora*; 2203 – *Stilpnopappus procumbens*; 2204 – *Stilpnopappus suffruticosus*; 2205 – *Stilpnopappus trichospiroides*;

2206 – *Stilpnopappus pratensis*; 2207 – *Stilpnopappus pratensis*; 2208 – *Centratherum punctatum* ssp. *punctatum*; 2209 – *Elephantopus pilosus*; 2210 – *Elephantopus hirtiflorus*; 2211 – *Dissothrix intricata*; 2212 – *Trichogonia campestris*; 2213 – *Pectis oligocephala* var. *affinis*; 2214 – *Pectis oligocephala* var. *affinis*; 2215 – *Pectis oligocephala* var. *affinis*; 2216 – *Aspilia cupulata*; 2217 – *Aspilia bonplandiana*; 2218 – *Aspilia bonplandiana*; 2219 – *Wedelia hookeriana*; 2221 – *Acanthospermum hispidum*; 2222 – *Bidens subalternans*; 2223 – *Acmella ciliata*; 2224 – *Acmella oleracea*; 2225 – *Acmella uliginosa*; 2419 – *Trichogonia salviifolia*; 2420 – *Conocliniopsis prasiifolia*; 2421 – *Mikania psilostachya*; 2422 – *Gochnatia oligocephala*; 2423 – *Chrysanthellum indicum* ssp. *afroamericanum*; 2641 – *Vernonia ferruginea*; 2642 – *Vernonia hirtiflora*; 2643 – *Elephantopus palustris*; 2644 – *Chromolaena laevigata*; 2645 – *Raulinoreitzia crenulata*; 2646 – *Mikania cordifolia*; 2647 – *Chromolaena maximilianii*; 2648 – *Pectis congesta*; 2649 – *Pectis decumbens*; 2650 – *Aspilia floribunda*; 2651 – *Egletes viscosa*; 2652 – *Erechtites hieraciifolia* var. *cacalioides*; 2653 – *Epaltes brasiliensis*; 2654 – *Trixis vauthieri*; 2893 – *Vernonia nitens*; 2894 – *Strophopappus bicolor*; 2895 – *Gochnatia blanchetiana*; 2896 – *Eremanthus glomerulatus*; 2897 – *Eremanthus brasiliensis*; 2898 – *Pseudobrickellia brasiliensis*; 2899 – *Ayapana amygdalina*; 2900 – *Stomatanthes pernambucensis*; 2901 – *Mikania officinalis*; 2902 – *Acanthospermum australe*; 2903 – *Calea candolleana*; 2904 – *Calea microphylla*; 2905 – *Baccharis leptocephala*; 2906 – *Dasyphyllum candolleanum*; 3296 – *Baccharis leptocephala*; 6042 – *Vernonia scorpioides*; 6043 – *Vernonia scorpioides*; 6044 – *Vernonia acutangula*; 6046 – *Epaltes brasiliensis*; 6046 – *Rolandra fruticosa*; 6047 – *Mikania pernambucencis*; 6048 – *Mikania scandens*; 6049 – *Epaltes brasiliensis*; s.n. – *Baccharis trinervis*; s.n. – *Blainvillea acmella*; s.n. – *Emilia sonchifolia*; s.n. – *Melampodium divaricatum*; s.n. – *Mikania obovata*; s.n. – *Platypodanthera melissifolia* ssp. *melissifolia*; s.n. – *Vernonia brasiliana*.

Gasson, P. IN PCD 5905 – *Paralychnophora harleyi*; IN PCD 5938 – *Acritopappus santosii*.

Gemtchújnicov, I. D. 15 – *Ambrosia maritima*.

Gentry, A. 50175 – *Tilesia baccata*.

Giulietti, A.M. IN CFCR 1204 – *Vernonia chalybaea*; IN CFCR 1206 – *Vernonia cotoneaster*; IN CFCR 1222 – *Calea candolleana*; IN CFCR 1238 – *Baccharis* sp. 8; IN CFCR 1239 – *Mikania hagei*; IN CFCR 1248 – *Baccharis tridentata*; IN CFCR 1249 – *Lychnophora phylicifolia*; IN CFCR 1254 – *Lychnophora uniflora*; IN CFCR 1260 – *Stevia morii*; IN CFCR 1268 – *Mikania luetzelburgii*; IN CFCR 1273 – *Aspilia parvifolia*; IN CFCR 1275 – *Vernonia santosii*; IN CFCR 1278 – *Lychnophora phylicifolia*; IN CFCR 1292 – *Vernonia linearis*; IN CFCR 1293 – *Vernonia farinosa*; IN CFCR 1303 – *Lychnophora phylicifolia*; IN CFCR 1317 – *Paralychnophora harleyi*; IN CFCR 1319 – *Baccharis salzmannii*; IN CFCR 1327 – *Mikania obtusata*; IN CFCR 1365 – *Baccharis leptocephala*; IN CFCR 1370 – *Lychnophora*

salicifolia; IN CFCR 1387 – *Acritopappus confertus*; IN CFCR 1388 – *Bahianthus viscosus*; IN CFCR 1437 – *Mikania grazielae*; IN CFCR 1490 – *Stylotrichium sucrei*; IN CFCR 1491 – *Paralychnophora harleyi*; IN CFCR 1501 – *Vernonia santosii*; IN CFCR 1506 – *Moquinia kingii*; IN CFCR 1513 – *Baccharis reticularia*; IN CFCR 1523 – *Aspilia foliosa*; IN CFCR 1538 – *Baccharis* sp. 8; IN H 51238 – *Lychnophora salicifolia*; IN PCD 774 – *Acritopappus connatifolius*; IN PCD 803 – *Aspilia foliosa*; IN PCD 806 – *Calea candolleana*; IN PCD 809 – *Calea harleyi*; IN PCD 812 – *Koanophyllon adamantinum*; IN PCD 830 – *Mikania elliptica*; IN PCD 833 – *Ayapana amygdalina*; IN PCD 838 – *Baccharis varians*; IN PCD 839 – *Baccharis varians*; IN PCD 840 – *Pseudobrickellia brasiliensis*; IN PCD 847 – *Lychnophora salicifolia*; IN PCD 852 – *Porophyllum obscurum*; IN PCD 854 – *Chromolaena squalida*; IN PCD 855 – *Baccharis* sp.; IN PCD 856 – *Baccharis* sp.; IN PCD 872 – *Stylotrichium rotundifolium*; IN PCD 884 – *Mikania elliptica*; IN PCD 896 – *Chromolaena morii*; IN PCD 2669 – *Mikania* sp.; IN PCD 2980 – *Vernonia xiquexiquensis*; IN PCD 2981 – *Egletes viscosa*; IN PCD 3270 – *Acritopappus santosii*; IN PCD 3367 – *Koanophyllon conglobatum*; IN PCD 3370 – *Vernonia subverticillata*; IN PCD 3387 – *Enydra radicans*; IN PCD 5463 – *Pectis brevipedunculata*; IN PCD 6149 – *Acritopappus confertus*.

Glocker, E.F. 12 – *Blanchetia heterotricha*; 17 – *Conocliniopsis prasiifolia*; 48 – *Baccharis salzmannii*; 50 – *Achyrocline saturejoides*; 54 – *Centratherum punctatum* ssp. *punctatum*; 57 – *Chromolaena odorata*; s.n. – *Acanthospermum hispidum*; s.n. – *Conocliniopsis prasiifolia*; s.n. – *Elephantopus hirtiflorus*; s.n. – *Platypodanthera melissifolia* ssp. *melissifolia*.

Gomes, A.P.S. 41 – *Vernonia chalybaea*.

Guedes, M.L. 1 – *Vernonia cotoneaster*; 3 – *Tridax procumbens*; 4 – *Platypodanthera melissifolia* ssp. *melissifolia*; 5 – *Conyza primulifolia*; 6 – *Praxelis clematidea*; 7 – *Synedrella nodiflora*; 8 – *Sonchus oleraceus*; 9 – *Sphagneticola trilobata*; 10 – *Porophyllum ruderale* ssp. *ruderale*; 11 – *Emilia fosbergii*; 12 – *Ageratum conyzoides* ssp. *conyzoides*; 13 – *Emilia sonchifolia*; 14 – *Conyza sumatrensis*; 15 – *Vernonia cinerea*; 16 – *Albertinia brasiliensis*; 17 – *Eclipta prostrata*; 18 – *Achyrocline saturejoides*; 19 – *Baccharis trinervis*; 20 – *Bidens pilosa*; 21 – *Centratherum punctatum* ssp. *punctatum*; 925 – *Calea angusta*; 937 – *Vernonia mucronifolia*; 1523 – *Mikania luetzelburgii*; 1552 – *Lasiolaena morii*; IN PCD 294 – *Stevia morii*; IN PCD 303 – *Stylotrichium rotundifolium*; IN PCD 359 – *Eremanthus capitatus*; IN PCD 383 – *Vernonia holosericea*; IN PCD 387 – *Calea candolleana*; IN PCD 389 – *Aspilia foliosa*; IN PCD 392 – *Baccharis salzmannii*; IN PCD 393 – *Gochnatia paniculata* var. *densicephala*; IN PCD 469 – *Richterago discoidea*; IN PCD 477 – *Chaptalia integerrima*; IN PCD 487 – *Achyrocline satureJoides*; IN PCD 489 – *Achyrocline satureJoides*; IN PCD 492 – *Aspilia foliosa*; IN PCD 494 – *Mikania nelsonii*; IN PCD 495 – *Vernonia holosericea*; IN PCD 498 –

Wedelia hookeriana; IN PCD 551 – *Vernonia linearis*; IN PCD 553 – *Koanophyllon adamantinum*; IN PCD 590 – *Mikania luetzelburgii*; IN PCD 598 – *Acritopappus connatifolius*; IN PCD 614 – *Stylotrichium rotundifolium*; IN PCD 619 – *Chromolaena morii*; IN PCD 623 – *Aspilia foliosa*; IN PCD 688 – *Koanophyllon adamantinum*; IN PCD 692 – *Koanophyllon adamantinum*; IN PCD 695 – *Bahianthus viscosus*; IN PCD 696 – *Mikania elliptica*; IN PCD 724 – *Richterago discoidea*; IN PCD 728 – *Koanophyllon adamantinum*; IN PCD 744 – *Gochnatia paniculata* var. *densicephala*; IN PCD 751 – *Eremanthus capitatus*; IN PCD 755 – *Achyrocline saturejoides*; IN PCD 763 – *Dasyphyllum leptacanthum*; IN PCD 0301 – *Vernonia cotoneaster*; IN PCD 1466 – *Chromolaena stachyophylla*; IN PCD 1913 – *Dasyphyllum leptacanthum*; IN PCD 1924 – *Vernonia linearis*; IN PCD 1930 – *Calea harleyi*; IN PCD 1937 – *Vernonia harleyi*; IN PCD 1946 – *Verbesina macrophylla*; IN PCD 2004 – *Chromolaena horminoides*; IN PCD 2013 – *Calea harleyi*; IN PCD 2021 – *Porophyllum obscurum*; IN PCD 2069 – *Chromolaena squalida*; IN PCD 2075 – *Vernonia chalybaea*; IN PCD 2078 – *Ichthyothere terminalis*; IN PCD 2089 – *Acritopappus hagei*; IN PCD 2118 – *Baccharis salzmannii*; IN PCD 2126 – *Lychnophora salicifolia*; IN PCD 2138 – *Vernonia farinosa*; IN PCD 2860 – *Gochnatia polymorpha* ssp. *polymorpha*; IN PCD 2999 – *Argyrovernonia harleyi*; IN PCD 3011 – *Acmella ciliata*; IN PCD 3013 – *Vernonia* sp.; IN PCD 3040 – *Trichogonia santosii*; IN PCD 3043 – *Calea elongata*; IN PCD 5047 – *Dimerostemma episcopale*; IN PCD 5194 – *Vernonia morii*; IN PCD 5510 – *Baccharis camporum*; IN PCD 5790 – *Baccharis salzmannii*; IN PCD 5800 – *Raulinoreitzia tremula*.

Gusmão, E.F. 214 – *Vernonia cotoneaster*; s.n. – *Chaptalia integerrima*.

Hage, J.L. 446 – *Hebeclinium macrophyllum*; 852 – *Mikania glomerata*; 2201 – *Praxelis clematidea*; 2263 – *Vernonia brasiliana*; 2267 – *Vernonia polyanthes*; 2268 – *Verbesina macrophylla*; 2276 – *Bejaranoa semistriata*; 2291 – *Dasyphyllum brasiliense*; 2291 – *Vernonia polyanthes*; 2314 – *Trichogonia tombadorensis*; 2316 – *Bahianthus viscosus*; 2332 – *Paralychnophora reflexoauriculata*; 2337 – *Eremanthus* sp.; 2342 – *Vernonia harleyi*.

Harley, R.M. 15046 – *Stilpnopappus trichospiroides*; 15082 – *Platypodanthera melissifolia* ssp. *riocontensis*; 15110 – *Lychnophora uniflora*; 15111 – *Lychnophora uniflora*; 15117 – *Aspilia parvifolia*; 15129 – *Lychnophora salicifolia*; 15130 – *Lychnophora* sp.; 15141 – *Lychnophora salicifolia*; 15163 – *Dimerostemma episcopale*; 15163A – *Lychnophora salicifolia*; 15166 – *Vernonia leucodendron*; 15178 – *Vernonia subverticillata*; 15187 – *Paralychnophora harleyi*; 15188 – *Symphyopappus compressus*; 15268 – *Aspilia parvifolia*; 15306 – *Stilpnopappus tomentosus*; 15319 – *Lagascea mollis*; 15347 – *Baccharis serrulata*; 15352 – *Platypodanthera melissifolia* ssp. *riocontensis*; 15356 – *Acritopappus confertus*; 15402 – *Dimerostemma episcopale*; 15443 – *Baccharis polyphylla*; 15462 – *Vernonia leucodendron*; 15477 –

Mikania officinalis; 15478 – *Mikania alvimii*; 15505 – *Acmella uliginosa*; 15539 – *Richterago discoidea*; 15540 – *Symphyopappus decussatus*; 15552 – *Mikania phaeoclados*; 15554 – *Acritopappus harleyi*; 15586 – *Calea harleyi*; 15590 – *Aspilia* sp.; 15605 – *Stilpnopappus trichospiroides*; 15621 – *Platypodanthera melissifolia* ssp. *riocontensis*; 15626 – *Conocliniopsis prasiifolia*; 15627 – *Baccharis serrulata*; 15665 – *Baccharis calvescens*; 15681 – *Vernonia cotoneaster*; 15723 – *Aspilia parvifolia*; 15739 – *Acritopappus confertus*; 15774 – *Baccharis salzmannii*; 15842 – *Calea harleyi*; 15864 – *Lychnophora uniflora*; 15866 – *Agrianthus luetzelburgii*; 15876 – *Lychnophora salicifolia*; 15907 – *Acritopappus confertus*; 15923 – *Paralychnophora harleyi*; 15924 – *Lychnophora bishopii*; 16024 – *Moquinia kingii*; 16065 – *Symphyopappus decussatus*; 16081 – *Aspilia foliosa*; 16133 – *Centratherum punctatum* ssp. *punctatum*; 16257 – *Centratherum punctatum* ssp. *punctatum*; 16266 – *Enydra radicans*; 16274 – *Pluchea sagittalis*; 16318 – *Pectis brevipedunculata*; 16358 – *Argyrovernonia martii*; 16409 – *Vernonia mucronifolia*; 16415 – *Gochnatia oligocephala*; 16422 – *Acritopappus confertus*; 16520 – *Blanchetia heterotricha*; 16549 – *Acritopappus micropappus*; 16552 – *Conyza sumatrensis*; 16584 – *Mikania vitifolia*; 16604 – *Porophyllum ruderale* ssp. *ruderale*; 16604 – *Porophyllum* sp.; 16620 – *Conocliniopsis prasiifolia*; 16621 – *Centratherum punctatum* ssp. *punctatum*; 16622 – *Platypodanthera melissifolia* ssp. *melissifolia*; 16658 – *Acritopappus confertus*; 16791 – *Calea pilosa*; 16800 – *Symphyopappus decussatus*; 16836 – *Vernonia aurea*; 16864 – *Lychnophora uniflora*; 16977 – *Trichogonia harleyi*; 17020 – *Calea pinheiroi*; 17072 – *Litothamnus ellipticus*; 17090 – *Tilesia baccata*; 17133 – *Emilia sonchifolia*; 17191 – *Austroeupatorium inuliifolium*; 17247 – *Acanthospermum hispidum*; 17266 – *Synedrella nodiflora*; 17345 – *Baccharis myriocephala*; 17371 – *Mikania phaeoclados*; 17406 – *Litothamnus ellipticus*; 17532 – *Conyza primulifolia*; 17543 – *Mikania obovata*; 17551 – *Diacranthera crenata*; 17554 – *Sphagneticola trilobata*; 17600 – *Litothamnus nitidus*; 17865 – *Vernonia persericea*; 18070 – *Ambrosia maritima*; 18073 – *Baccharis cassinefolia*; 18101 – *Baccharis cassinefolia*; 18111 – *Pluchea sagittalis*; 18112 – *Conyza canadensis*; 18112A – *Conyza sumatrensis*; 18309 – *Diacranthera crenata*; 18319 – *Mikania salzmanniifolia*; 18481 – *Baccharis varians*; 18497 – *Vernonia mucronifolia*; 18573 – *Acritopappus hagei*; 18728 – *Morithamnus crassus*; 18729 – *Acritopappus morii*; 18805 – *Acritopappus confertus*; 18861 – *Aspilia foliosa*; 18910 – *Wedelia alagoensis*; 18987 – *Trichogonia santosii*; 19028 – *Vernonia pinheiroi*; 19029 – *Argyrovernonia harleyi*; 19056 – *Wedelia alagoensis*; 19074 – *Pectis brevipedunculata*; 19078 – *Calea elongata*; 19090 – *Elephantopus hirtiflorus*; 19184 – *Vernonia harleyi*; 19190 – *Conyza sumatrensis*; 19198 – *Centratherum punctatum* ssp. *punctatum*; 19229 – *Bidens pilosa*; 19232 – *Acritopappus confertus*; 19242 – *Vernonia morii*; 19280 – *Calea pilosa*; 19296 – *Vernonia harleyi*; 19311 – *Conyza primulifolia*; 19320 –

Trichogonia pseudocampestris; 19350 – *Acritopappus santosii*; 19395 – *Baccharis calvescens*; 19405 – *Vernonia cotoneaster*; 19410 – *Trichogonia salviifolia*; 19440 – *Vernonia cotoneaster*; 19464 – *Praxelis clematidea*; 19502 – *Richterago discoidea*; 19514 – *Aspilia parvifolia*; 19549 – *Baccharis platypoda*; 19550 – *Baccharis calvescens*; 19563 – *Mikania alvimii*; 19564 – *Mikania officinalis*; 19615 – *Mikania jeffreyi*; 19617 – *Chromolaena alvimii*; 19618 – *Chaptalia denticulata*; 19677 – *Chionolaena jeffreyi*; 19686 – *Baccharis polyphylla*; 19699 – *Agrianthus almasensis*; 19699 – *Lychnophora santosii*; 19745 – *Vernonia farinosa*; 19746 – *Gochnatia blanchetiana*; 19751 – *Mikania sessilifolia*; 19770 – *Lychnophora phylicifolia*; 19771 – *Achyrocline saturejoides*; 19800 – *Calea pilosa*; 19828 – *Tagetes minuta*; 19835 – *Chromolaena horminoides*; 19840 – *Gochnatia blanchetiana*; 19895 – *Richterago discoidea*; 19904 – *Dimerostemma episcopale*; 19936 – *Dimerostemma episcopale*; 19949 – *Eremanthus glomerulatus*; 19961 – *Vernonia cotoneaster*; 19981 – *Stilpnopappus tomentosus*; 19995 – *Centratherum punctatum* ssp. *punctatum*; 20017 – *Centratherum punctatum* ssp. *punctatum*; 20040 – *Platypodanthera melissifolia* ssp. *riocontensis*; 20043 – *Conocliniopsis prasiifolia*; 20075 – *Acritopappus teixeirae*; 20188 – *Elephantopus mollis*; 20204 – *Baccharis calvescens*; 20541 – *Vernonia cotoneaster*; 20571 – *Acritopappus confertus*; 20645 – *Platypodanthera melissifolia* ssp. *melissifolia*; 20650 – *Lychnophora phylicifolia*; 20663 – *Aspilia foliosa*; 20675 – *Lychnophora uniflora*; 20739 – *Baccharis serrulata*; 20741 – *Verbesina glabrata*; 20749 – *Lychnophora uniflora*; 20755 – *Calea candolleana*; 20764 – *Calea harleyi*; 20802 – *Lychnophora jeffreyi*; 20809 – *Paralychnophora santosii*; 20817 – *Vernonia cotoneaster*; 20836 – *Lychnophora uniflora*; 20839 – *Vernonia subverticillata*; 20853 – *Stilpnopappus tomentosus*; 20856 – *Richterago discoidea*; 20887 – *Baccharis truncata*; 20948 – *Lychnophora salicifolia*; 20949 – *Stilpnopappus tomentosus*; 20950 – *Trichogonia pseudocampestris*; 21032 – *Acritopappus hagei*; 21058 – *Lychnophora bishopii*; 21089 – *Trichogonia salviifolia*; 21092 – *Conocliniopsis prasiifolia*; 21093 – *Vernonia morii*; 21098 – *Chromolaena horminoides*; 21108 – *Gochnatia blanchetiana*; 21123 – *Chromolaena squalida*; 21128 – *Calea harleyi*; 21134 – *Lychnophora salicifolia*; 21135 – *Stilpnopappus procumbens*; 21142 – *Calea pilosa*; 21162 – *Vernonia morii*; 21163 – *Vernonia cotoneaster*; 21177 – *Tilesia baccata*; 21187 – *Vernonia cotoneaster*; 21203 – *Vernonia apiculata*; 21226 – *Platypodanthera melissifolia* ssp. *riocontensis*; 21228 – *Argyrovernonia harleyi*; 21262 – *Aspilia parvifolia*; 21294 – *Vernonia fruticulosa*; 21336 – *Calea harleyi*; 21367 – *Bidens pilosa*; 21400 – *Blainvillea acmella*; 21411 – *Vernonia remotiflora*; 21413 – *Chromolaena laevigata*; 21480 – *Stilpnopappus pickelii*; 21507 – *Caatinganthus harleyi*; 21560 – *Vernonia reflexa*; 21614 – *Cosmos caudatus*; 21620 – *Aspilia gracilis*; 21624 – *Centratherum punctatum* ssp. *punctatum*; 21625 – *Trichogonia salviifolia*; 21626 – *Emilia fosbergii*; 21627 – *Praxelis clematidea*; 21628 – *Ageratum conyzoides* ssp.

conyzoides; 21629 – *Delilia biflora*; 21631 – *Acmella uliginosa*; 21644 – *Chromolaena laevigata*; 21653 – *Pectis brevipedunculata*; 21654 – *Aspilia gracilis*; 21660 – *Melampodium paniculatum*; 21718 – *Simsia dombeyana*; 21726 – *Vernonia aurea*; 21755 – *Calea microphylla*; 21760 – *Vernonia fruticulosa*; 21835 – *Vernonia ferruginea*; 21836 – *Dasyphyllum donianum*; 21871 – *Riencourtia tenuifolia*; 21874 – *Clibadium armanii*; 21880 – *Dasyphyllum candolleanum*; 21883 – *Vernonia reflexa*; 21885 – *Bidens pilosa*; 21911 – *Viguiera robusta*; 21979 – *Acmella uliginosa*; 21985 – *Cosmos caudatus*; 21987 – *Simsia dombeyana*; 21995 – *Trichogonia salviifolia*; 22009 – *Chromolaena odorata*; 22067 – *Diacranthera crenata*; 22083 – *Litothamnus nitidus*; 22087 – *Vernonia alvimii*; 22092 – *Elephantopus angustifolius*; 22094 – *Vernonia scorpioides*; 22098 – *Pterocaulon alopecuroides*; 22171 – *Achyrocline saturejoides*; 22188 – *Clibadium armanii*; 22193 – *Diacranthera crenata*; 22194 – *Porophyllum ruderale* ssp. *ruderale*; 22195 – *Erechtites hieraciifolia* var. *cacalioides*; 22199 – *Elephantopus hirtiflorus*; 22200 – *Conyza sumatrensis*; 22202 – *Conocliniopsis prasiifolia*; 22222 – *Sphagneticola trilobata*; 22246 – *Calea candolleana*; 22247 – *Aspilia* sp.; 22258 – *Vernonia subverticillata*; 22281 – *Chromolaena squalida*; 22290 – *Aspilia foliosa*; 22294 – *Vernonia cotoneaster*; 22296 – *Stilpnopappus tomentosus*; 22296 – *Vernonia linearis*; 22317 – *Calea harleyi*; 22318 – *Conocliniopsis prasiifolia*; 22330 – *Stilpnopappus tomentosus*; 22332 – *Stevia morii*; 22335 – *Paralychnophora harleyi*; 22372 – *Erechtites hieraciifolia* var. *cacalioides*; 22386 – *Acritopappus connatifolius*; 22388 – *Mikania grazielae*; 22425 – *Trichogoniopsis adenantha*; 22445 – *Emilia fosbergii*; 22449 – *Centratherum punctatum* ssp. *punctatum*; 22468 – *Acritopappus hagei*; 22488 – *Vernonia harleyi*; 22506 – *Dasyphyllum leptacanthum*; 22507 – *Vernonia harleyi*; 22510 – *Mikania phaeoclados*; 22521 – *Vernonia linearis*; 22545 – *Baccharis polyphylla*; 22554 – *Lychnophora morii*; 22563 – *Lychnophora morii*; 22582 – *Baccharis microcephala*; 22610 – *Koanophyllon adamantinum*; 22615 – *Richterago discoidea*; 22624 – *Mikania sessilifolia*; 22642 – *Baccharis reticularia*; 22650 – *Lychnophora salicifolia*; 22678 – *Vernonia subverticillata*; 22684 – *Vernonia reflexa*; 22715 – *Conocliniopsis prasiifolia*; 22716 – *Lychnophora harleyi*; 22719 – *Acanthospermum australe*; 22729 – *Conocliniopsis prasiifolia*; 22738 – *Chaptalia integerrima*; 22747 – *Vernonia harleyi*; 22759 – *Stilpnopappus semirianus*; 22760 – *Vernonia tombadorensis*; 22766 – *Paralychnophora reflexoauriculata*; 22785 – *Tagetes minuta*; 22797 – *Verbesina glabrata*; 22820 – *Acritopappus confertus*; 22824 – *Calea* sp.; 22828 – *Trichogonia pseudocampestris*; 22843 – *Vernonia harleyi*; 22856 – *Acritopappus confertus*; 22867 – *Paralychnophora reflexoauriculata*; 22876 – *Moquinia racemosa*; 22883 – *Vernonia lilacina*; 22905 – *Trichogonia harleyi*; 22906 – *Vernonia tombadorensis*; 22913 – *Vernonia lilacina*; 22951 – *Calea* sp.; 22956 – *Vernonia chalybaea*; 22968 – *Trichogonia pseudocampestris*; 22994 – *Acritopappus prunifolius*; 23026 – *Enydra* radicans; 23027 – *Vernonia chalybaea*; 24110 – *Vernonia mucronifolia*; 24125 – *Stilpnopappus tomentosus*; 24154 – *Lychnophora salicifolia*; 24176 – *Baccharis* sp. 9; 24217 – *Moquinia kingii*; 24251 – *Lychnophora salicifolia*; 24293 – *Ichthyothere terminalis*; 24343 – *Mikania scandens*; 24387 – *Chionolaena jeffreyi*; 24389 – *Bishopiella elegans*; 24399 – *Mikania officinalis*; 24426 – *Lychnophora salicifolia*; 24431 – *Acritopappus confertus*; 24495 – *Lychnophora santosii*; 24604 – *Vernonia fagifolia*; 24607 – *Chaptalia denticulata*; 24612 – *Stilpnopappus tomentosus*; 24621 – *Chromolaena alvimii*; 24646 – *Aspilia parvifolia*; 25285 – *Conocliniopsis prasiifolia*; 25295 – *Platypodanthera melissifolia* ssp. *riocontensis*; 25297 – *Ageratum conyzoides* ssp. *conyzoides*; 25298 – *Ayapana amygdalina*; 25299 – *Baccharis ligustrina*; 25300 – *Ageratum fastigiatum*; 25301 – *Ayapana amygdalina*; 25304 – *Pseudobrickellia brasiliensis*; 25319 – *Paralychnophora santosii*; 25327 – *Pseudobrickellia brasiliensis*; 25330 – *Ophryosporus freyreissii*; 25331 – *Baccharis aphylla*; 25341 – *Pseudobrickellia angustissima*; 25342 – *Hoehnephytum trixoides*; 25345 – *Acanthospermum australe*; 25346 – *Galinsoga parviflora*; 25362 – *Pseudobrickellia angustissima*; 25372 – *Paralychnophora harleyi*; 25373 – *Vernonia santosii*; 25396 – *Eremanthus graciellae*; 25643 – *Erechtites hieraciifolia* var. *cacalioides*; 25652 – *Vernonia cotoneaster*; 25655 – *Calea pilosa*; 25676 – *Vernonia simplex*; 25682 – *Lychnophora salicifolia*; 25696 – *Aspilia* sp. 2; 25699 – *Lychnophora uniflora*; 25699 – *Stilpnopappus pratensis*; 25709 – *Gochnatia blanchetiana*; 25717 – *Calea pilosa*; 25720 – *Wunderlichia cruelsiana*; 25743 – *Calea harleyi*; 25744 – *Richterago discoidea*; 25747 – *Calea villosa*; 25756 – *Ayapana amygdalina*; 25782 – *Richterago discoidea*; 25785 – *Moquinia kingii*; 25786 – *Ayapanopsis oblongifolia*; 25789 – *Achyrocline alata*; 25820 – *Lychnophora phylicifolia*; 25820 – *Lychnophora salicifolia*; 25820 – *Lychnophora uniflora*; 25821 – *Agrianthus luetzelburgii*; 25848 – *Emilia sonchifolia*; 25849 – *Pluchea sagittalis*; 25850 – *Eclipta prostrata*; 25867 – *Gamochaeta pensylvanica*; 25879 – *Chromolaena alvimii*; 25880 – *Ageratum fastigiatum*; 25910 – *Vernonia hagei*; 25917 – *Baccharis serrulata*; 25925 – *Stilpnopappus trichospiroides*; 25926 – *Erechtites hieraciifolia* var. *cacalioides*; 25978 – *Bishopiella elegans*; 25978 – *Vernonia* sp.; 26046 – *Dasyphyllum sprengelianum*; 26109 – *Verbesina luetzelburgii*; 26115 – *Lychnophora uniflora*; 26158 – *Baccharis orbignyana*; 26159 – *Chromolaena stachyophylla*; 26161 – *Hoehnephytum almasense*; 26173 – *Stenophalium eriodes*; 26237 – *Baccharis pseudobrevifolia*; 26276 – *Stenophalium eriodes*; 26296 – *Hieracium stannardii*; 26300 – *Vernonia pseudaurea*; 26328 – *Vernonia almasensis*; 26329 – *Lychnophora santosii*; 26330 – *Lasiolaena santosii*; 26331 – *Arrojadocharis santosii*; 26335 – *Baccharis polyphylla*; 26338 – *Hoehnephytum almasense*; 26339 – *Baccharis orbignyana*; 26340 – *Chaptalia denticulata*; 26346 – *Erechtites valerianifolia*; 26348a – *Baccharis leptocephala* (female); 26348b – *Baccharis leptocephala* (male);

26351 – *Vernonia leucodendron*; 26456 – *Stilpnopappus tomentosus*; 26459 – *Lychnophora uniflora*; 26460 – *Richterago discoidea*; 26463 – *Calea candolleana*; 26469 – *Aspilia* sp. 1; 26474 – *Stevia morii*; 26482 – *Lychnophora uniflora*; 26486 – *Ambrosia polystachya*; 26493 – *Albertinia brasiliensis*; 26497 – *Gochnatia polymorpha* ssp. *polymorpha*; 26501 – *Stilpnopappus tomentosus*; 26502 – *Dimerostemma episcopale*; 26516 – *Agrianthus giuliettiae*; 26524 – *Gamochaeta americana*; 26527 – *Vernonia holosericea*; 26529 – *Chionolaena jeffreyi*; 26577 – *Senecio almasensis*; 26584 – *Chaptalia denticulata*; 26598 – *Chaptalia nutans*; 26602 – *Baccharis pseudobrevifolia*; 26604 – *Baccharis pseudobrevifolia*; 26660 – *Aspilia parvifolia*; 26687 – *Vernonia simplex*; 26915 – *Aspilia foliosa*; 26917 – *Aspilia* sp. 1; 26918 – *Vernonia cotoneaster*; 26941 – *Vernonia desertorum*; 26958 – *Vernonia santosii*; 26975 – *Aspilia foliosa*; 26976 – *Calea harleyi*; 26977 – *Stilpnopappus tomentosus*; 26979 – *Porophyllum bahiense*; 26980 – *Stilpnopappus trichospiroides*; 26998 – *Wunderlichia cruelsiana*; 27034 – *Pectis brevipedunculata*; 27058 – *Vernonia myrsinites*; 27076 – *Baccharis orbignyana*; 27077 – *Baccharis orbignyana*; 27078 – *Gochnatia polymorpha* ssp. polymorpha; 27080 – *Platypodanthera melissifolia* ssp. *riocontensis*; 27083 – *Ichthyothere terminalis*; 27104 – *Acanthospermum australe*; 27203 – *Dimerostemma episcopale*; 27204 – *Vernonia fagifolia*; 27206 – *Calea harleyi*; 27207 – *Bidens gardneri*; 27208 – *Mikania officinalis*; 27209 – *Vernonia cotoneaster*; 27211 – *Lychnophora salicifolia*; 27234 – *Chionolaena jeffreyi*; 27236 – *Baccharis serrulata*; 27237 – *Baccharis serrulata*; 27238 – *Acritopappus confertus*; 27238 – *Stilpnopappus tomentosus*; 27244 – *Erechtites hieraciifolia* var. *cacalioides*; 27255 – *Paralychnophora harleyi*; 27263 – *Gamochaeta americana*; 27264 – *Erechtites hieraciifolia* var. *cacalioides*; 27265 – *Pluchea oblongifolia*; 27287 – *Aspilia almasensis*; 27289 – *Erechtites hieraciifolia* var. *cacalioides*; 27290 – *Mikania nelsonii*; 27293 – *Aspilia almasensis*; 27297 – *Hoehnephytum almasense*; 27303 – *Chromolaena stachyophylla*; 27303 – *Chromolaena stachyophylla*; 27304 – *Erechtites valerianifolia*; 27310 – *Baccharis macroptera*; 27311 – *Baccharis macroptera*; 27313 – *Praxelis kleinioides*; 27314 – *Conyza floribunda*; 27314a – *Pluchea oblongifolia*; 27315 – *Mikania alvimii*; 27332 – *Conyza sumatrensis*; 27347 – *Praxelis clematidea*; 27373 – *Baccharis calvescens*; 27374 – *Baccharis calvescens*; 27512 – *Lychnophora phylicifolia*; 27575 – *Dimerostemma episcopale*; 27608 – *Stilpnopappus trichospiroides*; 27615 – *Vernonia simplex*; 27732 – *Riencourtia tenuifolia*; 27737 – *Conocliniopsis prasiifolia*; 27778 – *Acritopappus catolesensis*; 27799 – *Aspilia parvifolia*; 27801 – *Mikania glandulosissima*; 27829 – *Vernonia fagifolia*; 27839 – *Lychnophora passerina*; 27854 – *Wunderlichia cruelsiana*; 28200 – *Egletes viscosa*; 28210 – *Vernonia polyanthes*; 28224 – *Trixis vauthieri*; 28244 – *Acmella uliginosa*; 28245 – *Gamochaeta pensylvanica*; 28250 – *Trixis vauthieri*; 28272 – *Baccharis* sp.; 28276 – *Lychnophora salicifolia*; 28282 – *Calea morii*; 28287 – *Lasiolaena* morii; 28289 – *Agrianthus luetzelburgii*; 28290 – *Lychnophora passerina*; 28294 – *Pseudobrickellia brasiliensis*; 28297 – *Baccharis polyphylla*; 28304 – *Verbesina luetzelburgii*; 28305 – *Baccharis salzmannii*; 28305 – *Baccharis* sp.; 28309 – *Vernonia hagei*; 28330 – *Baccharis brachylaenoides*; 28361 – *Hoehnephytum imbricatum*; 28366 – *Ayapana amygdalina*; 28367 – *Porophyllum obscurum*; 28368 – *Vernonia santosii*; 28370 – *Agrianthus empetrifolius*; 28372 – *Lychnophora uniflora*; 28373 – *Agrianthus luetzelburgii*; 28374 – *Agrianthus luetzelburgii*; 28381 – *Wunderlichia cruelsiana*; 28473 – *Arctium minus*; IN CFCR 6819 – *Lychnophora phylicifolia*; IN CFCR 7375 – *Aspilia parvifolia*; IN CFCR 14040 – *Vernonia reflexa*; IN CFCR 14092 – *Aspilia foliosa*; IN CFCR 14110 – *Stilpnopappus tomentosus*; IN CFCR 14125 – *Vernonia harleyi*; IN CFCR 14127 – *Richterago discoidea*; IN CFCR 14130 – *Vernonia brasiliana*; IN CFCR 14190 – *Acritopappus confertus*; IN CFCR 14223 – *Stilpnopappus tomentosus*; IN CFCR 14229 – *Acritopappus confertus*; IN CFCR 14232 – *Aspilia hispidantha*; IN CFCR 14252 – *Calea harleyi*; IN CFCR 14267 – *Lychnophora bishopii*; IN CFCR 14282 – *Acritopappus confertus*; IN CFCR 14301 – *Paralychnophora harleyi*; IN CFCR 14333 – *Acritopappus morii*; IN CFCR 14356 – *Baccharis singularis*; IN H 50029 – *Stilpnopappus tomentosus*; IN H 50103 – *Calea candolleana*; IN H 50104 – *Aspilia foliosa*; IN H 50181 – *Vernonia simplex*; IN H 50235 – *Stilpnopappus tomentosus*; IN H 50342 – *Acritopappus catolesensis*; IN H 50353 – *Aspilia* sp.; IN H 50385 – *Paralychnophora harleyi*; IN H 50386 – *Moquinia kingii*; IN H 50387 – *Dimerostemma episcopale*; IN H 50388 – *Aspilia* sp. 1; IN H 50404 – *Vernonia carvalhoi*; IN H 50429 – *Vernonia simplex*; IN H 50430 – *Stenophalium eriodes*; IN H 50441 – *Calea harleyi*; IN H 50443 – *Vernonia myrsinites*; IN H 50444 – *Vernonia cotoneaster*; IN H 50445 – *Vernonia subverticillata*; IN H 50513 – *Albertinia brasiliensis*; IN H 50544 – *Vernonia cotoneaster*; IN H 50550 – *Koanophyllon conglobatum*; IN H 50551 – *Albertinia brasiliensis*; IN H 50590 – *Bishopiella elegans*; IN H 50591 – *Vernonia carvalhoi*; IN H 50592 – *Mikania alvimii*; IN H 50593 – *Semiria viscosa*; IN H 50594 – *Agrianthus giuliettiae*; IN H 50595 – *Stilpnopappus tomentosus*; IN H 50635 – *Gamochaeta americana*; IN H 50661 – *Mikania glandulosissima*; IN H 50677 – *Dimerostemma episcopale*; IN H 50682 – *Aspilia foliosa*; IN H 50721 – *Mikania officinalis*; IN H 50729 – *Mikania alvimii*; IN H 50755 – *Agrianthus giuliettiae*; IN H 50936 – *Calea harleyi*; IN H 51094 – *Vernonia rosmarinifolia*; IN H 51245 – *Chromolaena alvimii*; IN H 51247 – *Stevia morii*; IN H 51279 – *Moquinia kingii*; IN H 51282 – *Lychnophora* sp.; IN H 52033 – *Acritopappus hagei*; IN PCD 3109 – *Verbesina macrophylla*; IN PCD 3119 – *Conyza canadensis*; IN PCD 3279 – *Baccharis trinervis*; IN PCD 3284 – *Wedelia hookeriana*; IN PCD 3331 – *Baccharis trinervis*; IN PCD 3333 – *Baccharis salzmannii*; IN PCD 3334 – *Baccharis salzmannii*; IN PCD 3335 – *Gochnatia oligocephala*; IN PCD 3403 – *Blainvillea acmella*; IN PCD 3409 – *Mikania* sp.; IN PCD 3410 – *Pluchea sagittalis*; IN PCD 3446 –

Blainvillea acmella; IN PCD 3447 – *Delilia biflora*; IN PCD 3448 – *Acanthospermum hispidum*; IN PCD 3515 – *Stylotrichium rotundifolium*; IN PCD 3517 – *Stevia morii*; IN PCD 3518 – *Paralychnophora harleyi*; IN PCD 3667 – *Vernonia farinosa*; IN PCD 3688 – *Aspilia* sp.; IN PCD 3759 – *Eremanthus capitatus*; IN PCD 3760 – *Vernonia holosericea*; IN PCD 3768 – *Vernonia polyanthes*; IN PCD 3772 – *Trixis vauthieri*; IN PCD 3774 – *Wunderlichia cruelsiana*; IN PCD 4277 – *Vernonia leucodendron*; IN PCD 4279 – *Hoehnephytum almasense*; IN PCD 4282 – *Acritopappus confertus*; IN PCD 4283 – *Hoehnephytum imbricatum*; IN PCD 4284 – *Aspilia almasensis*; IN PCD 4285 – *Stenophalium eriodes*; IN PCD 4295 – *Stevia morii*; IN PCD 4296 – *Viguiera grandiflora*; IN PCD 4297 – *Ichthyothere terminalis*; IN PCD 4298 – *Stilpnopappus tomentosus*; IN PCD 4299 – *Senecio harleyi*; IN PCD 4300 – *Baccharis macroptera*; IN PCD 4302 – *Acritopappus confertus*; IN PCD 4304 – *Acritopappus confertus*; IN PCD 4305 – *Acritopappus hagei*; IN PCD 4306 – *Chionolaena jeffreyi*; IN PCD 4307 – *Verbesina luetzelburgii*; IN PCD 4308 – *Lychnophora sericea*; IN PCD 4309 – *Agrianthus microlicioides*; IN PCD 4427 – *Lychnophora* sp.; IN PCD 4433 – *Platypodanthera melissifolia* ssp. *riocontensis*; IN PCD 4448 – *Lychnophora phylicifolia*; IN PCD 4450 – *Paralychnophora harleyi*; IN PCD 4463 – *Aspilia parvifolia*; IN PCD 4464 – *Mikania reticulata*; IN PCD 4467 – *Morithamnus ganophyllus*; IN PCD 4468 – *Chaptalia denticulata*; IN PCD 4469 – *Vernonia leucodendron*; IN PCD 4478 – *Richterago discoidea*; IN PCD 5005 – *Acritopappus confertus*; IN PCD 5497 – *Blanchetia heterotricha*; IN PCD 5863 – *Baccharis cassinefolia*; IN PCD 6092 – *Blanchetia heterotricha*.

Hatschbach, G. 44190 – *Dasyphyllum candolleanum*; 44200 – *Mikania elliptica*; 47921 – *Lychnophora regis*; 48039 – *Verbesina luetzelburgii*; 48230 – *Mikania* sp.; 48231 – *Koanophyllon adamantinum*; 48262 – *Stylotrichium rotundifolium*; 48319 – *Verbesina glabrata*; 48343 – *Trixis vauthieri*; 48358 – *Vernonia santosii*; 49488 – *Barrosoa atlantica*; 49494 – *Mikania lindleyana*; 49494 – *Mikania smaragdina*; 50045 – *Gochnatia floribunda*; 50443 – *Mattfeldanthus andrade-limae*; 50526 – *Baccharis leptocephala*; 50759 – *Bahianthus viscosus*; 53347 – *Eremanthus capitatus*; 53370 – *Mikania retifolia*; 53384 – *Agrianthus luetzelburgii*; 53392 – *Hoehnephytum imbricatum*; 53407 – *Moquinia racemosa*; 53427 – *Stevia morii*; 53432 – *Dimerostemma episcopale*; 56652 – *Pectis brevipedunculata*; 56670 – *Calea candolleana*; 56673 – *Vernonia aurea*; 56705 – *Acritopappus teixeirae*; 56748 – *Vernonia cotoneaster*; 56757 – *Calea harleyi*; 56795 – *Stilpnopappus trichospiroides*; 56800 – *Aspilia parvifolia*; 56842 – *Aspilia foliosa*; 56884 – *Calea villosa*; 56945 – *Calea candolleana*; 56957 – *Acritopappus hagei*; 56994 – *Chromolaena odorata*; 57014 – *Acmella uliginosa*; 63077 – *Vernonia mucronifolia*; 63231 – *Conocliniopsis prasiifolia*; 63273 – *Vernonia cotoneaster*; 63275 – *Verbesina macrophylla*; 63343 – *Mikania hookeriana*; 65122 – *Conocliniopsis prasiifolia*.

Henrique, V.V. 11 – *Parthenium hysterophorus*; 13 – *Baccharis serrulata*; 26 – *Achyrocline saturejoides*; 27 – *Cosmos caudatus*.

Heringer, E.P. 165 – *Trichogonia heringeri*.

Hind, D.J.N. 1 – *Sphagneticola trilobata*; 3 – *Vernonia scorpioides*; 4 – *Vernonia cinerea*; 29 – *Sonchus oleraceus*; 30 – *Taraxacum* sp.; 31 – *Elephantopus angustifolius*; 32 – *Porophyllum ruderale* ssp. *ruderale*; 33 – *Pterocaulon alopecuroides*; 34 – *Vernonia cotoneaster*; 35 – *Chromolaena odorata*; 36 – *Conyza sumatrensis*; 37 – *Vernonia scorpioides*; 39 – *Litothamnus ellipticus*; 48 – *Platypodanthera melissifolia* ssp. *melissifolia*; 52 – *Achyrocline saturejoides*; 57 – *Elephantopus hirtiflorus*; 60 – *Litothamnus nitidus*; 66 – *Vernonia mucronifolia*; 67 – *Stilpnopappus scaposus*; 68 – *Calea angusta*; 69 – *Prolobus nitidulus*; 26920 – *Porophyllum ruderale* ssp. *ruderale*; IN H 50001 – *Emilia fosbergii*; IN H 50002 – *Emilia sonchifolia*; IN H 50003 – *Acanthospermum australe*; IN H 50004 – *Acanthospermum hispidum*; IN H 50005 – *Galinsoga parviflora*; IN H 50006 – *Conocliniopsis prasiifolia*; IN H 50007 – *Bidens pilosa*; IN H 50008 – *Praxelis clematidea*; IN H 50009 – *Ageratum conyzoides* ssp. *conyzoides*; IN H 50013 – *Centratherum punctatum* ssp. *punctatum*; IN H 50014 – *Tanacetum parthemium*; IN H 50015 – *Bidens pilosa*; IN H 50017 – *Vernonia cotoneaster*; IN H 50018 – *Trichogonia salviifolia*; IN H 50021 – *Erechtites hieraciifolia* var. *cacalioides*; IN H 50022 – *Chaptalia nutans*; IN H 50037 – *Vernonia cotoneaster*; IN H 50040 – *Aspilia parvifolia*; IN H 50044 – *Vernonia subverticillata*; IN H 50053 – *Baccharis ligustrina*; IN H 50054 – *Vernonia rosmarinifolia*; IN H 50059 – *Eremanthus incanus*; IN H 50060 – *Chromolaena alvimii*; IN H 50069 – *Acritopappus hagei*; IN H 50071 – *Paralychnophora harleyi*; IN H 50076 – *Mikania luetzelburgii*; IN H 50276 – *Chaptalia integerrima*; IN H 50279 – *Baccharis calvescens*; IN H 50292 – *Dimerostemma episcopale*; IN H 50294 – *Aspilia* sp.; IN H 50295 – *Vernonia subverticillata*; IN H 50298 – *Mikania phaeoclados*; IN H 50448 – *Pterocaulon alopecuroides*; IN H 50449 – *Conocliniopsis prasiifolia*; IN H 50474 – *Conyza sumatrensis*; IN H 50475 – *Eclipta prostrata*; IN H 50476 – *Sonchus oleraceus*; IN H 50581 – *Baccharis serrulata*; IN H 50582 – *Baccharis serrulata*; IN H 50901 – *Emilia sonchifolia*; IN H 50907 – *Bishopiella elegans*; IN H 50908 – *Chaptalia denticulata*; IN H 50921 – *Chionolaena jeffreyi*; IN H 50928 – *Paralychnophora santosii*; IN H 50929 – *Baccharis serrulata*; IN H 50930 – *Vernonia subverticillata*; IN H 50933 – *Dimerostemma episcopale*; IN H 50934 – *Vernonia cotoneaster*; IN H 50935 – *Acritopappus confertus*; IN H 50938 – *Apopyros corymbosus*; IN H 50943 – *Lychnophora salicifolia ?phylicifolia*; IN H 50950 – *Baccharis leptocephala*; IN H 50960 – *Gamochaeta americana*; IN H 50961 – *Moquinia kingii*; IN H 50961a – *Catolesia mentiens*; IN H 50962 – *Erechtites hieraciifolia* var. *cacalioides*; IN H 50967 – *Paralychnophora patriciana*; IN H 51332 – *Symphyopappus compressus*; IN H 51333 – *Acritopappus catolesensis*; IN H 51334 – *Ambrosia polystachya*; IN H 51335 – *Dimerostemma episcopale*; IN H 51336 – *Trichogoniopsis adenantha*; IN H 51337 – *Tilesia baccata*; IN H 51397 – *Calea candolleana*; IN H 51398 – *Porophyllum ruderale* ssp. *ruderale*; IN H 51403 – *Simsia dombeyana*; IN H 51404 – *Blainvillea acmella*; IN H 51414 – *Lychnophora uniflora*; IN H 51416 – *Aspilia* sp.; IN H 51417 – *Vernonia simplex*; IN H 51418 – *Trichogonia pseudocampestris*; IN H 51420 – *Stilpnopappus tomentosus*; IN PCD 2920 – *Bejaranoa semistriata*; IN PCD 2937 – *Egletes viscosa*; IN PCD 2938 – *Eclipta prostrata*; IN PCD 2939 – *Mikania* sp.; IN PCD 3091 – *Acanthospermum hispidum*; IN PCD 3092 – *Centratherum punctatum* ssp. *punctatum*; IN PCD 3093 – *Trixis vauthieri*; IN PCD 3096 – *Bejaranoa semistriata*; IN PCD 3097 – *Conocliniopsis prasiifolia*; IN PCD 3098 – *Trichogonia pseudocampestris*; IN PCD 3099 – *Vernonia harleyi*; IN PCD 3100 – *Blainvillea acmella*; IN PCD 3104 – *Emilia fosbergii*; IN PCD 3105 – *Elephantopus mollis*; IN PCD 3127 – *Vernonia chalybaea*; IN PCD 3128 – *Vernonia chalybaea*; IN PCD 3130 – *Conocliniopsis prasiifolia*; IN PCD 3131 – *Vernonia harleyi*; IN PCD 3134 – *Vernonia cotoneaster*; IN PCD 3135 – *Trichogonia pseudocampestris*; IN PCD 3142 – *Stilpnopappus semirianus*; IN PCD 3144 – *Elephantopus hirtiflorus*; IN PCD 3154 – *Paralychnophora reflexoauriculata*; IN PCD 3159 – *Verbesina macrophylla*; IN PCD 3160 – *Calea pilosa*; IN PCD 3161 – *Acritopappus* sp.; IN PCD 3171 – *Ageratum conyzoides* ssp. *conyzoides*; IN PCD 3172 – *Gamochaeta pensylvanica*; IN PCD 3173 – *Sonchus oleraceus*; IN PCD 3200 – *Vernonia tombadorensis*; IN PCD 3229 – *Moquinia racemosa*; IN PCD 3230 – *Bahianthus viscosus*; IN PCD 3236 – *Tagetes minuta*; IN PCD 3237 – *Acanthospermum australe*; IN PCD 3239 – *Conyza sumatrensis*; IN PCD 3240 – *Acanthospermum hispidum*; IN PCD 3241 – *Emilia fosbergii*; IN PCD 3336 – *Gochnatia oligocephala*; IN PCD 3337 – *Blanchetia heterotricha*; IN PCD 3338 – *Pterocaulon alopecuroides*; IN PCD 3339 – *Tagetes minuta*; IN PCD 3341 – *Bidens pilosa*; IN PCD 3342 – *Trichogonia pseudocampestris*; IN PCD 3343 – *Paralychnophora reflexoauriculata*; IN PCD 3344 – *Acritopappus micropappus*; IN PCD 3345 – *Paralychnophora reflexoauriculata*; IN PCD 3371 – *Acritopappus micropappus*; IN PCD 3372 – *Vernonia chalybaea*; IN PCD 3373 – *Flaveria trinervia*; IN PCD 3374 – *Sonchus oleraceus*; IN PCD 3375 – *Acmella ciliata*; IN PCD 3376 – *Synedrella nodiflora*; IN PCD 3378 – *Centratherum punctatum* ssp. *punctatum*; IN PCD 3379 – *Emilia sonchifolia*; IN PCD 3380 – *Epaltes brasiliensis*; IN PCD 3381 – *Eclipta prostrata*; IN PCD 3382 – *Ambrosia maritima*; IN PCD 3398 – *Acanthospermum hispidum*; IN PCD 3438 – *Delilia biflora*; IN PCD 3439 – *Tilesia baccata*; IN PCD 3440 – *Sphagneticola trilobata*; IN PCD 3441 – *Koanophyllon conglobatum*; IN PCD 3476 – *Acritopappus connatifolius*; IN PCD 3515 – *Acritopappus hagei*; IN PCD 3516 – *Vernonia linearis*; IN PCD 3519 –

Lychnophora morii; IN PCD 3520 – Mikania grazielae; IN PCD 3521 – Trixis vauthieri; IN PCD 3522 – Stevia morii; IN PCD 3530 – Richterago discoidea; IN PCD 3532 – Morithamnus crassus; IN PCD 3533 – Bidens pilosa; IN PCD 3536 – Ageratum conyzoides ssp. conyzoides; IN PCD 3537 – Lychnophora regis; IN PCD 3546 – Acritopappus confertus; IN PCD 3550 – Paralychnophora harleyi; IN PCD 3551 – Lychnophora sp.; IN PCD 3553 – Moquinia kingii; IN PCD 3554 – Acritopappus confertus; IN PCD 3556 – Mikania luetzelburgii; IN PCD 3557 – Vernonia regis; IN PCD 3571 – Platypodanthera melissifolia ssp. melissifolia; IN PCD 3573 – Erechtites missionum; IN PCD 3574 – Erechtites hieraciifolia var. cacalioides; IN PCD 3580 – Vernonia scorpioides; IN PCD 3588 – Trixis vauthieri; IN PCD 3589 – Mikania nelsonii; IN PCD 3590 – Baccharis serrulata; IN PCD 3591 – Baccharis serrulata; IN PCD 3593 – Vernonia cotoneaster; IN PCD 3595 – Gochnatia paniculata var. densicephala; IN PCD 3596 – Mikania grazielae; IN PCD 3598 – Acritopappus prunifolius; IN PCD 3612 – Tridax procumbens; IN PCD 3613 – Tithonia diversifolia; IN PCD 3618 – Trixis vauthieri; IN PCD 3620 – Acritopappus hagei; IN PCD 3640 – Pluchea sagittalis; IN PCD 3643 – Lychnophora regis; IN PCD 3652 – Mikania luetzelburgii; IN PCD 3653 – Acritopappus confertus; IN PCD 3654 – Babianthus viscosus; IN PCD 3662 – Ageratum fastigiatum; IN PCD 3671 – Baccharis leptocephala; IN PCD 3672 – Achyrocline saturejoides; IN PCD 3679 – Porophyllum angustissimum; IN PCD 3680 – Baccharis calvescens; IN PCD 3681 – Baccharis calvescens; IN PCD 3682 – Conyza sumatrensis; IN PCD 3683 – Conocliniopsis prasiifolia; IN PCD 3690 – Elephantopus mollis; IN PCD 3708 – Bejaranoa semistriata; IN PCD 3710 – Baccharis trinervis; IN PCD 3786 – Calea morii; IN PCD 3787 – Vernonia cotoneaster; IN PCD 3788 – Platypodanthera melissifolia ssp. melissifolia; IN PCD 3789 – Ambrosia maritima; IN PCD 3790 – Acanthospermum hispidum; IN PCD 3791 – Acanthospermum australe; IN PCD 3792 – Emilia fosbergii; IN PCD 3793 – Bidens pilosa; IN PCD 3794 – Ageratum conyzoides ssp. conyzoides; IN PCD 3795 – Porophyllum ruderale ssp. ruderale; IN PCD 3796 – Acmella ciliata; IN PCD 3797 – Praxelis clematidea; IN PCD 3798 – Conocliniopsis prasiifolia; IN PCD 3799 – Sphagneticola trilobata; IN PCD 3800 – Erechtites hieraciifolia var. cacalioides; IN PCD 3801 – Chaptalia nutans; IN PCD 3802 – Centratherum punctatum ssp. punctatum; IN PCD 3807 – Gochnatia paniculata var. densicephala; IN PCD 3808 – Ayapana amygdalina; IN PCD 3809 – Richterago discoidea; IN PCD 3810 – Stenophalium eriodes; IN PCD 3811 – Achyrocline saturejoides; IN PCD 3812 – Solidago chilensis; IN PCD 3813 – Mikania sp.; IN PCD 3814 – Moquinia racemosa; IN PCD 3882 – Lychnophora uniflora; IN PCD 3890 – Gochnatia blanchetiana; IN PCD 3897 – Trixis vauthieri; IN PCD 3908 – Hoehnephytum trixoides; IN PCD 3911 – Baccharis serrulata; IN PCD 3912 – Baccharis serrulata; IN

PCD 3917 – Baccharis leptocephala; IN PCD 3926 – Porophyllum bahiense; IN PCD 3938 – Vernonia simplex; IN PCD 3940 – Baccharis aphylla; IN PCD 3942 – Hoehnephytum trixoides; IN PCD 3946 – Ichthyothere terminalis; IN PCD 3958 – Stilpnopappus semirianus; IN PCD 3960 – Hoehnephytum trixoides; IN PCD 3961 – Pseudobrickellia angustissima; IN PCD 3964 – Paralychnophora harleyi; IN PCD 3966 – Baccharis serrulata; IN PCD 3968 – Baccharis serrulata; IN PCD 3982 – Baccharis polyphylla; IN PCD 3984 – Baccharis polyphylla; IN PCD 3985 – Moquinia racemosa; IN PCD 3986 – Morithamnus ganophyllus; IN PCD 4000 – Arrojadocharis praxelioides; IN PCD 4020 – Gochnatia polymorpha ssp. polymorpha; IN PCD 4022 – Baccharis macroptera; IN PCD 4023 – Baccharis serrulata; IN PCD 4024 – Baccharis serrulata; IN PCD 4028 – Baccharis macroptera; IN PCD 4036 – Baccharis ligustrina; IN PCD 4040 – Acritopappus sp.; IN PCD 4043 – Dasyphyllum sprengelianum; IN PCD 4045 – Vernonia fagifolia; IN PCD 4050 – Vernonia fagifolia; IN PCD 4059 – Acritopappus sp.; IN PCD 4061 – Trixis vauthieri; IN PCD 4066 – Ayapanopsis oblongifolia; IN PCD 4072 – Calea harleyi; IN PCD 4076 – Eremanthus glomerulatus; IN PCD 4084 – Acritopappus pintoi; IN PCD 4086 – Acritopappus hagei; IN PCD 4089 – Wunderlichia cruelsiana; IN PCD 4107 – Vernonia tombadorensis; IN PCD 4112 – Taraxacum sp.; IN PCD 4113 – Sonchus oleraceus; IN PCD 4114 – Arctium minus; IN PCD 4115 – Bidens pilosa; IN PCD 4116 – Symphiotrichum sp.; IN PCD 4117 – Ageratum conyzoides ssp. conyzoides; IN PCD 4119 – Vernonia laxa; IN PCD 4120 – Conocliniopsis prasiifolia; IN PCD 4121 – Acanthospermum australe; IN PCD 4122 – Conyza sumatrensis; IN PCD 4123 – Emilia fosbergii; IN PCD 4124 – Conyza sumatrensis; IN PCD 4127 – Stilpnopappus tomentosus; IN PCD 4135 – Baccharis camporum; IN PCD 4141 – Chromolaena horminoides; IN PCD 4157 – Lychnophora uniflora; IN PCD 4159 – Vernonia simplex; IN PCD 4163 – Hoehnephytum imbricatum; IN PCD 4164 – Trichogonia salviifolia; IN PCD 4165 – Vernonia cotoneaster; IN PCD 4181 – Trichogonia pseudocampestris; IN PCD 4182 – Achyrocline saturejoides; IN PCD 4188 – Stilpnopappus semirianus; IN PCD 4192 – Porophyllum bahiense; IN PCD 4193 – Riencourtia tenuifolia; IN PCD 4194 – Calea harleyi; IN PCD 4195 – Aspilia parvifolia; IN PCD 4198 – Acritopappus confertus; IN PCD 4199 – Pseudobrickellia angustissima; IN PCD 4200 – Lychnophora phylicifolia; IN PCD 4202 – Baccharis sp.; IN PCD 4204 – Calea villosa; IN PCD 4209 – Pseudogynoxys benthamii; IN PCD 4211 – Dimerostemma episcopale; IN PCD 4214 – Agrianthus pungens; IN PCD 4237 – Agrianthus empetrifolius; IN PCD 4238 – Agrianthus luetzelburgii; IN PCD 4258 – Platypodanthera melissifolia ssp. riocontensis; IN PCD 4271 – Platypodanthera melissifolia ssp. riocontensis; IN PCD 4274 – Baccharis serrulata; IN PCD 4275 – Acritopappus confertus; IN PCD 4382 – Baccharis orbignyana; IN PCD 4383 – *Chaptalia integerrima*; IN PCD 4384 – *Baccharis orbignyana*; IN PCD 4391 – *Vernonia simplex*; IN PCD 4392 – *Calea harleyi*; IN PCD 4394 – *Calea pilosa*; IN PCD 4426 – *Acritopappus confertus*; IN PCD 4549 – *Vernonia simplex.*

Hora, M.J. 78 – *Baccharis serrulata.*

Inácio, E. 1 – *Wedelia* sp.; 32 – *Baccharis rivularis*; 114 – *Vernonia scorpioides*; 135 – *Baccharis serrulata*; 248 – *Dasyphyllum sprengelianum* var. *inerme.*

Irwin, H.S. 14595 – *Vernonia* sp.; 14646 – *Baccharis leptocephala*; 14686 – *Vernonia monocephala* ssp. *irwinii*; 14702 – *Vernonia apiculata*; 14737 – *Elephantopus mollis*; 14779 – *Chromolaena horminoides*; 14780 – *Riencourtia tenuifolia*; 14792 – *Vernonia bardanoides*; 14802 – *Eremanthus* sp.; 14863 – *Vernonia stricta*; 14892 – *Gochnatia blanchetiana*; 14919 – *Vernonia aurea*; 30671 – *Trichogonia tombadorensis*; 30689 – *Paralychnophora reflexoauriculata*; 30730 – *Pterocaulon alopecuroides*; 31073 – *Calea harleyi*; 31133 – *Vernonia cotoneaster*; 31174 – *Irwinia coronata*; 31353 – *Riencourtia tenuifolia*; 31658 – *Delilia biflora*; 32394 – *Acritopappus prunifolius*; 32452 – *Baccharis salzmannii*; 32453 – *Acritopappus confertus*; 32529 – *Blanchetia heterotricha*; 32642 – *Vernonia tombadorensis.*

Jardim, J.G. 41 – *Acritopappus santosii*; 50 – *Stilpnopappus semirianus*; 62 – *Trichogonia pseudocampestris*; 175 – *Piptocarpha venulosa*; 330 – *Eremanthus capitatus*; 929 – *Vernonia brasiliana*; 1047 – *Austroeupatorium inuliifolium*; 1817 – *Mikania biformis*; 1895 – *Piptocarpha leprosa.*

King, R.M. 7978 – *Elephantopus angustifolius*; 7979 – *Baccharis calvescens*; 7980 – *Vernonia cotoneaster*; 7982 – *Conocliniopsis prasiifolia*; 7983 – *Achyrocline satureoides*; 7984 – *Vernonia scorpioides*; 7985 – *Santosia talmonii*; 7986 – *Mikania glomerata*; 7987 – *Albertinia brasiliensis*; 7988 – *Litothamnus ellipticus*; 7989 – *Baccharis calvescens*; 7990 – *Baccharis intermixta*; 7991 – *Vernonia alvimii*; 7993 – *Calea candolleana*; 7994 – *Cosmos caudatus*; 7995 – *Blainvillea acmella*; 7996 – *Tithonia rotundifolia*; 7997 – *Acmella alba*; 7998 – *Sphagneticola trilobata*; 7999 – *Vernonia scorpioides*; 8000 – *Clibadium armanii*; 8001 – *Acmella alba*; 8002 – *Melanthera latifolia*; 8003 – *Baccharis cassinefolia*; 8004 – *Baccharis calvescens*; 8006 – *Vernonia scorpioides*; 8007 – *Mikania belemii*; 8008 – *Clibadium armanii*; 8009 – *Emilia sonchifolia*; 8010 – *Porophyllum ruderale* ssp. *ruderale*; 8011 – *Achyrocline satureoides*; 8012 – *Conocliniopsis prasiifolia*; 8018 – *Trichogonia scottmorii*; 8021 – *Mikania inordinata*; 8052 – *Elephantopus riparius*; 8053 – *Chromolaena odorata*; 8054 – *Lychnophora phylicifolia*; 8055 – *Verbesina luetzelburgii*; 8056 – *Baccharis salzmannii*; 8058 – *Baccharis serrulata*; 8059 – *Vernonia hagei*; 8060 – *Baccharis salzmannii*; 8061 – *Vernonia holosericea*; 8062 – *Vernonia polyanthes*; 8063 – *Calea pilosa*; 8064 – *Vernonia santosii*; 8065 – *Acritopappus confertus*; 8067 – *Chromolaena morii*; 8068 – *Vernonia*

lilacina; 8069 – *Paralychnophora harleyi*; 8070 – *Richterago discoidea*; 8071 – *Mikania arrojadoi*; 8072 – *Vernonia subverticillata*; 8073 – *Vernonia holosericea*; 8074 – *Baccharis serrulata*; 8075 – *Stevia morii*; 8077 – *Mikania luetzelburgii*; 8078 – *Aspilia parvifolia*; 8079 – *Baccharis salzmannii*; 8083 – *Koanophyllon adamantinum*; 8085 – *Baccharis leptocephala*; 8086 – *Mikania luetzelburgii*; 8087 – *Trixis vauthieri*; 8088 – *Chromolaena horminoides*; 8089 – *Baccharis varians*; 8090 – *Lucilia lycopodioides*; 8091 – *Vernonia holosericea*; 8092 – *Vernonia farinosa*; 8094 – *Gochnatia blanchetiana*; 8095 – *Hoehnephytum trixoides*; 8097 – *Calea morii*; 8098 – *Vernonia cotoneaster*; 8099 – *Eremanthus glomerulatus*; 8100 – *Verbesina luetzelburgii*; 8101 – *Mikania hagei*; 8102 – *Porophyllum angustissimum*; 8103 – *Stevia morii*; 8104 – *Mikania sessilifolia*; 8105 – *Vernonia laxa*; 8106 – *Baccharis reticularia*; 8107 – *Baccharis reticularia*; 8108 – *Baccharis polyphylla*; 8109 – *Agrianthus microlicioides*; 8110 – *Lasiolaena morii*; 8113 – *Vernonia lilacina*; 8114 – *Lychnophora santosii*; 8116 – *Vernonia nitens*; 8117 – *Vernonia santosii*; 8119 – *Mikania luetzelburgii*; 8120 – *Aspilia parvifolia*; 8122 – *Chromolaena morii*; 8123 – *Senecio regis*; 8124 – *Vernonia lilacina*; 8125 – *Richterago discoidea*; 8126 – *Mikania alvimii*; 8127 – *Acritopappus confertus*; 8129 – *Aspilia parvifolia*; 8130 – *Babianthus viscosus*; 8131 – *Chromolaena morii*; 8132 – *Paralychnophora harleyi*; 8133 – *Platypodanthera melissifolia* ssp. *riocontensis*; 8134 – *Achyrocline alata*; 8135 – *Lychnophora salicifolia*; 8136 – *Eremanthus incanus*; 8137 – *Baccharis salzmannii*; 8138 – *Lasiolaena santosii*; 8139 – *Baccharis intermixta*; 8140 – *Baccharis salzmannii*; 8141 – *Chionolaena jeffreyi*; 8142 – *Baccharis leptocephala*; 8143 – *Arrojadocharis santosii*; 8144 – *Chromolaena alvimii*; 8144a – *Vernonia holosericea*; 8145 – *Moquinia kingii*; 8146 – *Mikania cordifolia*; 8147 – *Enydra radicans*; 8148 – *Lychnophora salicifolia*; 8149 – *Stylotrichium rotundifolium*; 8150 – *Babianthus viscosus*; 8151 – *Lychnophora regis*; 8152 – *Paralychnophora harleyi*; 8153 – *Acritopappus confertus*; 8154 – *Acritopappus hagei*; 8155 – *Platypodanthera melissifolia* ssp. *melissifolia*; 8157 – *Lasiolaena morii*; 8158 – *Vernonia regis*; 8159 – *Mikania grazielae*; 8160 – *Babianthus viscosus*; 8162 – *Koanophyllon adamantinum*; 8163 – *Moquinia racemosa*; 8164 – *Acritopappus hagei*; 8165 – *Stenophalium gardneri*; 8166 – *Morithamnus crassus*; 8167 – *Richterago discoidea*; 8168 – *Lychnophora regis*; 8169 – *Babianthus viscosus*; 8170 – *Paralychnophora harleyi*; 8171 – *Lasiolaena morii*; 8172 – *Acritopappus morii*; 8173 – *Tagetes erecta*; 8174 – *Verbesina glabrata*; 8175 – *Baccharis reticularia*; 8176 – *Baccharis ?ramosissima*; 8177 – *Baccharis ?ramosissima*; 8178 – *Trichogoniopsis morii*; 8179 – *Moquinia kingii*; 8180 – *Mikania luetzelburgii*; 8181 – *Mikania luetzelburgii*; 8588 – *Conocliniopsis prasiifolia*; 8591 – *Stilpnopappus trichospiroides*; 8592 – *Aspilia* sp.; 8593 – *Vernonia cotoneaster*; 8594 – *Aspilia* sp.; 8595 – *Wedelia hookeriana*; 8596 – *Vernonia scorpioides*; 8597 – *Platypodanthera melissifolia* ssp. *riocontensis*; 8598 – *Calea pilosa*; 8599 – *Elephantopus hirtiflorus*; 8600 – *Praxelis clematidea*; 8601 – *Lychnophora phylicifolia*; 8602 – *Acritopappus confertus*; 8607 – *Stilpnopappus tomentosus*; 8609 – *Lychnophora* sp.; 8614 – *Aspilia parvifolia*; 8615 – *Stilpnopappus trichospiroides*; 8617 – *Vernonia fagifolia*; 8621 – *Trichogonia salviifolia*; 8629 – *Eremanthus* sp.; 8630 – *Ichthyothere terminalis*; 8631 – *Trichogonia salviifolia*; 8633 – *Dimerostemma episcopale*; 8634 – *Symphyopappus compressus*; 8636 – *Baccharis calvescens*; 8637 – *Vernonia fagifolia*; 8640 – *Calea villosa*; 8641 – *Stilpnopappus trichospiroides*; 8642 – *Stilpnopappus tomentosus*; 8645 – *Bishopiella elegans*; 8647 – *Chaptalia denticulata*; 8655 – *Symphyopappus compressus*; 8660 – *Baccharis calvescens*; 8667 – *Acritopappus hagei*; 8670 – *Acritopappus confertus*; 8675 – *Lychnophora triflora*; 8677 – *Aspilia* sp.; 8678 – *Emilia sonchifolia*; 8679 – *Pluchea sagittalis*; 8680 – *Wedelia hookeriana*; 8682 – *Aspilia* sp.; 8683 – *Trichogonia salviifolia*; 8684 – *Epaltes brasiliensis*; 8686 – *Ambrosia maritima*; 8687 – *Acanthospermum hispidum*; 8688 – *Centratherum punctatum* ssp. *punctatum*; 8689 – *Wedelia hookeriana*; 8690 – *Pterocaulon alopecuroides*; 8693 – *Wedelia* sp.; 8694 – *Baccharis pingraea*; 8696 – *Blainvillea acmella*; 8697 – *Melanthera latifolia*; 8698 – *Centratherum punctatum* ssp. *punctatum*; 8700 – *Trixis divaricata*; 8702 – *Vernonia scorpioides*; 8704 – *Simsia dombeyana*; 8705 – *Platypodanthera melissifolia* ssp. *melissifolia*; 8706 – *Vernonia cotoneaster*; 8708 – *Acritopappus confertus*; 8709 – *Platypodanthera melissifolia* ssp. *melissifolia*; 8710 – *Vernonia chalybaea*; 8711 – *Acritopappus hagei*; 8712 – *Paralychnophora harleyi*; 8714 – *Vernonia scorpioides*; 8715 – *Vernonia fagifolia*; 8717 – *Mikania grazielae*; 8719 – *Lychnophora bishopii*; 8723 – *Platypodanthera melissifolia* ssp. *melissifolia*; 8724 – *Symphyopappus decussatus*; 8725 – *Stilpnopappus tomentosus*; 8729 – *Bishopalea erecta*; 8736 – *Lychnophora regis*; 8737 – *Lychnophora phylicifolia*; 8738 – *Vernonia cotoneaster*; 8739 – *Acritopappus confertus*; 8740 – *Riencourtia tenuifolia*; 8743 – *Calea harleyi*; 8744 – *Aspilia setosa*; 8745 – *Baccharis salzmannii*; 8747 – *Aspilia foliosa*; 8748 – *Verbesina sordescens*; 8749 – *Acritopappus prunifolius*; 8750 – *Vernonia cotoneaster*; 8751 – *Sphagneticola trilobata*; 8753 – *Symphyopappus decussatus*; 8754 – *Lychnophora salicifolia*; 8761 – *Aspilia hispidantha*; 8764 – *Lychnophora uniflora*; 8766 – *Acritopappus morii*; 8767 – *Acritopappus confertus*; 8768 – *Acritopappus morii*; 8769 – *Calea angusta*; 8770 – *Calea pilosa*; 8771 – *Baccharis varians*; 8773 – *Acritopappus hagei*; 8774 – *Paralychnophora harleyi*; 8776 – *Aspilia foliosa*; 8777 – *Conyza primulifolia*; 8778 – *Aspilia hispidantha*; 8779 – *Chromolaena squalida*; 8781 – *Wedelia hookeriana*; 8782 – *Wedelia bahiensis*; 8783 – *Vernonia cotoneaster*; 8784 – *Baccharis trinervis*; 8785 – *Stilpnopappus pickelii*; 8786 – *Vernonia morii*; 8787 – *Wedelia alagoensis*; 8788 – *Trichogonia santosii*; 8789 – *Eclipta prostrata*; 8790 – *Stilpnopappus trichospiroides*; 8791 – *Stilpnopappus trichospiroides*; 8792 – *Trichogonia laxa*; 8794 – *Vernonia monocephala* ssp. *irwinii*; 8795 – *Riencourtia tenuifolia*; 8796 – *Vernonia monocephala* ssp. *irwinii*.

Laessoe, T. IN H 52591 – *Acritopappus hagei*; IN H 52599 – *Baccharis calvescens*; IN H 53315 – *Agrianthus giuliettiae*.

Laurênio, A. 42 – *Conocliniopsis prasiifolia*; 44 – *Gochnatia oligocephala*; 77 – *Conocliniopsis prasiifolia*; 164 – *Mikania hemisphaerica*; 225 – *Vernonia scorpioides*; 353 – *Acritopappus* sp. 1; 354 – *Paralychnophora reflexoauriculata*; 830 – *Albertinia brasiliensis*.

Lemos, M.J.S. 2 – *Porophyllum obscurum*; 18 – *Acanthospermum hispidum*.

Lewis, G.P. 925 – *Lasiolaena duartei*; 1928 – *Pectis elongata*; IN CFCR 6721 – *Pectis elongata*; IN CFCR 7021 – *Porophyllum* sp.; IN CFCR 7578 – *Symphyopappus decussatus*.

Lima, A. 58–2922 – *Symphyopappus decussatus*.

Lindeman, J.C. 6165 – *Koanophyllon tinctorum*.

Lira, S.S. 2 – *Dasyphyllum sprengelianum* var. *inerme*; 14 – *Wedelia* sp.; 34 – *Baccharis serrulata*; 113 – *Baccharis serrulata*.

Lobo, C.M.B. 9 – *Blainvillea acmella*; 10 – *Emilia sonchifolia*; 11 – *Centratherum punctatum* ssp. *punctatum*; 21 – *Cosmos sulphureus*; 62 – *Vernonia cotoneaster*.

Lobo, M.G. 343 – *Mikania micrantha*.

Lucena, M.F.A. 2 – *Vernonia chalybaea*; 33 – *Parthenium hysterophorus*.

Luetzelburg, P. Von 64 – *Agrianthus luetzelburgii*; 66 – *Lychnophora salicifolia*; 74 – *Lychnophora salicifolia*; 141 – *Pseudognaphalium cheiranthifolium*; 143 – *Eremanthus incanus*; 167 – *Lasiolaena morii*; 179 – *Lychnophora triflora*; 204 – *Vernonia farinosa*; 205 – *Bahianthus viscosus*; 209 – *Trichogonia villosa*; 210 – *Stevia morii*; 244 – *Agrianthus microlicioides*; 281 – *Arrojadocharis praxelioides*; 325 – *Achyrocline saturejoides*; 331 – *Wunderlichia cruelsiana*; 495 – *Agrianthus myrtoides*; 1210 – *Vernonia lilacina*; 12455 – *Vernonia holosericea*; 12460 – *Lychnophora uniflora*; 13700 – *Lychnophora salicifolia*.

Lughadha, E.N. IN H 52397 – *Stevia morii*; IN H 53338 – *Lychnophora passerina*; IN PCD 5864 – *Baccharis cassinefolia*; IN PCD 5962 – *Acritopappus confertus*.

Luschnath, B. 60 – *Platypodanthera melissifolia* ssp. *melissifolia*; 518 – *Vernonia diffusa*; 693 – *Vernonia gracilis*; s.n. – *Ageratum conyzoides* ssp. *conyzoides*; s.n. – *Calyptocarpus bahiensis*; s.n. – *Chromolaena odorata*.

Magalhães, M. 19639 – *Achyrocline saturejoides*.

Marcon, A.B. 110 – *Vernonia brasiliana*; 115 – *Baccharis serrulata*; 137 – *Baccharis serrulata*; 138 – *Tilesia baccata*.

Martius (distributed as 'Herb. Fl. Bras.' [usually collector unknown]). 231 – *Baccharis singularis*; 436 – *Rolandra fruticosa*; 437 – *Baccharis sessiliflora*; 533 – *Acanthospermum australe*; 644 – *Achyrocline saturejoides*; 645 – *Acanthospermum hispidum*; 646 – *Verbesina macrophylla*; 659 –

Pluchea sagittalis; 665 – *Baccharis calvescens*; 666 – *Baccharis calvescens*; 667 – *Baccharis singularis*; 669 – *Conocliniopsis prasiifolia*; 670 – *Centratherum punctatum* ssp. *punctatum*; 673 – *Baccharis salzmannii*; 694 – *Calyptocarpus bahiensis*; 695 – *Delilia biflora*; 696 – *Clibadium armanii*; 820 – *Clibadium armanii*; 853 – *Blainvillea acmella*; s.n. – *Agrianthus empetrifolius*; s.n. – *Aspilia foliosa*; s.n. – *Aspilia martii*; s.n. – *Baccharis cassinefolia*; s.n. – *Blanchetia heterotricha*; s.n. – *Baccharis varians*; s.n. – *Clibadium armanii*; s.n. – *Egletes viscosa*; s.n. – *Gochnatia oligocephala*; s.n. – *Oyedaea bahiensis*; s.n. – *Sphagneticola trilobata*; s.n. – *Stifftia parviflora*; s.n. – *Stilpnopappus tomentosus*; s.n. – *Stylotrichium corymbosum*.

Matos, F.J.A. s.n. – *Tanacetum parthemium*.

Mattos Silva, L.A. 169 – *Conocliniopsis prasiifolia*; 182 – *Vernonia mattos-silvae*; 422 – *Synedrella nodiflora*; 424 – *Synedrella nodiflora*; 631 – *Eclipta prostrata*; 646 – *Erechtites hieraciifolia* var. *cacalioides*; 647 – *Erechtites valerianifolia*; 658 – *Bidens* sp.; 1017 – *Mikania microptera*; 1022 – *Achyrocline saturejoides*; 1297 – *Mikania firmula*; 2135 – *Cephalopappus sonchifolius*; 2502 – *Litothamnus ellipticus*; 2579 – *Piptocarpha pyrifolia*; 2748 – *Acritopappus hagei*; 2752 – *Paralychnophora harleyi*; 2813 – *Bahianthus viscosus*; 2820 – *Senecio almasensis*; 2826 – *Wunderlichia cruelsiana*; 2977 – *Austroeupatorium morii*; 2987 – *Vernonia arenaria*.

Mayo, S. 1019 – *Vernonia scorpioides*; 1020 – *Diacranthera crenata*; 1022 – *Vernonia acutangula*.

Mello-Silva, R. IN CFCR 7123 – *Elephantopus hirtiflorus*; IN CFCR 7189 – *Aspilia foliosa*; IN CFCR 7212 – *Vernonia* sp.; IN CFCR 7346 – *Vernonia cotoneaster*; IN CFCR 7377 – *Baccharis leptocephala*; IN CFCR 7426 – *Trichogonia campestris*; IN CFCR 7638 – *Paralychnophora reflexoauriculata*.

Melo, E. 976 – *Gochnatia* sp.; 1003 – *Trichogonia pseudocampestris*; 1008 – *Lychnophora passerina*; 1703 – *Enydra radicans*; 1705 – *Blainvillea acmella*; IN PCD 1137 – *Aspilia foliosa*; IN PCD 1150 – *Vernonia bahiana*; IN PCD 1163 – *Richterago discoidea*; IN PCD 1183 – *Vernonia bahiana*; IN PCD 1186 – *Aspilia foliosa*; IN PCD 1187 – *Acritopappus hagei*; IN PCD 1194 – *Baccharis* sp.; IN PCD 1262 – *Acritopappus connatifolius*; IN PCD 1284 – *Mikania* sp.; IN PCD 1311 – *Acritopappus hagei*; IN PCD 1345 – *Baccharis varians*; IN PCD 1346 – *Vernonia subverticillata*; IN PCD 1347 – *Aspilia setosa*; IN PCD 1349 – *Ichthyothere terminalis*; IN PCD 1732 – *Vernonia carvalhoi*; IN PCD 1777 – *Baccharis orbignyana*.

Mendes Magalhães 19630 – *Austroeupatorium inuliifolium*.

Menezes, E. 90 – *Baccharis rivularis*.

Menezes, N.L. IN CFCR 1444 – *Stylotrichium rotundifolium*; IN CFCR 1456 – *Lychnophora phylicifolia*; IN CFCR 1464 – *Lychnophora bishopii*; IN CFCR 1468 – *Chromolaena morii*; IN CFCR 1472 – *Wunderlichia cruelsiana*.

Moraes, M.V. 104 – *Centratherum punctatum* ssp. *punctatum*.

Moreira, M.deL. 10 – *Chromolaena squalida*.

Mori, S.A. 9470 – *Aspilia parvifolia*; 9482 – *Cephalopappus sonchifolius*; 9654 – *Achyrocline saturejoides*; 9751 – *Litothamnus ellipticus*; 9772 – *Mikania firmula*; 9933 – *Vernonia harleyi*; 9959 – *Vernonia morii*; 9984 – *Baltimora geminata*; 9995 – *Mikania morii*; 10104 – *Sphagneticola trilobata*; 10353 – *Acanthospermum australe*; 10373 – *Mikania glomerata*; 10404 – *Ageratum conyzoides* ssp. *conyzoides*; 10466 – *Trichogoniopsis adenantha*; 10507 – *Bahianthus viscosus*; 10526 – *Ayapana amygdalina*; 10633 – *Rolandra fruticosa*; 11083 – *Vernonia harleyi*; 11152 – *Austroeupatorium inuliifolium*; 11164 – *Baccharis serrulata*; 11174 – *Trichogonia salviifolia*; 11294 – *Eremanthus capitatus*; 11369 – *Praxelis clematidea*; 11387 – *Elephantopus angustifolius*; 11391 – *Clibadium armanii*; 11429 – *Mikania psilostachya*; 11478 – *Diacranthera crenata*; 11617 – *Eclipta prostrata*; 11618 – *Emilia sonchifolia*; 11619 – *Ageratum conyzoides* ssp. *conyzoides*; 11696 – *Mikania scandens*; 11741 – *Praxelis clematidea*; 11917 – *Eremanthus capitatus*; 12739 – *Mikania mattos-silvae*; 12812 – *Vernonia vinhae*; 12825 – *Mikania kubitzkii*; 12883 – *Piptocarpha macropoda*; 12891 – *Vernonia discolor*; 12908 – *Moquinia racemosa*; 12921 – *Baccharis calvescens*; 12967 – *Moquinia racemosa*; 13017 – *Litothamnus ellipticus*; 13077 – *Diacranthera crenata*; 13216 – *Acritopappus hagei*; 13218 – *Aspilia foliosa*; 13220 – *Vernonia harleyi*; 13221 – *Acritopappus connatifolius*; 13282 – *Austroeupatorium inuliifolium*; 13284 – *Pterocaulon alopecuroides*; 13294 – *Acritopappus hagei*; 13302 – *Stilpnopappus tomentosus*; 13325 – *Vernonia cotoneaster*; 13340 – *Conocliniopsis prasiifolia*; 13368 – *Lychnophora salicifolia*; 13381 – *Calea harleyi*; 13407 – *Acritopappus confertus*; 13409 – *Acritopappus hagei*; 13428 – *Blanchetia heterotricha*; 13467 – *Vernonia morii*; 13480 – *Vernonia morii*; 13491 – *Vernonia morii*; 13495 – *Trichogonia heringeri*; 13537 – *Aspilia parvifolia*; 13621 – *Richterago discoidea*; 13623 – *Chromolaena alvimii*; 13646 – *Austroeupatorium morii*; 13700 – *Vernonia persericea*; 13703 – *Mikania duckei*; 13710 – *Vernonia scorpioides*; 13943 – *Chromolaena odorata*; 14059 – *Prolobus nitidulus*; 14062 – *Litothamnus nitidus*; 14065 – *Mikania obovata*; 14162 – *Acritopappus confertus*; 14177 – *Litothamnus nitidus*; 14182 – *Vernonia mucronifolia*; 14223 – *Centratherum punctatum* ssp. *punctatum*; 14232 – *Conocliniopsis prasiifolia*; 14233 – *Vernonia chalybaea*; 14295 – *Vernonia fagifolia*; 14312 – *Vernonia cotoneaster*; 14323 – *Lasiolaena duartei*; 14326 – *Elephantopus mollis*; 14349 – *Calea harleyi*; 14354 – *Stevia morii*; 14355 – *Vernonia linearis*; 14366 – *Lychnophora duartei*; 14372 – *Lychnophora morii*; 14381 – *Richterago discoidea*; 14382 – *Mikania grazielae*; 14388 – *Chaptalia chapadensis*; 14395 – *Mikania nelsonii*; 14396 – *Lasiolaena duartei*; 14427 – *Chromolaena odorata*; 14438 – *Vernonia tombadorensis*; 14440 – *Acritopappus confertus*; 14442 – *Acritopappus santosii*; 14449 – *Calea pilosa*; 14451 – *Baccharis truncata*; 14466 – *Vernonia harleyi*; 14484 – *Acritopappus confertus*; 14491 – *Vernonia chalybaea*; 14497 – *Vernonia harleyi*;

14521 – *Trichogonia harleyi*; 14533 – *Vernonia lilacina*; 14544 – *Vernonia lilacina*; 14546 – *Stilpnopappus semirianus*; 16607 – *Vernonia scorpioides*.

Moseley 9/73 – *Eclipta prostrata*.

Nascimento, F.H.F. 75 – *Piptocarpha macropoda* var. aff. *crassifolia*.

Nascimento, L.M. 153 – *Baccharis calvescens*.

Nascimento, M.S.B. 15 – *Acmella uliginosa*; 106 – *Pectis oligocephala* var. *affinis*; 114 – *Stilpnopappus procumbens*; 164 – *Stilpnopappus* sp.; 219 – *Blainvillea acmella*; 247 – *Pectis oligocephala* var. *affinis*; 416 – *Melanthera latifolia*.

Neuwied, M. von 101 – *Cephalopappus sonchifolius*.

Noblick, L.R. 1887 – *Enydra radicans*; 2018 – *Vernonia brasiliana*; 2032 – *Chaptalia integerrima*; 2048 – *Platypodanthera melissifolia* ssp. *melissifolia*; 2065 – *Elephantopus hirtiflorus*; 2112 – *Ageratum conyzoides* ssp. *conyzoides*; 2684 – *Blanchetia heterotricha*; 2695 – *Acanthospermum australe*; 2800 – *Mikania* sp.; 2826 – *Paralychnophora harleyi*; 3181 – *Mikania obovata*; 3229 – *Baccharis cassinefolia*; 3230 – *Baccharis cassinefolia*; 3303 – *Vernonia scorpioides*; 3409 – *Isocarpha megacephala*; 3428 – *Vernonia mucronifolia*; 3443 – *Prolobus nitidulus*; 3476 – *Trichogonia pseudocampestris*; 3584 – *Trichogonia heringeri*; 3607 – *Blainvillea acmella*; 3694 – *Baltimora geminata*; 3778 – *Gochnatia blanchetiana*; 3914 – *Sonchus oleraceus*; 4109 – *Bidens subalternans*; 4159 – *Acmella uliginosa*; 4167 – *Vernonia cotoneaster*; 4182 – *Enydra radicans*; 4433 – *Prolobus nitidulus*; 4547 – *Acritopappus confertus*; 4565 – *Acritopappus micropappus*.

Nunes, J.M.S. 757 – *Vernonia diffusa*.

Oliveira, M. 45 – *Conocliniopsis prasiifolia*; 47 – *Tilesia baccata*; 94 – *Achyrocline saturejoides*; 103 – *Vernonia acutangula*; 106 – *Delilia biflora*; 225 – *Baccharis rivularis*; 316 – *Vernonia chalybaea*.

Oliveira, P.P. 25 – *Conocliniopsis prasiifolia*; 27 – *Emilia sonchifolia*.

Oliveira, R.P. 71 – *Viguiera grandiflora*; 89 – *Aspilia* sp.; 126 – *Baccharis serrulata*; 135 – *Ichthyothere terminalis*.

Orlandi, R. IN PCD 273 – *Calea candolleana*; IN PCD 274 – *Paralychnophora harleyi*; IN PCD 278 – *Aspilia foliosa*; IN PCD 285 – *Gochnatia paniculata* var. *densicephala*; IN PCD 408 – *Baccharis varians*; IN PCD 419 – *Bahianthus viscosus*; IN PCD 424 – *Acritopappus hagei*; IN PCD 508 – *Aspilia foliosa*; IN PCD 509 – *Vernonia harleyi*; IN PCD 516 – *Vernonia chalybaea*; IN PCD 525 – *Aspilia foliosa*; IN PCD 527 – *Richterago discoidea*; IN PCD 640 – *Lasiolaena morii*; IN PCD 646 – *Vernonia chalybaea*; IN PCD 650 – *Aspilia foliosa*; IN PCD 651 – *Calea candolleana*; IN PCD 655 – *Gochnatia paniculata* var. *densicephala*.

Paixão, J.L. 81 – *Synedrella nodiflora*.

Paranhos, L. s.n. – *Baccharis trinervis*.

Passos, L. IN PCD 4613 – *Mikania phaeoclados*; IN PCD 4749 – *Acritopappus morii*; IN PCD 4796 – *Platypodanthera melissifolia* ssp. *riocontensis*; IN PCD 5037 – *Ambrosia polystachya*; IN PCD 5390 –

Platypodanthera melissifolia ssp. *riocontensis*; IN PCD 5774 – *Lychnophora uniflora*.

Pearson, H.P.N. 46 – *Centratherum punctatum* ssp. *punctatum*.

Pereira de Souza s.n. – *Baccharis salzmannii*.

Pereira, A. IN PCD 247 – *Richterago discoidea*; IN PCD 249 – *Koanophyllon adamantinum*; IN PCD 0257 – *Vernonia chalybaea*; IN PCD 335 – *Calea candolleana*; IN PCD 339 – *Acritopappus connatifolius*; IN PCD 1751 – *Paralychnophora harleyi*; IN PCD 1863 – *Calea harleyi*; IN PCD 1865 – *Chaptalia integerrima*; IN PCD 1872 – *Lychnophora salicifolia*.

Pereira, E. 2081 – *Lasiolaena pereirae*; 9529 – *Vernonia cotoneaster*; 9554 – *Clibadium armanii*; 9647 – *Vernonia cotoneaster*; 9740 – *Blanchetia heterotricha*; 9936 – *Baccharis elliptica*; 9961 – *Lychnophora tomentosa*; 10144 – *Baccharis serrulata*; 10419 – *Pseudobrickellia brasiliensis*.

Pickersgill, B. IN RU 72 20 – *Conocliniopsis prasiifolia*; IN RU 72 111 – *Stilpnopappus* sp.; IN RU 72 224 – *Chrysanthellum indicum* ssp. *afroamericanum*; IN RU 72 230 – *Acanthospermum hispidum*; IN RU 72 390 – *Pectis elongata*; IN RU 72 395 – *Centratherum punctatum* ssp. *punctatum*; IN RU 72 455 – *Koanophyllon conglobatum*.

Pinto, G.C.P. 90/83 – *Simsia dombeyana*; 202/83 – *Egletes viscosa*; 281/83 – *Vernonia edmundoi*; 313/83 – *Bahianthus viscosus*; 316/83 – *Acritopappus confertus*.

Pirani, J.R. 1656 – *Baccharis reticularia*; 1998 – *Acritopappus prunifolius*; IN CFCR 1610 – *Vernonia chalybaea*; IN CFCR 1636 – *Vernonia regis*; IN CFCR 1652 – *Vernonia scorpioides*; IN CFCR 1655 – *Senecio almasensis*; IN CFCR 1664 – *Lasiolaena morii*; IN CFCR 1665 – *Moquinia kingii*; IN CFCR 1668 – *Verbesina glabrata*; IN CFCR 2007 – *Ayapana amygdalina*; IN CFCR 2011 – *Baccharis camporum*; IN CFCR 2083 – *Platypodanthera melissifolia* ssp. *melissifolia*; IN CFCR 2095 – *Mikania elliptica*; IN CFCR 2096 – *Mikania salzmanniifolia*; IN CFCR 2103 – *Acritopappus confertus*; IN CFCR 2111 – *Baccharis salzmannii*; IN CFCR 2115 – *Lasiolaena morii*; IN CFCR 2116 – *Lychnophora phylicifolia*; IN CFCR 2148 – *Agrianthus luetzelburgii*; IN CFCR 2158 – *Vernonia santosii*; IN CFCR 2159 – *Richterago discoidea*; IN CFCR 2173 – *Lychnophora uniflora*; IN CFCR 2174 – *Agrianthus luetzelburgii*; IN CFCR 2177 – *Agrianthus luetzelburgii*; IN CFCR 2180 – *Lychnophora uniflora*; IN CFCR 7270 – *Vernonia cotoneaster*; IN CFCR 7464 – *Piptocarpha* sp.; IN H 50970 – *Mikania alvimii*; IN H 50971 – *Mikania luetzelburgii*; IN H 50972 – *Vernonia carvalhoi*; IN H 50973 – *Baccharis serrulata*; IN H 50974 – *Acritopappus hagei*; IN H 50975 – *Mikania glandulosissima*; IN H 50976 – *Chionolaena jeffreyi*; IN H 51326 – *Mikania phaeoclados*; IN H 51440 – *Tilesia baccata*; IN H 51467 – *Calea harleyi*; IN H 51471 – *Mikania officinalis*; IN H 51489 – *Riencourtia tenuifolia*; IN H 51494 – *Aspilia* sp.; IN H 51505 – *Moquinia kingii*.

Pires, J.M. 58140 – *Elephantopus hirtiflorus*.

Plowman, T. 10038 – *Vernonia mucronifolia*; 10051 –

Litothamnus nitidus.

Pohl.444 – *Calea angusta* [this record is probably not from this region].

Poveda, A. IN PCD 0466 – *Vernonia linearis*; IN PCD 452 – *Baccharis salzmannii*; IN PCD 453 – *Lasiolaena morii*; IN PCD 460 – *Stevia morii*; IN PCD 584 – *Koanophyllon adamantinum*; IN PCD 679 – *Vernonia hagei*.

Prance, G.T. 2095 – *Praxelis kleinioides*.

Preston, T.A. s.n. – *Ageratum conyzoides* ssp. *conyzoides*; s.n. – *Chromolaena odorata*; s.n. – *Acanthospermum hispidum*; s.n. – *Ageratum conyzoides* ssp. *conyzoides*; s.n. – *Conocliniopsis prasiifolia*; s.n. – *Emilia sonchifolia*; s.n. – *Porophyllum ruderale* ssp. *ruderale*; s.n. – *Synedrella nodiflora*; s.n. – *Tilesia baccata*; s.n. – *Vernonia scorpioides*.

Queiroz, L.P. 325 – *Tilesia baccata*; 337 – *Mikania obovata*; 345 – *Aspilia* sp.; 352 – *Vernonia fruticulosa*; 590 – *Eremanthus capitatus*; 625 – *Mikania subverticillata*; 736 – *Mattfeldanthus andrade-limae*; 851 – *Vernonia mucronifolia*; 867 – *Stilpnopappus scaposus*; 986 – *Vernonia cotoneaster*; 1028 – *Bidens* sp.; 1062 – *Piptocarpha quadrangularis*; 1092 – *Vernonia vinhae*; 1105 – *Delilia biflora*; 1181 – *Acritopappus micropappus*; 1187 – *Paralychnophora reflexoauriculata*; 1244 – *Acritopappus confertus*; 1325 – *Pterocaulon alopecuroides*; 1344 – *Rolandra fruticosa*; 1355 – *Achyrocline satureioides*; 1379 – *Trixis divaricata*; 1441 – *Koanophyllon conglobatum*; 1492 – *Blanchetia heterotricha*; 1576 – *Baccharis calvescens*; 1626 – *Centratherum punctatum* ssp. *punctatum*; 1661 – *Bejaranoa semistriata*; 1709 – *Tilesia baccata*; 1832 – *Trixis vauthieri*; 1901 – *Lychnophora morii*; 1905 – *Agrianthus empetrifolius*; 1918 – *Mikania glandulosissima*; 1924 – *Baccharis* sp.; 1926 – *Mikania subverticillata*; 1942 – *Eremanthus capitatus*; 1960 – *Vernonia cotoneaster*; 1980 – *Mikania luetzelburgii*; 1987 – *Vernonia bahiana*; 1989 – *Aspilia foliosa*; 1993 – *Pithecoseris pacourinoides*; 2084 – *Pseudobrickellia brasiliensis*; 2090 – *Vernonia herbacea*; 2599 – *Acanthospermum australe*; 2619 – *Vernonia morii*; 2639 – *Calea harleyi*; 2934 – *Calea candolleana*; 2944 – *Vernonia vinhae*; 2950 – *Baccharis singularis*; 2951 – *Baccharis singularis*; 2979 – *Calea candolleana*; 3095 – *Mikania* sp.; 3097 – *Achyrocline satureioides*; 3136 – *Vernonia scorpioides*; 3206 – *Tridax procumbens*; 3216 – *Litothamnus nitidus*; 3231 – *Vernonia cotoneaster*; 3273 – *Vernonia chalybaea*; 3278 – *Bejaranoa semistriata*; 3292 – *Ageratum candidum*; 3296 – *Blanchetia heterotricha*; 3300 – *Gochnatia oligocephala*; 3347 – *Wedelia bahiensis*; 3349 – *Lychnophora uniflora*; 3353 – *Mikania glandulosissima*; 3354 – *Vernonia linearis*; 3356 – *Mikania reticulata*; 3357 – *Vernonia santosii*; 3358 – *Baccharis* sp.; 3372 – *Lychnophora phylicifolia*; 3486 – *Stylotrichium corymbosum*; 3524 – *Eremanthus capitatus*; 3831 – *Vernonia scorpioides*; 3874 – *Wedelia hookeriana*; 4223 – *Eremanthus capitatus*; 4301 – *Acritopappus confertus*; 4345 – *Agrianthus microlicioides*; 4350 – *Lychnophora* sp.; 4359 –

Vernonia holosericea; 4371 – *Trixis vauthieri*; 4372 – *Lychnophora passerina*; 4381 – *Lychnophora salicifolia*; 4390 – *Porophyllum* sp.; 4399 – *Vernonia tombadorensis*; 4422 – *Mikania reticulata*; 4542 – *Aspilia* sp.; 4603 – *Vernonia chalybaea*; 4660 – *Aspilia* sp.; 4750 – *Melampodium divaricatum*; 4752 – *Cosmos caudatus*; 4816 – *Vernonia lilacina*; 4894 – *Elephantopus riparius*; 4905 – *Platypodanthera melissifolia* ssp. *riocontensis*; 4928 – *Calea pilosa*; 4930 – *Dimerostemma episcopale*; 4960 – *Acritopappus confertus*; 4966 – *Acritopappus confertus*; 5030 – *Moquinia kingii*; 5038 – *Vernonia lilacina*; 5069 – *Chromolaena laevigata*; 5073 – *Raulinoreitzia tremula*; 5178 – *Acritopappus confertus*; 5220 – *Calea villosa*; 5353 – *Trichogonia pseudocampestris*; 5385 – *Conocliniopsis prasiifolia*; 5443 – *Tagetes minuta*; 5444 – *Mattfeldanthus andrade-limae*; 5483 – *Tagetes minuta*; 5490 – *Mikania* sp.; 5496 – *Trichogonia pseudocampestris*; 5520 – *Acritopappus micropappus*; IN H 51084 – *Semiria viscosa*; IN H 51516 – *Baccharis* sp. 8; IN H 51530 – *Baccharis* sp. 9; IN H 51531 – *Aspilia setosa*; IN PCD 3803 – *Eremanthus capitatus*; IN PCD 3850 – *Vernonia cotoneaster*; IN PCD 3910 – *Calea harleyi*; IN PCD 3997 – *Pseudobrickellia angustissima*; IN PCD 4029 – *Dasyphyllum brasiliense*; IN PCD 4092 – *Richterago discoidea*; IN PCD 4094 – *Pseudobrickellia angustissima*; IN PCD 4102 – *Baccharis serrulata*.

Ratter, J.A. 8051 – *Eremanthus pohlii*.

Ridley, H.N. 102 – *Eclipta prostrata*; 105 – *Acanthospermum hispidum*; 106 – *Aspilia ramagii*; 99 – *Blainvillea acmella*.

Riedel 435 – *Delilia biflora*.

Rodal, M.J.N. 245 – *Mikania hemisphaerica*; 259 – *Platypodanthera melissifolia* ssp. *melissifolia*; 278 – *Paralychnophora reflexoauriculata*; 290 – *Dasyphyllum sprengelianum* var. *inerme*; 428 – *Eremanthus capitatus*; 514 – *Baccharis serrulata*; 606 – *Verbesina macrophylla*; 742 – *Conyza sumatrensis*.

Rodrigues, E.H. 34 – *Baccharis rivularis*; 61 – *Vernonia eriolepis*; 66 – *Vernonia eriolepis*.

Roque, N. IN CFCR 14828 – *Vernonia cotoneaster*; IN CFCR 14834 – *Lychnophora salicifolia*; IN CFCR 14835 – *Lychnophora phylicifolia*; IN CFCR 14836 – *Lychnophora phylicifolia*; IN CFCR 14851 – *Aspilia* sp. 2; IN CFCR 14914 – *Aspilia* sp. 3; IN CFCR 14925 – *Calea pilosa*; IN CFCR 14935 – *Argyrovernonia harleyi*; IN CFCR 14936 – *Wunderlichia mirabilis*; IN CFCR 14958 – *Dasyphyllum* sp.; IN CFCR 14992 – *Platypodanthera melissifolia* ssp. *riocontensis*; IN PCD 2199 – *Vernonia cotoneaster*; IN PCD 2301 – *Conocliniopsis prasiifolia*; IN PCD 4492 – *Wunderlichia cruelsiana*; IN PCD 4507 – *Acritopappus confertus*; IN PCD 4513 – *Acritopappus confertus*; IN PCD 4525 – *Aspilia* sp.

Rose, J.N. 19966 – *Mattfeldanthus andrade-limae*.

Saar, E. IN PCD 4603 – *Acritopappus hagei*; IN PCD 5184 – *Baccharis breviseta*; IN PCD 5698 – *Lychnophora phylicifolia*.

Sakuragui, C.M. IN H 50211 – *Aspilia* sp.

Sales de Melo, M.R.C. 57 – *Baccharis serrulata*; 69 –

Blainvillea acmella; 99 – *Baccharis serrulata*; 118 –
Emilia sonchifolia; 180 – *Emilia fosbergii*; 198 –
Vernonia acutangula; 200 – *Emilia fosbergii*; 208 –
Ageratum conyzoides ssp. *conyzoides*.

Sales, M.F. 239 – *Baccharis serrulata*; 240 – *Vernonia
scorpioides*; 242 – *Vernonia brasiliana*; 252 – *Delilia
biflora*; 334 – *Verbesina macrophylla*; 422 –
Dasyphyllum sprengelianum var. *inerme*; 424 –
Eremanthus capitatus; 549 – *Wedelia* sp.; 571 –
Baccharis serrulata.

Salzmann, P. 1 – *Erechtites hieraciifolia* var.
cacalioides; 2 – *Conyza primulifolia*; 2 – *Erechtites
valerianifolia*; 4 – *Pluchea sagittalis*; 6 – *Vernonia
ferruginea*; 7 – *Pterocaulon alopecuroides*; 8 – *Trixis
divaricata*; 9 – *Koanophyllon conglobatum*; 9 –
Koanophyllon conglobatum; 10 – *Baccharis
salzmannii*; 10 – *Baccharis salzmannii*; 11 –
Mikania psilostachya; 12 – *Gochnatia oligocephala*;
13 – *Eclipta prostrata*; 15 – *Baccharis tridentata*; 17
– *Verbesina macrophylla*; 18 – *Vernonia scorpioides*;
20 – *Baccharis trinervis*; 21 – *Acanthospermum
hispidum*; 22 – *Tilesia baccata*; 23 – *Mikania
obovata*; 24 – *Gamochaeta pensylvanica*; 25 –
Mikania cordifolia; 30 – *Conocliniopsis prasiifolia*;
31 – *Chaptalia nutans*; 32 – *Chaptalia integerrima*;
33 – *Epaltes brasiliensis*; 34 – *Litothamnus nitidus*;
35 – *Vernonia mucronifolia*; 36 – *Clibadium
armanii*; 37 – *Sphagneticola trilobata*; 38 –
Acanthospermum australe; 40 – *Achyrocline
saturejoides*; 41 – *Ayapana amygdalina*; 42 –
Blainvillea acmella; 43 – *Platypodanthera
melissifolia* ssp. *melissifolia*; 44 – *Mikania
salzmanniifolia*; 45 – *Acmella uliginosa*; 46 –
Porophyllum ruderale ssp. *ruderale*; s.n. – *Ageratum
conyzoides* ssp. *conyzoides*; s.n. – *Albertinia
brasiliensis*; s.n. – *Baccharis varians*; s.n. –
Centratherum punctatum ssp. *punctatum*; s.n. –
Chromolaena odorata; s.n. – *Delilia biflora*; s.n. –
Elephantopus hirtiflorus; s.n. – *Elephantopus mollis*;
s.n. – *Fleischmannia microstemon*; s.n. – *Mikania
cordifolia*; s.n. – *Praxelis clematidea*; s.n. –
Rolandra fruticosa; s.n. – *Struchium
sparganophorum*; s.n. – *Vernonia brasiliana*; s.n. –
Vernonia cotoneaster; s.n. – *Vernonia scorpioides*.

Sano, P.T. IN CFCR 14377 – *Aspilia foliosa*; IN CFCR
14403 – *Paralychnophora atkinsiae*; IN CFCR 14409
– *Symphyopappus decussatus*; IN CFCR 14488 –
Acritopappus hagei; IN CFCR 14493 – *Vernonia
tombadorensis*; IN CFCR 14536 – *Vernonia* sp.; IN
CFCR 14619 – *Arrojadocharis santosii*; IN CFCR
14623 – *Baccharis polyphylla*; IN CFCR 14631 –
Lychnophora santosii; IN H 50882 – *Baccharis
microcephala*; IN H 51293 – *Stevia morii*; IN H
52170 – *Chaptalia denticulata*; IN H 52315 –
Moquinia kingii; IN H 52317 – *Vernonia carvalhoi*.

Sant'Ana, S.C. 3 – *Mattfeldanthus andrade-limae*; 8 –
Vernonia brasiliana; 27 – *Piptocarpha pyrifolia*; 29
– *Mikania hirsutissima*; 52 – *Tilesia baccata*; 99 –
Tilesia baccata; 118 – *Calea candolleana*; 118 –
Calea martiana; 150 – *Baccharis halimimorpha*; 223
– *Tagetes erecta*; 224 – *Tagetes minuta*; 324 –
Melampodium divaricatum; 399 – *Elephantopus
hirtiflorus*; 558 – *Piptocarpha pyrifolia*.

Santos, E. 2255 – *Melanthera latifolia*.

Santos, E.B. 158 – *Vernonia discolor*; 268 – *Vernonia
farinosa*; 269 – *Aspilia subalpestris*; 276 – *Vernonia
linearis*; 281 – *Chromolaena laevigata*.

Santos, F.S. 491 – *Chaptalia integerrima*; 613 –
Baccharis calvescens; 633 – *Baccharis calvescens*.

Santos, T.R. IN PCD 5649 – *Mikania psilostachya*.

Santos, T.S. 850 – *Blainvillea acmella*; 1438 – *Mikania
santosii*; 1670 – *Piptocarpha robusta*; 1713 –
Dasycondylus santosii; 3282 – *Baccharis
myriocephala*; 3314 – *Mikania trichophila*.

Schery, R.W. 607 – *Scherya bahiensis*.

Schumacher, H. 1048 – *Eremanthus graciellae*; 1049 –
Eremanthus arboreus.

Sello/ Sellow, F. 2031 – *Pluchea sagittalis*; 206 –
Heterocondylus alatus; 290 – *Baccharis trinervis*; 554
– *Baccharis bahiensis*; 624 – *Bahianthus viscosus*;
s.n. – *Baccharis trinervis*; s.n. – *Calyptocarpus
bahiensis*; s.n. – *Eremanthus capitatus*; s.n. –
Fleischmannia microstemon.

Silva, D.C. 28 – *Wedelia* sp.; 53 – *Baccharis serrulata*.

Silva, E.I. 68 – *Vernonia scorpioides*.

Silva, G.P. 2423 – *Bidens* sp.; 2427 – *Blainvillea
acmella*; 2446 – *Acanthospermum hispidum*; 3063 –
Mikania firmula; 3065 – *Vernonia cotoneaster*; 3066
– *Lasiolaena duartei*; 3068 – *Eremanthus capitatus*;
3069 – *Conocliniopsis prasiifolia*; 3077 – *Vernonia
chalybaea*; 3659 – *Vernonia arenaria*; 3685 – *Trixis
vauthieri*; 3687 – *Bejaranoa semistriata*.

Silva, L.F. 57 – *Emilia fosbergii*; 61 – *Conocliniopsis
prasiifolia*; 66 – *Vernonia acutangula*; 160 – *Conyza
sumatrensis*.

Silva, M.M. da 91 – *Lychnophora morii*; 187 –
Stilpnopappus sp.

Silva, N.T. 58320 – *Erechtites valerianifolia*; 58336 –
Verbesina macrophylla; 58345 – *Vernonia
amygdalina*; 58366 – *Vernonia macrophylla*; 58413
– *Mikania glomerata*; s.n. – *Oiospermum
involucratum*.

Silva, S.B. da 355 – *Vernonia aurea*; 386 –
Piptocarpha rotundifolia.

Sobral, M. 5839 – *Albertinia brasiliensis*.

Souza, E.B. 38 – *Vernonia brasiliana*; 39 – *Achyrocline
saturejoides*.

Souza, G.M. 81 – *Wedelia* sp.; 83 – *Austroeupatorium
inuliifolium*.

Souza, N.K.R. 8 – *Baccharis trinervis*.

Souza, V.C. 5201 – *Trixis divaricata*; 5330 – *Vernonia
morii*; 5360 – *Calea harleyi*; 5368 – *Stilpnopappus
procumbens*; 5391 – *Pectis brevipedunculata*; 5400 –
Enydra radicans; 5418 – *Wunderlichia mirabilis*;
5523 – *Lychnophora* sp.; 5529 – *Lychnophora
salicifolia*; 5535 – *Dasyphyllum sprengelianum*; 5537
– *Mikania reticulata;*.22619 – *Vernonia farinosa*;
22627 – *Calea pilosa*; 22658 – *Baccharis calvescens*;
22664 – *Stilpnopappus tomentosus*; 22670 – *Aspilia
foliosa*; 22782 – *Verbesina macrophylla*; 22981 –
Baccharis serrulata; 24339 – *Centratherum
punctatum* ssp. *punctatum*; IN CFCR 15532 –
Acritopappus connatifolius; IN H 50260 – *Vernonia
cotoneaster*; IN H 50261 – *Dasyphyllum
sprengelianum*; IN H 50265 – *Conocliniopsis
prasiifolia*.

Stannard, B. 7373 – *Stilpnopappus tomentosus*; IN CFCR 6841 – *Symphyopappus decussatus*; IN CFCR 6943 – *Calea harleyi*; IN CFCR 7322 – *Paralychnophora harleyi*; IN CFCR 7437 – *Lychnophora salicifolia*; IN H 51053 – *Acritopappus catolesensis*; IN H 51130 – *Calea harleyi*; IN H 51185 – *Agrianthus pungens*; IN H 51189 – *Paralychnophora patriciana*; IN H 51561 – *Vernonia rosmarinifolia*; IN H 51573 – *Vernonia morii*; IN H 51574 – *Pterocaulon alopecuroides*; IN H 51611 – *Trichogoniopsis adenantha*; IN H 51633 – *Albertinia brasiliensis*; IN H 51660 – *Vernonia morii*; IN H 51666 – *Vernonia cotoneaster*; IN H 51667 – *Lychnophora phylicifolia*; IN H 51677 – *Praxelis kleinioides*; IN H 51678 – *Elephantopus angustifolius*; IN H 51679 – *Conyza primulifolia*; IN H 51691 – *Lychnophora passerina*; IN H 51710 – *Symphyopappus reticulatus*; IN H 51722 – *Vernonia cotoneaster*; IN H 51737 – *Acritopappus hagei*; IN H 51751 – *Riencourtia tenuifolia*; IN H 51756 – *Lychnophora salicifolia*; IN H 51776 – *Mikania officinalis*; IN H 51791 – *Baccharis calvescens*; IN H 51792 – *Symphyopappus reticulatus*; IN H 51793 – *Vernonia cotoneaster*; IN H 51801 – *Baccharis leptocephala*; IN H 51806 – *Ichthyothere terminalis*; IN H 51808 – *Trichogonia pseudocampestris*; IN H 51816 – *Lychnophora salicifolia*; IN H 51825 – *Lychnophora phylicifolia*; IN H 51849 – *Lychnophora phylicifolia*; IN H 51850 – *Acritopappus* sp.; IN H 51858 – *Pluchea oblongifolia*; IN H 51865 – *Acritopappus hagei*; IN H 51879 – *Blanchetia heterotricha*; IN H 51888 – *Vernonia morii*; IN H 51913 – *Baccharis leptocephala*; IN H 51946 – *Centratherum punctatum* ssp. *punctatum*; IN H 51956 – *Vernonia cotoneaster*; IN H 51957 – *Solidago chilensis*; IN H 51993 – *Lychnophora phylicifolia*; IN H 51999 – *Conocliniopsis prasiifolia*; IN H 52017 – *Agrianthus myrtoides*; IN H 52720 – *Trichogoniopsis adenantha*; IN H 52724 – *Aspilia foliosa*; IN H 52726 – *Vernonia farinosa*; IN H 52743 – *Baccharis leptocephala*; IN H 52764 – *Vernonia rosmarinifolia*; IN H 52768 – *Lychnophora passerina*; IN H 52781 – *Chromolaena squalida*; IN H 52782 – *Lychnophora passerina*; IN H 52836 – *Lychnophora passerina*; IN H 52837 – *Austroeupatorium inuliifolium*; IN PCD 2540 – *Trichogonia zehntneri*; IN PCD 4917 – *Stilpnopappus trichospiroides*; IN PCD 4981 – *Acritopappus confertus*; IN PCD 4987 – *Richterago discoidea*; IN PCD 5356 – *Trichogonia salviifolia*; IN PCD 5435 – *Argyrovernonia harleyi*; IN PCD 5435 – *Argyrovernonia harleyi*; IN PCD 5671 – *Calea* sp.; IN PCD 5671 – *Lychnophora salicifolia*; IN PCD 5749 – *Calea pilosa*.

Stradmann, M.T.S. IN PCD 0450 – *Vernonia brasiliana*; IN PCD 446 – *Baccharis reticularia*; IN PCD 448 – *Vernonia bahiana*; IN PCD 451 – *Eremanthus capitatus*; IN PCD 535 – *Eremanthus capitatus*; IN PCD 539 – *Koanophyllon adamantinum*; IN PCD 540 – *Mikania nelsonii*; IN PCD 565 – *Stylotrichium rotundifolium*; IN PCD 667 – *Vernonia subverticillata*.

Sucre, D. 10853 – *Stylotrichium sucrei*.

Taylor, E.L. IN E 1208 – *Brickellia diffusa*; IN E 1211 – *Praxelis asperulacea*; IN E 1223 – *Vernonia monocephala* ssp. *irwinii*; IN E 1227 – *Vernonia nitens*.

Taylor, N.P. 1602 – *Acritopappus confertus*.

Thomas, W.W. 9462 – *Vernonia vinhae*; 9492 – *Vernonia edmundoi*; 9565 – *Pectis brevipedunculata*; 9635 – *Argyrovernonia martii*; 9656 – *Baccharis serrulata*; 9658 – *Baccharis serrulata*; 9662 – *Acritopappus micropappus*; 9663 – *Conocliniopsis prasiifolia*; 9716 – *Litothamnus ellipticus*; 10018 – *Vernonia araripensis*; 10033 – *Vernonia scorpioides*; 10216 – *Baccharis trinervis*; 11676 – *Eremanthus capitatus*; 11689 – *Vernonia araripensis*; 11700 – *Centratherum punctatum* ssp. *punctatum*; 11870 – *Piptocarpha* sp.; 11910 – *Cephalopappus sonchifolius*.

Tschá, M. 384 – *Baccharis trinervis*.

Tschá, M.C. 41 – *Baccharis serrulata*; 58 – *Baccharis serrulata*; 112 – *Baccharis serrulata*; 268 – *Vernonia acutangula*; 298 – *Vernonia acutangula*; 303 – *Vernonia acutangula*; 303 – *Vernonia scorpioides*; 334 – *Vernonia brasiliana*; 384 – *Baccharis serrulata*; 583 – *Austroeupatorium inuliifolium*; 702 – *Gochnatia oligocephala*; 764 – *Baccharis serrulata*.

Ule, E. 7011 – *Pithecoseris pacourinoides*; 7166 – *Argyrovernonia martii*; 7199 – *Elephantopus hirtiflorus*; 7233 – *Trixis vauthieri*; 7235 – *Ayapana amygdalina*; 7236 – *Vernonia harleyi*; 7237 – *Sphagneticola trilobata*; 7482 – *Baltimora geminata*; 7483 – *Blanchetia heterotricha*; 7561 – *Trichogonia santosii*; 7563 – *Vernonia pinheiroi*; 7564 – *Stilpnopappus* sp.; 7565 – *Stilpnopappus* sp.; 9068 – *Delilia biflora*; 9118 – *Cosmos caudatus*; 9119 – *Diacranthera ulei*; 9120 – *Centratherum punctatum* ssp. *punctatum*; 9121 – *Enydra radicans*; 9122 – *Brickellia diffusa*; 9123 – *Emilia sonchifolia*; 9124 – *Fleischmannia microstemon*; 9125 – *Acmella ciliata*.

Vauthier 160 – *Piptocarpha lucida*.

Velosa, R. s.n. – *Egletes viscosa*.

Viana, B.F. 87 – *Stilpnopappus scaposus*; 96 – *Vernonia edmundoi*.

Villarouco, F. 25 – *Baccharis serrulata*.

Villarouco, F.M.O. 127 – *Verbesina* sp.

Vinha, S.G. 200 – *Vernonia diffusa*; 57 – *Vernonia vinhae*.

Walter, B.M.T. 2942 – *Eremanthus graciellae*.

Wanderley, M.G.L. s.n. – *Stylotrichium corymbosum*.

Webster, G.L. 25014 – *Clibadium armanii*.

Wetherill s.n. – *Elephantopus hirtiflorus*.

Woodgyer, E. IN PCD 2504 – *Vernonia* sp.

Coletor desconhecido s.n. – *Albertinia brasiliensis*; s.n. – *Centratherum punctatum* ssp. *punctatum*; s.n. – *Cephalopappus sonchifolius*; s.n. – *Chaptalia integerrima*; s.n. – *Conocliniopsis prasiifolia*; s.n. – *Mikania microptera*; s.n. – *Mikania salzmanniifolia*; s.n. – *Sphagneticola trilobata*; s.n. – *Vernonia brasiliana*; s.n. – *Vernonia cotoneaster*.

Printed in the United Kingdom
by Lightning Source UK Ltd.
128702UK00001B/67-156/P

9 781842 462195